걷기 좋은 도시

"제프 스펙은 전작 『걸어다닐 수 있는 도시』에서 도시 계획에 관한 가장 시의적인 작가이자 사상가로서의 면모를 보여줬다. 이제 그는 『걷기 좋은 도시』를 통해 최고의 조력자로 자리매김하고 있다. 우리의 지역 사회와 도시 계획 실무에 이 총체적이고 매력적인 책보다 더 긍정적인 영향을 줄 문서는 어디에도 없다."

— 론 보글, 아메리카 건축 재단의 대표 겸 최고경영자

"내게 제프 스펙은 완전한 록 스타다. 그는 훌륭한 도시 계획가일 뿐만 아니라, 사람들이 각자의 지역 사회를 재조성하도록 힘을 불어넣는 데 진정한 재능이 있다. 이제 우리는 거대한 물결이 되어 말한다. '그래, 정말로 나의 도시를 더 살기 좋고, 걷기 좋고, 평등하며 재미있게 만들고 싶다.' 대단히 사용자 친화적인 이 책은 우리가 어디에 있든 간에 행동할 수 있도록 도와주는 참고 자료다."

— 다르 윌리엄스, 싱어송라이터이자 『천 개의 타운에서 내가 찾은 것』의 저자

"당신의 도시를 더 안전하게, 건강하게, 친환경적으로, 풍족하게, 공평하게 만들고 싶다면 그곳을 더 걷기 좋게 만들 필요가 있다. 이 책은 도시를 계획하고 건설하는 이들, 그리고 모든 도시인을 위한 필독서다."

— 리처드 플로리다, 『창조 계급의 부상』의 저자

"제프 스펙은 내가 아는 어떤 도시 계획가보다도 더 상식적이고 유용한 방식으로 걷기에 관해 기술한다. 그렇게 좋은 걷기를 열망하게 만드는 그는 좋은 걷기에 대한 정의를 넘어 어떻게 해야 그게 가능한지를 유창하게 보여준다. 어떤 도시에서도 걷기 좋은 환경을 만드는 데 필요한 도구들을 제공하는 또 하나의 훌륭한 읽을거리다."

— 모리스 콕스, 디트로이트시청 도시 계획·개발부 디렉터

"제프 스펙은 바로 지금 우리의 도시에 필요한 책을 썼다. 미래의 위대한 장소들을 건설하는 데 필요한 이 실용적인 지침서는 자신의 사는 곳을 더 좋게 만들고 싶어 하는 모두가 읽어야 할 필수적인 책이다."

— 찰스 머론, 스트롱 타운스의 창립자 겸 대표

"나는 '뛰기 전에 걷기부터 하라'는 표현을 대단히 좋아해서 기업과 정부의 틀을 잡는 기초적인 비유로 활용해왔다. 제프 스펙은 그 표현 그대로를 자신의 영향력 있는 실무에 적용한다. 기술을 비롯한 어떤 부가 요소가 있다한들 걷기가 불편하다면, 그곳은 정말로 훌륭한 장소일 리가 없다. 이 필독서에서 제프는 걷기 좋은 도시를 만들기 위한 총체적이고 상호 연관된 일단의 규칙들을 제시한다. 크고 작은 모든 도시가 이 규칙들을 따른다면, 행복한 시민과 함께 최고의 결과를 얻는 나라가 만들어질 것이다."

— **게이브 클라인**, '시티파이'의 공동 창립자이자
『스타트업 시티』의 저자

"제프 스펙은 내게 처음으로 '걷기 좋은 도시'의 개념을 소개한 사람이었다. 그의 도움으로 오클라호마시는 건축 환경의 외관을 완전히 바꿨고, 이제 이 도시는 전혀 다른 장소가 되었다. 어떻게 그걸 우리가 해냈고 어떻게 하면 당신들의 도시도 그리할 수 있을지를 이 중요하고 흥미진진한 책 속에서 확인할 수 있다."

— **믹 코넷**, 전 오클라호마시장이자 미국 시장 협회장

"제프 스펙은 전작 『걸어다닐 수 있는 도시』에서 우리의 지역 사회를 자동차보다 사람을 위해 설계할 때 생기는 많은 강력한 사회적·경제적·환경적 혜택들을 기술했다. 이제 『걷기 좋은 도시』에서 그는 전작에서 제시한 원리들을 구체적인 행동 계획으로 풀어낸다. 지역지구제 변경부터 대중교통 투자, 도로 용도 변경, 그리고 기존 소규모 역사 지구의 보존에 이르기까지, 이 시의적절하고 필수적인 책은 도시의 계획가와 지도자가 더 걷기 좋은 동네들을 만들고 자기들의 도시를 인간적인 규모에서 다시 상상할 수 있도록 명료하고 간결하며 단계적인 지침들을 제공한다."

— **스테파니 믹스**, 국립 역사 보존 신탁의 대표 겸
최고경영자

"자동차에 중심을 둔 미국의 진화는 부상과 활동 저하, 우울, 고립이라는 전염병들을 가속화해왔다. 우리는 질병을 키우는 장소들을 인간 친화적이고 건강 친화적인 장소들로 바꿔야 한다. 이러한 과제를 직시하는 스펙은 자칫 어렵게 들릴 수 있는 얘기를 능수능란한 재치로 풀어나간다. 그는 유머와 열정뿐만 아니라 깊은 경험에서 우러나오는 내공을 담아 글을 쓴다. 대단히 훌륭한 구성과 레이아웃, 사진, 글이 결합된 이 아름다운 책은 미국의 모든 선출직 공무원과 모든 건강 및 도시 계획 수업의 필독서로 선정되어야 한다."

— **리처드 잭슨**, CDC 국립 환경 보건 센터의 전 디렉터

걷기 좋은 도시
도시 공간을 더 좋게 만드는 101가지 규칙

제프 스펙 지음

조순익 옮김

워밍시티

걷기 좋은 도시
도시 공간을 더 좋게 만드는 101가지 규칙

초판1쇄 발행 2024년 11월 20일

지은이 제프 스펙(JEFF SPECK)
옮긴이 조순익
펴낸이 김정은
디자인 장중하

펴낸곳 차밍시티(서울프라퍼티인사이트)
주소 서울특별시 중구 세종대로 136, 3층
등록번호 제2022-000136호 **등록일자** 2022년 08월 22일
전화 02-857-4875 **팩스** 02-6442-4871 **전자우편** charmingcity@seoulpi.co.kr
홈페이지 https://seoulpi.co.kr

값 28,000원
ISBN 979-11-979966-6-5 (93530)

차밍시티는 서울프라퍼티인사이트의 출판 브랜드입니다.
한국어판 출판권 ⓒ서울프라퍼티인사이트(차밍시티), 2024

Walkable City Rules
Copyright © 2018 by Jeff Speck
Korean Translation Copyright © 2024 by CharmingCity
Korean edition is published by arrangement with Island Press through Duran Kim Agency.

이 책의 한국어판 저작권은 듀란킴 에이전시를 통한 저작권법에 의하여 한국 내에서 보호를 받는 저작물이므로 무단전재와 무단복제를 금합니다.

이 책의 본문에는 '을유1945' 서체가 사용되었습니다.

밀로(Milo)와 로만(Roman)을 위해

목차

저자 서문　xii
역자 서문　xiv
서론　xvi

1부. 보행 편의성의 가치를 설득하라　1

1　보행 편의성은 부를 늘린다　2
2　보행 편의성은 건강에 좋다　4
3　보행 편의성은 기후 변화에 대응한다　6
4　보행 편의성은 공평성을 키운다　8
5　보행 편의성은 지역 사회에 이롭다　10

2부. 용도를 혼합하라　13

6　적정가의 도심 주거에 투자하라　14
7　지역 학교들을 요구하라　16
8　지역 공원들을 요구하라　18
9　도시의 규정을 고쳐라　20
10　계산을 해보라　22

3부. 적정가의 통합된 주거를 만들어라　25

11　스마트한 포용적 지역지구제를 의무화하라　26
12　뒷마당 별채를 장려하라　28
13　주차장을 활용하여 주거비 부담을 낮춰라　30
14　둥지 내몰기와 싸워라　32
15　'주거 우선' 정책을 시행하라　34

4부. 주차를 바로잡아라　37

16　대지 내 주차 요건을 없애라　38
17　도심 주차를 공익사업으로 만들어라　40
18　주차를 주거에서 떼어내고 공유하라　42
19　가치를 기준으로 주차료를 부과하라　44

5부. 효과적인 대중교통을 구축하라　47

20　대중교통과 토지 용도를 조율하라　48
21　버스 노선 체계를 다시 설계하라　50
22　개발 도구로서 전차를 도입하라　52
23　대중교통의 경험을 고려하라　54
24　효과적인 자전거 공유 체계를 만들어라　56
25　우버를 대중교통이라고 착각하지 말라　58
26　자율주행차의 미래를 내다보라　60

6부. 자동차 중심주의에서 벗어나라　63

27　유발 수요를 이해하라　64
28　주간선 도로를 해체하라　66
29　도심에 혼잡 통행료를 부과하라　68
30　자동차의 가로 진입을 막아라
　　(그 가능성을 시험하라)　70

7부. 안전과 함께 시작하라　73

31	과속에 초점을 맞춰라 74	49	10피트 기준에 맞춰 차선을 조정하라 116
32	안전의 시간 비용을 논의하라 76	50	서행과 양보의 흐름이 일어나는 도로를 구축하라 118
33	비전 제로를 채택하라 78	51	소방서장의 당위를 확대하라 120
34	도심 제한 속도를 채택하라 80		
35	빨간불 단속 카메라와 속도 감시 카메라를 설치하라 82		

11부. 자전거 타기를 설득하라 123

- 52 자전거 타기에 대한 투자를 정당화하라 124
- 53 자전거 타기는 투자를 따른다는 사실을 이해하라 126
- 54 자전거 타기의 흔한 위험 요인을 피하라 128

8부. 도시의 주행 도로망 체계를 최적화하라 85

- 36 도로망 체계의 기능을 이해하라 86
- 37 블록을 작게 유지하라 88
- 38 상업을 위해 다차선 일방통행로를 양방통행으로 전환하라 90
- 39 안전을 위해 다차선 일방통행로를 양방통행으로 전환하라 92
- 40 편의를 위해 다차선 일방통행로를 양방통행으로 전환하라 94
- 41 다차선 일방통행로를 적절히 전환하라 96

12부. 도시의 자전거 도로망 체계를 구축하라 131

- 55 자전거 도로망 체계의 기능을 이해하라 132
- 56 기존 회랑 지대들을 자전거 둘레길로 전환하라 134
- 57 자전거 가로수 길을 구축하라 136
- 58 자전거 트랙을 구축하라 138
- 59 자전거 트랙을 적절히 구축하라 140
- 60 기존의 전형적인 자전거 전용차로를 활용하라 142
- 61 전형적인 자전거 전용차로를 적절히 구축하라 144
- 62 공유 도로 표시를 자전거 시설로 활용하지 말라 146

9부. 차로의 수를 적정 규모로 바로잡아라 99

- 42 교통 연구에 이의를 제기하라 100
- 43 서비스 수준에 이의를 제기하라 102
- 44 기능 분류에 이의를 제기하라 104
- 45 불필요한 차로들을 없애라 106
- 46 4차선 도로를 날씬하게 만들어라 108
- 47 회전 차로를 제한하라 110

13부. 도로 위에 주차하라 149

- 63 거의 모든 곳에 연석 주차 공간을 둬라 150
- 64 평행 주차를 적절히 설계하라 152
- 65 적절한 곳에서 사각 주차를 제공하라 154

10부. 차로를 적정 규모로 바로잡아라 113

- 48 흐름이 원활한 차로는 기준 폭을 10피트(3m)로 하라 114

14부. 기하학에 초점을 맞춰라 157

66 완만한 곡선, 우회전 샛길, 삼각 시야를
   피하라 158
67 좌회전 차로를 적절히 설계하라 160
68 폭넓은 횡단로에는 넥다운을 배치하라 162
69 회전교차로를 신중하게 활용하라 164
70 복잡성을 '손보지' 말라 166
71 근린 도로에서는 중심선을 없애라 168
72 보행 구역을 적절히 만들어라 170

15부. 교차로에 초점을 맞춰라 173

73 훌륭한 횡단보도를 만들어라 174
74 교통 신호를 단순하게 유지하라 176
75 보행자 작동 신호기와 잔여 시간 표시기를
   없애라 178
76 교통 신호를 전방향 우선 정지 표지로 대체
   하라 180
77 무표시 도로와 공유 공간을 구축하라 182

16부. 갓길 보도를 제대로 만들어라 185

78 거의 모든 곳에 가로수를 둬라 186
79 가로수를 적절히 선정하여 배치하라 188
80 갓길 보도를 적절히 설계하라 190
81 연석 낮추기를 허용하지 말라 192
82 파크렛을 도입하라 194

17부. 편안한 공간을 만들어라 197

83 확실한 경계를 만들어라 198
84 건물 앞 주차를 절대 허용하지 말라 200
85 밴쿠버처럼 도시를 계획하라 202
86 조명으로 도시 계획을 뒷받침하라 204
87 도시의 설계를 테러범에 맡기지 말라 206

18부. 흥미로운 장소를 만들어라 209

88 오래 머물고픈 경계 구역을 만들어라 210
89 반복을 제한하라 212
90 큰 건물들을 분할하라 214
91 옛 건물들을 보호하라 216
92 주차 구조물을 가려라 218
93 도시의 공공 미술 예산을 맹벽에 써라 220

19부. 지금 당장 하라 223

94 보행 편의성 연구를 하라 224
95 건물 인접 구역 품질 평가를 실시하고 거점을
   배치하라 226
96 보행 편의성 연결망을 파악하라 228
97 재건할까… 아니면 차선을 조정할까? 230
98 전술적 도시주의를 실천하라 232
99 지금 규정 개혁을 시작하라 234
100 스프롤에 대해 포기하지 말라 236
101 꿈을 크게 꿔라 238

후기1. 모든 규칙에는 예외가 있지만, 아마도 당신은
       예외가 아닐 것이다. 241
후기2. 완벽한 도시는 공공선의 적이다. 242
후기3. 당신 도시의 모델을 파악했는가? 243
감사의 말 244
미주 247
참고 문헌 261
이미지 크레디트 273
찾아보기 277

저자 서문

> "이 문제를 다룰 더 나은 사람이 나타나지 않아서, 내 나름대로 노력한 결과물을 여기에 제시한다. 결코 완전한 결과를 제시하는 것은 아니다. 인간의 어떤 노력도 완전할 수 없고, 따라서 어쩔 수 없는 오류를 지닐 수밖에 없기 때문이다."
>
> — 허먼 멜빌, 『모비 딕』

이 책은 총람이 아니지만, 그럼에도 총람을 시도한다. 제목에 넣은 '101'이라는 숫자는 인위적으로 맞춘 것일 뿐, 실은 그 절반도 곱절도 될 수 있었다. 하지만 200쪽이 넘는 이 책의 본문 페이지들은 독자가 알았으면 하는 모든 것, 말하자면 요즘 사람들이 도시의 일부를 설계할 때 범하기 쉬운 모든 실수를 다루고 있다. 시간이 갈수록 그 목록은 더 늘어날 것이다.

독자는 이 책을 전부 읽어야 한다. 꼭 그럴 필요가 있어서라기보다는, 완독을 하면 도시 계획에 현재 종사하는 인구의 90퍼센트보다 실무적 측면을 더 많이 이해하게 될 것이기 때문이다. 두 번 읽었다면 도시 계획 위원이 될 자격이 충분하다. 세 번 읽으면? 그땐 도시 설계 자문 회사를 차려도 좋다.

하지만 시간이 없는 독자라면 그냥 편하게 훑어봐도 좋다. 당장 이번 주에 마주하고 있는 골칫거리에 관한 항목부터 살펴보라. 대부분의 뉴 어바니즘 저서들과 마찬가지로 본서도 거시적 규모에서 미시적 규모를 향해 나아간다. 광역 규모로 시작해 건물 규모로 끝맺게 될 것이다. 어쨌든 흥미를 끄는 부분부터 보면 되지만, 그 모든 게 연결되어 있음을 이해하기 바란다. 레온 바티스타 알베르티[역1]가 말했듯이 "철학자들의 의견에 따르면, 도시는 집의 확장판일 뿐이고 집

은 도시의 축소판일 뿐이다."¹

틀림없이 당신은 이런 얘기를 이미 많이 알고 있겠지만, 그 모든 걸 알지는 못한다. (나조차도 모든 걸 알지는 못한다. 내가 어제 쓴 한 묶음의 글도 무슨 내용인지 잊어버렸다.) 이 책의 일부분, 특히 첫 번째 섹션은 좀 익숙한 얘기일 수도 있겠는데 부득이하게 『걸어다닐 수 있는 도시(Walkable City)』역2)에서 몇 줄을 통째로 옮겨왔기 때문이다. 경계하는 주민들과 회의적인 위원들에게 어떤 아이디어를 가장 잘 전달하고 설득할 수 있는 방법을 알게 되면, 그 방법을 고수하시라. 예컨대 평행 주차의 가치를 설명하는 100가지 방식이 있지만, "이동 차량들로부터 갓길 보도를 보호하는 데 꼭 필요한 철벽"이라고 하는 게 그야말로 최고다. 정치인들은 좋건 나쁘건 각자의 메시지를 표현하는 가장 효과적인 방법을 배운 다음 방문하는 곳곳에서 그것을 반복한다. 도시 계획가도 그래야 한다.

잠시 나의 자전적인 이야기를 하자면, 1992년 이래로 나의 직업적 삶은 이렇게 요약된다. 나는 20년간 최고의 도시 계획가들이 각자가 파악한 최고의 방법으로 최고의 아이디어를 설명하는 걸 들어왔다. 그때 접한 아이디어들을 『걸어다닐 수 있는 도시』에 정리했고, 가능한 한 더 개선된 형태로 정리했다. 그러고는 그 책의 오디오북 버전을 녹음했고, 나 스스로 그걸 구매하여 비행기를 탈 때마다 듣기 시작했다. (익숙한 내용을 조용하게 낭독하는 나 자신의 목소리를 들으면 잠자는 데 도움이 되는 듯하다.) 결국 나는 그 내용을 암기하게 되었고, 이것이 북미 전역의 도시와 관련하여 강연하거나 연구할 때 정말 큰 도움이 되었다.

나는 『걷기 좋은 도시』에서도 똑같은 걸 계획하고 있다. 나는 여러분도, 여러분 모두가 그렇게 하길 바란다. 이 책이 나뿐만 아니라 여러분에게도 익숙해지길 바라는 게 나의 꿈이다. 마치 오래된 교도소에 갇혀 서로 숫자로 농담하는 종신형 재소자들처럼, 우리는 그냥 숫자를 외치면 된다. 토목 사업 공무원에게 복잡한 도로를 간소화하라고 요청하고 싶으면, '46번!' 개발업자에게 주차장 구조물을 감추라고 훈계하고 싶으면, '92번!' 그러면 그들은 모두 그 의미를 이해한다. 내 꿈의 교도소에서는 그 누구의 농담도 틀림이 없다.

이것들은 왜 '규칙(rule)'인가? 나는 이 책을 크리스토퍼 알렉산더역3)에게 바치는 헌사로서, 모든 규모에 걸쳐 상호 의존적인 설계 원리들의 집합을 제시한 그의 기법을 이어가는 의미에서 '걷기 좋은 도시의 패턴(Walkable City Patterns)'이라고 부를까 했었다. 하지만 알렉산더 스스로 인정했듯이 오늘날의 건조 환경은 무엇보다 규칙들의 결과이며, 의도치 않은 것은 아닐지라도 대개 안타까운 결과들을 생산하는 문어 다리처럼 얽힌 각종의 장황한 규정(code)역4)과 조례에 따른 결과다. 패턴으로 규칙과 싸울 수는 없다. 그래서 이 책은 '규칙'을 표방한다.

마지막으로, 이 책에서 중요한 한 가지는 결국 완전히 틀린 것으로 판명날 것임을 명심하기 바란다. 오늘날 그게 무엇인지 말하기란 그저 불가능하다. 요기 베라역5)가 말했듯이 예측을 하기란, 특히 미래를 예측하기란 어려운 일이다.

제프 스펙
2018년 8월 28일,
매사추세츠 브루클린에서

역1) Leon Battista Alberti (1404~1472): 르네상스 초기 이탈리아의 건축가이자 인문주의자로, 10권으로 된 『건축론(De Re aedificatoria)』(1452)을 썼다.
역2) 제프 스펙의 전작인 Walkable City는 국내에서 『걸어다닐 수 있는 도시』(마티, 2015)로 번역된 바 있으나, 본서에서는 walkable을 '걷기 좋은'으로 번역했다.
역3) Christopher Alexander (1936~2022): 『패턴 랭귀지(A Pattern Language: Towns, Buildings, Construction)』라는 저서로 유명한 오스트리아 태생의 학자다.
역4) '법'을 뜻하는 law는 의미 범주가 넓지만 본서에서는 주로 '법률(act)'의 의미로 쓰이고 있다. 의원들이 입안하고 통과시켜 정부에서 공포하는 '법률'과 달리 '코드(code)'는 전문 직능 단체에서 만드는 일종의 규범이며, 우리말로 '건축법(규)'의 의미로 통용되는 building code나 '소방법(규)'의 의미로 통용되는 fire code도 미국에서는 엄연히 code로 불리며(규칙 51 참조), 의회나 공공 당국은 code를 만드는 주체가 아니라 채택하는 주체다. law와 code를 구분하는 본서에서는 code를 '규정'으로, law의 하위 범주인 regulation을 '법규'로 번역했다.
역5) Yogi Berra (1925~2015): 미국 메이저리그의 뉴욕 양키스에서 뛰어난 공수(攻守) 능력을 겸비했던 선수 출신으로 많은 미국인의 존경을 받는 야구 지도자다.

역자 서문

2024년 7월 1일 저녁, 서울 시청역 인근 도로에서 안타까운 참사가 발생했다. 도로는 전국에서도 흔치않다는 4차선 일방통행로였고, 인근 호텔 주차장에서 나온 차량이 이 도로에서 역주행하며 9명의 사망자와 7명의 부상자가 발생했다. 가해 차량의 탑승자들은 살아남았고, 그들을 제외한 사상자들은 모두 길거리를 걷거나 횡단보도에서 기다리던 보행자들이었다. 이후 언론에서 사고 원인에 주목하며 많은 분석을 쏟아냈지만, 대개는 차량의 결함이나 운전 미숙에 초점을 맞추었을 뿐 도로 자체의 문제에 주목하는 경우는 찾아보기 어려웠다.

나무위키에서는 참사가 발생한 이 세종대로18길이 일방통행로가 된 사연을 짤막한 여담으로 전하는데, "이 도로는 원래 1차선이 세종대로 방향으로 갈 수 있었던 양방통행 도로였으나 2004년 서울시청광장을 조성 후 2005년 보행로 개선 사업에서 교통 혼잡도를 줄이기 위해 일방통행으로 변경되었다"고 한다. 하지만 제프 스펙에 따르면, 이렇게 '보행로를 개선하기 위해 교통 혼잡도를 줄인다'는 생각은 터무니없는 것이다. 교통 혼잡을 줄일수록 차량 통행은 빨라지고, 그럴수록 보행자에게는 더 위험한 환경이 조성될 수밖에 없기 때문이다. 우리는 보행자의 안전과 차량의 속도가 상충 관계에 있음을 정직하게 인정해야 한다(규칙 32 참조).

세종대로18길은 이 참사 이전에도 이미 사고 다발 지역이었는데, 2007년부터 2023년까지 이곳의 교통 데이터를 분석한 한 언론은 엉뚱하게도 이렇게 전한다. "경찰과 전문가들은 통상 일방통행 도로는 교통 방향이 한 곳으로 일정하게 흘러 사고 비율이 크게 낮아지는 도로지만, 세종대로18길은 도로 폭이 좁고 인근 교통량이 많은 왕복 교차로와 인접해있어 사고가 많았다고 진단한다." 역시 저자의 시각에 따르면 터무니없는 진단이다. 일방통행로는 그 자체로 과속을 유도하기 때문이다. "더 빠르고 안전한 것이란 존재하지 않는다. 속도가 높을수록 더 많은 충돌과 사망이 일어나기 마련이다"(규칙 39 참조). 보행로의 개선은 차량 속도를 늦추는 방향으로 이뤄져야지, 교통 혼잡을 줄인다고 될 일이 아니다. 역주행 여부와는 무관하게, 교통 혼잡을 줄인 결과 텅 빈 일방통행로를 질주할 수 있었던 과속 차량에 보행자가 희생된 것이다. 이 참사는 도심의 교통 혼잡을 줄이고자 도입된 4차선 일방통행로가 무방비 상태의 보행자에게 얼마나 위험한 환경인지를 너무도 극명하게 보여준 사례였다.

보행로에는 미약한 보행자용 가드레일이 설치되어 있었지만, 엄청난 속도로 돌진하는 차량에는 아무런 보호책이 되어주지 못했다. 하지만 그렇다고 도심에서 더 튼튼한 차량용 가드레일의 설치를 재발 방지 대책으로 내세워야 할까? 언뜻 그럴 듯해 보일지 몰라도, 이 책의 시각에 따르면 좋은 대안이 아닐뿐더러 오히려 역효과가 날 가능성이 높다. 차량용 가드레일은 이 도로가 차량을 위한 고속도로라는 인상을 주어 더 과속을 유도할 수 있고, 미약하게나마 있는 보행로는 더 삭막해질 것이기 때문이다. 차량 위주의 사고방식을 바꾸지 않는 한, 어떤 미봉책도 보행자의 안전을 보장하는 근본적인 해법은 될 수 없다. 그보다는 참사가 일어난 일방통행로를 비교적 안전한 양방통행으로 전환하거나 아예 보행자 전용도로로 바꾸는 법을 강구해야 근본적으로 안전한 해법이 될 것이다. 그리고 이러한 양방통행로나 보행자 전용도로로의 전환을 도심 위주로 체계적으로 계획할 때 비로소 걷기 좋은 도시의 발판이 마련될 것이다.

지금 든 사례는 무엇보다 '안전'에 관한 것이지만, 걷기에 관한 저자의 논지는 그 이상으로 '좋은 걷기' 일반에 관해 펼쳐진다. 결국 우리의 도시가 걷기 좋은 곳이 되려면 '유용한 걷기'와 '안전한 걷기', '편안한 걷기', '흥미로운 걷기'가 가능해야 한다는 것인데(규칙 94 참조), 이러한 '일반 보행 편의성 이론'의 관점에서 봤을 때도 참사가 일어난 세종대로18길은 문제가 많다. 안전하지 못한 일방통행로일 뿐만 아니라, 걷기가 유용하지도 편안하지도 흥미롭지도 않은 길이기 때문이다. 여기서 걷기의 '유용함'과 '편안함', '흥미로움'은 주로 주변 건물들이 만들어내는 효과인데, 드넓은 세종대로18길의 좌우측은 각각 작은 상점들과 거대한 블록들이 차지하고 있다. 이 거대한 스케일의 차이는 보행 환경 또한 극단적으로 대비시키는데, 거대한 블록들 주변으로는 넓은 보행로가 이어지지만 참사가 일어난 상점변 보행로는 그야말로 초라하기 그지없다. 건너편의 거대한 블록들은 전혀 편안하거나 흥미롭게 보이지도 않는다. 이런 길을 걷는다한들 개인의 건강과 지역 사회에 유용한 효과가 일어나기는 쉽지 않을 것이다.

이 책에서 저자가 제시하는 '걷기 좋은 도시의 규칙들'은 도시의 주거와 주차부터 대중교통, 자전거 시설의 계획, 도로 다이어트와 효과적인 신호 체계, 가로수와 임시적인 도로변 공간 활용, 연석 유지, 건물 인접 구역에 대한 품질 평가를 비롯한 보행 편의성 연구에 이르는 다양한 시도를 제대로 실천할 때에야 비로소 유용하고 안전하며 편안하고 흥미로운 걷기가 가능함을 말해주고 있다. 우리의 도시에도 세계의 많은 보행자 중심 도시처럼 진정 걷기 좋은 곳으로 거듭나기 위한 다양한 노력을 기대해볼 수 있을까? 아마도 이 책을 면밀히 읽고 우리 도시에 맞는 실천을 제대로 강구하는 것에서부터, 안전한 걷기는 물론이고 진정으로 걷기 좋은 도시를 만드는 물결이 일어나지 않을까 싶다.

조순익

조순익은 연세대학교에서 건축을 전공하고 번역가로 활동해 왔다. 『아키텍트하다』, 『현대 건축: 비판적 역사』(공역), 『현대 건축의 이해』, 『건축이 중요하다』, 『정의로운 도시』, 『공유도시: 임박한 미래의 도시 질문』, 『바이오필릭 라이프』(공역) 등 주로 건축과 도시, 디자인, 비평에 관한 다수의 번역서가 있으며, 『건축문화』, 『도무스 코리아』, 『건축가』, 『건축평단』을 비롯한 온·오프라인 간행물의 번역 및 서평에 개입해 왔다.
저서로는 『보는 기계와 읽는 인간: 건축문화 텍스트 읽기』가 있다.

서론

북미 지역은 세계의 많은 지역과 마찬가지로 반세기가 넘도록 꽤 심하게 도시를 건설하고 재건해왔다. 적절히 짓는 게 어렵진 않았을 것이다. 이미 과거에 그렇게 잘 짓곤 했기 때문이다. 하지만 마치 대통령 선거에서 투표하는 것처럼, 단지 뭔가를 행하기 쉽다고 해서 그게 행해지거나 잘 행해질 것을 뜻하지는 않는다.

좋은 소식은 동향이 긍정적이라는 점이다. 도시들은 20년에 걸쳐 호전되어왔다. 적어도 현재 미국 지역 사회(communities)에서 실천되는 도시 계획에 한해서는 해악보다 유익이 더 많다. 하지만 그 결과는 대단히 들쑥날쑥하다. 관심을 기울이는 도시 지도자들조차도 여전히 정보가 부족해서 오래 전 신뢰를 잃은 실수들을 반복하는 경우가 있다.

모범적인 도시 계획이 이따금 산발적으로만 실천되는 상황을 개선하기 위해, 나는 2012년에 『걸어다닐 수 있는 도시(Walkable City)』를 펴냈다. 타이밍이 좋았다. '보행 편의성(walkability)'이라는 용어는 2010년 이전까지 자주 사용되지 않았지만, 이제는 모든 지역 사회가 원하는 특별한 조미료가 된 듯하다. 시간이 걸리긴 했지만, 보행 편의성을 중심 목표로 설정하는 게 우리의 도시를 수많은 방식으로 개선하는 지름길일 수 있음을 미국의 많은 지도자들이 깨달았다.

'문학 비소설'과 '시사' 부문에서 판매된 『걷기 좋은 도시』는 독자를 수월하게 찾을 수 있었다. 도시의 생리를 궁금해 하는 아마추어 도시주의자들이 그 독자가 되어주었다. 그 책은 시장실과 의원 회의실, 주민회의에서 변화를 요구하는 사람들이 높이 들어 올린 책이 되었다. 실제로 변화가 시작되기도 했다. 아울러 그때 문제도 시작되었다. 그 책은 적절히 변화의 영감을 불

현재 보행 편의성 계획에는 개선해야 할 부분이 있다.

러일으키는 괜찮은 책이지만, 변화를 어떻게 만들지 정확히 말해 주지는 않는다.

그래서 이 새 책을 펴냈다. 본서는 『걸어다닐 수 있는 도시』를 현장에서 전개하기 위한 무기를 제공하려는 노력이다. 쉽게 접근할 수 있게 구성했고, 도시 계획 위원회에서 주장을 펼칠 수 있도록 기술했으며, 명료성을 높이는 삽화를 삽입했다. 거기에 데이터와 구체적인 방법까지 명시한 『걷기 좋은 도시』는 여러분의 지역 사회에서 최근의 가장 영향력 있는 도시 계획 실무들을 도입하기 위한 가장 총체적인 도구로 설계되었다. 이 책의 형식과 그 안에 담긴 정보가 어디서나 장소를 만들고 변화를 만드는 실천가들의 힘을 강화해줄 수 있길 바란다.

그리고 아직 『걸어다닐 수 있는 도시』를 읽어보지 않은 독자라면, 읽어보기 바란다. 그 책이 이 대의에 함께 할 동지들을 얻기 위한 최고의 문헌일 수도 있다. 하지만 결국 『걸어다닐 수 있는 도시』는 독자용이고, 『걷기 좋은 도시』는 당신과 같은 실천가를 위한 책이다.

1부. 보행 편의성의 가치를 설득하라

1. 보행 편의성은 부를 늘린다
2. 보행 편의성은 건강에 좋다
3. 보행 편의성은 기후 변화에 대응한다
4. 보행 편의성은 공평성을 키운다
5. 보행 편의성은 지역 사회에 이롭다

1부

보행 편의성의 가치를 설득하라

지역 사회의 목표로서 보행 편의성의 가치를 설득하는 일은 예전만큼 어렵지 않지만, 반대는 늘 있기 마련이다. 대개는 떼로 자동차를 모는 무리들, 은박 모자를 쓴 21세기 지구환경의제(Agenda 21) 음모 이론가들, 티파티 운동으로 일컬어지는 극우 공화당원 등이 유력한 반대자다. 중앙 정부가 주간선 도로(highway)[역6]에 투자하고 석유 회사에 보조금을 주는 것을 자유라고 포장하는 만큼, 갓길 보도(sidewalk)와 자전거 전용차로(bike lane)에 대한 모든 지역 투자는 공산주의가 장악한다는 오인을 받기 때문이다.

얼마나 잘못된 정보에 근거했든 일각에서 일어나는 반발은 보행 편의성의 주창자들이 그것을 뒷받침할 최고의 논거들로 무장할 필요가 있음을 뜻한다. 두드러지는 다섯 요소는 경제학과 건강, 기후, 공평성, 그리고 지역 사회다. 첫 세 요소는 『걸어다닐 수 있는 도시』에서 길게 논한 바 있다. 마지막 두 요소는 더 지적인 청중을 위해 최근 덧붙인 것들이다. 이 모든 요소가 사람들의 맘을 바꾸는 데 도움이 된다.

역6) 하이웨이는 일반적인 간선(arterial) 도로보다 더 상위 규모인 자동차 중심 간선 도로들을 통틀어 일컫는 용어로, 아시아 지역에서 사용하는 '고속 도로(expressway)'보다 의미 범주가 더 크다. 미국에서는 주로 도시와 도시를 잇는(intercity) 주도(州道, State Route), 주와 주를 잇는(interstate) 주간(州間) 고속 도로(Interstate Highway), 전국을 잇는 국도(國道, US Route) 등의 자동차 간선 도로를 모두 포함하며, 때로는 도심과 도심을 잇는(inter-town) 고가 도로까지 포함하는 개념이다. 따라서 여기서는 국내 '도로의 구조·시설 기준에 관한 규칙'(국토교통부령 제922호, 2021. 12. 13) 제3조에서 '고속국도, 일반국도, 특별시도, 광역시도'를 아우르는 기능 분류 용어인 '주간선(主幹線)' 도로로 번역했다. 교외 확산의 영향으로 위계화된 미국식 도로 체계에 대해서는 규칙 36과 규칙 44를 참조한다.

1 보행 편의성은 부를 늘린다
보행 편의성에 투자해야 할 강력한 경제적 이유들이 존재한다.

보행 편의성을 늘리려면 돈이 들지만 예산은 빠듯하다. 지역 사회 지도자들에게 보행 편의성에 투자하라고 설득하는 첫 번째 단계는 그런 투자가 그 이상의 이익을 낳음을 보여주는 것이다. 이를 뒷받침할 증거는 풍부하므로, 증거를 모아 약간의 강력한 주장을 할 수 있겠다.

보행 편의성은 자산 가치를 강화한다. 부동산에서 가장 분명한 상관관계 중 하나는 보행 편의성과 집값 사이에 존재한다. 전형적인 사례를 들자면, 덴버의 걷기 좋은 동네에 있는 주택들이 운전자 위주의 스프롤(sprawl)이 일어나는 동네의 주택들보다 150% 프리미엄이 붙은 가격에 팔린다.[2] 샬럿에서는 걷기 점수가 (100점 만점 중) 1점씩 오를 때마다 집값이 약 2천 달러 오른다.[3] 집값은 지역 당국의 재산세 수입을 결정하므로 보행 편의성에 투자할 정당성이 생긴다. 게다가 걷기 좋은 동네에 주소지를 둔 사무 공간은 교외에 위치한 곳에 비해 임대료 프리미엄이 상당히 높고 공실률은 훨씬 낮다.[4]

보행 편의성은 인재를 끌어들인다. 교육 받은 밀레니엄 세대는 보행 편의성을 중시하며 보다 걷기 좋은 장소로 옮겨가고 있다. 그들 중 64%는 어디서 살지를 먼저 정한 다음 일자리를 찾고,[5] 77%는 도심에서 살 계획이라고 말한다.[6] 최근의 한 연구에 따르면, 밀레니엄 세대의 63%(그리고 베이비부머 세대의 42%)가 자가용이 필요 없는 곳에서 살고 싶어 한다.[7] 젊은 인재를 유치하고 싶어 하는 회사와 도시는 그들이 바라는 걷기 좋은 도시 생활양식을 제공할 필요가 있다.

보행 편의성에 대한 투자는 더 많고 좋은 일자리를 만들어낸다. 볼티모어의 교통 프로젝트에 관한 한 연구에 따르면, 주간선 도로 투자에 비해 보행 시설에 투자된 금액은 1달러당 57% 더 많은 일자리를 창출했고 자전거 시설 투자금은 1달러당 100% 더 많은 일자리를 만들

당신이 통근할 때 사회는 얼마나 많은 비용을 지출(또는 절감)하는가?

당신은 이동할 때 교통 시스템에 돈을 투입하지만, 그 시스템에 비용을 초래하기도 한다. 시스템에 기여하느냐 부담을 주느냐는 당신의 이동 방식에 좌우된다.

예컨대 버스를 탈 때는 요금을 지불하여 시스템에 돈을 투입한다. 탑승객이 시스템에 주는 부담에는 버스 운영비를 비롯해 배기가스와 소음공해 등 눈에 덜 띄는 영향들이 포함된다.

우리가 시스템에 투입하는 금액과 초래하는 비용의 비율을 보면 비교적 더 많은 보조금을 받는 다양한 이동 방식이 있음을 알게 된다.

당신이 걷는 데 1$를 들이면	사회는 0.01$를 지출한다.
당신이 자전거 타는 데 1$를 들이면	사회는 0.08$를 지출한다.
당신이 버스 타는 데 1$를 들이면	사회는 1.50$를 지출한다.
당신이 운전하는 데 1$를 들이면	사회는 9.20$를 지출한다.

자동차에 의존하는 도시는 시민을 빈곤하게 만든다. 게다가 자동차에는 대규모의 보조금이 물밑에서 지원되므로 도시가 더 빈곤해진다.

어냈다.[8] 걷기 좋은 장소가 조성되면 경제는 더 강력해진다. 최근의 한 연구에서는 미국에서 가장 걷기 좋은 대도시들이 가장 걷기 안 좋은 대도시들에 비해 1인당 GDP가 49% 더 높다고 한다.[9]

자동차 문화는 수지가 맞지 않는다. 1970년부터 2010년까지 미국의 도로는 2배 늘어난 것으로 추산되었다. 같은 기간 전형적인 미국 가정은 소득 대비 교통비의 비율이 2배로, 즉 10%에서 20%로 뛰었다.[10] 국민 대부분이 자가용을 필수로 몰게 하는 미국의 교외 경관은 현대 생활의 재정난을 조성하는 데 크게 기여했다.

걷기는 긍정적인 외부 효과를 만들어낸다. 모든 교통에는 보조금이 지원된다. 문제는 '얼마나 많은' 보조금이 지원되느냐다. 걷거나 자전거를 타려면 갓길 보도와 자전거 전용차로가 있어야 하지만, 이런 걸 조성하는 데 드는 비용은 주간선 도로 건설비에 비해 미미한 수준이다. 아울러 운전에 따른 외부 효과는 분명하며, 교통 단속과 구급차, 병원, 교통 혼잡 시 낭비되는 시간, 기후 변화 등 거대한 비용을 초래한다. 걷기와 자전거 타기의 외부 효과는 기본적으로 더 건강한 인구가 조성되어 일어나는 효과다. 코펜하겐시의 계산에 따르면, 자동차로 1마일(약 1.6km) 운전할 때마다 시는 20센트의 비용을 지출해야 하지만 자전거로 1마일을 달릴 때마다 시는 42센트의 이익을 얻는다.[11] 모든 외부 효과를 돈으로 환산할 수는 없지만, 현재 도시들이 위험에 처하고도 간과하는 해수면 상승과 같은 효과는 장기적으로 미래 경제에 상당한 영향을 주게 될 것이다.

규칙 1: 보행 편의성을 옹호할 때는 자산 가치와 인재 유치, 일자리 창출, 교통에 따른 비용, 보조금/외부 효과라는 논거를 활용하라.

2 보행 편의성은 건강에 좋다
보행 편의성에 투자해야 할 강력한 건강상의 이유가 있다.

미국에서 도시 계획가로서 최고의 나날은 하워드 프럼킨과 로렌스 프랭크, 리처드 잭슨(Howard Frumkin, Lawrence Frank, and Richard Jackson)이 『도시 스프롤과 공중 보건(Urban Sprawl and Public Health)』이라는 책을 펴낸 2004년 7월이었다. 이 책에서 저자들은 미국의 많은 지역이 '유용한 걷기(useful walk)'를 배제한 채 설계되면서 미국인들의 질병을 상당 부분 초래해왔음을 분명히 했다. 이 중요한 책과 그 이후에 나온 다른 책들은 미국의 보건 위기가 대부분 도시 설계의 위기임을 보여주면서, 그 치유의 핵심으로 보행편의성을 제시한다.

보다 걷기 좋은 지역 사회를 조성하여 얻는 건강 혜택은 측정이 가능하며 상당히 크다. 예컨대 다음과 같은 혜택들이 있다.[12]

미국인이 자동차 충돌 사고로 죽을 확률은 영국인이나 스웨덴인이 그럴 확률의 거의 4배에 달한다.

걷기 좋은 지역 사회는 날씬한 지역 사회다. 미국은 비만이라는 역병을 앓고 있으며, 이는 교외 스프롤과 직접 연관될 수 있다. 지역 사회의 걷기 점수가 낮을수록 그 주민들은 비만일 확률이 높다.[13] 도시를 더 걷기 좋게 만드는 모든 투자는 그 도시의 비만율도 낮출 확률이 높다.

날씬한 지역 사회는 의료비를 낮춘다. 비만은 그 자체로도 우려할 사항이지만, 대개는 그것이 일으키거나 악화시키는 질병들로 피해가 커진다. 그중에는 당뇨와 관상 동맥성 심장 질환, 고혈압, 담석, 골관절염, 그 외 다양한 암들이 있다. 이런 질병들의 치료비는 유달리 비싸서 그중 대부분은 사회와 지방 자치 단체가 부담한다. 도시가 더 걷기 좋아질수록, 우리 모두가 혜

미국에서 부모보다 기대 수명이 짧은 최초의 세대가 출현한 이유 중 하나는 러닝머신에서 걷기 위해 무심코 자동차를 몰고 가서 주차한 뒤 에스컬레이터를 탄다는 사실에 있다.

택을 얻게 된다.

걷기 좋은 지역 사회는 생명을 살린다. 매년 자동차 충돌 사고로 전 세계에서 죽는 인구는 무려 125만 명에 달한다. 2017년에는 그중 4만 명 이상이 미국인이었고, 이는 신기록이다. 미국인들은 대부분 이런 사망률을 당연시하지만, 자동차 의존도가 덜한 다른 선진국과 비교해보면 눈이 휘둥그레진다. 미국인이 자동차 충돌 사고로 죽을 확률은 영국인이나 스웨덴인이 그럴 확률의 거의 4배에 달한다.[14] 이는 주로 미국 도시의 설계 문제이며, 걷기 좋은 도시일수록 자동차 충돌 사고로 인한 사망이 적다. 같은 이유로, 멤피스나 올랜도의 도로에서 사망할 확률은 뉴욕이나 포틀랜드의 도로에서 사망할 확률의 거의 4배에 달한다.[15] 자동차를 중심으로 조성된 도시에서 자동차 충돌 사고율이 가장 높다는 증거는 해마다 나오고 있다.

공기 오염으로 인한 사망도 지역 사회 설계의 결과다. 미국인 중 약 4천만 명(13%)이 천식을 앓고 있으며, 천식으로 인한 경제적 비용은 미국에서만 560억 달러로 추산된다.[16] 하지만 천식은 공기 오염으로 '조기 사망'하는 연간 20만 명 중 일부의 원인일 뿐이다. 매사추세츠 공과대학교의 한 연구에 따르면, 이런 사망의 주된 원인은 차량 배기가스였다.[17] 한 세대 전과 달리 대부분의 공기 오염이 공장에서가 아니라 운전 중에 일어난다.[18] 자동차 충돌 사고만 줄여도 생명을 구할 수 있지만, 자동차 배기가스를 줄이면 훨씬 더 많은 수의 생명을 구할 수 있다. 둘 다 걷기 좋은 도시를 만들 때 가능한 결과다.

규칙 2: 보행 편의성을 옹호할 때는 비만과 의료비, 자동차 충돌 사고와 공기 오염으로 인한 사망률 등 공중 보건에 관한 논거를 활용하라.

3 보행 편의성은 기후 변화에 대응한다
보행 편의성에 투자할 만한 강력한 환경적 이유가 있다.

대부분의 도시 계획가는 도시의 애호가로서, 환경주의자를 대하는 데 어려움을 겪어왔다. 왜냐하면 미국 역사에서 환경 운동은 도시에 반대하는 운동이었기 때문이다. 도시가 "건강과 도덕, 인간의 자유를 해치는 역병"이라고 말한 토머스 제퍼슨(Thomas Jefferson)부터 시에라 클럽(Sierra Club)의 오랜 역사까지 거쳐 온 미국에서, 친환경적(green)이라 함은 종종 도시가 지구를 약탈하는 주범이라고 여기는 것을 의미해왔다.[19]

토론토인은 애틀랜타인보다 1/4, 홍콩인보다 5배의 휘발유를 사용한다.

이러한 반(反)도시적 메시지는 기후 변화에 대한 자각이 높아지고 탄소현황지도(carbon map)가 대중화되면서 더 날카로워져만 갔다. 오랜 기간 미국의 전형적인 탄소현황지도는 밤하늘의 위성사진과 비슷한 모습이었는데, 도시는 뜨거운 색, 교외는 시원한 색, 촌락은 가장 차가운 색으로 표시되기 때문이다. 결국 인구가 많은 지역일수록 오염도가 높게 나오는 셈이다.

소수의 똑똑한 사람들이 이런 지도가 경솔한 가정에 근거하고 있음을 깨닫기까지는 시간이 꽤 걸렸다. 즉 그런 지도는 단위 면적당 탄소량을 측정하는 게 가장 의미 있는 방법이라고 경솔하게 가정하지만, 사실은 그렇지 않다.

가장 좋은 탄소 측정법은 1인당 배출량을 측정하는 것이다. 장소를 판단하는 기준은 거기서 얼마나 많은 탄소가 배출되느냐가 아니라 그 장소가 우리로 하여금 얼마나 많은 탄소를 배출하게 하느냐가 되어야 한다. 미국에는 어느 때건 너무나 많은 사람들이 있기 때문에,

역7) 군용 차량이었던 험비를 제너럴모터스사에서 1992년 민간 차량으로 내놓은 픽업트럭 브랜드로, 2010년에 단종되었다.

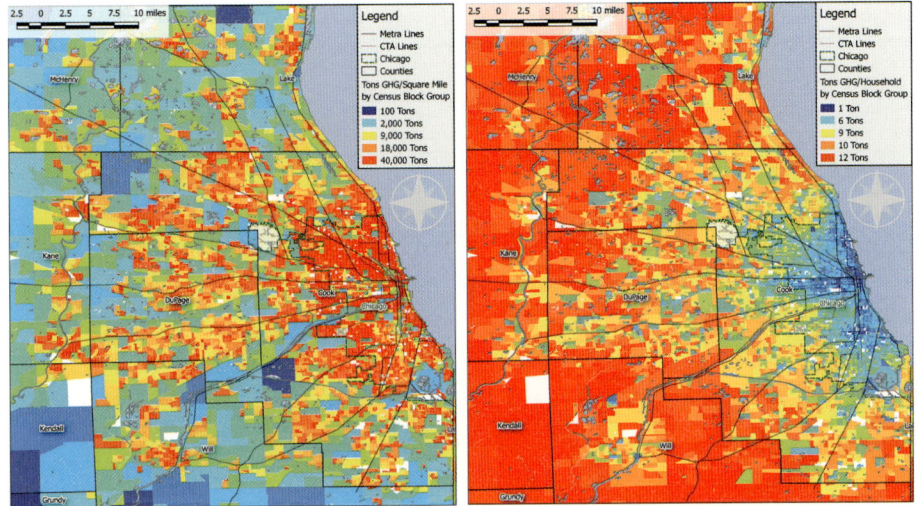

근린 기술 센터(Center for Neighborhood Technology)의 피터 하스(Peter Haas)가 만든 이 시카고 지도들은 온실가스의 단위면적당 배출량을 측정한 이미지와 가구당 배출량을 측정한 이미지가 정반대의 결과로 나타남을 보여준다.

환경에 가장 적은 부담을 주는 곳에 살도록 장려할 수 있다. 그런 장소는 결국 도시다. 인구 밀도가 높을수록 더 좋다.

단위면적당 탄소량을 표시한 지도를 가구당 탄소량을 표시한 지도로 대체할 때는 놀랍게도 색의 분포가 완전히 뒤집혀진다. 가장 차가운 색으로 표시되었던 지역이 가장 뜨겁게 표시되고, 그 반대도 마찬가지다. 모든 도시에서 가장 친환경적으로 표시되는 부분은 도심 한가운데서 발견된다. 미국 환경보호청(EPA)은 이를 두고 '입지 효율성(location efficiency)'이라고 부른다.

예상할 수 있듯이, 이 이미지들에서 붉은색으로 표시된 부분은 대부분 자동차 배기가스로 인한 것이다. 이는 상식에 부합하는데, 우리에게는 대부분 자동차 운전이 1인당 탄소 발자국(carbon footprint)에 크게 기여하는 요인이기 때문이다. 우리가 도시를 더 걷기 좋게 만들수록, 도시는 우리가 오염을 덜 일으키게 만든다. 토론토인은 애틀랜타인보다 1/4, 홍콩인보다 5배의 휘발유를 사용한다.[20]

이런 상황에서 우리는 전기차가 행복한 해법을 제공한다고 믿게 되지만, 지금까지의 데이터는 몇 가지 이유로 인해 고무적이지 않다. 첫째, 미국과 세계의 많은 지역에서 전기차는 기본적으로 석탄 발전에 기대는 자동차다. 둘째, 교외 지역에서 이미 교훈을 줬듯이 우리가 운전할 때는 운전 외의 다른 모든 소비 패턴이 늘어난다. 데이비드 오언은 『그린 메트로폴리스(Green Metropolis)』에서 이렇게 말한다.

> 보통, 미국 교외에서 에너지를 낭비하는 중대 요인은 차도를 달리는 허머(Hummer)[역7] 자체가 아니다. 오히려 허머로 인해 생겨나는 다른 모든 요인들, 말하자면 지나치게 큰 집과 세차에 쓰이는 마당, 새로운 지선 도로와 주택가의 연결망, 전력 계통의 값비싸고 비효율적인 외부 확장, 판에 박힌 상점과 학교, 2시간 걸리는 혼자만의 출퇴근 등이 에너지를 더 낭비시킨다.[21]

도시 계획 학교에서 제일 먼저 배우는 것은 우리의 이동 방식이 우리의 생활 방식을 결정한다는 점이다. 기후 변화를 늦추기 위한 우리 사회의 노력은 대중교통과 자전거, 도보를 중심으로 도시를 재편할 때 성공하게 될 것이다.

규칙 3: 보행 편의성을 옹호할 때는 기후 변화의 논거를 활용하고 입지 효율성을 강조하라.

4 보행 편의성은 공평성을 키운다

보행 편의성에 투자할 만한 강력한 공평성 측면의 이유가 있다.

보행 편의성은 도시 계획에 호의적이기 때문에 엘리트주의적이라는 비난의 포로가 된다. 그런 주장들은 점점 더 많은 사람들이 원하는 걷기 좋은 동네가 수적으로 제한되고 점점 더 부유층만을 위한 비싼 동네가 되어갈 때 동력을 얻게 된다. 이런 정서에 부닥칠 때는 '보행 편의성'과 '자전거 이용 편의성(bikeability)'이 왜 점점 더 불공평해져가는 우리 사회의 기울어진 운동장을 바로잡는 데 가장 효과적인 도구에 속하는지를 가장 설득력 있는 논거로 설명하는 게 좋다.

대중교통의 선택지가 많은 도시일수록 소득 불평등과 지나친 임대료 지출이 적어지는 경향이 현저하게 나타난다.

미국인의 1/3은 운전을 할 수 없다. 2015년 기준, 미국 인구 3억 2,100만 명 중 1억 3백만 명 이상이 자동차 운전면허증을 소지하지 않고 있었다. 면허증을 소지했지만 운전할 때 편안하다고 느끼지 않은 사람들은 더 많았다. 미국의 경관이 대부분 그렇듯 걷기 안 좋은 환경에 맞닥뜨릴 때 이런 사람들의 선택지는 오직 둘밖에 없다. 다른 사람이 운전하도록 부담을 주거나, 그냥 집에 머무르거나.

보행 편의성은 노년층에 새로운 삶을 제공한다. 걷기 안 좋은 장소에 사는 노인들은 훨씬 이른 시기에 독립적인 생활 능력을 상실하고 결국 기관에 요양된다. 각자의 일상적 필요를 걸어 다니며 충족할 수 있는 노인들은 운전 가능 연령을 넘더라도 오랫동안 자족적인 삶을 살 수 있다.

보행 편의성은 아이들에게 독립심을 부여한다. 우리는 대부분 자녀들이 열여섯 살이 되기 전에 자립정신을 잘 행사하길 바란다. 걷기 좋은 환경은 아이들에게 거의 십년간 더 자족적인 능력을 부여하고, 자녀의 각종 활동을 위해 운전기사 노릇을 하던 부모를 그만큼 더 빨리 해방시켜준다.

대중교통은 일방적으로 빈곤층과 소수자에게 도움이 된다. 대중교통 탑승자 중 가계 소득이 5만 달러 미만인 경우는 거의 2/3에 달한다. 1만 5천 달러 미만인 경우는 20%가 넘는다. 대중교통 탑승자 중 60%는 백인이 아니다.[22] 대중교통의 선택지가 많은 도시일수록 소득 불평등과 지나친 임대료 지출이 적어지는 경향이 현저하게 나타난다.[23]

걷기와 자전거 타기는 일방적으로 빈곤층과 소수자에게 도움이 된다. 자전거 전용차로가 기본적으로 엘리트 지식인 노동자들을 위한 것이라는 잘못된 인식이 존재한다. 현실에서는 자전거 이용자(또는 보행자)가 부유한 전문직 종사자이기보다 최저임금 노동자일 가

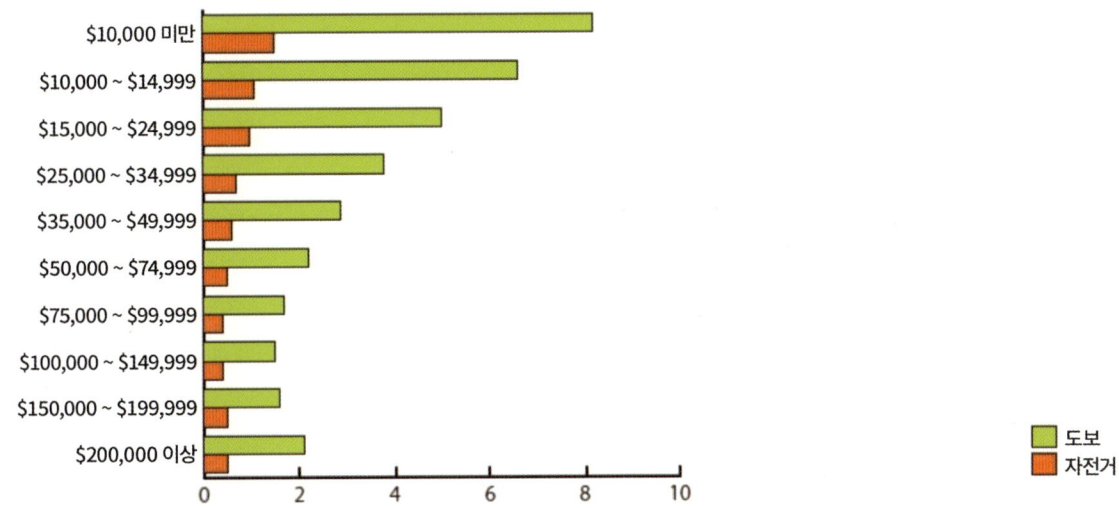

물론 최상위 부유층도 차상위 부유층보다는 걷기와 자전거 타기를 좀 더 많이 한다. 하지만 진짜 뉴스는 이 차트의 최상단 부분이다.
출처: 미국 통계청, 2008-2012 미국 지역 사회 조사.

능성이 더 높다.

교통사고로 죽는 비율은 빈곤층, 노년층, 비백인 보행자가 일방적으로 높다. 아프리카계 미국인과 아메리카 원주민은 미국 인구의 12.9%를 구성하지만, 보행 중 사망자 수의 22%를 차지한다. 라틴 계열까지 포함하면 미국에서 유색인이 보행 중 차에 치여 사망할 확률은 54% 더 높다.[24] 75세가 넘는 노년층은 65세 미만보다 보행 중 사망률이 68% 더 높다. 또한 보행 중 사망은 저소득층이 사는 지역에서 훨씬 더 흔히 발생한다.[25] 따라서 보행 안전에 투자하는 것은 곧 사회적 공평성에 투자하는 것이다.[26]

보행 편의성의 향상은 일방적으로 장애인에게 도움이 된다. 대부분의 시각장애인들은 걸을 때만 독립적으로 움직일 수 있으며, 자동차를 타야만 돌아다닐 수 있는 지역 사회에서는 사실상 움직일 수 없게 된다. 또한 보행 편의성에 대한 모든 투자는 롤러빌리티(rollability), 즉 휠체어를 얼마나 잘 굴릴 수 있는가에 대한 투자이기도 하다. 휠체어 이용자는 갓길 보도가 더 안전할수록 가장 많은 혜택을 받는 경우에 속한다.

규칙 4: 보행 편의성을 옹호할 때는 그것이 사회적 공평성을 높여줌을 입증하는 데이터를 활용하라.

5 보행 편의성은 지역 사회에 이롭다
보행 편의성에 투자할 만한 강력한 지역 사회적 이유가 있다.

다양한 지역 사회를 조사하는 데 시간을 들여 본 도시 계획가라면 전통적인 걷기 좋은 동네와 자동차 위주의 스프롤이 서로 어떻게 다른지 말해줄 수 있다. 걷기 좋은 장소에서는 몇 분만 주변을 둘러보더라도 꼭 호기심 많은 주민이 접근해오기 마련이다. 막다른 골목(cul-de-sac)과 정면에 주차장이 튀어나온 집들이 있는 현대적인 교외 지역에서는 어떤 주민과도 소통하지 않은 채 하루 종일 거리를 측정하며 다닐 수 있다. 아무도 걷지 않는 곳에서는 아무도 공공 영역을 감시하지 않고, 아무도 이웃의 사정을 알지 못한다.

오직 차량의 바깥에 있을 때만, 또한 비교적 차량으로부터 안전할 때만, 지역 사회의 유대가 형성될 수 있다.

우리는 걸을 때 보행자라고 불리고, 운전할 때 운전자라고 불린다. 이 두 인격이 행동하는 방식에 근거해보면, 같은 사람이 양쪽 모두일 수 있거나 심지어 그 둘이 같은 종(種)에 속한다는 사실이 잘 믿겨지지 않는다. 대부분의 보행자는 기본적으로 타인에게 개입하거나 적어도 어떤 식으로든 타인을 인식할 준비가 되어 있다. 심지어 당신이 지나치면서 타인에게서 시선을 돌리는 행위조차 인식의 한 형태인데, 이런 행동이 특히 그 타인의 존재감 때문에 일어나기 때문이다. 갓길 보도에서 우리의 걸음은 소통과 적응이 벌이는 미묘한 춤이다.

반대로 대부분의 자동차 운전자들은 심각하게 반사회적이며 종종 소시오패스(sociopath)적이기까지 하다. 우리는 운전할 때 가장 이기적이고 종종 가장 공격적이 된다. 운전대 앞에만 앉았다 하면 주일 학교 선생님들과 교회 집사님들이 서로를 향해 가운데 손가락을 날리는 걸 보게 된다. 왜 이런 것일까?

그 답은 전혀 미스터리하지 않다. 자동차를 운전한다는 것은 다른 사적 공간과 치명적으로 경쟁하는 어느 사적 공간을 조종하는 일이다. 도로 위의 다른 모든 운전자는 오직 두 가지 역할만 맡는다. 아스팔트를 차지하려고 경쟁하기, 그리고 당신의 생명을 위협하기. 경쟁에 참여하는 자들은 모두가 적수다. 한번만 실수하면 서로를 (그리고 아마도 그 가족 전체를) 죽일 수도 있는 적 말이다.

오직 차량의 바깥에 있을 때만, 또한 비교적 차량으로부터 안전할 때만, 지역 사회가 형성될 수 있다. 이를 가장 잘 보여준 것은 이제는 고전이 된 도널드 애플야드(Donald Appleyard)의 책 『살기 좋은 거리(Livable Streets)』인데, 이 책은 샌프란시스코에서 사회적 자본과 교통량의 관계를 연구하여 정리한 것이다.[27] 다니는 자동차들의 수만 빼고는 기본적으로 동일한 거리들을 비교한 결과, 애플야드는 교통량이 적은 거리의 주민들이 대부분 거리 전체를 그들의 '집 영역(home territory)'이라고 여기는 데 반해 교통량이 많은 거리의 주민들은 대부분 그들이 소유한 건물이나 아파트에서만 집에 있다고 느낀다는 걸 알아냈다. 더 주목할 만한 것은 교통량이 적은 거리의 주민들이 믿을 만한 친구를 평균적으로 3.0명 꼽았지만 교통량이 많은 거리의 주민들은 평균적으로 0.9명만 꼽았다는 점이다.

이렇게 말한다면, 좋은 광고 문구가 되진 못하리라. "친구 수를 한 명 밑으로 좀 줄이고 싶다면, 교통량이 많은 거리에 사세요."

교통량의 영향은 분명하다. 하지만 개발 패턴의 영향은 어떠한가? 로버트 퍼트넘(Robert Putnam)은 『나 홀로 볼링(Bowling Alone)』이라는 책에서 무엇이 미국 내 사회적 자본을 현저하게 감소시켰는지를 규명하고자 했다. 그는 자신이 발견한 가장 예후적인 척도로 교외화(suburbanization)와 그에 따른 출퇴근 시간을 들었다. 그러고는 이렇게 언급했다. "매일의 출퇴근 시간이 10분씩 늘수록 지역 사회의 일, 즉 공청회, 의장이 주관하는 위원회, 청원 서명, 교회 예배 등에 참여하는 비율은 10퍼센트씩 떨어진다."[28]

마지막으로, 우리에겐 보행 편의성을 직접 관찰하는 사회적 자본 연구도 있다. 뉴햄프셔 대학교의 연구자들은 동네 20곳의 주민 700명을 조사했고, 이 동네들은 뉴햄프셔의 맨체스터와 포츠머스에서 비교적 걷기 좋은 곳과 그렇지 않은 곳으로 나뉘었다. 연구자들은 "걷기 좋은 동네에 사는 사람들일수록 자기 이웃을 더 신뢰했고, 지역 사회 프로젝트와 동호회, 자원 봉사에도 더 많이 참여했으며, 그렇지 않은 동네에 사는 조사 참여자들보다 텔레비전을 오락의 주된 형식으로 꼽은 경우가 적었다."[29]

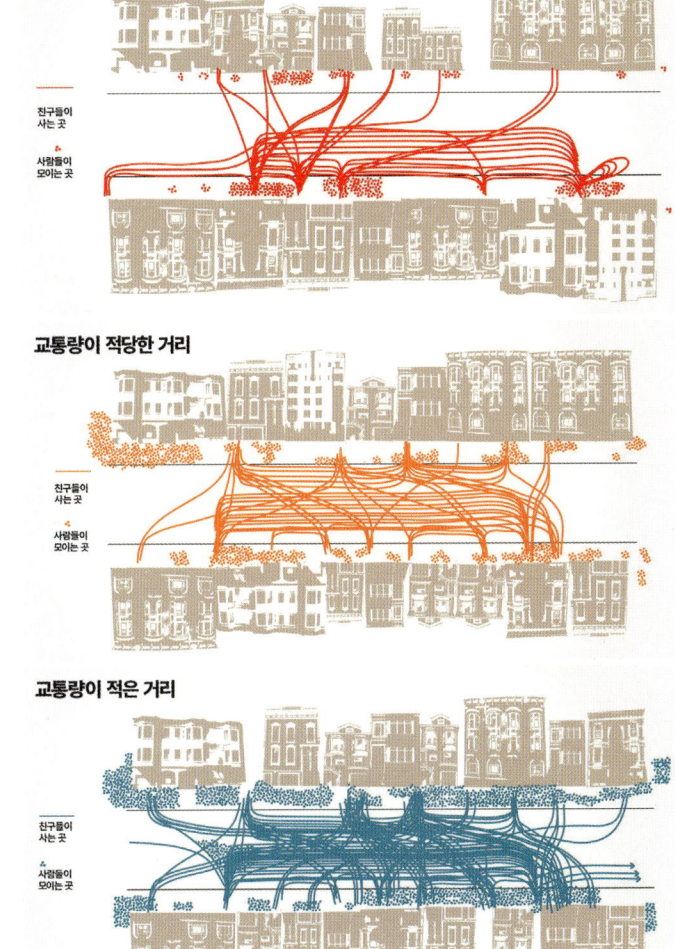

『살기 좋은 거리』에서 도널드 애플야드는 자동차 교통량이 어떻게 사회적 자본의 형성을 방해하는지를 보여줬다.

규칙 5: 보행 편의성을 옹호할 때는 그것이 사회적 자본에 끼치는 영향에 관한 강력한 데이터를 빼놓지 말라.

2부. 용도를 혼합하라

6. 적정가의 도심 주거에 투자하라

7. 지역 학교들을 요구하라

8. 지역 공원들을 요구하라

9. 도시의 규정을 고쳐라

10. 계산을 해보라

2부

용도를 혼합하라

걷기가 어떤 목적을 수행하지 않는다면 사람들은 걷지 않을 것이다. 우리의 걷기가 가장 쓸모 있어지는 순간은 눈앞의 무언가 다른 어딘가로 인도될 때다. 그런 걷기가 이뤄질 때 삶은 훨씬 더 효율적이 된다. 굳이 대중교통을 이용하거나 교통 체증을 겪으며 시간을 낭비할 필요가 없으니 말이다.

대체 수많은 사람들의 뇌신경에 어떤 문제가 있었기에 이 단순한 사실이 망각될 수 있었는지 의아할 따름이다. 이 주제를 다루는 근대 운동의 핵심 텍스트들을 읽어보면 혼란스럽다. 1939년 세계박람회에서 퓨처라마(Futurama)를 소개한 노먼 벨 게디스(Norman Bel Geddes)의 〈내일의 세계〉라는 홍보 영화는 수천만 명의 관객을 동원했는데, 이 영화는 다음과 같이 주장했다. "효율성과 편의성을 키우기 위해 주거 지역과 상업 지역, 공업 지역이 분리되었다."[30]

이런 말을 고안한 사람들은 무슨 생각을 하고 있던 걸까? 이러한 진술이 한 국가를 넘어 지구 전체에서 완전히 소화되어 사반세기동안 아무런 의심도 받지 않은 사실을 대체 어떻게 설명할 수 있을까? "보다시피, 우리는 여러분 삶의 모든 면면을 원거리로 분리하여 여러분의 하루를 더 편리하게 만들고 있다." 뭐라고요?

모더니즘 도시 계획으로 극심하게 분리된 우리의 일상생활을 되돌릴 필요를 전부 일일이 다루려면 여러 챕터가 필요할 것이다. 이번 파트에서는 가장 주목해야 할 4가지 주제들, 즉 도심 주거, 지역 학교, 지역 공원, 스프롤을 거부하는 토지 이용 법률에 초점을 맞추고, 지역 수준에서 좋은 결정을 내리기 위한 경제적 틀에 대한 언급으로 끝을 맺는다.

6 적정가의 도심 주거에 투자하라
고밀 주거가 보행 편의성의 핵심이다.

이상적인 혼합 용도(mixed-use) 지역 사회에는 일자리와 주거의 균형에 근접하는 무언가가 있다. 미국에서는 대부분의 지역이 주거용이나 상업용 중 하나로 치우쳐져 있기 때문에, 혼합 용도로 가려면 논리적으로 둘 중 한 방향을 취할 수밖에 없다. 즉 주택가에 상업 용도를 더하거나, 상가 동네에 주거 용도를 더하는 것이다. 둘 중 전자를 가리켜 우리 전문가들은 '이론적 가능성'이라고 부른다. 실제로는 절대 일어나지 않는 일이기 때문이다.

왜 그런지를 이해하고 싶다면, 그저 교외 주택가의 막다른 골목 한 귀퉁이에 가게를 지어보라. 머지않아 경찰에 호송되어 동네에서 쫓겨날 것이다. 교외에서는 침대 하나 빌려서 사는 세입자들이 걸어서 갈 수 있는 가게를 목말라할 정도로, 아무도 자택 근처에 가게를 두고 싶어 하지 않는다. 그래서 혼합 용도 지역을 더 많이 만들려는 거의 모든 노력은 기본적으로 상업 지역, 특히 도심과 중심가를 비롯해 이미 갓길 보도에 가게와 사무실이 늘어선 입지에 더 많은 주거를 더하는 방식에 집중되어 왔다. 이런 장소들은 걷기가 중요했던 시기에 지어져서 보행 편의성을 확보하기도 가장 좋다.

이런 장소들, 즉 이제부터 집단적으로 (그리고 부정확하지만 쓸모 있게) '도심'이라고 통칭할 곳들에 주거를 늘리는 일은 단순한 편의 이상의 가치를 지닌다. 더 많은 주거가 도심을 위대하게 만든다. 이는 제인 제이콥스가 1961년에 했던 말인데, 당시 그녀는 노동자 40만 명이 매우 비좁은 곳에서 지내던 뉴욕 월가가 여전히 "서비스와 편의 시설을 제공하는 능력은 비참할 정도"[31]라고 말했다. 왜냐면 거기에는 그녀가 '고른 시간대 이용(time spread)'이라고 부른 24시간 활동이 없었기 때문이다. 월가에는 왜 큰 레스토랑이나 체육관이 하나도 없었을까? 그런 시설은 일과 시간부터 저녁 시간까지 손님이 필요하고, 이를 만족시킬 고객층은 주거와 업무가 공존하는 장소에만 존재하기 때문이다.

미국의 도시들은 대부분 도심의 주거 밀도가 매우 낮다. 예컨대 디트로이트의 에이커(약 1,224평)당 인구는 4.3명이다. 툴사(Tulsa)의 경우는 3명이다. 이런 게 사람들이 살고 싶어 하는 저밀도 교외 지역의 수치들이다. 비싸지 않은 임대주택이 지어졌다 하면 즉시 세입자가 채워진다. 하지만 개발업자들은 이런 임대주택을 충분히 빨리 지을 수가 없다(또는 그렇게 빨리 지으려 하지 않을 것이다.) 대신 도심에서 활동하는 소수의 개발업자들이 소수의 고급 분양아파트를 세우고 있는데, 이런 아파트들은 도심의 고른 시간대 이용이 아직 충분한 수준으로 이뤄지지 않아서 종종 팔리지 않곤 한다.

왜 이렇게 수요와 공급이 맞지 않을까? 적정가의 도심 임대주택은 대개 돈이 되지 않기 때문이다. 도시 지역에서 건물을 지으려면 돈

주 정부와 연방 정부에서 지원하는 역사 지구 세제 혜택과 시 지원금에 힘입어 복원된 랜돌프(Randolph) 아파트는 디모인 도심에 56세대의 시장 요율 주택을 공급한다.

이 많이 들고, 대부분의 도시에서는 매우 비싼 임대료를 받아야만 그 비용을 뒷받침할 수 있다. 하지만 도시로 이주하려는 사람들 중에 그런 임대료를 감당할 수 있는 경우는 극소수에 불과하다. 미국에서 개발이 덜된 도시의 중심부로 이주할 준비가 된 사람들은 아직까지 고소득을 올리지 않고 있는 최근의 대학 졸업자, 젊은 기업가, 자녀가 없는 전문직이 대부분이다. 개발업자들은 이윤이 나는 곳으로 진출하기 때문에, 다른 어떤 단체(대개 시 정부)가 표준적인 도심 아파트의 이윤 창출 수단을 찾지 않는 한 교외에서만 활동하려고 할 것이다.

개발업자들이 도심으로 진출하려면 약간의 유인책이 필요함을 인식하고 '고른 시간대 이용'의 상당한 가치를 이해한 일부 도시들은 적정가의 도시 임대주택 신축에 투자하는 도약을 감행해왔다. 이는 다양한 방식으로 이루어질 수 있는데, 캔자스시티는 그런 개발에 가격에 따른 (ad valorem) 세금, 즉 종가세(從價稅)를 부과한다. 디모인(Des Moines)시는 10년간 100%의 세금 면제 혜택을 제공하며, 때로는 그 다음 10년까지 충당할 수 있는 조세담보금융(Tax Increment Financing) 기법을 결합하기도 한다. 이 방법은 효과를 내고 있다. 2000년에는 디모인 도심에 주택이 2,500세대뿐이었지만, 2020년에는 거의 1만 세대에 달할 것으로 예상된다. 최근의 디모인 도심 주택 개발이 최대 4억 5천만 달러까지 투자를 받았을 정도로, 현재 이 도시의 스카이라인은 크레인들로 채워지고 있다.

도시들은 도심 주거에 돈에 더해 시간과 기술도 투자할 수 있다. 특히 주 정부와 연방 정부의 보조금을 유치하고 획득하는 과정에서 말이다. 매사추세츠의 로웰(Lowell)은 2000년과 2010년 사이에 도심 주택 공급을 2배로 늘리는 데 성공했는데, 방치된 많은 로프트(loft)[역8] 건물들에 아파트를 신축할 수 있도록 긴급 특별 허가를 내준 다음 개발업자들과 손을 잡고 역사 지구 보존 세제 혜택(Historic Preservation Tax Credits)과 지역 사회 개선(Community Renewal) 보조금을 따냈기 때문이다.[32] 도심 활성화에 진력을 다하는 디모인과 로웰 같은 도시들은 시 정부가 도심 주거를 투자와 관리를 보장하는 핵심 목표로 삼아야 함을 실감하고 있다.

역8) 주로 옛 산업 시설의 창고로 활용되던 높은 천장고의 다락층. 20세기 후반 뉴욕의 예술가들이 이런 다락층을 개조한 후 거주하면서 운치 있는 스튜디오 아파트의 형태로 진화하였다.

규칙 6: 도시들은 더 적정가의 도심 주거를 만드는 데 돈과 시간을 적극적으로 투자해야 한다.

7 지역 학교들을 요구하라
보행 편의성을 염두에 두고 학교의 규모와 위치를 정하라.

아마도 공부만큼 가장 많이 연구된 것은 없을 것이며, 그로 인한 결과들은 분명하다. 작은 학교들이 뭔가를 배우기에는 더 좋다. 한 연구에 따르면, 학생이 400명 미만인 학교들은 출석률이 더 높고, 규율적인 문제와 퇴학이 더 적으며, 종종 시험 점수도 더 높다. 그럼 우리는 왜 계속해서 더 큰 학교를 만들고 있을까? 이러한 인식에도 불구하고 2000년과 2010년 사이에 미국의 평균적인 고등학교는 14% 늘어났고,[33] 많은 학교 지구에서는 여전히 몇몇 학교를 폐합한 크고 아름다운 학교의 신축을 자랑하는 목소리를 들을 수 있다. 학교의 통합은 여전히 비용을 줄이면서 정규 교육 과정과 과외 활동을 늘리는 방법으로 통용되고 있다.

이 모든 연구에서 학교의 입지와 그것이 지역 사회 구축에 기여하는 역할에 주목한 경우는 거의 없었다. 학교들을 통합하는 순간 분리가 일어난다는 사실은 망각되었다. 학교의 규모가 커질수록, 통학 거리가 늘어날 가능성이 높아지고 학생들이 걸어서 통학할 가능성은 줄어든다. 아울러 걸어서 통학하기는 학업 성과와 심리적 안녕, 공중 보건까지 모두 개선하는 것으로 나타났다.[34] 또한 학생 한 명을 버스로 통학시키는 데는 연간 약 1천 달러의 비용이 드는데, 이는 공교육비를 거의 9% 늘리는 수치다.[35] 하지만 학교 규모와 통합을 다루는 문헌을 조사해보면 놀랍게도 버스 통학의 비용이나 그것의 단점을 언급하는 말은 단 한 마디도 나오지 않는다.

교외에 위치한 통상의 고등학교는 이제 교육동보다 주차 공간에 더 많은 토지 영역을 할당할 수밖에 없다. 전형적인 토지 이용 법규는 공립 고등학교 하나를 지을 때 교실 면적 100제곱피트마다 약 400제곱피트의 지상 주차 공간을 요구할 수 있다. 좋은 소식은 버스를 타고 통학하는 학생들이 더 적어지고 있다는 점이다! 하지만 고학년 학생들이 저학년 학생들을 자동차에 태우고 통학하고 있으며, 이 사실은 사망률로 입증되고 있다.

1960년대에는 미국 전체 아이들의 약 절반이 걷거나 자전거를 타고 통학했다. 지금은 그 수치가 13% 미만으로 내려갔다.[36] 반면 네덜란드에서는 현재 12세 미만 아이들의 2/3와 고등학생들의 80%가 걷거나 자전거를 타고 통학한다.[37] 이러한 현격한 차이는 많은 요인에 따른 결과다. '낯선 사람의 위험'에 대한 과도한 두려움도 한몫했지만, 무엇보다 지금껏 가장 큰 영향을 끼친 요인은 지역 사회의 설계, 그리고 걸어서 통학할 수 있는 지역 학교를 정당한 목표로 삼기를 완전히 포기했다는 사실이다. 우리 아이들의 교육과 안녕을 위해서는 이것을 바꿔야 한다.

이 논의를 복잡하게 만드는 마지막 요인은 각 가정에 더 많은 선택과 기회를 제공하려는 의도로 자율형 공립학교(charter school)와

아이들이 이 학교에 차를 몰고 온다는 사실은 주차장의 크기에서 분명히 알 수 있다.

특성화 학교(magnet school) 그리고 지구(district) 단위 대안 학교들이 부상했다는 점이다. 더 시의적인 경험을 활용하는 다른 요인들로 자율형 공립학교 운동이 과연 그 목적에 부응하고 있는지 평가할 수도 있다. (아마도 부응하지 못할 것이다. 자율형 공립학교는 전통적인 학교보다 인종이 더 분리되어 있다.38)) 하지만 여기서는 이를 엄밀히 도시 계획의 관점에서 고려하는 게 좋겠다. 그렇게 보면 이런 학교들은 지독한 재앙이었다고 할 수 있는데, 다음과 같은 두 가지 이유에서다.

첫째, 대부분의 학생 인구가 자율형 공립학교에 다니는 워싱턴 DC 같은 도시에서는 언제가 방학인지 쉽게 알 수 있다. 방학이 되어야만 비로소 아침에 자녀를 태운 학부모들의 차량이 일으키는 암담한 교통 체증이 사라지기 때문이다. 그들은 도시를 가로지르며 길게는 한 시간까지 운전하여 자녀를 통학시킨다. 아이들을 자율형 공립학교에 배치할 때 종종 학교의 위치에는 거의 관심을 두지 않기 때문에, 한 세대의 아이들이 세 살 때부터 시작하는 그 암담한 통학 패턴이 끝없이 반복되는 슬픈 결과가 일어난다. 이런 결과는 모두에게 해롭다. 아이에게도, 부모에게도, 그리고 그저 자동차나 버스로 통근하려는 모든 사람에게도 말이다.

자율형 공립학교의 두 번째 문제는 그것이 지역 사회에 무엇을 뜻하는가이다. 전통적인 동네 학교에 아이를 보내 본 사람이라면 학교가 사회적 자본의 창출에 어떤 역할을 하는지 잘 알고 있다. 학교는 단지 교육만 하는 곳이 아니다. 학교는 놀이터이자, 지역 사회의 중심이기도 하다. 학교는 각 가정이 서로를 알아가며 한 무리의 친구들을 형성하게 해주는 일차적 수단이다. 자녀를 자율형 공립학교에 보내는 순간, 그 친구들의 무리는 분산되어 버리고 당신의 사회생활 전체는 또 하나의 통근 경험이 된다. 설상가상으로, 이웃은 낯선 남이 되고 장소 기반의 지역 사회가 형성될 가능성은 낮아진다.

광범위한 기준을 바탕으로 해야 하는 학교 시설 정책은 최근 너무 적은 기준에 초점을 맞춰왔고, 심지어 그 소수의 기준마저도 특별히 잘 충족하지 못했다. 학교의 규모와 입지를 결정하는 더 전체론적인(holistic) 접근은 하나의 명백한 방향을 가리킨다. 즉 작고, 지역적이며, 걷기 좋게 만드는 것이다.

규칙 7: 학교가 동네에 속한다는 이해를 바탕으로, 학교를 걸어서 갈 수 있게 배치하고 여러 학교를 더 큰 시설로 통합하려는 욕구에 저항하라.

8 지역 공원들을 요구하라
보행 편의성을 염두에 두고 레크리에이션 시설의 규모와 입지를 정하라.

1970년대에 사커 맘(soccer mom)역9)들은 어디에 있었는가? 당시 성장기를 보낸 우리 세대는 그런 엄마들이 없었다고 기억한다. 사실 '사커 맘'이라는 용어는 1982년에야 만들어진 말이다.39 아이러니하게도, 대부분의 어머니가 일하지 않던 시대에는 대부분의 자녀가 어머니 없이 돌아다녔다.

그때 이후로 뭐가 달라졌는가? 점점 더 많은 부모가 노동력에 가담하는 동안, 점점 더 많은 아이들은 공원과 운동장을 혼자 다니지 못하게 되었다. 이런 결과는 대개 우리 지역 사회의 설계 탓이며 특히 스포츠 경기장의 규모와 입지 탓이라고 할 수 있다.

학교와 마찬가지로 스포츠 시설에서도 규모를 키워 여러 시설을 통합하는 경향이 강하게 존재해왔다. 스포츠 시설도 규모가 커질수록 더 먼 곳에 위치하게 되어 반드시 자동차를 타고 가야 할 가능성이 높아진다.

이런 경향의 이면에는 여러 이유가 있는데, 확실히 규모의 경제가 적용된다. 축구장 다섯 곳의 잔디를 깎는 비용은 모두 한곳에 있을 때가 더 저렴하고, 축구장 잔디 관리자는 잔디 깎는 기계를 트럭에서 한 번만 내려야 한다.40 대규모 시설에서는 여러 토너먼트 경기를 개최하기도 더 쉬우며, 이런 기능을 수행하려면 모든 대도시마다 한두 곳의 대규모 시설이 필요하다는 데 의문의 여지가 없다. 하지만 이런 사실이

플로리다의 웨스턴에 있는, 자동차 시대 스포츠 시설의 극치.

전국적으로 일어나는 초대형 경기장의 확산을 정당화하지는 않는다.

적절한 예시로서 플로리다의 웨스턴(Weston) 뉴타운을 들 수 있는데, 이곳은 포트로더데일(Fort Lauderdale)시가 에버글레이즈(Everglades) 습지대를 개척하려는 시도다. 확실히 이 타운에서 자녀를 키우는 부모들은 축구장과 야구장, 농구장이 각각 8개씩 있고 레인이 8개인 올림픽 규모의 수영장이 있다는 사실을 자랑스럽게 여긴다. 하지만 그 시설에 딸린 차량 1,725대를 수용하는 주차 공간과 4차선

진입 도로를 보면, 거기까지 걸어서 간 아이는 전무할 것이고 자전거를 타고 간 아이도 거의 없을 것임이 분명하다. 실제로 웨스턴의 교외 도로망 체계는 순환 고리 형태를 취하고 있어서, 인접한 집들도 사실상 자동차 도로를 따라 2.5마일(약 4㎞)을 운전해야 하는 거리에 있다.

1970년대에는 어떤 아이도 이렇게 각종 운동을 풍부하게 집결시킨 스포츠 시설을 이용하지 못했음을 쉽게 짐작할 수 있다. 우리 세대는 대부분 동네에 있는 한두 개의 축구장과 야구장, 농구장을 이용했을 뿐이며, 그런 시설까지 혼자 걸어서 갈 수 있었다. 전형적인 야구 경기의 신체 운동을 감안해보면, 그러한 걷기는 때때로 우리가 한 운동의 절반에 달하기도 했다. 더 중요한 것은 그러한 걷기로 인해 자녀와 부모 모두가 각자의 일을 하며 독립적으로 성장할 수 있는 여지를 얻었다는 사실이다.

아이들이 진정 활동적이고 독립적으로 성장하길 원하는 지역 사회라면 소규모의 지역 스포츠 시설들을 유지할 것이다. 더 어린 아이들을 위해서는 또 다른 조치가 필요한데, 모든 가구에서 걸어서 금방 갈 수 있는 거리에 놀이터를 배치하는 일이다. 잘 설계된 동네에서는 가장 가까운 놀이터까지 걷는 데 5분이 넘지 않고, 중간에 어떤 간선도로의 방해도 받지 않는다.

워싱턴 DC의 웨스트민스터 놀이터는 연립주택 3개의 공간을 활용한 완벽한 놀이터다.

역9) 학령의 자녀를 차에 태우고 다니며 각종 스포츠 행사나 활동에 참여시키는 데 상당 시간을 할애하는 미국 교외의 백인 중산층 엄마를 가리키는 말. 아빠일 경우 '사커 대드(soccer dad)'라고 한다.

규칙 8: 레크리에이션 시설은 동네에 속한다는 이해를 바탕으로, 대규모 시설로 통합하지 말고 걸어서 가기 좋게 배치하라. 모든 가구에서 0.25마일(약 400m) 이내 거리에 놀이터를 배치하라.

9 도시의 규정을 고쳐라
혼합 용도를 가로막는 법적 장벽을 제거하라.

안드레 듀아니(Andre Duany)는 "계획 이야기(The Story of Planning)"라고 불리는 강의를 하면서 도시 계획 직종이 초기에 거둔 승리에 대해 이야기하곤 했다. 이러한 승리는 유럽인들이 "어두운 악마 같은 공장들"에서 나오는 그을음에 질식하던 19세기에 일어난 일이었다. 그때까지 '계획가(planner)'라는 명칭으로 불리지 않았던 도시 계획가들은 이렇게 말했다. "이보게, 주거를 공장에서 먼 곳으로 옮겨 보면 어떻겠나?" 그들은 그렇게 했고, 사람들의 수명은 곧 이어 극적으로 늘어났다. 도시 계획가들은 영웅으로 칭송되었고, 그 이후로도 (우리가 좋아하는 화법으로 말하자면) 그런 경험을 반복하려는 노력을 이어오는 중이다.[41]

이 이야기는 물론 지나치게 단순화한 것이지만, 그 골자는 엄연한 사실이다. 근대적인 도시 계획은 서로 양립할 수 없는 용도들을 분리하려는 의도로 시작했다가, 다소 생각 없이 모든 용도를 분리하는 방향으로 진화했다.

20세기 중반에 이르자 도시 계획가들은 이미 광기어린 수준에 이른 듯했다. 삶을 바꿀 용도 지역지구제(zoning)의 혜택을 목격한 그들은 그런 지역/지구의 설정에 행복을 느끼게 되었고, 무엇을 다른 무엇과 분리하는 범주와 규정을 점점 더 많이 도입하면서 동네들의 도시를 지역/지구들의 도시로 바꿔놓았다. 폴크로포드(Paul Crawford)라는 도시 계획가는 20세기 중반의 전형적인 용도 지역지구제 규정이 말 그대로 수백 가지의 지역/지구로 분리할 수 있는 부지 용도들을 열거한 방식에 주목하곤 했다. 일례로 캘리포니아의 한 작은 도시에 적용된 지역지구제는 "19. 목욕탕, 튀르키예식(19. Baths, Turkish)"과 "135. 튀르키예식 목욕탕(135. Turkish Baths)"이라는 항목을 모두 담고 있었다. 같은 규정에서 감자 칩의 제조는 허용했지만 옥수수 칩의 제조는 허용하지 않았고, 친칠라(chinchilla) 가죽은 소매만 허용하고 도매는 허용하지 않았다.[42]

이제 우리 도시 계획가들은 이게 잘못이었음을 알고 있다. 지역/지구들의 도시는 더 이상 도시 계획 학교에서 가르치지 않는다. 도시 계획과 도시 설계, 부동산 직종의 리더들은 모두 단일 용도의 지역지

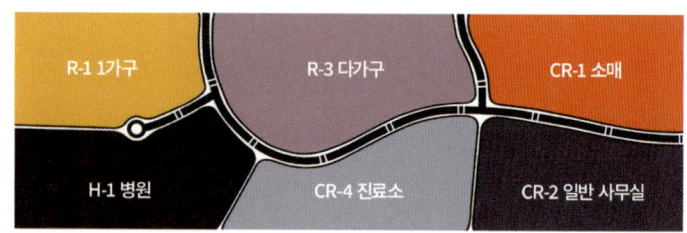

미국의 전형적인 토지 이용 현황도는 별개의 용도들을 대규모의 지역/지구들로 가차 없이 분리한다.

뉴욕시는 유연한 지역지구제를 통해 미세한 용도 혼합을 허용하는데, 여기서 붉은색으로 나타나는 수직적인 혼합 용도가 한 예다.

구제가 경제와 환경과 사회 모두에 재앙적인 방법이라는 데 동의한다. 하지만 그러한 구식의 지역지구제는 여전히 전국적으로 존재하고, 미개발 부지에서 몇 에이커에 걸쳐 적용되면서 아무런 방해 없이 뻗어가고 있다. 도시 계획가가 필지 하나의 배치 계획안을 만들려고 어디든지 찾아갈 때는 이미 그 땅을 위한 어떤 계획이 존재할 가능성이 상당하며, 그것은 마치 왼쪽의 이미지와 유사하다. 뭔가 좋은 것이 일어나려면 이런 계획부터 미리 철회되어야 한다.

지역/지구들의 도시가 걷기 좋은 도시와 정확히 반대되는 이유는 분명하다. 서로 가까운 게 전혀 없고 유일한 연결이라곤 단 하나의 살찐 도로뿐이라면, 인구 전체가 불가피하게 운전할 수밖에 없는 상황이 된다. 토지 용도를 기준으로 걷기 좋은 도시의 지도를 그릴 경우에는 놀랍도록 다른 이미지가 형성된다. 왼쪽의 그림이 로스코의 작품 같다면, 위의 그림은 (점묘파였던) 쇠라의 작품 같다. 용도 지역들은 여전히 분리되어 있지만, 마치 색종이처럼 훨씬 더 세밀한 결이 형성되어 있다. 그리고 짙은 붉은색으로 나타나는 이 평면 위에 들어선 건물들은 대부분 용도가 다양하고 수직으로 혼합되어 있다. 도시들이 다시 한 번 걷기 좋은 결과를 성취하려면 용도 기반의 지역지구제 규정을 다른 무언가로 대체해야 한다. 그렇게 하는 방법은 많지만, 가장 총체적이고 효과적인 방법은 형태 기반의 규정으로 대체하는 것이다. 1980년대에 처음 도입된 형태 기반 규정은 여전히 (양립 불가한 용도들을 떨어뜨려놓는 식으로) 토지 용도를 다루지만, 공공 영역의 질에 영향을 주는 개인 건물들의 물리적 측면, 즉 높이와 배치, 주차장의 위치 등에 더 관심을 기울인다. 또한 이런 규정은 현재의 위험한 도로 기준을 걷기와 자전거 타기를 장려하는 디자인으로 대체한다. 살기 좋은 장소의 디자인을 바탕으로, 더 많은 살기 좋은 장소를 만들어낸다.

이 글을 쓰고 있는 시점까지 애틀랜타와 볼티모어, 신시내티, 댈러스, 덴버, 로스앤젤레스, 마이애미, 멤피스, 필라델피아, 포틀랜드에서 387개의 형태 기반 규정이 채택되었다.[43] 가장 널리 이용되는 보편적 버전인 듀아니 플레이터-자이벅사(DPZ)의 스마트코드(SmartCode)는 smartcodecentral.com에서 무료로 다운로드받을 수 있다.

규칙 9: 도시의 조례에서 단일 용도의 지역지구제를 없애고 용도 기반 규정을 형태 기반(form-based) 규정으로 대체하도록 노력하라.

10 계산을 해보라
공공 투자를 할 때는 비슷한 것들끼리 비교하라.

이 규칙은 사실 보행 편의성보다 도시 경제학과 지방 자치 단체의 지불 능력에 관한 것이지만, 더 걷기 좋은 도시 만들기라는 목적과 거의 완벽하게 결이 맞아 여기에 포함시켰다. 장기적인 투자 회수를 기대하며 기반시설에 재정을 지원하는 지역 사회들은 스프롤이 아니라 압축적인 혼합 용도 개발, 특히 역사 지구의 개발에 투자할 것이다.

술한다. 이로써 교외 도시들은 '성장이냐 죽음이냐'라는 양립할 수 없는 선택에 직면하게 된다.

근본적인 문제는 단일 용도의 저밀도 교외 스프롤이 스스로 부채를 해결할 능력이 없다는 사실이다. 머론은 어느 전형적인 교외 도로에 관한 사례 연구를 제시한다. 도로를 재포장하는 데 그 교외 도시는

미니코치는 전통적인 도심 중층 건물 하나에서 시 정부가 거두는 에이커당 조세 수입이 월마트 슈퍼센터에서 거두는 조세 수입의 13배, 일자리에서 거두는 조세 수입의 12배라는 결과를 얻었다.

『강력한 타운 건설에 대한 단상(Thoughts on Building Strong Towns)』이라는 책과 '스트롱 타운스'라는 웹사이트(strongtowns.org)에서, 찰스 머론 주니어(Charles Marohn Jr.)는 미국 내 교외의 성장이 사실상 상당 부분 다단계 금융 사기(Ponzi scheme)였음을 보여준다. 즉 지속 불가능한 투자를 하며 일어나는 장기적 현금 흐름의 경직성을 막으려면 오직 다음번의 지속 불가능한 투자로 발생하는 개발 부담금으로 도시 재정을 메꾸는 방법밖에 없기 때문이다. 그는 "도시들이 일상적으로 신성장과 관련된 단기적인 현금 이익을 기반시설 유지 관리와 관련된 장기적인 재정 부채와 맞바꾼다"[44]고 진

35만 4천 달러를 지출했다. 도로변에 사는 주민들로부터 거둔 모든 재산세를 감안하더라도, 도시가 들인 비용을 되찾으려면 79년이 걸릴 것이다. 하지만 그 도로는 20년마다 다시 재포장해야 할 가능성이 높다. 이런 유형의 사례는 스트롱 타운스 사이트를 빼곡히 채우고 있고, 지극히 표준이어서 머론도 쉽게 수집할 수 있었다. 이런 사례가 그리도 흔한 이유에 대해 머론은 이렇게 말한다. "우리의 그 어떤 공무원도 이 질문을 제기해본 적이 없다. 이런 공공 프로젝트가 여러 수명 주기에 걸쳐 꾸준히 유지 관리되기에 충분한 조세 수입을 만들어낼 것인가?"

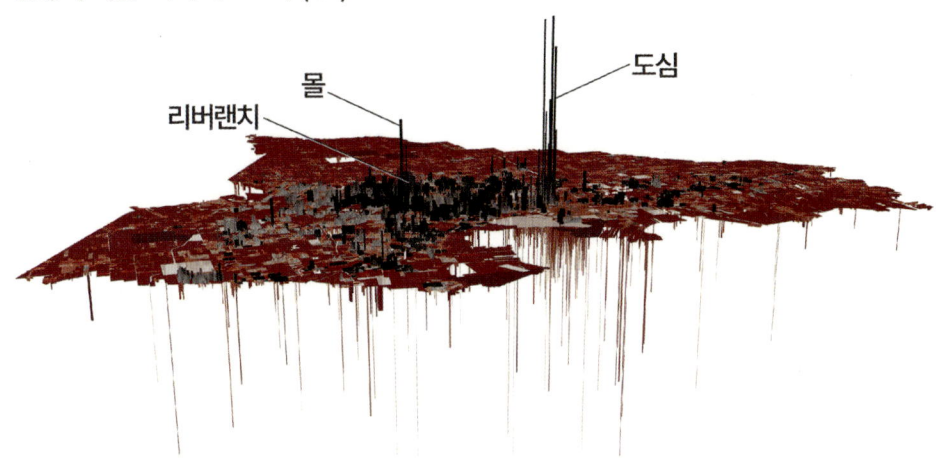

운영비 비율 라파예트 교구(LA)

리버랜치 — 몰 — 도심

어번3(Urban3)에서 가져온 이 이미지는 로스앤젤레스 라파예트의 부지들이 도시 재정에 기여한 순수 금액을 면적(에이커)를 기준으로 지도화한 것이다.

그런 질문의 제기는 불가피하게 도시들의 투자를 다른 방향으로 이끌 것이다. 이런 투자가 낳을 수 있는 결과에 대해서는 머론의 동료 조 미니코치(Joe Minicozzi)가 가장 잘 기술한 바 있다. 그의 회사 어번3(Urban3)는 도시들이 주요 자산인 땅을 잘못 할당하고 있는 양상을 날카롭게 분석한다. 미니코치는 자신의 연구서에서 주장하기를, 우리에게 할당되는 토지들을 하나씩 따로 비교하지 말고 '면적(에이커)을 기준으로' 비교해야 한다고 말한다. 이렇게 하면 자동차 중심 개발이 얼마나 비효율적인지가 통렬하게 드러난다. 노스캐롤라이나의 애시빌을 연구한 미니코치는 전통적인 도심 중층 건물 하나에서 시 정부가 거두는 에이커당 조세 수입이 월마트 슈퍼센터에서 거두는 조세 수입의 13배, 일자리에서 거두는 조세 수입의 12배라는 결과를 얻었다.

애시빌이 떠오르는 관광지임을 인식한 머론은 같은 분석을 그의 고향인 미네소타 브레이너드의 "한물간" 중심가에도 적용해보았다. 그 결과, 자동차 중심 계획으로 시 정부의 신축 보조금을 지원받은 타코 존스 레스토랑에서 거두는 에이커당 조세 수입보다 도심의 볼품없는 옛 가게들에서 거두는 조세 수입이 41% 더 많았다.[45]

미니코치는 이와 비슷한 결과를 전국에서 얻어냈고, 그 결과를 위의 이미지와 같이 그래픽으로 설명한다. 거의 모든 도시가 도심에서 흑자의 조세 수입을 올려 스프롤에 보조금을 지원하는 식으로, 도심이 스프롤의 비용을 부담하고 있는 셈이다. 그는 아래와 같이 결론 내린다.

"도시 환경, 그리고 특히 도심은 지역 사회의 성공을 위해 비용을 부담하는 가장이다. 걷기 좋은 도시 환경 유형을 촉진하고 있지 않다면, 본질적으로 도시의 부를 까먹고 있는 셈이다."[46]

규칙 10: 토지의 단위면적(에이커)당 장기 순 조세 수입을 올릴 생각으로 지역/지구를 결정하고 지방 자치 단체 차원의 투자를 하라. 그렇게 하면 더 걷기 좋은 도시 계획이 이뤄질 수밖에 없다.

3부. 적정가의 통합된 주거를 만들어라

11. 스마트한 포용적 지역지구제를 의무화하라
12. 뒷마당 별채를 장려하라
13. 주차장을 활용하여 주거비 부담을 낮춰라
14. 둥지 내몰기와 싸워라
15. '주거 우선' 정책을 시행하라

3부

적정가의 통합된 주거를 만들어라

미국의 주거는 주로 두 가지가 문제다. 너무 많은 사람들이 주거 비용을 감당할 수 없고, 너무 많은 주거가 유형과 소득에 따라 분리되어 있다.

미국에서 주거비 적정성의 문제는 사실 생활비 적정성의 문제다. 정부의 주거 지원 프로그램들이 필요하고 지금보다 더 늘어나야 하지만, 감당할 수 없는 주거비는 주로 두 가지 요인 때문에 일어난다. 첫 번째는 1980년대 이후 연방 정부의 조세 구조가 최상위 1% 계층의 소득을 급격히 끌어 올려왔다는 점이다. 두 번째는 도시 체계를 확산시켜온 스프롤이 자가용 소유를 보편화할 수밖에 없게 만들었고 미국의 노동 계층은 이제 주거비보다 교통비를 더 많이 지출할 지경에 이르렀다는 사실이다.[47]

이 삭막한 풍경 속에서, 적정 비용의 주거 공급을 (특히 더 걷기 좋고 대중교통 이용이 가능해 자가용을 몰 부담이 없는 곳에서) 늘리기 위해 현재 활용할 수 있는 도구의 수는 제한적이다. 그중 가장 좋은 도구는 미국의 다른 주거 문제도 다룬다. 미국의 주거는 비용뿐만 아니라 건물 유형을 통해서도 가차 없이 분리되었고, 그만큼 사회가 소득뿐만 아니라 연령과 생활양식, 인종을 통해서도 파편화하고 있다. 이러한 인구 집단의 분리는 우리의 사회 조직을 갉아먹고, 인간적 공감을 약화시키며, 우리의 잠재력을 제한한다. 제인 제이콥스는 이렇게 물었다. "오늘날 우리의 근심거리인 거대한 질문들에 대한 답이 획일적인 취락에서 나오리라고 믿는 이가 있는가?"[48]

더 적정한 비용의 주거를 우리의 지역 사회에 통합하기 위한 세 가지 기법을 먼저 기술해보면 이러하다. 포용적 지역지구제(inclusionary zoning), 뒷마당 별채(backward apartment),[역10] 그리고 기존 주차장을 활용한 비용 적정성 높이기. 이런 맥락에서 역시 꼭 논해야 할 사항은 젠트리피케이션의 어두운 면, 그리고 노숙자를 줄이기 위한 대단히 효과적인 도구다.

역10) 뒷마당을 활용한 부속 주거. 부속 주거 유닛(accessory dwelling unit)이나 노인용 별채(granny flat)라고도 불린다. 12장을 참조한다.

11 스마트한 포용적 지역지구제를 의무화 하라

더 다양한 동네를 만들기 위해 이 중요한 도구를 활용하라.

지역 사회에는 포용적 지역지구제가 필요한데, 이는 일반적 의미와 특수적 의미를 모두 갖는다. 전자는 대부분의 지역지구제가 실제로 배타적이어서 (규칙 6과 9에서 다뤘듯이) 우리가 더 통합된 동네를 원한다면 그런 규정을 바꿀 필요가 있다는 사실을 가리킨다. 후자는 개발업자들이 진행하는 시장 요율의 프로젝트에 그보다 저렴한 요율의 세대들을 끼워 넣도록 요구하는 현행 제도 자체를 가리킨다. 집세 할인권(housing voucher)이나 저소득 주거 세제 혜택에 비해 적정 주거비를 만들기 위한 가장 강력한 도구는 아니지만, 포용적 지역지구제(Inclusionary Zoning: IZ)는 적정가의 주택 공급을 늘릴 뿐만 아니라 개발이 진행되는 동네에서 원 주민들이 내쫓기는 사태를 제한하는 효과도 입증해왔다.

1970년대 이후로 수백 개의 포용적 지역지구제 프로그램이 카운티와 지역 수준 모두에서 시행되어왔다. 비교적 두각을 나타냈던 지방 자치 단체들을 예로 들자면, 메릴랜드의 몽고메리 카운티와 프레더릭 카운티, 그리고 뉴욕, 볼더, 샌프란시스코, 로스앤젤레스와 같은 도시들이다. 새로운 지역 프로그램들은 이러한 성공 사례들을 주의 깊게 본떠야겠지만, 몇 가지 경험칙은 언급할 필요가 있다.

자율이 아닌 의무로 하기: 의무로 규정하지 않고 자율화한 포용적 지역지구제 프로그램들은 비교적 덜 효과적이었다. 1983년 포용적 지역지구제가 의무에서 자율로 바뀐 캘리포니아의 오렌지 카운티는 연간 1,600세대를 생산하던 공급량이 90세대 미만으로 떨어졌다. 또한 의무 프로그램은 자율 프로그램보다 더 예측하기 쉬울 수 있으며, 소득이 매우 낮은 사람들에게 훨씬 더 도움이 된다.[49]

경험에 따르면 시장 요율의 개발 단지가 저소득 가정을 꽤 탄력적으로 통합하는 것으로 나타난다.

10% 내지 30%: 대부분의 포용적 지역지구제 프로그램은 신축 개발 시 10%와 30% 사이의 세대에 대해 시장보다 상당히 저렴한 요율을 요구한다. 경험에 따르면 시장 요율의 개발 단지가 저소득 가정을 꽤 탄력적으로 통합하는 것으로 나타난다. (사회 병리로 이어지는 것은 일반적으로 소득 다양성이 아니라 빈곤의 집중이다.)

좋은 인센티브: 소득 통합 주거(income-integrated housing)의 공급은 의무라고 하더라도 보상을 받아야 한다. 대부분의 포용적 지역지구제 프로그램은 프로그램에 참여한 사업자에게 밀도에 따른 보너스를 제공한다. 신속한 허가와 수수료 면제도 추가로 제공하면 역시 효과적일 수 있다.[50]

DC에 신축된 파크 반 네스 빌딩(Park Van Ness Building)의 입주 세대 중 10%는 해당 지구의 포용적 지역지구제 기준에 의거해 저비용 주거로 한정된다.

고른 혼합: 포용적 지역지구제의 목적은 각 개발 단지에 광범위한 소득 수준이 꽤 고르게 분포할 것을 요하는 프로그램들로 가장 잘 달성된다.

대지 내 공급: 어떤 포용적 지역지구제 프로그램들은 시장 요율 미만의 유닛들을 해당 대지가 아닌 곳에 공급하거나 개발업자가 수수료만 내면 실제로 적정 비용의 주거를 만들지 않아도 되게 허용한다. 이런 공급 방식은 포용적 지역지구제의 취지를 위반하는 것이다.

영구 공급: 일부 프로그램들은 최초에 적정가로 입주했던 임차인이 다른 곳으로 이사하면 개발업자들이 다시 시장 요율을 적용할 수 있게 허용하는 실수를 저질렀다. 이런 방식은 공급을 줄이게 되고, 보조금을 지원받는 임차인들을 향한 홀대를 부추기게 된다.

보이지 않게 통합된 공급: 어떤 포용적 지역지구제 프로그램들은 같은 건물에서 시장 요율 미만의 유닛과 표준 유닛을 동일하게 만들도록 요구한다. 하지만 이런 조항이 의미가 없는 경우는 호화로운 개발로 거대한 공간과 대리석 상판 같은 값비싼 마감을 제공할 때다. 이럴 때는 더 낮은 비용의 유닛들을 더 작고 덜 비싸게 지을 수 있도록 허용해야 한다. 이런 조건이 해당 유닛의 외부에 드러나지 않는 한에서 말이다. 시장 요율 미만의 유닛들은 개발 단지 전체에 걸쳐 분산시키고 소위 "빈민의 문"으로 불리는 별도의 로비는 허용하지 말아야 한다.

크고 작은 공급: 대부분의 프로그램들은 최소한의 프로젝트 규모를 만들어내며, 그보다 더 작은 규모에서는 시장 요율 미만의 유닛을 개발하지 않아도 된다. 그런 층은 허용될 경우 매우 낮은 높이에 설정해야 한다. 그렇게 하지 않으면 개발업자가 프로그램 요건을 비껴가려고 프로젝트들을 잘게 쪼개버릴 가능성이 있다.

규칙 11: 성공한 모델을 바탕으로 의무적인 포용적 지역지구제 조례를 통과시켜라.

12 뒷마당 별채를 장려하라
부속 주거 유닛들을 허용하고 인센티브를 부여하라.

1가구(single-family) 지역지구제를 과연 허용해야 할까? 이는 분명 토지와 기반시설을 비효율적으로 이용하는 것이지만, 현재 미국에서 배타적 지역지구제의 주된 형식에 해당한다. 집과 마당의 규모만큼 사람들을 통제하는 데 효과적인 것도 없다. 그렇다면 왜 이게 합법인가? 그 이유는 여전히 많은 미국인들에게 단독주택들로 이루어진 동네가 아메리칸 드림으로 남아 있고 미국인들에게서 그런 꿈을 빼앗을 가능성이 높은 관할 구역은 소수에 불과하기 때문이다.

하지만 다행히도 현존하거나 계획된 1가구 주택가에서 밀도와 주거비 적정성, 다양성을 거의 보이지 않게 늘릴 방법이 있다. 그것은 부속 주거 유닛(Accessory Dwelling Unit: ADU)이라고 불리며, 뒷마당 별채(Backyard Apartment), 차고 별채(Garage Apartment), 장모님 별채(Mother-in-Law Apartment) 또는 노인용 별채(Granny Flat)라고도 불린다. 이런 주거 형태는 세계대전 이전 미국의 많은 동네에서 볼 수 있었는데, 반세기 동안 잊혔다가 이제 다시 북미 전역의 수많은 도시에서 재등장하고 있다.

부속 주거 유닛은 몇 가지 형태를 취한다. 별개의 작은 오두막 같은 형태를 띨 때도 있고, 본채의 뒤편으로 연장되는 형태를 띠기도 한다. 종종 차고 위에 얹히기도 한다. 지하실과 다락방의 기능도 겸

메릴랜드의 켄틀랜드(Kentlands)라는 뉴타운에서 어느 뒷골목에 면한 차고 위에 별채 둘이 얹혀 있다.

할 수 있다. 핵심은 건축면적이 (대개 5백 제곱피트[14평] 미만으로) 작고 자체적인 정문을 갖춘다는 점이다. 자동차 의존도가 높은 곳에서는 길거리에 공간이 없을 경우 자체적인 주차 공간도 확보할 수 있다. 부속 주거 유닛은 뒷골목에 면한 필지에 공급하는 게 가장 쉬운 방법이긴 하지만, 거의 어디서나 기능할 수 있게 만들 수도 있다. 지붕 아래 침실 로프트를 갖춘 부속 주거 유닛은 한 쌍의 부부를

꽤 편안하게 수용하기에 충분히 넓다.

하지만 부속 주거 유닛은 많은 평범한 1가구 주택가에서 설득하기가 어려울 수 있다. 님비(Not In My Back Yard: NIMBY)족이 거의 말 그대로 자기들의 뒷마당을 사수하기 때문이다. 그런 동네에서는 낯선 타인과 과밀을 두려워하는 그들만의 우월 의식이 승리할 수 있다. 따라서 부속 주거 유닛에 관한 조례를 제안할 때는 다음과 같은 이점들을 언급하는 게 도움이 될 수 있다.

부속 주거 유닛은 곧 자산에 투자하는 것이며, 필지의 자산 가치를 높일 것으로 기대할 수 있다.

부속 주거 유닛은 자연스럽게 본채에 사는 사람들(대개 집주인)이 감시하기 때문에, 시끄러운 파티나 원치 않는 행동이 일어나면 재빨리 제지할 수 있다.

부속 주거 유닛은 규모와 임대 기간을 제한할 수 있고 그렇게 해야 한다. 통상 최대 규모는 800제곱피트(약 22.5평)다. 최소 한 달 이상의 임대 기간을 두면 에어비앤비(AirBnB)가 동네 분위기를 망치는 일을 막을 수 있다.

부속 주거 유닛은 더 이상 자식과 함께 살지 않는 부모들이 은퇴 후 자택에서 임대 소득을 벌 수 있게 해준다. 스스로 그 별채로 들어가 살면서 본채를 대신 임대하는 방법도 가능하다. 어떤 식으로든 부속 주거 유닛은 원래 살던 곳에서 노후 생활을 이어갈 수 있게 해준다.

사람들이 부속 주거 유닛을 지지하게 만드는 가장 좋은 방법은 언젠가 그들도 그런 주거를 원할 수 있음을 깨닫게 돕는 것이다.

대부분의 지역지구제 규정이 부속 주거 유닛을 불법화하고 있기 때문에, 이를 허용하는 특수 조례가 반드시 필요하다. 부속 주거 유닛에 관한 조례를 만든 미국 도시들은 빠르게 늘어나고 있으며, 포틀랜드와 시애틀, 미니애폴리스, 포츠머스(뉴햄프셔), 그리고 미국에서 두 번째로 부유한 카운티인 페어팩스 카운티(버지니아)가 그에 속한다. 케이프코드 반도의 반스터블(Barnstable) 카운티에서는 부속 주거 유닛을 지을 때 시에서 최대 2만 달러의 무이자 대출을 지원한다.

사람들이 부속 주거 유닛을 지지하게 만드는 가장 좋은 방법은 언젠가 그들도 그런 주거를 원할 수 있음을 깨닫게 돕는 것이다.

최근의 가장 성공적인 사례는 캘리포니아에서 있었는데, 2016년 캘리포니아주는 부속 주거 유닛에 관한 기존의 모든 지역 조례를 불법화하고 보다 관대한 보편적 기준을 도입하는 법률을 통과시켰다.[51] 필지의 제곱피트 하한과 주차 요건, 스프링클러 구비 요건을 철폐하면서 건설 붐이 시작되었다. 2016년에 부속 주거 유닛의 건축 허가 신청을 80건만 허용했던 로스앤젤레스가 2017년에 처리한 허가 건수는 무려 2천 건이 넘는다.[52]

일단 부속 주거 유닛이 합법화되면, 주민들은 종종 그런 유닛의 적절한 설계와 시공에 도움이 될 무언가를 활용할 수 있다. 시애틀을 비롯한 수많은 도시에서 다른 지역의 프로그램에도 모범이 될 수 있는 훌륭한 매뉴얼을 만들어왔다.[53]

규칙 12: 성공한 모델을 바탕으로 부속 주거 유닛에 관한 조례를 통과시키고, 그것의 시공을 장려하는 시 차원의 프로그램을 만들어라.

13 주차장을 활용하여 주거비 부담을 낮춰라

기존의 주차 공간을 할당하여 신축 별채의 비용을 낮춰라.

시 정부가 도심에 주차 시설을 새로 짓느냐 마느냐는 좋은 질문이다. 그 답은 그 도시가 현재 얼마나 자동차에 의존하고 있는지(이에 대한 동의 주장), 그리고 얼마나 자동차에 의존하길 원하는지(이에 대한 반대 주장)에 기초해야 한다. 승차 공유(ride-sharing) 서비스부터 자율주행차까지 도입되고 있음을 감안할 때, 대부분 그 답은 '새로 지을 필요가 없다'가 될 것이다.

이런 논쟁은 어디서든 문제가 되지 않는다. 많은 도시에서 대개는 1980년대와 90년대에 너무 많이 지어진 수많은 주차 공간이 도심에 자리하고 있다. 미국의 도심에서는 수천 개의 주차 공간이 야간에 텅 빌 뿐만 아니라 그중 상당수는 주간에도 비어 있는 게 일상적인 풍경이다.

매사추세츠의 로웰도 역시 그런 경우였다. 로웰시의 대형 주차 시설 다섯 곳은 이용자가 너무 적었고, 아울러 시 정부는 역사 속에서 방치된 많은 로프트 건물의 재개발을 장려하려던 중이었다. 문제는 자금을 대출해주는 기관들이 모든 아파트 세대마다 주차 공간을 하나씩 둘 것을 요구했기 때문에, 개발업자들이 경쟁력 있는 비용으로 시장 요율의 주거를 공급할 수 없었다는 점이다.

이에 로웰시의 지도자들은 계획을 짰다. "우리 시의 주차장에서 남는 주차 공간을 개발업자에게 할당하면 어떨까?" 그들은 건물

매사추세츠의 로웰은 시에서 운영하는 주차 시설의 빈 공간들(이미지 상단)을 개조된 건물(이미지 하단) 내의 새로운 아파트 세대들이 쓸 수 있게 했다.

의 1천 피트 반경 안에서 아파트 모든 세대가 어디에나 주차할 수 있도록 시의 규정을 바꾸었고, 개발업자들이 자금 대출 기관에 보여줄 서한도 써줬다.

그 결과는 놀라웠다. 이렇게 부담을 줄여줌으로써 통상 한 세대마다 드는 비용을 10% 넘게 낮춰 개축의 수익을 끌어올렸다. 이를 비롯한 여러 이유에 힘입어 시 정부는 12년 후 도심 주거 공급을 두 배

로 늘릴 수 있었고, 보조금을 지원받는 주거의 비율도 거의 80%에서 50% 밑으로 떨어뜨렸다.

좀 더 소규모이긴 하나 유사한 성공 사례들이 오하이오의 해밀턴을 비롯한 여러 곳에도 있어왔으며, 더 많은 도시들이 시도한다면 흔한 성공 사례가 될 수 있을 것이다. 앨버커키에서는 시에서 운영하는 도심 주차장 네 곳의 충분한 빈 공간을 500여 아파트 세대에 제공한다. 웨스트 팜비치 도심에는 900여 아파트 세대에 제공할 충분한 주차 공간이 있다.

보이시(Boise)에서는 공공이 이 모든 공간을 소유하지 않지만 그렇다고 그게 장벽이 되지는 않는다. 도시들은 의지만 있다면 필지 소유주(대개는 대형 고용주)와 아파트 개발업자 간 거래를 중개하여 양자 모두 이익을 보게 할 수 있다. 사실 도심의 주차 공간, 특히 구조물 내부의 주차 공간은 자산 가치가 수만 달러에 달하므로 빈 공간은 곧 그 자산이 낭비되고 있음을 뜻한다.

주차 공간을 계산하기란 좀 까다롭고 어떤 기정의 공식도 없다. 하지만 주차장은 저녁 때 충분한 양의 빈 공간을 갖춰야 하며, 낮에는 적어도 유의미한 양의 빈 공간을 갖춰야 한다. 사무용 건물의 주차 시간대와 아파트의 주차 시간대는 거의 완벽하게 상보적이기 때문에 - 대부분의 주민이 귀가하기 전에 대부분의 직장인이 주차 공간을 비우므로 - 자가용으로 출퇴근하지 않는 주민들이 낮에 쓸 수 있는 공간의 수는 제한해야 한다. 아파트 임대 계약은 신중하게 해야 (늘 그렇듯 주차 요금을 별도로 부과해야) 하고, 개별 공간들을 할당해선 안 된다. 하지만 나머지는 꽤 간단하다.

> **사실 도심의 주차 공간, 특히 구조물 내부의 주차 공간은 자산 가치가 수만 달러에 달하므로 빈 공간은 곧 그 자산이 낭비되고 있음을 뜻한다.**

안타깝게도 개발업자들과 개발 자금을 대출해주는 은행들은 여전히 신축 주거에 대해 인근 주차를 요구한다. 어떤 곳에서는 이런 관행이 바뀌는 중이고 결국 모든 곳에서 바뀔지도 모른다. 하지만 그렇게 되기 전까지는 낭비되는 주차 공간과 신축 주거를 연결하는 전략이 도심 신축 주거의 비용을 줄이는 최상의 방법이다.

규칙 13: 도시에 빈 공간이 있는 주차장이 있다면, 빈 공간들을 인근의 신축 주거에 할당하는 프로그램을 만들어라.

14 둥지 내몰기와 싸워라

젠트리피케이션의 부정적 영향을 제한하는 입증된 도구를 활용하라.

동네는 변화한다. 우리는 변화가 나쁘다는 가정에서 시작할 수 없으며, 젠트리피케이션이 폭력 범죄율을 낮추게 될 빈민가에서는 특히 그러하다. 그런 이유로 젠트리피케이션은 그것이 종종 일으키는 둥지 내몰기(displacement)와 구분되어야 한다. 둥지 내몰기는 보다 보편적인 부정적 현상으로 이해할 수 있다.

젠트리피케이션은 대개 보다 부유한 사람들의 유입으로 한 동네의 주거비용과 사회 구조가 변화하는 방식을 가리킨다. 기존 주민들은 더 높은 임대료와 더 비싼 (그리고 종종 덜 유용한) 서비스에 직면할 뿐만 아니라, 그 동네가 더 이상 '자기네' 동네가 아니라는 느낌을 받게 된다. 그들은 동네의 거리와 기타 공공 공간들을 그들이 모르는 다른 새로운 사람들과 공유해야 하고, 새로 이사 온 부유한 주민들은 종종 그 동네의 상업 시설들을 특권적으로 이용하면서 기존 주민들을 수상쩍게 바라보곤 한다.

반대로 둥지 내몰기는 동네에 거주하는 데 드는 비용의 증가가 사람들을 동네 밖으로 내모는 방식이다. 이는 우리가 젠트리피케이션에서 가장 주목해야 할 측면인데, 그것이 사회 구조를 약화시키며 진정 곤란한 상황을 일으키기 때문이다. 그리고 사람들은 더 좋지 않은 곳으로 내몰릴 때가 많다.

성장의 시기에는 젠트리피케이션이 불가피하다. 이를 막을 수 있는 유일한 방법은 성장을 지체시키는 것이지만 이 방법은 어떤 도시도 원하지 않는다. 그렇지 않으면 이미 부유한 동네들에서 주거 공급을 늘리는 방법이 있다. 이는 대개 허용 밀도를 늘려주는 주거 지역 상향(up-zoning)을 통해서만 이뤄질 수 있는데, 부유한 동네들은 이를 꽤 효과적으로 막아낸다. 대니얼 허츠(Daniel Hertz)는 시카고의 부유한 동네인 링컨파크에서 2000년부터 2014년까지 주거 공급이 실제로 4.1% 떨어졌다고 지적한다. 그 이유는 더 큰 집들이 작은 집들을 대체했기 때문이다.[54] 부유한 사람들은 부유한 동네에서 살 만한 주거를 찾을 수 없을 때 더 가난한 동네를 젠트리화한다.[55] 이 또한 바뀌지 않을 것이다.

젠트리피케이션은 불가피하지만, 둥지 내몰기는 그렇지 않다. 사실 놀랍게도 둥지 내몰기는 젠트리화하고 있는 동네보다 가장 가난한 동네에서 더 많이 일어난다. 이는 경제학자 조 코트라이트(Joe Cortright)가 지적하듯이 "(젠트리피케이션이 아닌) 집중된 빈곤의 상존과 확산이 우리의 가장 큰 도시적 난제"[56]라는 사실을 시사한다. 하지만 그렇다고 해서, 더 부유해져가는 동네에서 일어나는 저소득층의 둥지 내몰기가 정책적으로 해결해야 할 위기가 아니라는 뜻은 아니다. 대부분의 젠트리피케이션은 어떤 둥지 내몰기로 이어지지만, 도시는 그 양을 제한하기 위한 조치를 취할 수 있다. 다음의 수단들은 젠트

파크 플레이스는 챔플린 하우징 트러스트가 버몬트의 벌링턴 도심에서 주거비 적정성을 유지하기 위해 이용하는 많은 아파트 건물 중 하나다.

리화하는 지역 사회에서 둥지 내몰기를 줄이는 데 성공을 거둬왔다.

지역 사회 토지 신탁을 만들어라. 버몬트의 벌링턴에서 처음 도입된 지역 사회 토지 신탁(Community Land Trust)은 주택을 팔 때 잠재적 가치 상승분의 상한을 매기고 토지 소유권을 유지함으로써 영구적인 적정가 주거를 만들기 위한 도구로서 확산해왔다.[57]

세입자를 소유주로 전환하라. 롱아일랜드 철도의 와이언던치(Wyandanch)역에서 대중교통 중심 개발(Transit Oriented Development)을 하고 있었을 때, 뉴욕주의 타운 오브 바빌론(Town of Babylon)은 모든 지역 세입자들에게 선제적으로 접근하여 개발업자가 요금을 지원하는 계약금 지원 프로그램을 활용했는데, 이는 세입자들을 소유주로 전환하고자 설계된 프로그램이었다.

재산세 동결 혜택을 제공하라. 보스턴과 필라델피아를 비롯한 여러 도시들은 집을 오랫동안 소유해온 사람들에게 과세를 동결하거나 과세 상한을 둘 수 있게 하는 프로그램들을 도입해왔다. 이런 프로그램 중에는 집이 팔릴 때까지 납세를 연기할 수 있게 해주는 경우도 있다.

적정가 주거의 생산을 지원하라. 수요와 공급의 법칙에 따른 단순한 사실은 적정가 주거의 신규 공급이 둥지 내몰기를 제한하는 데 도움이 된다는 점이다. 이런 주거는 대도시권의 어디에나 위치할 수 있으며, (규칙 6에서) 이미 논했듯이 걷기 좋은 지역에서는 시 정부의 지원을 받을 가치가 있다. 하지만 비평가들이 정확히 짚었듯이, 호화 주택 일색의 대규모 프로젝트들은 공급 증대에 기여함에도 불구하고 둥지 내몰기를 키울 가능성이 높다. 젠트리화하는 지역에서 그런 프로젝트 자체를 노골적으로 금할 수는 없다 하더라도, 어떤 공적 자금도 지원되지 않도록 기준을 세워 실격 처리할 수는 있다.

규칙 14: 지역 사회 토지 신탁, 세입자 내 집 마련(rent-to-own) 프로그램, 재산세 동결, 적정가 주거 생산 보조금 지급 등으로 둥지 내몰기와 싸워라.

15 '주거 우선' 정책을 시행하라

당신의 지역 사회에서 노숙을 줄일 가장 효과적인 기법을 적용하라.

최소한의 쉼터(shelter)가 사회가 제공해야 할 기본적인 인권이라고 믿는 사람도, 그렇지 않은 사람도 노숙에 따른 비용이 심각하며 그게 단지 노숙자만의 비용도 아님은 자각하고 있을 것이다. 대부분 건강보험이 없는 미국의 노숙자들은 응급실을 찾을 때 비싼 값을 치러야 한다. 치안 유지 서비스에도, 징역형에도, 심지어 노숙자 쉼터에도 비싼 비용이 든다. 그리고 순수한 보행 편의성의 관점에서는 노숙자들 때문에 도심에서 걸어 다니길 피한다는 사람들이 많다. 걷는 사람이 적은 일부 도시에서는 보행자의 대부분을 차지하는 노숙자들 때문에 보행자 수가 더 줄어드는 걸로 보인다.

시애틀에서는 노숙자 한 명에게 주거 우선 프로그램을 적용할 때마다 연간 29,000달러의 비용이 절감되었다.

역사적으로 노숙에 대한 도덕주의적 접근은 노숙자들이 공공 쉼터를 거쳐 임시 주거로 옮겼다가 종국에는 독립된 주거를 가질 것이라 기대하는 느린 진행을 필수로 해왔고, 이때 노숙자가 각 과정을 통과할 자격을 얻는 방법 중에는 청결한 생활도 있었다. 이런 프로그램들은 효과적이지 못하다. 안정적으로 살 만한 장소가 먼저 주어지는 것이야말로 약물 남용을 극복하는 핵심 요소일 수 있기 때문이다. 거처도 특정할 수 없는 노숙자가 어떻게 담당 사회복지사의 방문을 받을 수 있겠는가?

1990년대에 쉼터는 권리라는 전제로 시작한 '주거 우선(Housing First)' 운동은 그 과정을 뒤집어 (거의) 아무것도 묻지 않고 노숙자들에게 장기 주택을 제공하기 시작했다. 이 주거는 거주자의 소득을 불문하고 소득의 30%에 달하는 비용에 제공되었으며, 정신 건강과 약물 치

노숙에 대응하는 많은 방법 중 하나인 무시하기는 좋은 결과를 낸 적이 없다.

료를 비롯한 사회적 돌봄 서비스를 추가로 제공했다.[58]

'주거 우선' 프로그램의 확산과 연구가 이뤄지면서 노숙자를 줄이는 데 성공한 것에 놀라는 사람은 거의 없었다. 하지만 그에 따른 비용 절감은 많은 사람을 놀라게 했다.

성공의 측면에서 보면, 이 프로그램을 일찍 채택한 유타주는 10년도 안 되어 노숙을 무려 72% 줄이는 데 성공했다.[59] 전국적인 연구에 따르면 주거 우선 프로그램 참여자의 75% 내지 91%가 1년 후에도 여전히 그 프로그램이 제공하는 주거에서 지냈는데, 이들은 대부분 옵션으로 제공 받는 사회적 서비스를 활용한다. 이를 통해 그들은 일을 구하거나 학교에 머무르면서, 약물과 술을 끊고 병원과 교도소에서 벗어나기가 훨씬 쉬워졌다.[60]

비용 절감의 측면에서는, 그 결과가 놀라웠다. 한 연구에 따르면 응급 서비스에만 드는 연간 평균 지출액 감소분이 1인당 15,000달러를 넘어섰다고 한다.[61] 덴버에서는 응급실 비용이 34% 줄었고, 병원 입원 환자 비용은 66% 줄었으며, 교도소 감금에 드는 비용은 76% 줄었다.[62] 시애틀에서는 노숙자 한 명에게 주거 우선 프로그램을 적용할 때마다 연간 29,000달러의 비용이 절감되었다.[63] 캐나다에서도 결과는 비슷했다.

하지만 이 모든 증거에도 불구하고, 대부분의 도시에는 이런 주거 우선 프로그램이 없다.[64] 그런 도시에는 이렇게 물을 수 있을 뿐이다. 중독과 정신 질환이 있는 사람들을 처벌해야 한다는 믿음 때문에, 정말 노숙보다 두세 배가 더 드는 비용을 기꺼이 지출할 용의가 있는가? 그렇지 않다면, 뭘 주저하고 있는가?

규칙 15: '주거 우선' 프로그램을 만들거나 기존에 있는 프로그램을 확장하라.

4부. 주차를 바로잡아라

16. 대지 내 주차 요건을 없애라

17. 도심 주차를 공익사업으로 만들어라

18. 주차를 주거에서 떼어내고 공유하라

19. 가치를 기준으로 주차료를 부과하라

4부

주차를 바로잡아라

미국의 도시 지역에서 주차 구역은 가장 넓은 면적을 차지하지만[65] 도시 계획가들은 이를 오랫동안 무시해왔다. 아울러 도시의 지도자들은 주차에 관해 "어떻게 하면 충분한 주차 공간을 마련할 수 있을까?"라는 잘못된 질문을 던지곤 했고, 그 누구도 다음처럼 적절한 질문을 던지려 하지는 않는 듯했다. "주차를 어떻게 계획하고 공급하고 관리해야 도시가 번영하는 데 도움이 될 수 있을까?"

다행히도 한 사람의 작업에 크게 힘입어 이제 우리는 그 질문에 답할 수 있게 되었다. UCLA의 도널드 슈프(Donald Shoup) 교수는 『무료 주차의 높은 비용(High Cost of Free Parking)』[66]이라는 중요한 저서로 효과적인 주차 방식에 대한 미국인들의 이해를 바꿔놓았는데, 이 책은 대부분의 미국 도시에서 실패한 주차 정책들을 효과적인 실천으로 대체하기 위한 최고의 참고서다.

이번 섹션에서는 약간 임의적으로나마 최근의 경험을 바탕으로 한 도널드 슈프의 체계를 활용하여, 그의 세 가지 수단인 '최소 주차 요건 폐지', '시장 가치에 기초한 주차료 산정', 그리고 '주차료 수입을 지역에서 쓰기 위한 주차 혜택 지구 조성'을 재구성한다. 이로써 다른 세 가지 핵심 개념을 강조하려 하는데, 주차장을 도심의 거점 공익 시설로 다루기, 요금을 대신 떠안는 다른 용도들과 분리하여 주차비를 투명하게 징수하기, 그리고 시간별로 주차장 용도를 달리할 수 있도록 개발 단지를 구성하기가 그것이다.

16 | 대지 내 주차 요건을 없애라
주차의 최소 요건을 최대 요건으로 대체하라.

2000년에 나는 다른 공저자들과 함께 이렇게 썼다.

[대지 내 주차 요건]은 아마도 오늘날 미국의 도시 계획을 죽이는 가장 큰 요인일 것이다. 이런 요건에 따르면 대지 내에서 새로운 주차 공간을 확보할 수 없어 오래된 건물을 개축할 수 없게 된다. 또한 주차장의 뒤나 위에 건물을 두는 반(反)보행자적인 건설이 장려되어 거리의 활력이 사라지는데, 모두가 목적지 바로 앞에 주차하면 갓길 보도를 이용할 이유가 없기 때문이다. 마지막으로, 저밀도 개발이 초래되어 도심에서 자전거 통행량이 자동차 통행량을 넘어서지 못하게 된다. 통틀어 보면, 대지 내 주차 요건에 장점이라고 할 만한 것은 없다. 보행자 친화적으로 충분히 개발되길 원하는 도시들이라면 이런 조례를 즉시 없애고 세심히 배치된 실내외 공영 주차장에서 공공 주차를 제공해야 할 것이다.[67]

그때 이후로 많은 게 바뀌었다. 시내 중심부에서 대지 내 주차 요건을 없앤 도시가 많고, 도시 전역의 주차 규정을 재고하고 있는 도시도 많다. 하지만 여전히 그런 도시가 대부분을 차지하지는 않는다. 그 이유에 대해서는 『무료 주차의 높은 비용』에서 잘 설명하고 있다. 그리고 당신의 도시에 좋은 대중교통이 있다면, 뉴욕이나 유럽에서처럼 최대 주차 요건을 적용하는 게 아마도 적절할 것이다.

심지어 자동차 의존도가 높은 곳에서도, 주차 요건을 없앤다고 주차 공간이 너무 적어질 거라는 걱정은 할 필요가 없다. 슈프가 지적하듯이, "노외 주차(off-street parking) 요건을 폐지한다고 그런 주차가 없어지진 않을 것이다. 대신 활발한 상업 주차 시장을 자극하게 될 것이다."[68] 개발업자들은 늘 시장을 만족시킬 것이고, 그들에게 자금을 빌려주는 금융 기관들은 어떤 형태로든 주차를 요구하는 게 보통이다. 하지만 다양한 개발업자가 다양한 시장을 만족시킬 수 있어야 하고, 도시는 거기에 범용의 자동차 중심 요건을 들이밀어서는 안 된다.

> **"노외 주차 요건을 폐지한다고 그런 주차가 없어지진 않을 것이다. 대신 활발한 상업 주차 시장을 자극하게 될 것이다."**

전국적으로 이러한 트렌드는 느리지만 분명히 나타나고 있다. 워싱턴 DC는 대중교통이 근처에 다니는 소매점에 대한 주차 요건을 폐지했다. 미니애폴리스는 주거에 대해 역시 주차 요건을 폐지했다.[69] 하

캘리포니아 팔로알토의 알마 플레이스에 있는 전(前) 노숙자를 위한 넓은 주차장의 진입 경사로.

지만 진보를 가로막는 최대 장애물은 대개 노상에서 주차 경쟁이 일어날까봐 걱정하는 인근 주민들에게서 나온다.

슈프는 알마 플레이스(Alma Place)의 이야기를 전해주는데, 이곳은 캘리포니아의 부촌 팔로알토의 통근 기차역에서 세 블록 떨어진 곳에 들어선 107세대의 1인실 임대 숙소다. 주거 당국은 주차장을 마련하는 데 드는 높은 비용과 적정 주거비의 필요성, 주 고객층의 낮은 자가용 소유율, 대중교통의 근접성 등을 감안하여 시 정부에 대지 내 주차 요건을 면제해줄 것을 요청했다.

시 정부는 일부분 이를 수용하여 최소 주차 요건을 세대당 0.67대로 줄였다. 하지만 건물이 완공되고 보니, 이렇게 줄어든 주차 공간에도 건설비의 무려 38%라는 터무니없는 금액이 들었다.

시 정부는 왜 당사자들이 원치도 않는 불필요한 주차 공간을 굳이 요구해서 이러한 '적정가' 주거의 비용을 그렇게나 높인 것일까? 그것은 새로운 이웃들이 제한된 수의 노상 주차공간을 두고 자기들과 경쟁할 것을 두려워한 인근 주민들 때문이었다.

시 정부가 저자세로만 나올 것이 아니라 '주차 공간 보존 계획(Parking Preservation Plan)'이라고 불리는 거주자 전용 주차 허가 시스템을 직접 만들고 개선하여 기존의 인접 주민들을 보호하려는 시도를 적극적으로 추진했다면 어땠을까? 그런 계획은 신규 세입자들에게 자가용 소유를 금하는 임대 계약 요건을 포함할 가능성이 높다. 이런 방식은 워싱턴 DC의 몇몇 개발 사업에서 이미 제안된 바 있다.

마지막으로 직관에 반하는 언급을 해보자면, 대중교통 이용이 편리한 도시에서는 최소 주차 요건을 없앨 때 노상 주차를 향한 경쟁이 늘지 않고 오히려 줄어든다. 개발업자가 주차장 없는 건물을 올릴 수 있게 하면 자가용 없는 세입자들이 나타나기 때문이다.

규칙 16: 대지 내 주차 요건을 없애고, 대중교통 수단이 많은 곳에 최대 주차 요건을 둬라. 필요한 경우 현 주민들을 보호할 주차 공간 보존 계획을 수립하라.

17 도심 주차를 공익사업으로 만들어라
주차장을 병합된 시설에서 공급하라.

대지 내 주차 요건을 없애는 것은 모든 중심가와 도심에서 분명한 최고의 선택이지만, 주차를 없애는 것은 그렇지 않다. 미국의 많은 도심이 성장할수록, 특히 볼품없는 지상 주차장들이 건설 부지가 될수록 새로운 주차장을 공급할 필요가 생긴다. 걷기 안 좋은 도시 지역을 고밀화하여 걷기 좋게 만드는 전형적인 방법은 지상 주차장을 건축면적이 더 작은 다층의 데크(deck) 구조물로 바꾸는 것이다. 그런 주차장을 어떻게 짓고 관리하느냐가 한 장소의 성패를 가르는 열쇠일 수 있다.

예컨대 새로운 공연예술 센터를 위한 주차장은 대부분 적어도 한 블록 떨어진 곳에 두어야 한다.

대부분의 장소에서, 대지 내 주차를 뭔가 더 좋은 대안으로 바꾸는 가장 쉽고 좋은 방법은 대체 요금(in-lieu fee)을 활용하는 것이다. 즉 새로운 개발 단지에 주차장을 요구할 게 아니라, 주차장 설치비와 비슷한 규모의 금액을 대규모 집단 주차 시설의 건설 자금으로 보태게 하는 것이다. 이런 노력은 시 정부도 주차 당국도 개발업자도 할 수 있지만, 누가 관리 주체이든 간에 개발 단지가 속한 지구 전체의 번영에 도움이 되도록 주차 시설을 배치하고 설계한다는 목적은 동일하다.

얼마나 많은 대체 요금을 지급해야 하는지는 대략 그러한 주차장을 제공하는 데 드는 비용에서 이용자들로부터 거두는 기대 수입을 뺀 값에 기초해야 한다. 미국 전역의 단위 공간 당 요금은 매사추세츠 노샘프턴의 (너무 낮은) 2,000달러부터 캘리포니아 카멜의 (너무 높은?) 27,520달러까지 다양하게 분포한다. 도널드 슈프는 1999년 기준 북미 31개 도시에서 대체 요금 프로그램을 시행하고 있음을 파악했는데, 예컨대 노스캐롤라이나의 채플힐은 7,200달러, 일리노이의 레이크 포레스트는 9,000달러, 브리티시콜롬비아의 밴쿠버는 9,708달러의 요금을 매기고 있었다.[70] 시에서 운영하는 공간을 많은 이용자들이 공유하기 때문에, 요금은 보통 적절히 하향 조정된 주차 요건에 기초할 수 있음을 명심하라.

요금을 얼마나 지급하건 간에, 공영 주차장은 그것이 도심에서 하는 중요한 역할에 대한 이해를 바탕으로 세심하게 배치해야 한다. 공영 주차장은 사실상 수많은 보행자가 들락거리는 거점 시설이다. 거점과 거점을 잇는 상점들이 배치될 수 있도록, 공영 주차장도 쇼핑몰처럼 거점 간에 어느 정도 거리를 띄워 배치해야 한다. 이런 식으로 출발지와 목적지를 전략적으로 구분하면서 도심을 정교하게 구성할 필요가 있다.[71] 예컨대 새로운 공연예술 센터를 위한 주차장은 적어도 한 블록 떨어진 곳에 두어야 한다.

매사추세츠 노샘프턴의 한 공영 주차장은 도심의 쇼핑과 사무 기능들에 거점을 제공한다.

필요한 게 사실이다. 라스베이거스와 탬파처럼 자동차에 전적으로 의존하는 도시들에서 새로운 성장에 대한 투자란 곧 더 많은 주차 공간을 확보하는 데 전념하는 것을 뜻한다.

하지만 정말 그러한가? 인디애나의 엘크하트 도심을 확장하는 리버 지구(River District)를 위한 계획에서, 시 정부는 새로운 물놀이 센터의 부대시설로서 차량 600대를 수용하는 주차 시설이 필요하다는 결정을 내리고 1천만 달러의 자금을 지원했다. 하지만 세심한 분석과 건전한 비판적 검토를 거친 결과, 공유 주차와 위성 주차(satellite parking), 첨단 기술적인 수요 관리 등 모든 주차 수요는 기존 시설을 활용하여 충족시킬 수 있다고 판단되었으며, 1천만 달러는 용처를 바꿔 다시 리버 지구 내의 광장과 공원에 지원되었다.

이는 미국 도시에서 보통 일어나는 일과는 정반대다. 프랭크 게리(Frank Gehry)의 월트 디즈니 콘서트홀은 1억 1천만 달러를 들인 6층짜리 주차 시설 위에 자리 잡았는데, 단위 공간당 5만 달러를 주차 시설에 들인 것이다.[72] 하지만 동쪽으로 한 블록 떨어진 공지에 주차 시설을 지었다면 비용을 절반으로 줄일 수 있었다. 이렇게 어처구니없는 낭비는 멈출 필요가 있다.

도심 주차에 관한 논의는 차량 공유(car-sharing)와 승차 공유(ride-sharing) 및 차량 호출(ride-hailing) 서비스, 그리고 자율주행 차량에 대한 기대로 새로운 반전을 맞이한다. 미래주의자들은 10년 내지 20년 후면 사라질 주차 시설을 새로 짓는 것은 어리석다고 말한다. 하지만 이런 예측의 정확성 여부와는 별개로, 현재 일부 도심에서는 여전히 더 많은 주차가

규칙 17: 대지 내 최소 주차 요건을 완전히 없앨 수 없다면, 공유 주차장을 지원하는 대체 요금으로 대신하라. 자금 지원 방식과는 상관없이, 대규모의 주차 시설들을 도심의 거점으로서 전략적으로 배치하라. 그리고 다른 대안이 있을 경우에는 주차 시설을 짓지 말라.

18 주차를 주거에서 떼어내고 공유하라

본래의 가치에 근접한 주차료를 징수하고, 효율적인 주차 활용에 보상을 하라.

운전과 마찬가지로, 저가 주차도 어디에나 존재하는 일종의 "자유재(free good)"다. 사람들은 주차비가 그것의 가치에 근접할 때 원래보다 훨씬 더 많이 주차장을 이용하고, 이게 운전을 하려는 강력한 동기를 만들어낸다. 따라서 도시를 더 걷기 좋게 만들려는 모든 진지한 시도는 자동차의 소유와 이용에 가장 큰 영향을 끼치는 두 장소인 집과 일터에서 무료 주차를 없애려는 노력을 포함해야 한다.

공평하게만 한다면, 그렇게 하기는 비교적 쉬운 일이다. 현재 많은 곳에 존재하는 시스템에서는 자가용이 없는 사람들이 자가용 보유자들의 생활양식에 보조금을 지원한다. 아파트나 직장에서 무료 주차를 제공할 때, 그 비용은 결국 운전 여부와 상관없이 모두의 집세나 월급에서 나오는 것이다.

진정한 혼합 용도 환경에서는 하나의 주차 공간을 아침에는 카페 손님이, 낮에는 사무실 노동자가, 저녁에는 쇼핑객이, 한밤중에는 주민이 이용할 수 있다.

도심 지역에 사는 집주인들은 대부분 이를 파악하고 주차료를 따로 부과한다. 모든 아파트가 주차를 제공하는 것은 아니며, 제공하는 아파트는 더 비싸다. 주차 공간을 주거와 별개로 임대(하고 판매)하는 게 이상적인데, 이런 방식을 '디커플링(decoupling)'이라고 부른다. 하지만 모든 집주인이 이렇게 하는 것은 아니며, 특히 교외 지역일수록 더 그러하다. 디커플링은 법적인 요구사항이 되어야 한다.

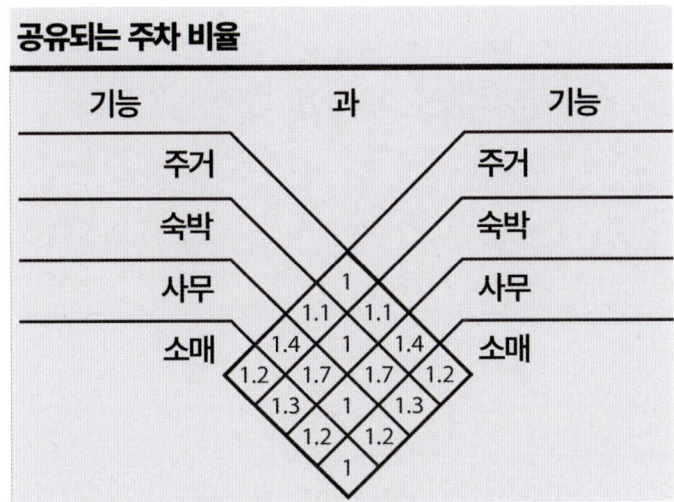

공유의 기회는 다양한 곳에서 다양한 비율로 이뤄지지만, 스마트코드(SmartCode)는 다양한 용도로 공유되는 공간들에서 효율성이 얼마나 늘어나는지를 결정하기 위해 이 비율들을 경험칙으로 제공한다.

다. 이 프로그램을 활용한 곳에서는 자동차로 출퇴근하는 비율이 10% 넘게 줄어들었다.[74]

규칙 13에서 논한 것처럼, 도심의 많은 주차장들은 매일 한밤중마다 비어 있다. 여기서 엄청난 낭비가 이뤄지고 있는데, 각각 2만 내지 3만 달러의 비용이 드는 수천 개의 주차 구획이 사용되는 시간은 전체의 1/4밖에 되지 않기 때문이다. 이와 비슷하게 주거 개발 단지의 주차장들도 주중에는 아침 9시부터 오후 5시까지 대부분 비어 있다. 이런 주차장들의 이용 시간은 완전히 상호 보완적이다. 어떤 식으로든 그것들을 결합한다면 우리의 주차 공간 중 거의 절반을 없앨 수 있다.

물론 그것들은 결합이 가능하고, 실제로도 종종 결합된다. 진정한 혼합 용도 환경에서는 하나의 주차 공간을 아침에는 카페 손님이, 낮에는 사무실 노동자가, 저녁에는 쇼핑객이, 한밤중에는 주민이 이용할 수 있다. 심지어 이 네 사용자 모두가 동일인일 수도 있고, 이때 그는 자가용을 전혀 몰지 않을 수도 있다.[75] 혼합 용도 지역 사회의 주차 요건은 하향식이든 자발적이든 간에 다음과 같은 별개의 두 요인을 충분히 반영할 필요가 있다. 하나는 다양한 용도의 상호 보완적 시간대들이고, 다른 하나는 도시 거주자들의 낮은 자가용 소유율이다.

낭비가 많은 과잉 건축을 피하는 것 외에도, 공유 주차는 최근의 많은 혼합 용도 프로젝트에서 재정적 실용성을 높이는 열쇠였다. 예컨대 캘리포니아의 페탈루마시는 도심의 남단을 재건하기 위해 수년간 분투했지만 그 도시의 관습적인 지역지구제 규정이 신규 개발에 주차 공간을 너무 많이 요구하는 바람에 기대 수익을 올리기 어려웠다. 하지만 교통 컨설팅 업체 넬슨\니가드(Nelson\Nygaard)가 결정한 공유 주차율을 활용한 새로운 형태 기반의 규정이 계산을 바꿔놓았다. 주차 요건이 1,200개의 공간에서 겨우 530개로 줄어들면서, 여섯 블록에 걸친 9천 5백만 달러 규모의 페탈루마 극장 지구(Petaluma Theatre District)가 얼마 지나지 않아 지어졌다.

직장은 또 다른 문제다. 근무 중에 주차료를 부과하는 고용주는 거의 없다. 도널드 슈프는 미국 전역에서 이러한 관대함이 마일 당 평균 22센트를 지원하는 효과가 있다고 계산하는데, 이는 통근 비용을 무려 71%나 낮추는 셈이다.[73] 고용주들은 인재 유치를 위해 경쟁하려면 무료 주차를 제공할 수밖에 없다고 느끼는데, 그렇다면 뭘 해야 하는가? 그 답은 캘리포니아에서 찾을 수 있다. 캘리포니아는 일부 고용주들로 하여금 소위 '주차 공간 현금 교환(parking cash-out)'이라는 프로그램을 제공하도록 명령한다. 이것은 고용주들이 직원들로 하여금 각자의 주차 공간을 현금으로 교환할 수 있게 하는, 당근만 있고 채찍은 없는 프로그램이다. 이렇게 하면 직장의 주차 요건이 줄어들고, 회사는 그만큼 절약한 주차장 건설비를 인센티브에 투자할 수 있

규칙 18: 주거에서 주차를 떼어내는 디커플링과 직장인 주차 공간의 현금 교환을 의무화하는 법을 통과시켜라. 혼합 용도 개발에 공유 주차 요건을 감축시키는 인센티브를 부여하라.

19 | 가치를 기준으로 주차료를 부과하라
연석에 주차할 데가 없다면, 주차료가 낮게 책정된 것이다.

운전하는 비용이 너무 싸면, 도로가 너무 혼잡해진다. 주차하는 비용이 너무 싸면, 주차장이 너무 혼잡해진다. 사람들이 주차를 너무 많이 하면 일련의 나쁜 일들이 일어난다. 사람들은 주차할 곳을 찾으려고 빙빙 돌거나, 이중(병렬) 주차를 하거나, 결국 주차에 실패하여 쇼핑을 못하고 다시 집을 향해 운전한다. 그러고는 다음번에 또 쇼핑몰을 향해 운전한다.

도심 구역이 합리적으로 기능하려면 그곳의 주차료가 합리적으로 매겨져야 한다. 이는 가격이 가치를 반영한다는 뜻이다. 수요가 많은 지점일수록 가격이 비싸진다. 많은 곳에서 이 가격은 변화하는 수요를 반영할 수 있게 시시각각 변화해야 한다.

뭐가 옳은 가격일까? 도널드 슈프는 주차 공간이 85% 채워지는 수준, 즉 각각의 연석 면마다 한곳씩 비어 있는 수준에서 주차료를 매기자고 제안한다. 이러한 결과는 샌프란시스코의 정교한 SF파크(SFpark) 시스템 같은 하이테크 방식으로 성취할 수 있는데, SF파크 시스템의 경우 주차 여부를 도로 내 센서들로 측정하기 때문에 주차료가 시시각각 변화한다. 또는 정확성은 좀 덜하더라도 하루에 한두 번씩 검사를 좀 하면서 주차료를 변화시키는 방식으로도 슈프가 제안한 결과를 얻어낼 수 있다. 현재 대부분의 장소는 매우 임의적으로 주차료를 산정하기 때문에, 정교하진 않더라도 단지 수요에 대한 반응을 시도하는 시스템으로 바꾸기만 해도 큰 영향을 줄 수 있다. 그리고 명심할 사항은 오후 6시나 일요일에도 수요와 공급의 법칙은 중단되

> **현재 대부분의 장소는 매우 임의적으로 주차료를 산정하기 때문에, 정교하진 않더라도 단지 수요에 대한 반응을 시도하는 시스템으로 바꾸기만 해도 큰 영향을 줄 수 있다.**

지 않으니 적정한 주차료 산정 역시 중단되지 말아야 한다는 점이다.

슈프는 적정 가격 주차장(properly-priced parking)으로 전환한 도시들에서 어떻게 상인들이 더 부유해지는 변화가 일어났는지에 대해 기술한다. 그는 상점 주인들이 직원 주차를 다른 곳으로 유도하고 연석에서 더 많은 고객을 유치하여 주차료 수입을 올리려는 목적으로 1935년에 도입한 게 주차료 징수기였음을 상기시킨다. 하지만 주차량이 과도한 지역에서 누군가가 주차료 인상을 주장할 때마다 가장 열심히 반대 목소리를 내는 이들은 거의 늘 지역 상인들이다.

아무리 많은 증거나 이유를 제시해도 상인의 마음을 바꾸기 힘든

동종의 가장 이른 계획 중 하나였던 2007년 캘리포니아 레드우드 시티 주차 계획은 예측 수요를 기반으로 다양한 공간의 요금을 매겨 실제 수요를 효율적으로 할당했다. 활동이 많이 일어나는 거리일수록 비싼 요금을 매겼고, 이용량이 부족한 주차 시설은 무료였다.

경우도 있다. 코네티컷 노워크의 한 레스토랑 주인이 최근 붙여 놓은 전단지에는 이렇게 쓰여 있다. "도널드 슈프의 이론은 옳지만 여기 노워크에서는 통하지 않습니다."[76]

이런 이유로 슈프는 또 하나의 훌륭한 아이디어를 도입했는데, 주차 혜택 지구(Parking Benefits District: PBD)가 바로 그것이다. 주차 혜택 지구는 더 높은 주차료 징수로 늘어난 지방 자치 단체의 수입을 징수한 지역에 쓸 것을 상인들에게 약속한다. 보통은 도로와 갓길의 개선, 조명과 벤치 등의 스트리트 퍼니처, 새로운 가로수와 조경, 심지어 민간 사업장의 입면 개선에도 직접 그 재정이 투입될 수 있다. 또한 결국에는 새로운 주차 시설을 짓는 데 지출될 수도 있다. 주차 혜택 지구는 상인들에게 훌륭한 당근이지만, 그보다 훨씬 더 큰 잠재력을 갖고 있다.

아마도 가장 효과적인 주차 혜택 지구는 슈프의 도움으로 올드 타운 패서디나에 조성된 사례일 것이다. 1993년에 시작된 이 주차 혜택 지구는 상기한 모든 혜택을 가져왔을 뿐만 아니라 한 팀의 공무원들을 탄생시키고, 가공선(overhead wires)을 지중화하며, 얽히고설킨 뒷골목들을 사랑스러운 보행 구역으로 전환하는 혜택도 가져왔다. 현재 올드 타운에는 금속제의 이동식 대형 쓰레기 컨테이너(dumpster)가 없으며, 모든 블록마다 자체적인 산업용 쓰레기 압축기를 구비하고 있다.

패서디나에서의 경험은 진정한 변화를 가져왔다. 환경이 개선되면서 더 많은 방문객이 찾는 선순환이 일어났고, 이는 더 많은 주차료 징수와 더 많은 환경 개선으로 이어졌다. 주차 혜택 지구를 도입한 지 5년이 안 되어 거기서 거둔 재산세 수입이 3배로, 판매세 수입은 4배로 뛰었다.[77] 이것은 분명 본받을 만한 가치가 있는 노력이다.

규칙 19: 슈프의 85% 규칙을 고려하여 주차료를 다시 매기고, 주차료 수입을 지역 개선에 쓰기 위한 주차 혜택 지구 계획을 수립하라.

5부. 효과적인 대중교통을 구축하라

20. 대중교통과 토지 용도를 조율하라
21. 버스 노선 체계를 다시 설계하라
22. 개발 도구로서 전차를 도입하라
23. 대중교통의 경험을 고려하라
24. 효과적인 자전거 공유 체계를 만들어라
25. 우버를 대중교통이라고 착각하지 말라
26. 자율주행차의 미래를 내다보라

5부

효과적인 대중교통을 구축하라

미국의 기존 대중교통 시스템 중 상당수가 주로 장기적인 자금 부족을 이유로 터무니없는 수준으로 정비되지 않고 방치되어 있을 때, 대중교통 기반시설의 개선을 논하기란 쉽지 않은 일이다. 지연과 탈선, 화재, 그리고 (고맙게도 가끔씩만 일어나는) 사망 사고가 증가하는 요즘, 우리는 정치인들을 첫 비행기에 태워 모스크바로 보내려는 충동에 저항해야 한다. 망명을 보내는 게 아니라, 혼잡 시간대에도 모든 노선에서 90초 동안 전진하는 기적을 경험하게 하려는 충동 말이다. 정치인들이 미국의 대중교통 시스템이 얼마나 더 좋아질 수 있을지를 깨달으려면 모스크바나 취리히, 파리, 심지어 밴쿠버 같은 도시에서 한 시간만 돌아다녀 봐도 된다. 아울러 미국의 대중교통 시스템은 대부분 더 악화되어 가고 있다. 미국의 지도자들은 모두가 더 이상 대중교통을 이용하지 않을 때 그들의 리무진이 얼마나 더 많은 교통 체증을 겪게 될지 깨닫지 못하는 것인가?

이렇게 대중교통이 무시되는 배경에도 불구하고, 미국을 중심으로 좋은 해법들이 전개되고 있다는 사실은 위안이 된다. 버스 노선 체계의 재설계는 그중에서도 가장 유망한 해법에 속한다. 대중교통 이용이 다시 늘어나는 변화는 생활양식의 트렌드로도 암시되는데, 예컨대 요즘 16세 청소년 중 운전면허 소지자는 1980년대에 비해 대략 절반으로 줄어들었다.[78] 대중교통 서비스 개선에 대한 응답은 분명 아니지만, 이러한 발전은 미래에 자동차 운전을 덜 하게 될 가능성이 꽤 높음을 암시한다.

과거에는 자가용 운전이 곧 자유라는 정의가 성립하곤 했지만, 우리의 모든 주요 대도시를 압박하는 교통 혼잡의 진창은 그 공식을 바꿔놓았다. 교통으로 꽉 막힌 우리의 삶에서 간편하게 자주 이용하는 대중교통은 점점 더 진정 유망한 이동 수단이 되어간다. 그런 서비스는 제공할 수 있는 것을 넘어, 근래에 우리가 보아온 것보다 이동 수단에 관해 더 분명한 사유를 요구한다.[79] 그 사유는 대중교통의 비전과 토지 용도의 비전이 함께 발전하며 진화할 것을 요한다. 전차를 이동 수단보다 개발의 촉매제라고 인식하며, 대중교통 차량이 사회적인 공유 공간의 역할을 한다는 것도 잊지 않는다.

최근 몇 가지 개발이 일어나면서, 이 그림은 흥미로운 방식으로 더 복잡해졌다. 자전거 공유는 사람들에게 자동차를 운전하지 않는 훨씬 더 건강한 방법을 제공해왔으며, 우버 같은 차량 호출 서비스는 운전자와 대중교통 탑승자 모두를 뒷좌석 승객으로 바꿔놓았다. 결국 자율주행차가 도시 이동 수단의 변혁을 가져올 가능성이 높지만, 그런 변혁이 대부분의 사람들이 상상하는 방식으로 이뤄지지는 않을 것이다.

밀도가 도시 계획의 핵심이지만 자동차는 밀도를 없앤다. 따라서 (일부 형식의) 대중교통은 우리 도시의 미래를 일구는 열쇠이자 본 섹션의 화두이다.

20 대중교통과 토지 용도를 조율하라
양자가 함께 작동하는 장기 계획을 세워라.

이것은 도시 계획에서 가장 오래된 노선이다. 그런데 왜 그렇게 하는 도시가 얼마 없을까? 교통 시스템은 토지 용도 패턴을 창출하고, 토지 용도 패턴은 다시 교통 시스템을 창출한다. 양자는 원리와 목적이 동일하고 심지어 지도까지 동일하다. 따라서 그것들을 함께 다루지 않으면, 이동 수단과 삶의 질은 어려움을 겪게 된다.

교통 계획가 자렛 워커(Jarrett Walker)는 『휴먼 트랜짓(Human Transit)』이라는 획기적인 저서에서 토지 용도와 대중교통의 장기 계획을 위한 일부 모범 실무의 초석을 놓는다.[80] 그중에는 다음과 같은 개념들이 포함된다.

20년 후를 내다보기: '20년'은 오랫동안 장기 계획에 적절한 기간으로 여겨져 왔고, 그럴 만한 좋은 이유가 있었다. 아직 상상하기에는 충분히 이르지만, 먼 미래에는 대부분의 사람들과 사업장들이 다른 곳으로 옮겨갈 가능성이 높다.

공유 지도: 모든 계획의 중심은 지도다. 지도는 지역 사회의 미래를 향해 공유된 비전을 지속적으로 상기시키기 위해 모든 시청의 벽면에 걸어야 하는 그림이다. 이 지도는 명쾌하고 단순해야 하며, 기본적으로 두 가지를 보여줘야 한다. 즉 그 도시가 어디에서 대중교통이 완비된 (고밀) 성장을 추진하려 하는지, 그리고 어디에서 대중교통망을 수시 운행하려 하는지를 보여줘야 하는 것이다. 힌트를 주자면, 그것들은 동일한 장소여야 한다.

공적인 과정: 이 과정의 첫 단계는 도시 계획의 윤리가 요구하는 바에 따라 시 전역에 걸친 총체적인 계획을 공공 영역에서 충분히 시행하면서 가능한 한 많은 참여와 광고를 유도하는 것이다. 이러한 계획의 노력은 실무적 차원에서 성장의 방향을 설정할 뿐만 아니라, 정치적 차원에서 그 계획을 지원할 미래 계획과 교통 관련 조치를 위한 공적 지원의 토대를 만든다는 점에서도 필요하다.

반복적인 과정: 총체적인 계획을 만드는 과정에서도, 뒤이어 그것을 개선하는 과정에서도, 도시의 계획 및 교통 관련 부서들은 지속적인 개선을 위해 계획 도면과 서류를 앞뒤로 변경하며 다룰 수 있는 규약을 세워야 한다. 보통은 제안된 토지 용도 패턴에서 핵심 목적지들을 효율적으로 잇는 수시 운행 체계가 분명히 드러날 것이다. 그리고 그 운행 체계에 따라 다시 토지 용도 패턴을 변경할 필요가 생길 것이다. 새로운 고밀 성장 지역들이 운행 체계가 지나는 길을 따라 위치하고 저밀 지역들은 그렇지 않은 방향으로 말이다. 이러한 변경에 따라 또 다시 대중교통 계획을 변경할 필요가 생길 수도 있다. 계획이 늘 20년 후를 내다보고 있으려면, 이런 과정을 절대 중단해서는 안 된다.

독립 부서들: 일부 도시들은 계획 및 교통 부서들을 단일한 실체로 병합하거나 부서 간 공동 회의를 거듭하게 만들 고민을 한다. 워커

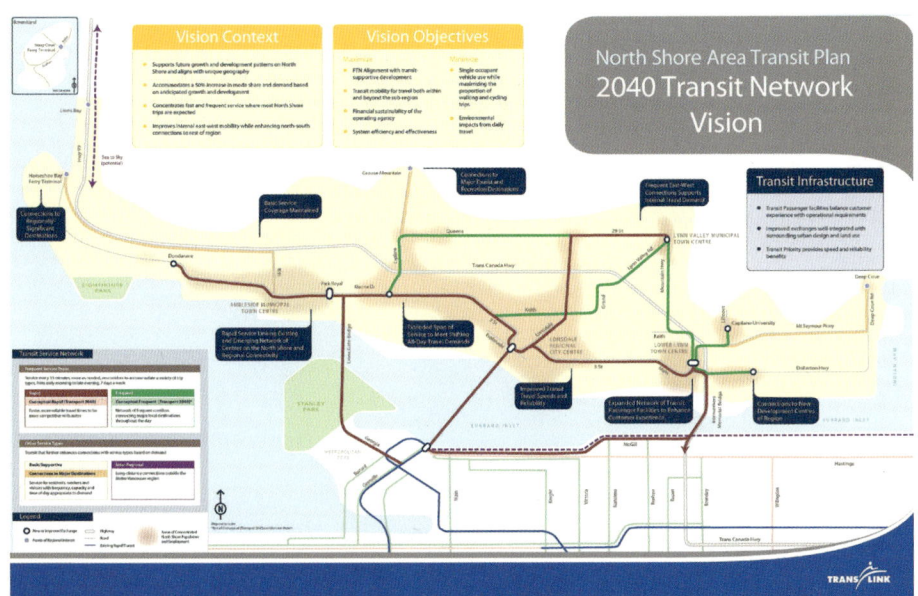

밴쿠버의 장기 교통 계획은 수시 운행 서비스와 높은 주거 밀도를 서로 연결한다.

는 이게 이론적으로는 괜찮은 개념이지만 실무적으로는 "관료제를 서서히 멈춰 세우기에 훌륭한 방법"[81]이라고 말한다. 반복적인 위임의 과정은 직원들이 회의보다 계획에 더 많은 시간을 쓸 수 있게 해준다. (상기한) 공유 지도가 이를 가능케 해준다.

기술만 이용하지 말라: 대중교통 서비스보다 대중교통 기술에 관해 더 많이 생각하는 것은 흔한 인간적 (또는 적어도 미국적) 특징이다. 우리 모두는 장난감 사들이기를 좋아한다. 하지만 기술은 예측이 불가하기 때문에 20년간의 비전을 위한 기초로서 신뢰할 수 없다. 토지 용도와 교통을 조율할 때 중요한 것은 그저 수시 운행 노선들이 어디에 위치하는가이다. 대중교통 노선을 계획하고 있다면, 다음과 같은 세 질문에 답해야 한다. 서비스가 수시 운행인가 그렇지 않은가? 급행인가 완행인가? 다른 노선들과 함께 도시 전역을 운행하는 체계를 제공하기에 적절한가? 기술에만 집착하는 대중교통 전략은 토지 용도와 영향과 반응을 주고받는 선택들로부터 멀어지게 된다.

자금 지원을 위한 기초: 대중교통의 장기적 비전이 필요한 또 다른 이유는 그것이 돈을 끌어 모으기 위한 공식적인 무언가를 제공한다는 데 있다. 미국에서는 점점 더 많은 도시들이 주 정부나 연방 정부 차원의 불확실한 자금 지원을 기다리다 지친 나머지, 자체적으로 대중교통의 운명을 계획할 수 있는 판매세와 기타 자금원들에 관한 주민 투표를 해왔다. 시민들은 대중교통을 지원할 세금을 스스로 내겠다는 놀라운 의지를 보여 왔다. 계획이 있으면 그것이 가능해진다.

규칙 20: 20년에 걸친 토지 용도 및 교통 계획을 만들고, 반복적인 부서 간 조율 과정을 통해 계획을 거듭 개선하라. 이 과정은 대중교통의 자금 지원을 위한 기초로 활용된다.

21 | 버스 노선 체계를 다시 설계하라
대중교통 투자를 극대화할 현재의 모범 실무들을 활용하라.

대부분의 미국 도시에서는 버스 노선 체계가 실질적인 대중교통망이다. 지난 20년간 버스 노선 체계가 총체적으로 재설계되지 않았다면, 지금이야말로 재설계를 해야 할 때다. 그 이유는 주로 세 가지다. 첫째, 우리에게 익숙한 대중교통 설계에 관해 우리는 더 많이 알고 있다. 현재의 모범 실무에 따르면 현재와 다른 구성이 제안될 수 있다. 둘째, 대부분의 버스 노선 체계는 시간이 지나면서 많은 변경이 개별적 수준에서 경미하게 이루어졌는데 이런 변경 사항들은 개별적으로 의미가 있었을지라도 집단적으로는 비효율성과 혼란을 일으키며 시스템의 논리를 침해해왔고 그럴수록 탑승객이 줄어들 가능성은 높아졌다. 마지막으로, 자렛 워커가 논한 것처럼 도시들이 변화하고 있다. 성장하는 모든 세대는 종전과 달라진 일과 삶의 패턴으로 대중교통 수요에 영향을 줄 가능성이 높고, 인류의 모든 세대는 다양한 가치와 우선순위에 따라 각 세대에 맞는 대중교통을 선택할 것이다. 오직 총체적인 재설계만이 이런 변화들을 합리적으로 다룰 수 있다.

버스 노선 체계의 재설계에 관해, 워커는 다음의 기준들을 명심하라고 권고한다.[82]

승객 수 대 운행 범위: 대부분의 대중교통 시스템은 두 가지의 경쟁적인 목적, 즉 최대한 많은 승객을 태운다는 목적과 대중교통이 가장 필요한 승객을 태운다는 목적 사이에서 균형을 맞춰야 한다. 고밀취락 지역에 살면서 일하는 사람들만 태우는 노선 체계는 승객이 많지만 더 고립된 지역에 사는 사람들은 태우지 못할 것이며, 반대로 고립된 지역까지 운행하는 체계는 승객 수가 줄어들 것이다. 대중교통 기관(agency)은 버스 노선 체계의 재설계에 착수하기 전에 각각의 목표에 얼마나 많은 자원을 투입하고 싶은지를 분명하게 결정해야 한다. 예컨대 휴스턴의 대중교통 기관 이사회에서는 예산의 80%를 더 많은 승객을 태우는 데 투입하기로 결정한 바 있다.

수시 운행 서비스 체계: 대중교통 서비스는 수시로 운행될 때에만 승객들이 진정 유용하고 자유롭게 활용할 수 있다. 승객 수에 집중하는 대중교통 기관들은 수시 운행 서비스 체계(Frequent Service Network)를 결정하고, 기관 자체의 노선도에서 그 체계를 나머지 서비스와 구분해서 표시해야 한다. 수시 운행일수록 하루 종일 더 오랜 시간 운행하는 서비스임에 주목해야 한다. 사람들은 어떤 목적지에 가더라도 집으로 돌아갈 필요가 있다.

복잡성이 아닌 연결성: 버스를 몇 번 환승해야 하는 시스템은 더 복잡할 수밖에 없고, 더 독립적인 노선들을 요하게 된다. 버스의 수가 얼마이든 간에, 노선이 많을수록 각 노선의 운행은 적게 이뤄진다는 뜻이다. 운행 빈도는 승객 수를 결정하는 핵심이므로, 가장 효과적인 버스 노선 체계는 복잡성이 아닌 연결성에 기반을 둔다.

스포캔의 재설계된 버스 노선 체계(여기서는 일부만 소개)는 주거와 직장이 밀집된 지역들을 잇는 수시 운행 서비스 체계를 붉은색으로 강조한다.

별표, 거미줄, 또는 격자: 역사적으로, 대부분의 버스 노선 체계는 도심을 모두 연결하는 별표(*)와 같은 형상이었다. 이 패턴은 대부분의 일자리와 활동이 도심에서 일어나는 전통적 구성의 도시에서 여전히 의미가 있지만, 전형적인 스프롤이 일어나는 도시에서는 주변부까지 들르려면 엄청난 거리를 추가해야 하므로 도심 위주의 연결망이 더 이상 유효하지 않을 수 있다. 이런 상황에서는 별표에 원형이나 정사각형의 노선을 더해 일종의 거미줄 형태를 만들면 환승이 가장 효율적으로 전개될 수 있는 체계가 조성된다. 마지막으로, 휴스턴과 같은 다핵(multicentered) 도시에서는 한 지점에서 다른 지점으로 한 번만 환승하는 L자형의 빠른 경로가 가능한 단순한 격자형이 가장 좋은 해법일 것이다. 도로망 체계가 좋고 최소한의 보행 편의성이 있다고 가정할 때, 스프롤이 일어나는 도시는 1마일(1.6km) 간격의 격자형 수시 운행 버스 노선들로 대처하는 게 가장 효과적인 이동성을 제공하는 접근일 수 있다.

전용차로: 혼잡한 도시에서 효율적인 버스 서비스의 핵심은 버스가 다른 교통의 방해를 받지 않고 전용차로에서 달릴 수 있게 하는 것이다. 모두가 이를 알기 때문에 문제는 실천보다 정치에 있으며, 가장 훌륭한 논거들은 정치인들에게서 나온다. 예컨대 보고타 시장이었던 엔리케 페냘로사(Enrique Peñalosa)는 모든 사람이 법 앞에서 평등하다면 "100명이 탄 버스 한 대는 자동차 한 대보다 100배로 도로를 이용할 권리가 있다"고 지혜롭게 말한다.[83]

규칙 21: 효율적으로 연결된 단순한 경로(이상적으로는 전용차로)들로 이루어진 수시 운행 서비스 체계를 만들 목적으로 버스 시스템을 재설계하라.

22 | 개발 도구로서 전차를 도입하라
전차의 자금은 그 혜택을 받을 부동산 소유주들이 지원해야 한다.

다른 교통과 섞인 채 도로를 달리는 열차인 전차(streetcar)는 사람들을 가장 효율적으로 실어 나르는 방식과는 거리가 멀다. 전차는 기본적으로 차로를 변경할 수 없는 버스와도 같다. 제대로 된 경전철처럼 전용도로가 있는 게 아닌 한, 전차는 변덕스러운 도로 교통 상황의 영향을 받으며 모든 종류의 지연을 겪을 수 있다. 그리고 더 큰 대중교통망에 잘 통합되지 않는 한, 전차가 많은 사람들을 위한 자유를 확대할 가능성도 적다.

이런 한계들에도 불구하고, 새로운 전차 시스템은 북미 전역에서 계속해서 지어지고 있다. 애틀랜타와 샬럿, 신시내티, 솔트레이크시티, 워싱턴 DC는 새로운 열차들이 가로지르는 도시들의 소수 사례일 뿐이다. 일부 도시에서는 예상보다 많은 승객이 전차를 이용하고 있지만, 많은 도시에서는 여전히 승객이 부족하다. 최근의 가장 극적인 사례는 미주리의 캔자스시티일 수 있겠는데, 여기서는 새로운 전차를 이용하는 일일 승객 수가 첫 해 예상했던 2,700명의 두 배에 달했다.

하지만 라이드KC(RideKC)라고 불리는 캔자스시티 전차는 무료인데, 이는 곧 이런 시스템들이 흑자로 운영되려면 외부 자금원이 필요하다는 사실을 말해준다. 다른 많은 곳과 달리 캔자스시티는 외부 자금을 잘 끌어오고 있는데, 전차 노선을 중심으로 교통 개발 지구(Transportation Development District)를 설립하여 그 속에서 1%의 판매세와 (심지어 비과세인) 모든 부동산에 대한 대략 0.5%의 연간 평가액을 라이드KC의 운영에 직접 투입한다.

많은 전차들이 판매세로 자금을 지원받지만, 판매세뿐만 아니라

> 20세기 초에 인구 1만 명 이상의 모든 도시에는 적어도 하나의 전차 시스템이 있었고, 그중 거의 모든 경우는 부동산 투기꾼들이 개발 가능한 토지의 가치를 높이려고 지은 것이었다.

부동산 가치에도 주목하는 캔자스시티의 지극히 지역적인 접근은 전차 개발의 일차적 수혜자들이 그 전차 운행 지역의 부동산 소유주들임을 상기시킨다. 이는 지금껏 늘 변함없는 사실이었다. 20세기 초에 인구 1만 명 이상의 모든 도시에는 적어도 하나의 전차 시스템이 있었고,[84] 그중 거의 모든 경우는 부동산 투기꾼들이 개발 가능한 토지의 가치를 높이려고 건설한 것이었다.[85]

그렇다면 미국의 가장 성공적인 최근 노선인 포틀랜드 전차의 시범 프로젝트가 애초에 부동산 가치를 창출하기 위한 도구로 상상되었

포틀랜드에서는 대개 전차로 인해 조성된 개발단지에서 그 전차의 자금을 지원한다.

다는 사실은 놀랄 일이 아니다. 그 목적은 '전차 한 대를 얻는' 것뿐만 아니라, 버려진 지역인 호이트 철도 차량 기지(Hoyt Rail Yards)에 북쪽 도심의 부동산 가치와 활동을 불어넣는 것이기도 했다. 이 전차 계획은 (늘 그래야하듯이) 총체적인 근린 계획의 일환으로 완성되었는데, 그것은 적정가 주거와 공원, 기타 도시 편의시설을 조성하는 대가로 밀도를 여덟 배로 늘리는 계획이었다.[86]

이 계획에서 전차의 역할은 무엇이었는가? 역할은 주로 두 가지였다. 하나는 새로운 근린을 도심으로, 그리고 포틀랜드의 60마일에 걸친 트라이메트(TriMet) 철도망으로도 통합하면서 (보다 가변적인 버스 노선과 달리) 영구적인 기반시설을 약속한 것이었고, 다른 하나는 걸어서 가기에는 너무 멀었던 거리를 운행 가능한 범위로 만든 것이었다. 찰리 헤일스(Charlie Hales) 시장이 말했듯이, 전차는 대중교통 시스템이기보다 오히려 걷기를 더 유용하게 만드는 "보행 가속기(pedestrian accelerator)"[87]에 가깝다.

이런 변화들이 모여 원하던 효과를 만들어냈다. 전차 노선을 중심으로 시스템 비용의 64배인 35억 달러가 넘는 신규 투자가 신속히 일어났고, 지역의 부동산 가치는 포틀랜드의 기준 평가액을 훌쩍 넘어 44% 내지 400% 상승했다.[88] 지역 지주들은 그만큼의 차후 평가액을 기대하면서 초기 건설비의 제일 큰 몫을 행복하게 지불했다. 현재 운영 자금 중 일부는 노선을 따라 이어지는 지역 개선 지구(Local Improvement District)의 재산세 평가액에서 나오고 있다.

시애틀에서도 최근 사우스레이크유니언(South Lake Union)의 신설 전차를 중심으로 비슷한 전략이 활용되었는데, 이 동네에서는 마이크로소프트를 비롯한 지주들이 성장을 기대하며 비용의 절반을 부담했다. 아울러 디트로이트의 새로운 전차는 노선을 따라 70억 달러가 넘는 신규 투자가 이뤄지고 있지만,[89] 이득을 볼 지주들 중에서는 아직 그 누구도 그 투자금을 부담하라는 압박을 받지 못한 듯하다. 이 상황은 오래가지 않을 수도 있다고 생각된다.

전차는 대중교통보다 개발 도구에 더 가깝다. 전차의 계획과 장기적인 자금 지원은 이러한 사실을 반영해야 한다.

규칙 22: 전차는 그 혜택을 받을 지주들의 자금 지원을 받을 수 있는 곳에서, 성장을 중심으로 한 총체적인 근린 계획의 일환으로 계획하라.

23 | 대중교통의 경험을 고려하라
운전자들이 자가용에서 벗어나 자발적으로 대중교통을 선택하게끔 유도하라.

가장 크고 도회적인 미국 도시들에서 대중교통은 인구의 대부분에게 이동 수단을 제공하는 중대하고 필수적인 역할을 수행한다. 하지만 대부분의 미국 도시들은 크지 않으며, 진정 도회적인 도시는 훨씬 더 적다. 이런 도시들에서는 자가용을 운전하는 선택지가 있을 때 그게 훨씬 더 효율적이어서 대중교통을 타는 사람이 거의 없다. 출퇴근할 때 두 번 갈아타야 하고 90분이 걸린다면, 가능한 한 자가용을 타는 법을 찾게 되는 것이다.

대기 시간을 최대 10분 이내로 줄여야 운행 시간표가 필요 없어진다.

그런 곳에서도 선택지가 없는 이들을 위한 대중교통은 필수적인 사회적 서비스로 남아 있어야 한다. 하지만 또 다른 유형의 대중교통도 가능하다. 선택형 대중교통(transit by choice), 즉 자가용을 운전하려던 사람들에게 도회적인 편의성을 제공하여 자발적으로 선택하게 만드는 개념의 대중교통이 그것이다. 다행히도 이러한 선택형 대중교통은 자가용이 없는 사람들에게 크게 유용하지만, 그것의 기본적인 역할은 사람들이 운전하지 않고 걷기 좋은 지역들의 주변과 그 사이를 걸어 다니게 함으로써 그런 지역들을 더 성공적으로 만드는 데 있다.

예컨대 도심을 순환하는 서비스는 노동자들이 사무실에 자동차를 놔두고 야구 경기를 볼 수 있게 해준다. 대학생들에게는 캠퍼스와 도심을 편리하게 연결하는 서비스를 제공하며, 도심 주민들에게는 걷기를 더 유용하게 만들어 자가용을 이용하지 않게끔 장려한다.

이런 서비스들은 도심에 혜택을 주는 편이어서, 대중교통 당국보다는 시 정부나 도심 개발 당국의 후원을 받을 때가 많다. 이게 아마도 최선인 이유는 선택형 대중교통 서비스들이 저마다 다른 기술 유형을 요하고 효율보다는 환대에 더 집중하기 때문이다. 하지만 여전히 많은 서비스들은 대중교통의 경험을 매력적으로 만드는 특징이 무엇인지 잊고 있는 듯하다. 이런 특징들은 도회성(urbanity)과 명료성(clarity), 운행 빈도(frequency), 그리고 쾌적성(pleasure)으로 요약할 수 있다.

도회성: 도시 대중교통은 도회적 삶의 혜택을 제공해야 한다. 정류장들은 커피숍과 쌈지 공원 등 사람들이 어쨌든 머무르고 싶어 하는 장소들을 따라 배치해야 한다. 커다란 창이 있는 매장의 차양 밑에 벤치를 둘 수 있을 때 왜 지붕 있는 정류장을 두는가? 경우에 따라 정류장에는 미술 작품을 두고 몬트리올의 뮤지컬 스윙(그네)처럼 기발한 무언가를 둘 필요도 있다. 중심가에서는 절대로 대중교통 정류장을 주차장 맞은편에 두지 말아야 한다. 이것은 너무 많은 버스 정류

산타바바라의 도심 노선 셔틀은 자발적으로 선택하는 승객들을 끌어들이도록 설계되었다.

장과 기차역에서 곧잘 일어나는 "마지막 100야드(약 91m)의 문제"에 해당한다.[90]

명료성: 승객들은 그들이 쉽게 개념화할 수 있는 단순한 직선 경로에서 더 편안함을 느낀다. 방향 전환이 일어날수록 더 큰 불쾌감과 짜증이 유발된다. 여기서는 큰 규모의 길 찾기가 큰 도움이 된다. 노선도는 그래픽이 매력적이어야 하고, 정류소명은 단순해야 하며, 운행 빈도가 표시되어야 한다. 또한 어떤 스마트폰 애플리케이션으로도 똑같이 명료한 경험을 할 수 있어야 하며, 지불 방식의 명료성도 반드시 보장되어야 한다. 복잡하게 요금을 지불하는 게 두려워 대중교통을 회피하는 사람들이 많다. 도심을 순환하는 서비스는 대부분 무료로 운행해야 하는데, 이는 승객을 끌어들이려는 목적도 있고 차량 밖에서 요금을 전달하기 어려워서이기도 하다. 순환 서비스의 요금을 징수하는 건 어쨌든 푼돈 아끼려다 큰돈을 잃는 꼴이다. 그렇게 하면 대중교통 승객 자체가 줄어서 비용 회수를 꿈도 꾸지 못하게 된다.

운행 빈도: 운행 빈도는 더 큰 노선 체계의 핵심일 뿐만 아니라, 선택형 대중교통에도 필수적이다. 승객들이 운행 시간표 보기를 무척 싫어하기 때문이다. 대기 시간을 최대 10분 이내로 줄여야 운행 시간표가 필요 없어진다. 짧은 거리를 이동할수록 더 작은 차량을 이용하게 될 수 있는데, 수많은 좌석이 텅 빈 것보다는 사람들이 서서 가는 게 더 낫다. 그리고 짧은 거리를 간다 하더라도, 도착 시간을 알려주는 시계는 고객을 유치하는 핵심 열쇠다. 불확실성을 없애야 기다리는 시간이 견딜 만해지기 때문이다.

쾌적성: 데어린 노달(Darrin Nordahl)은 『마이 카인드 오브 트랜짓(My Kind of Transit)』에서 대중교통이 "공공 공간의 움직이는 형식"[91]이며 그 공간의 설계는 그것의 성공에 심대한 영향을 줄 수 있음을 상기시킨다. 대중교통의 좌석들은 앞쪽이 아닌 안쪽을 향해야 하고, 창문은 커야 하며 광고로 어둡게 가리면 안 된다. 온화한 기후에서는 천장을 개방하는 게 더 좋다. 귀여운 디자인은 소구력이 있지만, 차량은 디즈니의 느낌보다 애플 제품처럼 귀여워야 한다. 검은 정장을 입은 변호사가 탑승하는 게 우스꽝스럽게 느껴져선 안 되는 것이다.

이 네 가지, 즉 도회성과 명료성, 운행 빈도, 그리고 쾌적성은 도심 순환 서비스와 기타 유사 서비스들에 필수적일 뿐만 아니라, 모든 유형의 대중교통에서 고려해야 할 특징들이다. 버스 승객이 많다는 이유만으로 버스를 환대의 관점에서 재고할 필요가 없는 게 아니다.

규칙 23: 모든 대중교통은 도회성, (노선과 요금의) 명료성, 운행 빈도, 쾌적성이라는 목표들을 충족시키고자 노력해야 한다. 도심 순환 서비스들은 소규모의 실용적인 형태로 무료 운행해야 한다.

24 효과적인 자전거 공유 체계를 만들어라
최신 자전거 공유 기술을 도입하라.

이 글을 쓰는 시점을 기준으로, 미국에는 겨우 119개의 거치형 자전거 공유 시스템이 있다. "겨우 119개"라고 말하는 이유는 상당 규모의 도시라면 저마다 그런 시스템이 하나씩은 있어야 하지만 여전히 대부분의 도시가 그렇지 못하기 때문이다.

하지만 그 시스템은 인상적인 속도로 증가해왔다. 미국에서 현대적인 자전거 거치 기술이 전개된 지는 아직 10년도 채 안 되는데, 이미 이 나라에서 가장 큰 시스템 10개만 해도 2,500곳 이상의 거치대를 자랑하고 있다.[92] 사우스캐롤라이나 스파턴버그는 인구가 4만 명이 안 되는데 성공적인 5대 거치(5-dock) 시스템을 갖추고 있다. 하지만 미국에는 스파턴버그보다 규모가 큰 880개의 도시가 있다.

자전거 운행 시설의 개선에 투자하지 않은 채 자전거 공유에만 투자하는 것은 많은 곳에서 지혜롭지 않은 선택이다.

자전거 공유 통행이 1억 번 넘게 이뤄진 후, 모범 실무에 관해 알려진 바가 많다.

자전거 공유를 대중교통으로서 장려하라. 덴버의 한 연구에서 자전거 공유 통행의 41%가 자동차 운전 통행을 대체한 것으로 나타났다.[93] 자전거 공유는 마지막 1마일(last-mile) 서비스를 제공하여 교통 시스템을 더 효과적으로 만든다. 도시들은 대중교통을 지원하는 것과 동일한 이유로 자전거 공유를 지원해야 한다.

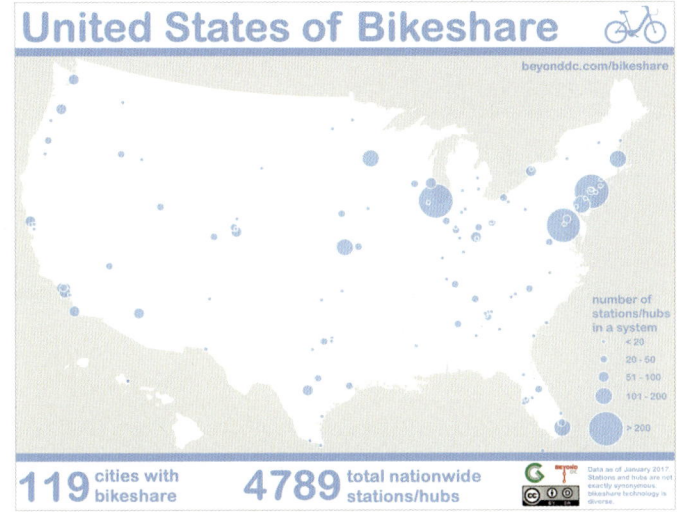

자전거 공유 프로그램들이 계속해서 확산한다.

연합을 구축하라. 성공적인 자전거 공유 시스템의 소유는 시에서도 민간에서도 할 수 있지만, 운영은 대부분 민간에서 한다. 시스템을 이끄는 주체는 어떤 구조든 간에 자전거 공유를 임무의 밑바탕에 깔고 있는 모든 기관들을 대표하는 운영위원회를 포함해야 한다. 그중에서도 가장 중요한 역할을 하는 시 정부는 주된 지원을 제공해야 할 모든 이유가 있다.

저소득 승객들에게 보조금을 지원하라. 미국의 모든 자전거 공유 프로그램 중 약 1/4이 자격이 되는 사람들에게 저비용 탑승 혜택을 제공한다. 필라델피아에서 그런 혜택이 부가되었을 때, 소득 35,000달러 미만의 신규 승객 비율이 27%에서 44%로 껑충 뛰었다.[94]

자전거에만 투자하지 말라. 자전거 이용의 안전이 보장되지 않는 곳에서는 자전거 공유가 잘 활용되지 않고, 무관심 속에 방치될 가능성도 있다. 자전거 운행 시설의 개선에 투자하지 않은 채 자전거 공유에만 투자하는 것은 많은 곳에서 지혜롭지 않은 선택이다.

헬멧을 요구하지 말라. 다른 요인들도 개입되기는 했지만, 헬멧 착용 법률에 따른 어려움 속에서 승객을 끌어들여야 했던 시애틀의 시스템이 미국에서 실패한 유일한 대규모 자전거 공유 시스템이라는 사실은 인상적이다. 한편 멕시코시티는 에코비시(Ecobici) 자전거 공유 프로그램을 전개했을 때 헬멧법을 폐지했다.[95] 자전거는 이용자들이 많을수록 더 안전하기 때문에, 헬멧법으로 이용자 수가 제한될수록 자전거를 더 안전하게 이용하지 못하게 된다.

스마트한 자전거 기술을 활용하라. 포틀랜드의 바이크타운(BikeTown) 시스템은 승합차를 이용하기보다 고객들이 직접 자전거를 재분배할 수 있도록 재정적인 인센티브를 제공한다. 아울러 초기에 일부 결함이 있었음에도 불구하고, 위성항법장치(GPS)로 가능해진 무거치(dock-less) 자전거 공유 방식은 전형적인 시스템들을 더 이상 쓸모없게 만들 태세다.

전동 자전거를 고려하라. 노스캐롤라이나의 롤리는 마드리드의 뒤를 이어 미국에서 전동 자전거 공유 시장을 개척하고 있다. 산이 많은 도시일수록 이에 훨씬 더 많은 관심을 가져야 한다.

대여소를 세심하게 배치하라. 추측이나 여론에만 의존하지 말라. (가장 평범한 자전거 이용자들은 온라인 조사에 잘 반영되지 않을 때가 많다.) 전미 도시 교통 공무원 협회(National Association of City Transportation Officials: NACTO)의 중요 문서인 '공유 자전거 대여소 배치 가이드(Bike Share Station Siting Guide)'를 확실하게 검토하라.[96]

규칙 24: 당신의 도시가 다소 자전거를 타기 좋은 편이라면, 필요한 사람들을 위해 보조금이 지원되는 동시에 자전거 전용차로에 투자가 이뤄지는, 가급적 가장 진보한 자전거 공유 시스템을 도입하라.

25 우버를 대중교통이라고 착각하지 말라
차량 호출에 맞서 대중교통을 지원하라.

우리들 대부분은 우버(Uber)나 리프트(Lyft)와 같은 차량 호출 애플리케이션을 이용한다. 어디에나 존재하는 차량 호출은 이제 불가피한 현실이다. 오스틴과 같은 일부 진보적인 도시들은 무역 장벽을 만들려고 시도해왔지만, 차량 호출은 사용자에게 너무 좋은 가치가 있는 제안이어서 오랫동안 저지되기가 어렵다.

차량 호출로 운행할 때마다 대중교통 지원금을 좀 더 부과하는 게 신중한 해법이라고 보이지 않는가?

차량 호출은 이동성 면에서 놀라운 성과를 보여주는데, 특히 다른 대안이 별로 없는 교외에서 그러하다. 하지만 차량 호출이 도시에 좋은지에 대해서는 의문이 좀 있다. 좋은 면을 보자면, 음주 운전이 많이 줄어들 가능성이 있다. 최근의 한 연구에 따르면, 우버가 떠오른 이후 뉴욕시의 가장 도회적인 네 자치구에서 음주 운전 사고 발생률이 25% 내지 35% 감소했다고 한다.[97] 이런 감소의 또 다른 원인을 찾기는 힘들며, 그렇게 할 만한 미끼 요인도 없다. 우리들 대부분은 음주 운전을 하던 사람들이 이제는 대신 우버를 타는 걸 알고 있다.

좋지 않은 면을 보자면, 우버는 대중교통과 교통 상황에 좋지 않은 영향을 준다. 뉴욕의 많은 운전사들이 우버 운전사로 갈아타고 있을 때, 대중교통 승객도 우버로 갈아타고 있었다. 버스 승객 수는 수년에 걸쳐 증가하다가 2013년부터 감소해왔다. 지하철 승객 수는 2016년부터 감소해왔고, 거리의 교통 상황은 현저하게 악화되었다.[98] 한 연구에 따르면, 차량 호출 서비스가 시 전역의 교통량 증가분 중 3% 내지 4%에 해당하는 연간 약 6억만 마일에 대한 책임이 있다고 한다.[99]

대중교통의 감소가 단순한 우연일 수 있다는 주장은 최근의 한 연구를 통해 대개 기각된다. 그 연구는 덴버에서 우버와 리프트를 이용하는 승객들에게 그런 차량 공유 서비스를 이용할 수 없었다면 어떤 이동 방식을 택했을지 묻는 설문 조사를 진행했는데, 22%의 응답자가 원래 대중교통 이용자였다고 답했고 12%는 자전거를 탔거나 걸었을 거라고 답했다. 이런 데이터는 덴버의 모든 차량 공유 통행 중 1/3이 차량 공유의 도입으로 생겨난 새로운 교통임을 보여준다.[100] 그리고 덴버는 뉴욕에 비해 대중교통 이용자 수가 몇 분의 1밖에 안 된다.

하지만 호출된 차량이 먼저 승객부터 찾아가야 해서 상황은 더 악화된다. 박사 학위를 따는 동안 우버와 리프트의 운전자로 일하며 별점 5점을 받은 알레한드로 헤나오(Alejandro Henao)가 수행한 이 덴버 관련 연구는 승차한 고객이 100마일(약 161km) 이동할 때마다 그

2017년 4월 1일부터 6월 30일까지의 도심 단속 활동

위반	위반 건수	잠정적 확인 불가 건수
7.2.72 TC (대중교통 전용차로 내 운전)	1,715	1,144
21209 CVC (자전거 전용차로 내 운전)	18	15
21211 CVC (자전거 전용차로 방해)	10	7
7.2.70 TC (자전거 전용차로 또는 교통차로 방해)	239	183
21950 CVC (보행자에 대한 양보 실패)	50	26
21202 CVC (업무 지구 내 유턴)	57	42
기타 대중교통 위반	567	306
총계	2,656	1,723

샌프란시스코 경찰국의 최근 보고서에 따르면, 우버와 리프트 운전자들은 도심에서 일어나는 교통 위반 사례의 64%에 책임이 있었다.[106]

의 차를 169마일(약 272km) 움직여야 했음을 밝혀냈다.[101] (그리고 알레한드로는 매번 고객을 내려주자마자 주차를 했다.) 우버의 자체 데이터도 비슷한 결과를 보여주는데, 그것은 최초의 고객을 찾아간 거리와 마지막 고객에게서 돌아온 거리를 계산에 넣지 않은 수치이다.[102]

그렇다면 우버로 더 많은 이동을 할 경우, 교통이 얻는 성과가 무엇인가? 이론적으로는 자가용 소유가 감소하여 시간이 갈수록 도로 이용률이 낮아질 것으로 기대될 것이다. 차량 호출은 모든 운행의 가변 비용을 올리기 때문이다. (자가용 소유자들은 기본비가 고정되기 때문에 자가용으로 이동하기가 더 쉽다.)

자가용 소유가 감소한다는 증거는 조금씩 나타나고 있다.[103] 로이터의 한 여론 조사에 따르면, 미국인의 약 2%가 최근 자가용을 버리고 대신 차량 호출을 이용하기 시작했다.[104] 하지만 생각해봐야 할 점은 이것이다. 미국인의 2%(또는 심지어 20%)가 운전을 좀 덜 한다고 해서 차량 호출로 매번 운행할 때마다 69%의 거리를 더 이동한다는 사실을 벌충하기에 충분한가? 차량 호출을 지지하는 환경주의자들은 이런 계산을 하지 못하고 있다.

우버와 리프트의 운전자들과 대화해보면 또 다른 교훈을 받는 듯하다. 적정 수입을 올리는 전형적인 자가용 소유자에게 우버와 리프트는 자가용을 버릴 기회라기보다 우버와 리프트라는 회사를 위해 일할 기회로 보일 가능성이 더 높다. 실제로 남미에서는 차량 호출이 자가용 소유를 위한 플랫폼으로 유행하고 있는데, 운전자가 자기 돈으로 사지 못했을 개인 차량을 구매할 수 있게 해주기 때문이다.[105] 이러한 자가용 소유의 증가는 미국에서 일어나는 그 어떤 결과적 감소분도 넘어설 가능성이 높다.

이런 상황을 감안할 때, 도시들은 차량 호출 서비스에 관한 자체적인 정책을 재고하고 싶을지 모른다. 전문직 인재는 차량 호출을 원하고 도시는 전문직 인재를 원하기 때문에, 그들의 도심 접근을 어렵게 하는 건 현명해 보이지 않는다. 하지만 교통 혼잡과 기존 대중교통 시스템의 성공 가능성이 우려되는 만큼 더욱 방어적인 입장이 확보되어야 할 것이다. 차량 호출로 운행할 때마다 대중교통 지원금을 좀 더 부과하는 게 신중한 해법이라고 보이지 않는가? 적어도 가장 교외적인 경우를 제외한 모든 도시들은 더 이상 차량 호출이 대중교통을 대체하는 스마트한 대안일까 궁금해하지 말아야 한다. 교통이 혼잡하다면, 스마트한 대안이 아닌 것이다.

규칙 25: 도시 정책은 차량 호출 서비스가 교통 혼잡을 늘리고, 대중교통의 기반을 침해하며, 음주 운전 감소 이외의 사회적 혜택을 거의 제공하지 않는다는 사실을 반영해야 한다.

26 자율주행차의 미래를 내다보라
지금 규칙을 만들지 않는 한, 자율주행차는 득보다 실이 더 많을 가능성이 높다.

요즘 도시에서는 다들 자율주행차(Autonomous Vehicle: AV) 얘기만 하고 싶어 하는 걸로 보일 때가 있다. 자율주행차의 미래가 얼마나 빨리 도래할까? 자율주행차가 떼를 지어 다니게 될까? 자율주행차가 우리의 도시와 삶을 어떻게 바꿀 가능성이 높을까?

자율주행차의 옹호자들은 그 모든 잠재적 혜택을 재빠르게 홍보한다. 운전 중 사망률이 극적으로 떨어지고, 자가용 소유와 교통 혼잡이 줄고, 대중교통 서비스는 더 개인화되고, 많은 노상 주차가 사라져 엄청난 양의 도로 공간이 걷기와 자전거 타기, 녹지에 다시 할당될 거라고 말이다. 하지만 안타깝게도, 미국의 각 도시와 그 협치를 충분히 이해하면서 보다 세심한 사고 실험을 해보면 다소 덜 낙관적인 결론에 이르게 된다.[107]

대중교통에 관해서라면 자율주행차도 물리학의 법칙을 따를 수밖에 없으며, 뉴욕시 지하철 L선 하나가 시간당 자동차 2,000대의 통근자 수를 실어 나른다는 것은 피할 수 없는 사실이다.

자가용과 비자율주행차의 방해가 없이 떼 지어 다니는 대중교통이라는 보편적 비전이 미국에서는 일어날 가능성이 높지 않음을 역사가 말해준다. 미국에서는 교통이 불구가 되었는데도 지금껏 그 어떤 의미 있는 방식으로도 자가용 이용을 제한할 의지를 보인 도시가 없었다. 자유지상주의가 덜한 나라들과는 달리, 미국의 도시는 조율되지 않은 불완전한 자율주행차의

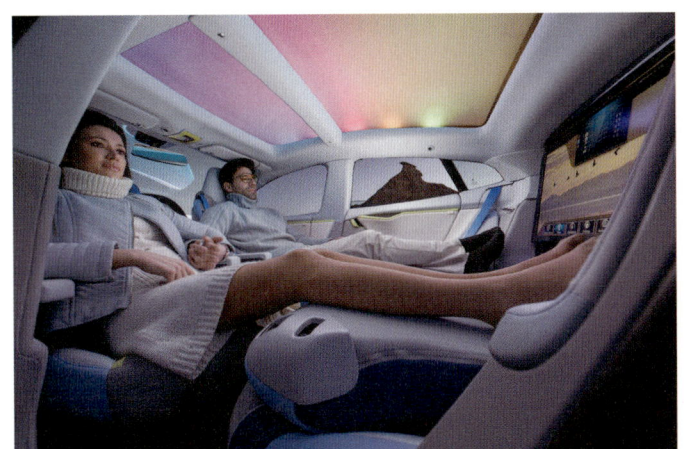

이동하는 데 드는 비용이 더 싸지고 교통에 낭비되는 시간이 더 쾌적해질수록, 자율주행차는 교통을 더 혼잡하게 만들 위험이 있다.

채택을 계획할 수밖에 없다.

그리고 자율주행차로 인해 자가용 소유가 줄어들 수는 있어도, 자동차의 이용은 줄지 않을 것이다. 집카(Zipcar)의 창립자 로빈 체이스(Robin Chase)와 전(前) 뉴욕시장 마이클 블룸버그(Michael Bloomberg), 그리고 그 외의 많은 사려 깊은 사람들은 자율주행이 발전할수록 운전비가 싸질 가능성이 높아져서 자동차로 이동하는 경우가 엄청나게 늘 것으로 예측한다.[108] 하지만 그게 전부가 아니다. 교통에 낭비되는 시간이 현재 운전을 제약하는 주된 요인이기 때문에, (차량 간격을 더 긴밀하게 해서) 도로의 효율성을 높일수록 자동차 이용이 늘 것이다. 마찬가지로 이동 시간이 일하거나 놀기에 생산적인 시간이 되는 것도 사실일 것이다. 블룸버그를 비롯한 여러 사람들은 법을 통한 규제를 제안하지만,[109] 그보다 더 간단한 방법이 있다. 차로를 통해 규제하는 것이다. 자율주행차의 미래에는 도시의 모든 도로마다 현재보다 많지 않은 수준에서 제한된 수의 주행 차로가 이상적으로 할당될 것이다. 오직 이런 방식으로만 우리의 도심은 자동차 이상의 무엇을 환대하는 곳으로 남게 될 것이다.

게다가 저렴한 자동차는 교외를 확산시켜온 주된 조력자였다. 자율주행을 통해 먼 곳에 도달하는 비용이 훨씬 싸질수록, 제2의 준(準)-교외적(exurban) 혼란이 일어날 위험이 있다. 장기적으로 저밀도의 교외가 될 부담을 피하고 싶은 도시들은 '스마트 성장'을 진흥하는 노력을 두 배로 해야 한다. 이는 대체로 스프롤에 대한 모든 은밀한 지원을 없애야 한다는 뜻이다.

대중교통에 관해서라면 자율주행차도 물리학의 법칙을 따를 수밖에 없으며, 뉴욕시 지하철 L선 하나가 시간당 자동차 2,000대의 통근자 수를 실어 나른다는 것은 피할 수 없는 사실이다. 한 대의 시내버스는 약 70대의 자동차를 대신한다.[110] 떼 지어 다니는 자율주행차들이라 하더라도 결코 잘 이용되는 대중교통 차량 한 대에 맞먹는 서비스를 제공하지는 못할 것이다. 혼잡한 도심에서 대중교통을 여러 대의 작은 자율주행차로 대체하면 이동성에 손상이 갈 것이다. 자율주행차는 해법이 아니라, 보완재로 이해해야 한다.

그런 이유로, 오로지 교통 혼잡이 없고 대중교통 탑승이 별 의미가 없는 도시들에서만 대중교통을 자율주행차로 전환할 계획을 세워야 한다. 안타깝게도 그런 서비스의 전망은 이미 캘리포니아의 마운틴뷰와 같은 일부 혼잡한 미국 도시들에 대한 대중교통 투자를 위협하고 있다. 마운틴뷰에서는 최근 버스 전용차로가 자율주행의 전망에 밀려 일부분 실패한 상태다.[111] 도시들은 이러한 도전적 현안에서 분별 있는 리더십을 발휘해야 한다.

규칙 26: 자율주행차의 도래가 주행 차로의 순 증가로 귀결되지 못하게 하라. 교통 혼잡이 상당한 곳에서 자율주행차가 대형 차량 대중교통의 기반을 침해하지 못하게 하라.

6부. 자동차 중심주의에서 벗어나라

27. 유발 수요를 이해하라

28. 주간선 도로를 해체하라

29. 도심에 혼잡 통행료를 부과하라

30. 자동차의 가로 진입을 막아라
    (그 가능성을 시험하라)

6부

자동차 중심주의에서 벗어나라

'공공 공간을 위한 프로젝트(Project for Public Spaces)'의 설립자인 프레드 켄트(Fred Kent)가 즐겨 하는 말을 인용하자면, "자동차와 교통을 위해 계획하면 자동차와 교통을 얻는다. 사람과 장소를 위해 계획하면 사람과 장소를 얻는다."[112] 하지만 후자는 주로 투쟁을 해야 얻을 수 있는 것들이다. 도시에서 주어진 공간을 자동차가 모두 차지하고도 더 많은 공간을 요구하지 않은 역사는 이제껏 없었다.

도시에서 측정할 수 있는 많은 요인들이 저마다 도시의 성공에 영향을 미친다. 밀도, 다양성, 보행 편의성, 부동산 가치, 자원 보전, 기대 수명, 교육 성취도, 특허 생산량, 국내 총생산(GDP), 탄소 발자국(carbon footprint), 그리고 자유롭게 흐르는 교통(free-flowing traffic), 이 모든 요인이 도시의 안녕과 매력, 미래 전망과 관계가 있다. 하지만 그중에서도 마지막 하나, 즉 원활한 교통 흐름만이 도시의 성장에 대한 의사 결정을 총괄하는 통상적인 요인이자 아이러니하게도 다른 모든 요인에 해가 되는 요인이기도 하다.

곰곰이 생각해보자. 도시 계획에 가장 큰 영향을 주는 도시 생활의 한 가지 측면인 교통 흐름은 도시가 가질 수 있는 다른 모든 좋은 요인들과 거의 완벽하게 반대로 존재한다. 운전하기 쉬운 정도와 다른 모든 성공의 척도 사이에 분명한 역상관 관계가 존재한다는 것은 수차례 거듭된 연구를 통해 밝혀진 사실이다. 도시가 더 밀도 있고 다양하고 걷기 좋고 찾고 싶은 곳이 될수록, 혼잡해질 가능성은 더 높아진다. 연료를 더 적게 쓰고 비만율이 낮은 도시일수록 교통은 좋지 않다. 교육 성취도와 1인당 특허 수, 국내 총생산과도 마찬가지의 상관관계가 있다.[113] (교통 지체가 10% 늘어날 때마다 1인당 국내 총생산은 3.4% 늘어난다.[114])

적어도 미국에서는 큰 도시일수록 더 혼잡하다. 그렇다면 왜 디자인은 크기가 아닌 혼잡도를 통해 제어되는 것일까?

혼잡도에 대한 두려움을 바로잡기 위한 첫 단계는 유발 수요(induced demand)라는 현상, 말하자면 도로가 많아질수록 교통량이 늘어나고 도로가 적어질수록 교통량이 줄어드는 현상을 이해하는 것이다. 이러한 이해가 더 많이 확산될수록, 도시는 더 이상 도로 폭을 늘리거나 주간선 도로를 신설하지 않아도 될 수 있다. 심지어 불필요한 주간선 도로를 없애려는 의지를 보일 수도 있는데, 이 대담한 대책은 지금껏 그것을 시도한 모든 곳에서 성공해왔다.

그렇게 하다 보면 결국 혼잡을 실제로 제한하는 한 가지 도구인 혼잡 통행료 부과(congestion pricing)를 북미 최초로 실시할 수도 있고, 미국에서 그럴 듯한 이유로 신뢰를 잃어온 보행 가로와 보행 구역을 재고하게 되는 전기를 맞이할 수도 있겠다.

27 유발 수요를 이해하라
차로가 많을수록 교통량은 늘어남을 인식하라.

교통 공학 이론은 직설적이다. 도로가 혼잡한 이유는 운전자 수가 도로의 수용력을 넘어서기 때문이다. 그렇다면 도로의 폭을 늘리면 혼잡이 줄어들어야 하지 않겠는가? 하지만 지난 75년간 축적된 증거에 따르면, 안타깝게도 그런 일은 거의 일어나지 않는다. 그 대신 운전자 수가 급격히 늘어나 도로의 늘어난 수용력을 채우게 되면서 또 다시 최고조의 혼잡이 일어날 뿐이다. 이를 유발 수요라고 부른다. 이 새로운 운전자들은 원래 대중교통을 타거나, 카풀을 하거나, 혼잡하지 않은 시간대에 통근하거나, 단순히 꽉 막힌 도로에 갇히기 싫어서 운전을 하지 않던 사람들이다. 하지만 교통 체증이 사라지자 그들이 습관을 바꿔 운전자가 되었다. 아마도 그들은 통근에 드는 시간 비용이 줄든 만큼 일터에서 더 멀리 이사 갔을 수도 있다. 안타깝게도 그들과 그 유사 범주에 있는 사람들로 인해 운전자의 달콤한 여유는 오래 지속될 수 없을 것이다.

혼잡한 시스템에서 운전을 제약하는 최우선적 요인이 혼잡임을 깨닫고 나면 쉽게 이해될 일이다. 문제는 도로가 혼잡 시간대에 혼잡할 것인지의 여부가 아니라, 얼마나 많은 차로가 혼잡하길 원하느냐에 있다.

이 현상은 오랜 시간에 걸쳐 잘 기록되어왔다. 데이터가 우리에게 말해주기를, 새로운 도로가 1마일 지어질 때마다 대개는 그 즉시 40%가 새로운 교통으로 채워지고 4년 이내에 100%가 새로운 교통으로 채워진다고 한다.[115]

때로는 그 시간이 더 빨리 단축되기도 한다. 캘리포니아의 405번 프리웨이(freeway)[역11]는 최근 두 번의 완전한 폐쇄를 포함한 확장 공사에 16억 달러라는 끔찍한 비용이 들었지만, 실제로 개통되고 나서는 공사하기 전보다 더 혼잡해졌고 이후로도 그렇게 악화된 상태가 지속

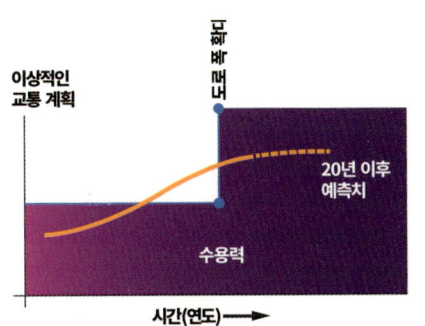

월터 쿨래시(Walter Kulash)의 고전적인 교통 이론 도해: 교통량(노란색)이 수용력을 넘어설 때 도로가 혼잡해진다. 도로 폭을 넓히면 여분의 교통을 흡수한다.

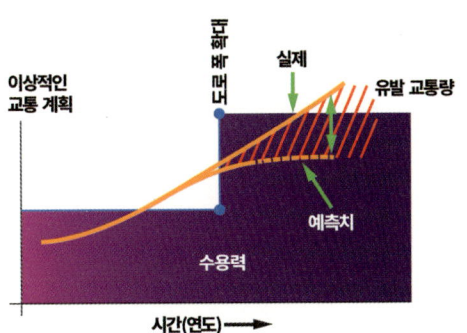

월터 쿨래시의 교통 현실: 혼잡을 없애면 사람들이 더 많이 운전하도록 유도하게 되어 빠른 시일 내에 다시 도로가 혼잡해진다.

주에서 주요 주간선 도로의 확장 공사가 일어날 예정이며, 그중 거의 모든 경우가 무엇보다 교통 혼잡을 해결한다는 이유로 정당화되고 있다. 확신하건대, 총 비용이 31억 달러가 넘는 이 13개의 프로젝트들은 몇 년 안 가서 교통 혼잡을 줄이는 데 아무 역할도 못하게 될 것이다.

얼마간의 진보가 있을 수도 있다. 얼마 전 캘리포니아 교통부(Caltrans)는 "혼잡을 줄이기 힘든 주간선 도로 수용력 증대(Increasing Highway Capacity Unlikely to Reduce Congestion)"[118]라는 제목이 달린 정책 개요의 링크를 홈페이지에 게시했다. 결국 유발 수요를 인정하는 캘리포니아 교통부! 하지만 잠시 후에 그 링크는 사라졌다.[119] 담당 공무원들이 각자의 난관을 타개했기를 바란다.

어떤 경우에는 도로나 주간선 도로의 폭을 넓혀야 할 정당한 이유가 있을 수 있다. 혼잡은 그저 그에 속하지 않을 뿐이다.

되었다.[116]

마찬가지로 텍사스도 교통 혼잡을 줄이려고 연방 정부의 지원을 받은 28억 달러를 들여 케이티 프리웨이(Katy Freeway))를 "세계에서 가장 폭넓은 주간선 도로"로 바꾸는 공사를 했다. 하지만 완공 후 4년이 채 안 지나서, 공사 전에 비해 아침 통근 시간은 30% 더 길어졌고 오후 통근 시간은 55% 더 길어졌다.[117]

유발 수요는 하나의 교훈인데, 교통공학자들(과 정치인들)은 이를 절대로 배우지 못하는 거 같다. 여기에 실린 그래프들은 이 책을 읽는 독자 다수의 연령보다 더 오래된 것이지만, 거의 어떤 교통 연구도 유발 수요를 고려조차 하지 않는다. 이 글을 쓰는 시점에서 12개가 넘는

역11) 출입을 통제하여 자동차의 자유로운 주행을 보장하는 도로. Controlled-access highway라고도 부르며, 우리말의 고속 도로와 고가 도로를 모두 포함하는 개념이다.

규칙 27: 혼잡을 줄이려고 도로 폭을 넓히거나 새 도로를 짓지 말라.

28 | 주간선 도로를 해체하라
도심 주간선 도로를 걷기 좋은 가로수 길로 교체하라.

유발 수요의 법칙을 이해한다면, 당연히 그 역도 성립한다는 사실을 알게 될 것이다. '지으라, 그러면 들어올 것이다(Build It and They Will Come)'는 '없애라, 그러면 가버릴 것이다(Remove It and They Will Go)'가 된다. 도로를 없애면 자동차는 조용히 사라진다.

직관에 반하는 이러한 주장은 다행히도 증거로 뒷받침된다. 1973년 맨해튼 웨스트사이드 하이웨이가 구조적인 피해를 입어 폐쇄되었을 때, 뉴욕주 교통부(NYDOT)의 한 연구는 그 고속 도로 교통의

가로수 길은 부동산 가치를 만들지만, 주간선 도로(특히 고가 차도)는 부동산 가치를 깨뜨린다.

93%가 다른 도로로 옮겨가지 않고 그저 사라져버렸음을 보여줬다.[120] 이와 유사하게 1989년 로마프리타(Loma Prieta) 지진으로 샌프란시스코의 엠바카데로 프리웨이와 센트럴 프리웨이를 해체해야 했을 때, 예상했던 "카마겟돈(carmaggedon)"[역12]은 절대 생기지 않았다. 사람들은 그저 변한 상황에 맞춰 자기들의 이동 패턴을 바꿨다. 다른 경로를 택하거나, 다른 (예컨대 전차 F선 등의) 교통 방식을 택하거나, 아니면 혼잡 시간대를 조금 피해서 이동했을 뿐이었다. 샌프란시스코 역사상 처음으로 전반적인 이동 시간이 줄어들었다.[121]

더 최근 사례로, 대한민국 서울에서는 하루 16만 8천 대의 차량이 혼잡하게 통행하던 전설적인 청계천 고가 도로를 사람들의 엄청난 아우성에도 불구하고 해체했다. 그리고 그 고가 도로가 해체된 자리에 복원된 매력적인 하천을 따라서는 편안한 가로수 길을 조성했다. 차로 16개가 4개로 대체되었는데, 교통 혼잡은 감소했다.

정확히 말하자면 이런 해체 공사들은 단독으로 이뤄지지 않았고, 대중교통과 보행 편의성에 대한 투자가 병행되었다. 예전 엠바카데로 프리웨이를 따라 조성된 전차 F선은 이제 그것이 대체한 주간선 도로보다 하루에 더 많은 사람들을 실어 나른다.

이런 프로젝트들에 대한 투자는 어떤 보상을 받았는가? 첫째, 고가교를 재건할 필요가 있을 때 그걸 지상의 가로수 길로 대체하는 것은 거의 늘 가장 저렴한 대안임에 주목해야 한다. 공중의 도로는 지상의 도로보다 더 많은 비용이 든다. 둘째, 그리고 가장 중요한 사항으로, 주간선 도로를 가로수 길로 바꾸면 엄청난 양의 부가 창출된다. 가로수 길은 부동산 가치를 만들지만 주간선 도로(특히 고가 차도)는 부동산 가치를 깨뜨린다. 서울과 샌프란시스코 모두에서, 제거된 고가교 주변의 부동산들은 가치가 재빨리 300% 뛰었고 그 이후에도 계속 시세

샌프란시스코의 엠바카데로 가로수 길은 한때 고가 차도가 있던 땅에 조성되었다.

가 오른다.[122] 공지들은 건물로 채워졌다. 그 결과 늘어난 세금 수입에 비하면 엄청난 대중교통 투자도 오히려 작아 보인다.

어떤 주간선 도로는 다른 주간선 도로보다 더 쉽게 해체할 수 있다. 최상의 예는 도심과 연결되었지만 대개는 불필요한 접근로들인 분기 도로(spur)와 외곽 순환 도로(ring road)다. 하지만 적절한 상황에서는 주요 주간(州間) 고속 도로(interstate)도 대체할 가치가 있는데, 시러큐스 도심의 I-81 도로가 그 예다.

현재 미국 전역에서 상당수의 "미래 없는 프리웨이들"이 심각한 숙고의 대상이 되고 있으며, 몇 개는 이미 해체 작업이 진행 중이다.[123] 뉴욕주의 로체스터시는 도시의 내부를 순환하는 지하 차도를 천천히 해체하고 있는데, 이는 1965년 지하 차도 건립으로 도시 분위기가 저하되어 입은 피해를 좀 되돌리고픈 희망을 담은 것이다. (이를 두고 시 소속 엔지니어 제임스 매킨토시(James MacIntosh)는 이렇게 말했다. "우리는 비상 탈출로를 지었다. 그건 효과적이었다. 모두가 빠져나갔으니까."[124]

최근 오클라호마시의 경험은 세부적으로 중요한 점 하나를 말해 준다. 주의 주간선 도로를 시의 가로수 길로 바꿀 때는 반드시 설계와 시공이 끝난 후에 소유권을 이전할 게 아니라 소유권부터 시에 넘기고 설계와 시공을 해야 한다는 것이다. 당신이 망치일 때는 모든 게 못처럼 보이듯이, 주의 주간선 도로를 설계하는 엔지니어들이 국지 도로를 설계하면 주간선 도로 같은 결과가 나오게 된다. 결국 부동산 가치를 극적으로 늘릴 것으로 기대되는 개입에 관해서라면, 주간선 도로를 해체하는 모든 시도는 기존 주민들이 임대료나 재산세의 상승으로 살던 곳에서 쫓겨나지 않도록 보장하는 프로그램을 동반해야 한다.

역12) 자동차(car)와 아마겟돈(armageddon)의 합성어로, 자동차들의 경쟁이 극심해질 걸로 예상되는 현장을 성경에서 말하는 최후의 싸움터인 아마겟돈에 빗댄 표현이다.

규칙 28: 시내 주간선 도로를 시에서 설계한 가로수 길로 대체하라. 그렇게 하면 주변 지가가 크게 오를 것이다. 아울러 그 길을 따라 운행되는 대중교통에 투자하라.

29 도심에 혼잡 통행료를 부과하라
효과적인 유일한 도구로 교통 체증에 대처하라.

유발 수요는 왜 일어나는가? 짧게 대답하자면, 우리들 대부분에게 교통 체증으로 낭비되는 시간은 운전에 수반되는 주된 비용이다. 따라서 그 시간이 단축될수록 운전비는 사실상 더 저렴해지고 사람들은 더 운전을 하게 된다.

하지만 왜 시간이 주된 비용인가? 왜 하필… 비용일까? 사실 우리가 지불하고 있는 운전비는 진짜 운전비의 작은 일부분일 뿐이다. 대개는 보조금과 같은 이러저러한 기제가 보이지 않게 작동하기 때문에, 운전자는 도로와 주차, 경찰 단속, 화재 서비스, 연료 안전, 오염(기후 변화) 등 일련의 직접비와 간접비로 이루어진 많은 요금을 지불하지 않는다. 한 연구에 따르면, 도로와 주차에 대한 보조금만 해도 미국 국민 총생산(GNP)의 8% 내지 10%에 달한다.[125] 규칙 1에서 도해한 것처럼, 우리는 진짜 운전비의 1/10 미만을 지불하고 있다.

그렇다면 혼잡을 개선할 유일한 실제적 방안은 운전비를 다시 그 본래 가치에 맞게 되돌리는 것이다.

이 때문에 운전은 경제학자들이 "자유재(free good)"라고 부르는 것에 해당한다. 어떤 재화가 공짜(free)라고 하면 그걸 가능한 한 많이 쓰려는 사람들로 시장이 장사진을 이룬다. 옛 소련에서 선반 위에 진열된 빵이 남아나지 않았던 것과 같은 이유로, 우리의 도로는 너무 혼잡하다. 인위적으로 가격을 낮출수록 수요는 급증하기 마련이다.

그렇다면 당연히 혼잡을 개선할 유일한 실제적 방안은 운전비를 다시 그 본래 가치에 맞게 되돌리는 것이다. 그런 게 혼잡 통행료 부과의 목적이며, 이는 혼잡한 도로나 붐비는 도심에서 운전 수요에 맞게 그 비용을 올리려는 시도다. 시간마다 달라지는 수요를 반영하도록 비용을 변화시키는 것이다.

미국에는 이미 다인승 전용차로(High-Occupancy Toll [HOT] Lane) 형식으로 혼잡 통행료를 부과하는 도로가 일부 있는데, 그중 대부분은 캘리포니아에 있다. 하지만 일부의 시도가 있다 하더라도, 아직은 유럽과 기타 지역에 확산되어 있는 유형인 혼잡 통행료를 부과하는 도심은 미국에서 찾아볼 수 없다. 일명 "렉서스 차로"로 불리는 미국의 다인승 전용차로는 공평성의 문제를 야기해왔다. 이 문제가 유효한 이유는 대개 혼잡 통행료를 부과하는 도심과 달리 같은 통행료를 부과하는 도로는 사회적 혜택을 거의 제공하지 못하기 때문이다.

2003년 2월 17일 런던에서 일어난 일만 봐도 그러한 사회적 혜택을 이해할 수 있는데, 당시 런던시장이었던 켄 리빙스턴(Ken Livingstone)은 세계 최대 규모의 혼잡 통행료 부과 계획 중 하나를 도입했다. 그러자 갑자기 주중 오전 7시부터 오후 6시까지 자동차 한 대를 런던 중심부까지 몰고 가는 데 약 15달러의 비용이 들었다.

꽤 빠른 시일 안에 혼잡도는 30%가 떨어졌고, 이동 시간도 14%가 줄었다. 버스 지체 시간도 60% 단축되었으며, 공기 오염도도 12% 낮아졌다. 10억 달러가 넘는 순 수입이 모였고, 그중 상당 부분은 대안적인 교통수단에 투자되었다. 결국 버스 의존도가 30% 상승했고, 자전거를 타는 비율은 20% 상승했다.[126]

런던 중심부는 여전히 혼잡하다. 통행료를 수요에 맞게 더 잘 조율해야 할지 모른다. 하지만 통행료의 영향은 분명하며, 이로써 가장 혜택을 보는 이들은 버스와 자전거를 타고 혼잡한 도로변에 사는 사람들이다. 이런 사람들은 자동차를 타고 오는 사람들보다 평균적으로 더 가난하다. 렉서스 차로와 달리 도심 혼잡 통행료 부과가 주는 공평성의 혜택은 여전히 운전을 선택하는 이들에게 부과되는 부담보다 명백히 많다.

싱가포르와 스톡홀름, 기타 몇몇 장소들에서는 도심에서 부과되는 혼잡 통행료가 이제 피할 수 없는 사실이며, 그에 따른 혜택에 비해서는 한참 못 미치는 비용이다. 2007년 마이클 블룸버그(Michael Bloomberg)가 뉴욕시에 혼잡 통행료 부과를 도입하려던 시도는 (대개의 주들이 그렇듯 교외 투표자들을 선호하던) 주 의회에서 폐기되었다. 주 수준의 승인에 덜 의존하는 도시들이라면 이 강력한 도구를 지체하지 말고 추구해야 한다.

스톡홀름의 혼잡세는 24시간 내내 달라지는 수요에 맞춰 세심하게 조율된다.

규칙 29: 도심이 혼잡하다면, 혼잡도를 기준으로 가변적인 통행료를 도입하고 그 수익금을 대안적인 교통수단에 투자하라.

30 자동차의 가로 진입을 막아라 (그 가능성을 시험하라)

보행 가로는 적절한 상황이 갖춰져야 성공할 수 있다.

현재 미국의 많은 도시에서 출현하고 있는 한 가지 아이디어는 도심 최고의 도로를 산책길(pedestrian mall)로 전환하는 것이다. 하지만 이런 도시들에서는 과거의 뼈아픈 실패 사례를 모르는 누군가가 이런 개념을 제기하고 있는 경우가 많다.

1960년대와 1970년대에는 200개가 넘는 북미의 중심가들이 산책길로 전환되었고, 대부분은 그 과정에서 큰 비용이 지출되었다. 그중 10개를 제외한 전부가 일관되게 사양길을 걸었고, 30개를 제외한 전부는 다시 비싼 돈이 투입되어 자동차가 다니기 편한 길로 개조되었다.

가볍고 유연한 시도를 이어가면서, 어떤 방식이 가장 효과적인지를 보라.

성공 사례들은 괄목할 만하며, 그런 길을 더 만들고 싶게 만든다. 벌링턴의 처치 스트리트, 샬러츠빌의 중심가, 마이애미비치의 링컨 로드 몰, 매디슨의 스테이트 스트리트, 볼더의 펄 스트리트, 산타모니카의 3번가… 어디가 가장 맘에 드는가? 그중 대부분은 대학 도시나 휴양 도시에 있는 길들이다. 하지만 예외도 있는데, 덴버의 16번가와 보스턴의 다운타운 크로싱, 그리고 맨해튼의 북적이는 모든 거리가 그러하다. 이런 예외들은 중심가가 자동차 없이 생존하기 위한 조건이 무엇인지를 가르쳐준다. 요즘 대부분의 미국인은 절대 짐작도 못하겠지만, 그것은 '자동차가 필요 없는 가게들'이다.

이는 꽤 명백한 이야기인 듯하지만, 처음에는 누구도 이 문제를 깊이 숙고하지 않았다. 버팔로와 디모인, 그랜드래피즈, 멤피스, 그리고 다른 200곳에서 중심가를 폐쇄하여 자동차의 진입을 막았을 때는, 상인들조차도 예전에는 대부분의 고객이 늘 차량을 타고 와서 주변에 주차했었다는 불만을 크게 표하지 않았다. 이런 방식은 유럽에서 잘 통했고, 미국에서도 잘 통할 예정이었다.

유럽에서는 이런 방식이 여전히 잘 통한다. 상당한 규모를 갖춘 유럽 도시들은 대부분 보행자 전용의 중심가를 하나 또는 여러 개 갖추고 있다. 유명한 사례로, 코펜하겐에는 25에이커가 넘는 중앙 보행 구역이 있다.[127] 미국에서는 때때로 매장이나 레스토랑의 자동차 의존도가 얼마나 될지를 파악하기 어려울 수 있다. 상인들은 종종 그걸 과대평가하곤 한다. 이는 오랜 논쟁거리가 될 수 있지만, 좋은 소식은 굳이 그걸 추정할 필요가 없다는 것이다. 도로를 며칠만 폐쇄해보면 알 수 있기 때문이다.

많은 중심가에서 이런 시도를 이미 해왔다. 처음에는 공휴일에 시도했다가, 다음에는 정기적으로 주말 낮에 시도했다가, 그 다음에는 주말 내내 시도할 수 있을 것이다. 매번 성공했다면 또 다른 시험을 해볼 수 있다. 이 전략의 핵심은, 설령 그게 성공한다고 할지라도 그런 변화를 영구화하는 풍경을 조성하겠다고 많은 돈을 쓰지는 말아야 한다는 것이다. 최소한 처음부터 그래서는 안 된다. 가볍고 유연한 시도를 이어가면서, 어떤 방식이 가장 효과적인지를 보라.

자동차 금지를 영구화해도 되겠다는 자신이 생기면, 뉴욕에서 한 것처럼 콩자갈 에폭시(epoxy gravel) 바닥을 깔아라. 수년에 걸쳐 그 효과를 유지하려면, 아름다운 포장재와 영구적인 식물 또는 나무를 추가하는 법에 관해 논의할 수 있다. 하지만 이런 것은 불필요할 수도 있다. 보행 구역의 성공은 재료와 아름다움보다는 입지와 접근성에 더 좌우된다.

뉴욕시에 새로 생긴 자동차 통행금지 공간들은 일시적이고 저렴하게 출발했다.

규칙 30: 당신의 도시에 자동차 없이 번영할 거 같은 중심가가 있다면, 정말 그런지 일시적으로 시험해보라. 성공이 지속되면 그걸 영구화하고, 또 다른 중심가에도 시험해보라.

7부. 안전과 함께 시작하라

31. 과속에 초점을 맞춰라

32. 안전의 시간 비용을 논의하라

33. 비전 제로를 채택하라

34. 도심 제한 속도를 채택하라

35. 빨간불 단속 카메라와 속도 감시 카메라를 설치하라

7부

안전과 함께 시작하라

도시를 더 걷기 좋게 만들어야 할 100가지 이유가 있지만, 아마도 가장 설명하기 쉬운 이유는 안전이리라. 이것은 반대자들이 반론을 펼치기 가장 어려운 이유이기도 하며, 아무도 사람들이 다치는 걸 보고 싶어 하지는 않는다. 보행 편의성을 높이고자 노력할 때는 어떤 경우에도 안전을 최우선적인 중심에 놓아야 한다.

다행히도 안전은 대부분의 도시가 단기간에 영향을 미칠 수 있는 보행 편의성의 측면이다. 『걸어다닐 수 있는 도시』에서 논한 '일반 보행 편의성 이론(General Theory of Walkability)'[역13]은 한 장소가 걷기 좋아지려면 걷기가 유용하고, 안전하고, 편안하며, 흥미로워야 한다고 설명한다. 이 네 가지 중 유용함과 편안함과 흥미로움은 주로 도로에 늘어선 건물들이 만들어내는 결과다. 그 건물들이 다양한 용도로 구성되고, 좋은 형태의 공공 공간을 조성하고, 활기찬 기운을 보이는가? 이런 특질들은 한 도시가 오랜 시간에 걸친 계획과 규정을 통해서만 제어할 수 있는 것들이다.

하지만 안전한 걷기는 단기간에 제공될 수 있는데, 대부분의 도시가 그곳의 도로들을 소유하고 있기 때문이다. 현존하는 시내 도로들은 대부분 최대한의 안전을 확보하고 있지 못하다. 이는 주로 운전자들이 법정 상한을 훌쩍 뛰어넘은 속도로 주행하고 싶게끔 시내 도로가 설계되어 있기 때문인데, 무엇보다도 바로 이러한 사실을 중심으로 안전한 도로 설계에 관한 공적 대화를 진행할 필요가 있다.

중요하게 논해야 할 또 하나는 안전을 확보하기 위한 몇 가지 개선책들이 통근 시간을 좀 더 늘리게 되리라는 사실이다. 보이지 않게 해치우는 방식보다는 안전과 시간의 이러한 상충 관계에 대해서는 논의를 기피할 게 아니라 정직하게 소통해야 한다. 이런 내용이 제대로 이해될 때, 대부분의 깨어 있는 정치인들은 속도보다 안전을 택하게 될 것이다.

이런 방식으로 도시에 도움을 줄 몇 가지 도구가 존재한다. 첫 번째는 급속하게 퍼져가고 있는 비전 제로(Vision Zero) 운동인데, 이는 시내 도로들을 더 안전하게 만들기 위한 강력한 뼈대와 연장통을 제공한다. 다음으로는 도심 속도 제한이 있는데, 이는 도로 설계보다 영향이 적긴 해도 충돌과 부상을 줄이는 데 효과적이다. 특히 적절히 알려지고 법적으로 시행된다면 말이다. 마지막으로 논쟁적인 빨간불 단속 카메라(와 속도 감시 카메라)는 대량으로 채택될 기회를 놓쳐버린 과소평가된 도구다.

역13) 국역본 『걸어다닐 수 있는 도시』(박혜인 옮김, 마티, 2015)에서는 서론에 속하는 '워커빌리티란 무엇인가'에 기술된 내용이다.

31 과속에 초점을 맞춰라
과속을 막을 수 있는 도로 개선이 이뤄져야 한다.

'바보야, 문제는 속도야.'[역14]

이제부터 나올 (이 책의 절반에 해당하는) 약 50개의 규칙들은 도로의 다양한 측면들과 더불어 도로가 어떻게 설계되고 관리되는지를 다룬다. 이 규칙들은 많은 경우 겨냥하는 목표와 독자층이 여럿일 수 있지만, 그 모두가 어떻게든 다시 하나의 공통된 현안인 차량 속도를 겨냥한다.

도로의 설계가 운전자들에게 법정 속도를 내도록 유도해야 하며, 그렇게 하지 않으면 불법적이고 치명적인 과속이 일어나게 될 것이다.

도시에서 인간의 안전에 영향을 주는 요인들은 다양하지만, 차량의 이동 속도만큼 중요한 요인은 거의 없다. 차량 속도와 위험 간의 관계는 부드럽게 말하자면 기하급수적이다.

우측의 다이어그램은 이 관계를 설명해준다고 볼 수 있는 많은 다이어그램 중의 하나이다. 다른 다이어그램들은 시속 20마일(32㎞)로 충돌할 경우 건물 2층에서 떨어지는 충격과 같고 시속 40마일(64㎞)로 충돌할 경우 건물 7층에서 떨어지는 충격과 같음을 보여준다. 명심해야 할 기본 메시지는 시속 20마일로 가는 자동차보다 시속 30마일(48㎞)로 가는 자동차에 치여 사망할 확률이 대략 5배 높고, 시속 40마일로 가는 자동차에 치여 사망할 확률은 또 그보다 5배 높다는 사실이다.

위험도가 극적으로 상승하는 이 시속 20에서 40마일 구간에서는 기본적으로 그 모든 충격이 일어나며 타박상이냐, 골절이냐, 사망이냐의 차이만 있을 뿐이다.

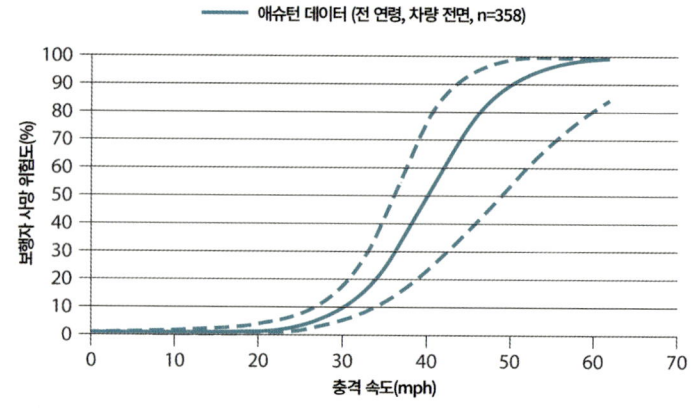

차량이 보행자에게 가하는 위험은 시속 25마일부터 극적으로 상승한다.

충격 속도 자체는 유일한 요인이 아니다. 자동차가 빨리 움직일수록 충돌 가능성도 높아진다. 운전자와 보행자는 모두 충돌에 반응하거나 정지거리를 늘릴 시간이 부족하며, 운전자의 가시 범위도 좁다. 위 그래프에 나온 요인들뿐만 아니라, 이런 요인들이 속도의 충격을 배가한다. 시속 30마일로 이동하는 자동차가 시속 25마일로 이동하는 자동차보다 아마도 최소 3배는 위험할 거라고 말하는 게 안전하다.

많은 도시들에서 시속 25마일의 도심 제한 속도를 두는데, 모든 도시가 그렇게 하거나 규칙 34에서 논하는 것처럼 더 낮춰야 한다. 하지만 이렇게 제한 속도를 꺼내들게 되면 대화가 단순해지는데, '운전자들의 속도 늦추기'에 대해서는 더 이상 할 말이 없기 때문이다. 누가 속도가 느려지길 원하는가? 마치 교통 혼잡과 비슷하게 들린다.

대신 우리는 그저 '불법적인 과속 줄이기'를 논의하면 된다. 도로는 그 위에서 과속하는 사람들이 더 적어지도록 재설계해야 한다. 이를 이루려면 제한 속도만으로는 안 되는데, 운전자들이 법정 속도를 준수하지 않기 때문이다. 그들은 도로 설계에서 암시되는 속도로 운전한다. 도로의 설계가 운전자들에게 법정 속도를 내도록 유도해야 하며, 그렇게 하지 않으면 불법이고 치명적인 과속이 일어나게 될 것이다. 이것이 주된 메시지이며, 도로 설계자의 사명이다.

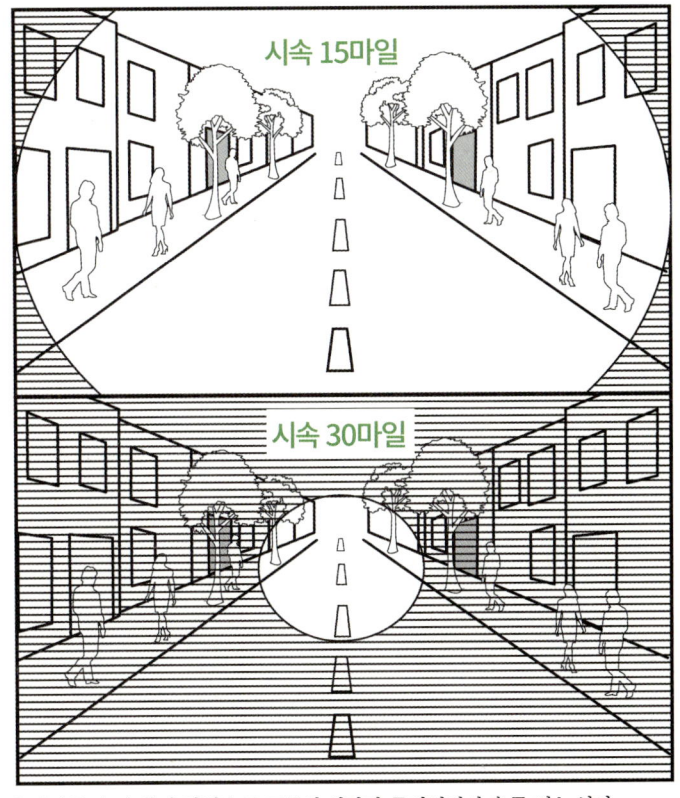

운전자들이 더 빨리 달릴수록 그들의 시야가 좁아지면서 충돌 가능성이 높아진다.

역14) 1992년 미국 대선 유세 과정에서 빌 클린턴 후보 측의 전략가 제임스 카빌이 도입한 선전 문구인 "바보야, 문제는 경제야.(It's the Economy, Stupid.)"를 바꿔 쓴 표현이다.

규칙 31: 도로 설계와 설계 담론은 불법 과속을 줄이는 데 초점을 둬야 한다.

32 안전의 시간 비용을 논의하라
양자의 상충 관계를 솔직하게 논하라.

통근 시간을 늘리지 않고는 과속을 크게 줄일 수 없다. 운전자들이 빨간불만 꺼지면 총알처럼 달릴 때, 더 느린 설계 속도를 도입하면 모두에게 더 좋은 삶의 질을 제공할 수 있다.

대표적인 사례는 브루클린의 프로스펙트 파크 웨스트(Prospect Park West)에서 뉴욕시 교통국(NYCDOT)의 자넷 사딕-칸(Janette Sadik-Khan)이 이끌던 팀이 3차선 도로를 2차선으로 줄이고 새로운 자전거 전용 도로를 도입했을 때였다. 과속하는 비율이 모든 차량의 71%(이것도 인상적인 수치다)에서 17%로 현격히 떨어졌지만, 이동 시간은 전보다 길지 않았다. 전에도 운전자들은 빨간불이 꺼졌을 때만 과속을 하고 있었기 때문이다.

빠른 주행으로 통과되는 도심을 원하는가, 아니면 행선지로서 가치가 있는 도심을 원하는가?

하지만 이게 늘 그런 것은 아니다. 도심의 활력에 필수적인 안전의 개선 조치는 때때로 이동 시간을 늘릴 수 있다. 아마도 가장 명백한 사례는 일방통행로를 양방통행으로 다시 전환했을 때일 텐데, 이렇게 하면 시내·외를 오가는 통근자들이 더 이상 동기화된 신호들의 "초록불 파도타기"를 할 수 없게 된다(규칙 39 참조). 이럴 때 통근 시간은 좀 더 길어진다.

이는 도심 제한 속도를 줄이거나 도로 교통 서비스 수준(Level Of Service)을, 예컨대 B에서 E로[역15] 일부러 바꾸는('낮추는'이라고 말하지 않았음에 유념하라) 경우에도 마찬가지다. 늘어나는 통근 시간을 모델링하기는 어렵지 않으며, 대개 그 시간은 총 1~2분에 지나지 않는다. 이런 지체는 그리 길지 않지만 그럼에도 실재하는 것이어서 사람들에게 중요한 문제가 된다.

이런 우려들을 그냥 무시해서는 안 된다. (적어도 현재의 도심 상황에서는) 매일 오로지 출퇴근을 위해서만 도심을 들락거리는 사람들이 많다. 그들은 점심 도시락을 싸 와서 먹고, 퇴근 후에는 도심에서 칵테일을 마시는 여유를 부리지 않고 바로 귀가한다. 대부분 돈과 시간에 쪼들리기 때문이다.

그중에는 더 안전하고 활기찬 도심에 거의 관심이 없는 사람도 있을 것이다. 설령 새로운 공공 공간과 활동이 피어나 도심이 훨씬 더 매력적으로 변한다 하더라도, 그들은 도심을 이용하지 않을 것이다. 하지만 이런 사람들은 예외에 해당한다. 거의 대부분은 적어도 그들이 자랑스러워 할 수 있는 도심을 원한다. 그리고 대부분의 교외 거주자들은 도심이 가볼 만한 곳으로 변하면 이따금 그곳을 찾고 싶어 할 것이다.

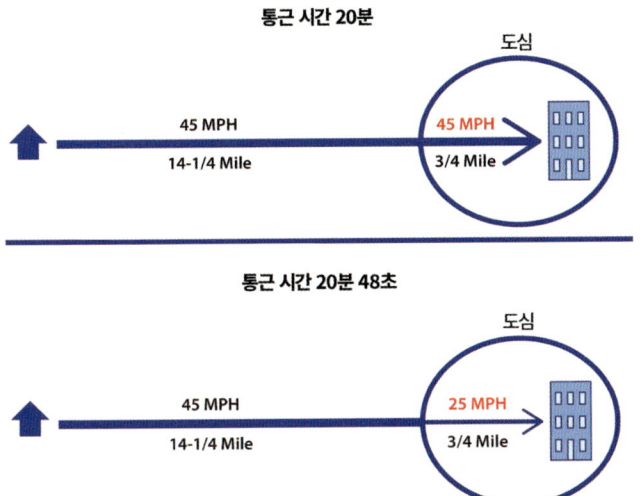

교통 계획 업체 넬슨\니가드의 이 그래픽은 도심의 속도가 느려져도 전형적인 통근 시간에는 미미한 영향만 있을 뿐임을 보여준다.

것이다. 빠른 주행으로 통과되는 도심을 원하는가, 아니면 행선지로서 가치가 있는 도심을 원하는가?

대부분의 경우, 문제를 겪는 도심의 잠재력을 끌어올리는 조치의 성공 여부는 과속하는 운전자들을 얼마나 억제하느냐에 좌우된다. 사람들은 안전이 확보되지 않은 갓길 보도를 피하고, 갓길 보도에 사람들이 없으면 도시는 번영하지 못한다.

약간 더 느린 통근을 옹호하는 주장들은 특히 사망 사고가 일어나고 있을 때 강한 설득력을 발휘한다. 1990년부터 2014년까지 뉴욕시의 퀸스 대로에서 자동차 충돌로 사망한 인원이 186명이었다. 사반세기동안 대략 7주마다 한 명씩 사망한 셈이며, 사망자의 대부분은 보행자였다. 결국 뉴욕시는 보행자와 자전거 이용자를 위한 시설 개선에 4백만 달러만 투자했는데도 그 이후로는 거기서 사망자가 한 명도 나오지 않았다. 그 대로를 따라 주행하는 차량들의 속도는 시속 4마일 가량 떨어졌다.[128] 이 약간의 불편함이 하나의 생명을 살릴 만큼 가치가 있다는 데에는 거의 이론의 여지가 없으리라.

따라서 시민들과 도시의 지도자들에게는 분명하고 정직한 선택을 제시해야 한다. 통근이 좀 더 길어질 걸로 예상되면 그렇다고 말하는 게 중요하다. 그렇다고 해도 전체적인 사정을 이해한 대부분의 사람들은 자기들의 도시와 시민들의 공익을 위해 기꺼이 1~2분을 바치겠다는 의지를 보여 왔다.

게다가 이 사람들의 욕망은 모든 도심 관련 이해 당사자들의 욕망과 비교 검토할 필요가 있다. 대부분의 장소에서는 도심 노동자들의 대다수가 그곳의 안전과 삶의 질에 관심이 많다. 도심에 거주하는 사람들은 모두 관심을 가질 수밖에 없고, 상인과 부동산 소유주 및 기타 투자자들도 관심을 갖는다. 바로 이런 맥락에서 통근 시간과 안전의 상충 관계를 분명히 해둘 필요가 있으며, 물어야 할 핵심 질문은 이

역15) 미국의 도로 교통 서비스 수준(Level Of Service: LOS)은 교통 흐름의 원활함을 기준으로 A부터 F까지 6가지로 나뉘는데, A는 가장 원활한 '자유로운 흐름(free flow)'이고 F는 가장 막히는 '정체된 흐름(forced or breakdown flow)'이다. B는 차량 간 평균 거리가 차체 길이의 약 16배인 경우, E는 그게 약 6배인 경우에 해당한다. 규칙 43 참조.

규칙 32: 도심의 활력과 시민의 자부심을 살리고 생명을 구하기 위해, 속도와 안전의 상충 관계를 정직하게 논의하라.

33 | 비전 제로를 채택하라
교통안전을 중심으로 정치적인 움직임을 만들어라.

미국의 모든 주요 도시에서 보행자 사망률은 삶의 일부이며, 그 희생자는 아이일 때가 많다. 이런 뉴스의 순환 과정은 예측이 가능하다. 처음에는 희생자를 탓하다가, 다음에는 운전자를 탓하다가, 그 다음에는 아마도 속도 제한과 단속에 관한 논의가 이루어질 것이다. 그 모든 과정에서, 충돌은 마치 예방이 불가한 일이었던 것처럼 '사고(accident)'라고 불린다. 도로의 설계 자체를 따져보는 경우는 거의 드물다. 그리고 그 위험을 애초에 만들어낸 전문적인 설계 기준을 재고해보는 경우는 절대로, 절대로 없다.

비전 제로는 단지 도로 설계에만 집중하는 게 아니라, 그것의 중요성을 강조하기 위한 동종 최초의 프로그램에 속한다.

안전 운행의 귀재들인 스웨덴 사람들은 더 잘 안다. 스웨덴 교통안전 직종의 대표자들은 도로 설계가 도로 안전의 핵심임을 인정하고 도시 지역에서 속도를 낮추는 방향으로 설계 기준을 변경해왔다. 그 결과는 몹시 놀랍다. 스웨덴은 전국적인 교통사고 사망률이 미국의 약 1/4 수준이고,[129] 가장 큰 차이는 도시에서 벌어진다. 스톡홀름은 피닉스와 인구 규모가 비슷하지만 2013년에 자동차 충돌 사고로 사망한 사람이 6명이었다. 반면 그해 피닉스에서는 같은 원인으로 167명이 사망했다.[130]

교통사고 사망을 없애기 위한 스웨덴식 방침인 '비전 제로(Vision Zero)'에 입문하시는 걸 환영한다. 이제 10년째가 된 비전 제로는 국제 운동이 되었고 이 운동에 본격적으로 합류한

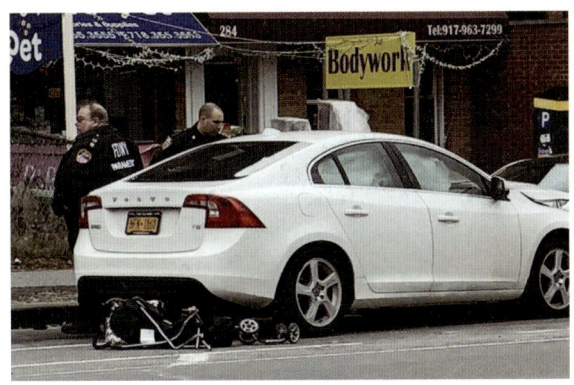

횡단보도에서 아이들이 사망할 때 운전자를 조사하는 일은 자연스럽고 적절하다. 하지만 횡단보도를 조사하는 일은 거의 없다.

다는 것은 그 목표들을 달성하겠다고 약속한다는 뜻이다. 이 글을 쓰는 시점에서, 미국 내 '비전 제로 도시'들은 오스틴과 보스턴, 덴버, 포트로더데일, 로스앤젤레스, 뉴욕, 시애틀, 워싱턴 DC를 비롯해 30개가 넘는다.

이 도시들은 그동안 각기 다른 방식으로 그러한 약속에 접근해왔었지만, 비전 제로 네트워크는 교통사고 사망의 퇴치를 주요 목표로 설정하고 그 목표를 중심으로 정책과 투자의 방향을 재정립하기 위한 중요한 첫걸음일 수 있다. 예컨대 뉴욕시에서 비전 제로 프로그램은 (최근 집계에 따르면) 18.5마일(약 30km)의 자전거 전용 도로와 776개의 보행 시간 안내(Leading Pedestrian Interval) 신호등(규칙 74 참조), 107개의 좌회전 속도 완화 장치를 추가하고 속도위반과 응급차량에 대한 양보 의무 위반을 대량으로 단속했다.[131] 그 결과는? 3년간 꽤 꾸준히 지속한 결과 2016년부터 2017년까지 보행자 사망 건수는 148명에서 101명으로, 무려 32퍼센트가 감소했다.[132]

시애틀에서도 비전 제로의 영향은 분명하다. 시애틀 교통부의 장동호(Dongho Chang) 교통기획관은 설치 중인 자전거 전용차로와 연석 확장, 기타 안전 개선 사항들을 매일 트위터로 알린다. 시애틀시에서 비전 제로는 단지 도로 설계에만 집중하는 게 아니라, 그것의 중요성을 강조하기 위한 동종 최초의 프로그램에 속한다. 모든 걸 고스란히 진술하진 않을지라도, 이렇게 그 목표를 제시하고 실행하는 프로그램은 반세기동안 태만했던 교통 공학 실무를 정면으로 거스르는 시도다.

비전 제로는 보행자 안전도를 높이고 그에 도움이 될 진정한 변화를 일으키는 데 엄청나게 유용한 체계를 도시에 제공한다. 이를 지지한다면 도로에서 죽는 비극에 관한 대중 집회를 열어 이 비전의 채택을 막는 장애물을 극복해나가야 할 것이다.

게다가 놀랍게도 2016년을 지나서부터는 스톡홀름에서 걷거나 자전거를 타다가 사망한 사람이 전혀 없었다.

규칙 33: 당신의 도시가 비전 제로 네트워크에 합류하게 하라.

34 도심 제한 속도를 채택하라
제한 속도를 완전히 각인시키고, 그걸 해당 지구 전체에 적용하라.

제한 속도가 크게 중요하지는 않다. 하지만 중요한 것은 맞다. 시내에서는 운전자들이 속도를 설정하는 방식 때문에 제한 속도가 주는 영향에 한계가 있다. 하지만 주간선 도로에서는 상황이 정반대다. 그런 도로에서 당신이 어떻게 속도를 내는지, 당신이 직접 경험한 바를 생각해보라. 대부분의 사람들은 제한 속도 표지를 기다렸다가 그걸 지나고 나면 좀 더 높은 속도로 주행 제어 시스템을 설정한다.

이제 도심에서 당신이 어떻게 속도를 설정하는지 생각해보자. 아마도 제한 속도 표지를 찾을 필요 없이 편안하게 느끼는 속도로 주행할 것이다. 이러한 편안함은 대개 그 도로의 설계가 만들어낸 결과다. 이렇게 보면, 오랫동안 교통 공학자들이 지정 제한 속도를 훌쩍 뛰어넘은 속도에 맞춰 시내 도로를 설계해야 한다고 주장해왔다는 사실은 충격적이다. 이렇게 시내 도로를 주간선 도로로 착각한 것이 아마도 다른 어떤 형태의 태만한 전문 직능보다도 미국인들을 더 많이 사망시키는 결과를 가져왔을 것이다.

하지만 제한 속도는 분명 영향을 주고 있는데, 특히 그것이 지역 사회의 집단 무의식을 형성할 정도로 눈에 띄고 기억에 남을 만한 경우에 그러하다. 이를 실천하는 한 가지 방법은 지속적으로 부지런하게 교통 단속을 하는 것이다. 아이다호의 선밸리 지역 주민들은 주간 고속 도로 같은 모양새인 도심 도로에서 시속 25마일로 주행하는데, 경찰 단속이 완전히 과격한 수준이기 때문이다. 그들은 지미 키멜(Jimmy Kimmel)[역16]에게도 과속 딱지를 뗐다.[133]

제한 속도가 사람들의 마음속에 꽂히게 만드는 또 다른 방식은 구역 전체, 특히 도심처럼 경계가 분명한 구역 전체에 적용되는 제한 속도를 공공 캠페인으로 알리는 것이다. 귀에 착착 감기는 이름은 아

뉴욕시에서는 시민 과속 단속반이 자기 동네의 제한 속도 표지를 게시해왔다.

프지도 않다. '우린 20이면 충분해요(20's Plenty for Us)'[역17]라는 운동이 그렇게 큰 영향을 끼친 것도 그런 이유에서다. 현재 1,500만 명이 넘는 (그중 대부분은 영국인인) 사람들이 시속 20마일(32㎞)의 제한 속도를 동네 전역에서 채택했거나 곧 채택하게 될 사법 관할 구역에 살고 있다.[134] 런던의 약 1/3에는 현재 이런 표지가 게시되어 있다.[135]

'20이면 충분해요' 프로그램들에 따른 결과 데이터가 조금씩 들어오고 있다. 한 연구에서는 그렇게 게시된 구역 전반의 평균 속도가 시속 1마일만 감소했다는 결과가 나왔지만,[136] 또 다른 연구에서는 심각한 사망 사고가 20% 줄었다는 결과가 나왔다.[137] 이 두 사례를 비교해보면 흥미롭겠는데, 아마도 확산 정도와 법집행 여부가 중요한 요인이었을 것이다. 하지만 시속이 단 1마일만 감소하더라도 충돌 사고는 6% 감소한다는 상관관계가 있는 만큼,[138] 해당 지구 전체의 제한 속도가 도움이 된다는 것은 분명해 보인다.

> **현재 1,500만 명이 넘는 (그중 대부분은 영국인인) 사람들이 시속 20마일(32㎞)의 제한 속도를 동네 전역에서 채택했거나 곧 채택하게 될 사법 관할 구역에 살고 있다.**

수많은 시민 주도의 풀뿌리 운동이 있었지만, '20이면 충분해요'는 미국에서 아직 유행하지 못했다. 아마도 그 이유는 미국의 도로 설계상 시속 20마일로 운전한다는 게 터무니없게 느껴지지 않는 도시가 너무 적기 때문일 것이다. 하지만 이런 곳에서도 여전히 지구 단위의 제한 속도는 의미가 있으며, 시속 25마일(40㎞)은 그리 지나친 요구가 아닌 듯하다. 눈길을 사로잡는 표지와 대중적 확산, 그리고 모두가 합심하는 과속 단속이 결합된다면, 시속 25마일 캠페인으로 큰 변화를 만들어내는 걸 상상해볼 수 있다. '25가 우리를 살린다(25 Keeps Us Alive)'로 하면 어떤가?

하지만 할 수만 있다면 더 야심차게 하라. 포틀랜드는 최근에 도시 전체의 도로 길이 중 70퍼센트에 시속 20마일의 제한 속도를 두는 법을 제정했다.[139]

제한 속도는 해당 지구 전체에 적용되고 그렇게 표지판에도 쓰여 있을 때 더 기억되기 쉬울 것이다.

역16) ABC에서 방영하는 미국 최장수 심야 토크쇼인 <지미 키멜 라이브>의 진행자로, 2018년 『타임』이 선정한 '세계의 가장 영향력 있는 100인'에 든 바 있다.
역17) 철자가 유사한 twenty와 plenty를 활용하여 '트웨니스 플레니 포 어스'로 발음되는 표어로, 직역하면 "우리에게 20은 곧 '많음'이다"가 된다. 2007년 영국에서 시작된 이 운동은 호주와 뉴질랜드, 미국 등의 영어권 나라들로 확산되었다.

규칙 34: 도심 구역에서 각 지구 전역에 일괄된 시속 25마일(또는 해낼 수만 있다면 시속 20마일)의 제한 속도 표지를 게시하고, 대담한 공공 캠페인과 특별한 표지 체계 그리고 강력한 법집행을 결합하라.

35 | 빨간불 단속 카메라와 속도 감시 카메라를 설치하라
이제는 이런 효과적인 도구들을 수용할 때다.

빨간불 단속 카메라(red-light camera)와 속도 감시 카메라(speed camera)는 빨간불에 주행하거나 제한 속도를 위반하는 운전자들에게 위반 사실 통지서를 발행하는 자동화된 장치들이다. 이런 통지서들은 (종종 50달러인) 제한적인 과태료만 물리고, 운전면허 '벌점'이나 보험료에도 영향을 주지 못한다. 수년간 상충하는 보고서들이 있어 왔지만, 이제는 이런 카메라들이 생명을 살리고 그것들을 활용하는 도시에 긍정적인 수입원이 된다는 게 확증되고 있다. 도로에서 상습 위반자들을 몰아낼 강제력을 활용한 대인 법집행의 보완책으로서 이 카메라들은 정말 너무도 효과적이기 때문에 무시해선 안 된다.

이 글을 쓰는 시점에서, 빨간불 단속 카메라가 있는 지역 사회는 421개이고 과속 감시 카메라가 있는 지역 사회는 142개다.[140] 더 많은 지방 자치 단체들이 이런 카메라들을 활용하고 싶어 하지만, 주 정부가 종종 훼방을 놓는다. 미시건, 사우스캐롤라이나, 유타를 비롯한 16개 주들이 이런 카메라들을 완전히 불법화하는 한편, 다른 주들은 그 용도에 제약을 부과해왔다. 이런 제약을 정당화하는 것은 보통 그런 카메라들이 안전을 개선하지 못한다거나(이 주장은 이제 틀렸음이 입증되었다) 운전자들의 프라이버시를 침해한다는(이 주장은 제7차 미 연방 순회 항소 법원에서 거짓으로 판결되었다) 이유들 때문이다. 하지만 이런 우려들이 불식되면서, 이 장치들은 더 널리 보편화될 태세다. 최근 뉴욕시의 데이터는 강한 동기를 제공한다.

뉴욕시는 뉴욕주 의회로부터 엄격한 규제를 받았는데, 뉴욕주 의회는 2013년에 어린이 보호 구역(school zone)에만 과속 감시 카메라를 설치하고 수업 시간에만 켜지게 할 것을 마지못해 허용했다. 과속에 따른 사망 사고 중 수업 시간에 일어나는 경우는 1/10도 안 된다는 게 교통부 연구로 밝혀졌는데도 말이다.[141] 그럼에도 2016년이 되자 이런 카메라들은 연간 130만 건이 넘는 위반 사실 통지서를 발행하고 있었

뉴욕시는 자동화된 위반 사실 통지서 발행 시스템이 잘 확립되어 생명을 구하고 있다.

다.[142] 그전과 비교했을 때, 자동차 간 부상 충돌(injury crash)은 15% 감소했고 보행자 부상(pedestrian injury)은 23% 감소했다.[143] 또한 어린이 보호 구역의 과속 건수는 63% 떨어졌다. 이 결과들이 인상적이었던 듯한 뉴욕주 의회는 최근 뉴욕시의 과속 감시 카메라 수를 2배 이상 늘려 290개로 만드는 법안에 표결했다.[144]

메릴랜드의 몽고메리에서는 과속 감시 카메라를 쓰면 충돌 사고로 불구가 되는 치명상이 39% 적게 발생한다는 게 연구자들의 결론이었다.

다른 곳에서는 훨씬 더 강력한 데이터가 수집되었다. 시애틀에서 빨간불 단속 카메라 프로그램을 적용한 결과, 자동차 충돌 사고가 23% 줄었고 보행자를 포함한 충돌 사고는 거의 1/3이 줄었다. 심지어 앞차의 후미를 박는 충돌은 15% 줄었는데, 이는 카메라가 후미를 박는 충돌을 늘릴 거라던 과거의 추측을 감안해볼 때 의미가 있는 결과다.[145] 메릴랜드의 몽고메리 카운티에서는 과속 감시 카메라를 쓰면 충돌 사고로 불구가 되는 치명상이 39% 적게 발생한다는 게 연구자들의 결론이었다. 더 나아가 그들은 몽고메리 카운티의 10년 된 카메라 프로그램이 그 기간에 500건이 넘는 치명상이나 사망을 막았다고 추산한다.[146]

당신이라면 500명의 삶을 바꿀 충돌을 피하기 위해 무엇을 소비하겠는가? 해답은 중요하지 않다. 이런 프로그램들은 돈을 만들어내기 때문이다. 뉴욕시의 과속 감시 카메라 프로그램은 3년이 넘도록 1억 2,300만 달러의 벌금을 모았는데, 그중 7천만 달러는 비용으로 나가고 5,300만 달러의 수익이 남았다. 순 세입과 대비하여 이렇게 높은 비용은 이런 프로그램의 비판자들을 화나게 하는 마지막 항목이다. 그들은 이런 프로그램을 업계의 쓸데없는 짓이자 부정 이득을 노릴 기회로 본다. 과속 감시 카메라 회사들이 돈을 긁어모을 것임에는 의문의 여지가 없다. 카메라와 데이터 처리 기술이 점점 더 저렴해지고 이 분야의 경쟁이 더 치열해질수록, 도시들이 각각의 공급자들과 더 좋은 거래를 할 수 있다는 희망이 생길 것이다. 이런 프로그램들이 계속 인기를 구가하려면, 투명하고 폭넓게 홍보되는 경쟁 입찰에 초점을 맞추는 게 필수이리라.

하지만 그 와중에도 중요한 것은 극우적인 작은 정부의 압력들에 대해 가장 영향력 있는 수사법을 동원하여 싸우는 일이다. 이렇게 한 번 말해보라. 과속 감시 카메라는 부모가 자녀의 삶을 중시하는 곳에서만 인기가 있다고.

규칙 35: 가능한 곳마다 빨간불 단속 카메라와 과속 감시 카메라를 설치하되, 부상 충돌이 일어난 장소들을 우선시하라. 주 의원들이 부끄러움을 느껴 자기들이 입법한 규제를 없앨 수 있게 유도하라.

8부. 도시의 주행 도로망 체계를 최적화하라

36. 도로망 체계의 기능을 이해하라

37. 블록을 작게 유지하라

38. 상업을 위해 다차선 일방통행로를 양방통행으로 전환하라

39. 안전을 위해 다차선 일방통행로를 양방통행으로 전환하라

40. 편의를 위해 다차선 일방통행로를 양방통행으로 전환하라

41. 다차선 일방통행로를 적절히 전환하라

8부

도시의 주행 도로망 체계를 최적화하라

제한 속도, 대중 교육, 그리고 과속 감시 카메라, 이 모든 것이 과속을 제한하는 데서 차이를 만들어낸다. 하지만 결국 아무리 안전한 제한 속도를 표지로 게시하고, 홍보하고, 법으로 집행하든 간에, 도로 자체가 운전자에게 과속을 유인한다면 그런 노력도 거의 소용이 없다. 그럴 땐 대부분의 운전자가 과속을 한다.

이것은 우연이 아니다. 교통 공학자들은 여전히 도로를 안전하게 만드는 방법이 게시된 제한 속도보다 높은 속도에 맞춰 도로를 설계하는 것이라고 배운다. 이런 접근은 이론적으로는 말이 되지만, 인간이 개입된다는 사실을 깨닫고 나면 더 이상 그렇지 않다. 인간은 더 높은 속도에 맞춰 설계된 도로를 볼 때 더 빠르게 운전하고 도로는 더 위험해진다.

주행 속도에 기여하는 약 12가지의 다양한 요인이 있다. 그중 첫 두 요인은 블록의 크기(작을수록 더 좋다), 그리고 다차선 도로가 (더 안전한) 양방통행인지 (그렇지 않은) 일방통행인지의 여부다. 이번 섹션에서는 대부분 위험한 일방통행 체계를 양방통행으로 전환하는 전국적인 트렌드를 다룬다. 하지만 먼저 도로망 체계를 전체적으로 검토할 필요가 있다.

36 도로망 체계의 기능을 이해하라
분기형 스프롤보다 다공성 도로망 체계를 택하고
그 장점들을 활용하라.

대략 50년간, 도로 계획의 지배적인 이념은 도로망 체계를 피하고 분기형 시스템을 선호하는 것이었다. 교외 스프롤의 특징인 분기형 시스템에서는 주차장과 막다른 골목(cul-de-sac)이 집산 도로(collector)로, 간선 도로(arterial)로, 주간선 도로(highway)로 이어지며, 한곳에서 다른 곳으로 가는 경로는 단 하나의 직통로만 있는 게 보통이다.

분기형 스프롤에서는 대부분의 도로가 막다른 골목과 순환 도로이기 때문에, 주간선 도로로 설계되는 소수의 집산 도로로만 연결이 이루어진다.

일찍이 1930년대에는 개발 매뉴얼들이 도로망 체계보다 분기형 시스템을 옹호했는데, 그렇게 해야 이론적으로 사고 발생률이 높은 교차로의 수가 줄어들기 때문이다. 개발업자들은 빠르게 미끼를 물었고, 구매자들은 막다른 골목에 있는 집들을 덥석 물었다.

종종 일어나는 일이지만, 여기서도 현실이 중간에 끼어들었다. 현재 데이터를 보면 막다른 골목의 비율이 높은 개발 지역들은 전통적인 도로망 체계보다 훨씬 더 위험한데 사망률이 270% 더 높다고 나온다.[147] 이런 지역들은 도보와 대중교통 이용, 사회적 자본이 가장 적고 비만율은 가장 높은 곳이기도 하다. 막다른 골목 너머의 더 큰 도로 체계로 나가보면 왜 이런 일이 일어났는지가 분명해진다. 대부분의 도로가 어디와도 연결되지 않으며, 연결되는 소수의 도로들은 엄청난 교통량을 책임지고 있다. 결국 이 도로들은 오로지 가능한 한 많은 차량을 가능한 한 빠르게 이동시키는 임무만을 중심으로 설계된, 사실상의 교통 하수관들이다.[148] 이 도로들의 유독한 질이 주거를 분할 배치시켜 서로 등을 지고 벽을 올리게 만든다. 왼쪽 이미지에서 볼 수 있듯이, 하나의 집산 도로에서 단 하나의 집 주소도 찾을 수 없는 경우가 드물지 않다.

이런 전략의 결과로 생긴 개별적으로 안전한 국지 도로들은 생명을 위협하는 도로들이 하나로 모이는 가운데서 고립되며, 대부분의 행선지와 이어지는 경로들은 당혹스런 수의 역전과 꺾임을 포함하기 때문에 자전거를 타기 어렵고, 대중교통은 비효율적이며, 걷기는 아예 얘깃거리도 안 되게 만들기에 충분하다.

하지만 현실을 직시하자. 걷기는 결코 얘깃거리가 아니었다. 여기서 정말 아이러니한 점은, 오로지 자동차만을 중심으로 설계한 이러한 접근이 사실 자동차에 더 나쁜 효과를 준다는 것이다. 모든 출발지부터 모든 목적지까지 단 하나의 경로만 있기 때문에, 집산 도로에서 엔진 화재가 한 번 일어나면 이 시스템 전체가 폐쇄되기에 충분하다.[149]

현재 데이터를 보면 막다른 골목의 비율이 높은 개발 지역들은 전통적인 도로망 체계보다 훨씬 더 위험한데 사망률이 270% 더 높다고 나온다.

이를 다공적인 도시 격자와 대조해보라. 후자에서는 어디서든 다른 어딘가로 갈 수 있는 길이 몇 가지 있다. 비상 대응을 위한 대안 경로들도 너무나 분명하다.

비상시가 아니라 하더라도, 분기형 시스템은 교통 체증이 지나치게 많이 발생하는 것으로 판명되었다. 이 시스템은 기본적으로 유연하지 못해서 대부분 토지 용도를 새롭게 보강하기 위한 변경을 쉽게 할 수가 없다. 건물들이 더 큰 구조 속으로 스며들던 전통적인 도시 격자와 달리, 분기형 교외는 성장이 미미하게만 일어나도 도로가 꽉 막혀 버린다. 이 시스템은 결코 더 도시적인 무엇을 향해 진정한 성장을 할 수가 없는 것이다.

우리는 막다른 골목을 더 이상 만들지 말아야 할 뿐만 아니라, 지난 수십 년간 분기형 계획이 적절한 도로망 체계에 관한 통념에 침투해온 방식들도 수정할 필요가 있다. 도로망 체계를 실제보다 덜 유연한 시스템으로 여기는 통념 말이다. 자전거 전용차로를 추가하는 등의 조치를 고려할 때면 많은 경우 개별 도로만을 신경 쓰지, 정작 격자 안에서 각 도로별 혼잡도에 따라 교통 상황이 쉽게 변할 수 있다는 사실에는 거의 주목하지 않는다. 하지만 격자 안의 모든 자동차가 모든 모퉁이에서 자체 효용을 극대화하는 '지능형 원자적 활동 주체(intelligent atomic actor)'임을 기억한다면, 스프롤에서보다 훨씬 더 자유롭게 도로망 체계를 조작할 수 있음을 깨닫게 된다. 격자화된 도로들은 매일 서로의 교통을 흡수할 수 있고 또 그렇게 하고 있다. 이는 도로 하나의 폭을 줄이거나 보수 공사를 위해 도로를 폐쇄할 때 분명히 알 수 있다.

규칙 36: 모든 새로운 개발에서, 분기형 시스템보다는 도로와 블록으로 이루어진 다공성 도로망 체계를 구축하라. 개별 도로에 변화를 줘야 할 경우에는, 도로망 체계 안의 교통이 평행한 경로로 옮겨질 수 있음을 이해하라.

37 블록을 작게 유지하라
교차로의 밀도가 높을수록 도시는 안전하고 걷기 좋아진다.

아래에서 왼쪽 이미지는 포틀랜드로, 걷기 좋은 것으로 유명하고, 길이 200피트의 조그마한 블록들로 유명한 곳이다. 오른쪽 이미지는 솔트레이크시티로, 걷기 불편한 것으로 유명하고, 길이 600피트의 거대한 블록들로 이루어진 곳이다. 이 두 도로망 체계는 같은 시대(1800년대 중반)에 계획되었음을 상상하기 힘들 정도로 매우 다르다. 각각 제 나름의 이점이 있긴 하지만, 솔트레이크시티의 이점에는 보행자의 안전과 편안함이 포함되지 않는다.

문제는 블록 길이가 200피트인 도시가 주로 2차선 도시일 수 있는 데 반해, 블록 길이가 600피트인 도시는 종종 6차선 도시라는 점이다. 개발의 밀도가 유사함을 감안해볼 때, 그런 거대 블록들 주변으로 필요한 수의 차량을 이동시키기 위해서는 더 많은 교통 차선이 필요하다.

그리고 아마 차량의 수도 같지는 않을 것이다. 도로 폭이 더 넓을수록 걷기는 더 불편해지기 때문에, 많은 사람들이 걷기를 포기하고 운전을 할 가능성이 높다. 포틀랜드의 도로가 더 좁을 수 있는 이유는 각각의 도로가 더 작은 토지와 면해서일 뿐만 아니라 사람들이 자동차에서 나와 걷고 싶게 만드는 기분 좋은 풍경이기 때문이다.

반면 다른 대안은 볼품이 없다. 솔트레이크시티는 최근 몇 년간 특히 경전철과 자전거 타기에 대해 큰일을 많이 했다. 하지만 그럼에도 예전의 '나쁜 골격'을 물려받았다. 이곳에서는 도로에서 아무도 살육당하지 말라고 길을 건널 때 흔들 오렌지색 깃발을 제공하는 여러 곳 중의 하나다.

하지만 상황이 정말 소름끼치는 곳은 미국의 대형 블록들로 이루어진 도심이 아니라, 전후에 지어진 많은 자동차 중심 '도시들'에 있다. 이런 곳에서는 분기형 도로망 체계가 뭔가 정말로 거대한 블록들을 만

거의 아홉 개의 포틀랜드 블록들을 합치면 하나의 솔트레이크시티 블록과 크기가 맞다.

들어낸다. 이탈리아의 베네치아에는 1마일 당 1,500개의 교차로가 있지만, 로스앤젤레스에는 150개뿐이다. 심지어 캘리포니아의 어빈에는 15개밖에 안 된다.[150]

리드 유잉(Reid Ewing)과 로버트 서베로(Robert Cervero)가 수행한 총체적인 연구에 따르면, 블록 크기보다 더 보행 편의성을 가늠할 만한 다른 척도는 없다. 토지 용도 혼합, 인구, 에이커 당 일자리 수, 심지어 대중교통 운행 범위조차 그에 비할 바가 못 된다.[151] 블록 크기는 확실히 안전을 가늠할 만한 지표다. 캘리포니아 도시 24곳을 조사한 한 연구에서는 블록 크기가 2배가 되면 국지 도로에서 치명적인 충돌 사고 건수가 대략 4배가 된다는 결과를 얻었다.[152]

> **캘리포니아 도시 24곳을 조사한 한 연구에서는 블록 크기가 2배가 되면 국지 도로에서 치명적인 충돌 사고 건수가 대략 4배가 된다는 결과를 얻었다.**

블록이 작을수록 소매업에도 더 좋다. 포틀랜드 도심을 걸어보면 솔트레이크시티 도심을 걸을 때보다 매장 입구가 대략 50% 더 많이 보이는데, 그만큼 모퉁이들이 많기 때문이다. 이로써 더 많은 선택지가 생기고, 행선지들 사이에서 다양한 경로를 취할 기회를 더 많이 갖게 된다.

작은 블록이 제공하기 어려운 유일한 요소는 (큰 블록에서는 중앙에 삽입될 수 있는) 건물 내부 주차다. 이런 사실은 다소 분명한 절충적 조치로 이어질 수 있다. 교외를 새로 만들 때 가장 좋은 해법은 300×600피트 크기의 블록을 채택하고 그 안의 건물들이 블록 중앙의 주차장을 둘러싸는 방식이다(규칙 92 참조). 하지만 장소들이 더 도시화되고 자동차에 덜 의존할수록, 작은 블록을 향한 당위는 분명해진다.

이러한 당위는 슈퍼블록의 조성과 관련해서 특히 명백해진다. 미국의 도시에는 대부분 병원이나 경기장, 컨벤션 센터를 짓기 위해 역사적인 블록 여러 개를 하나의 거대한 부지로 병합한 곳이 있다. 도심에서의 보행은 종종 이런 곳에서 끝난다. 보행이 끊기는 곳에서는 활력이 줄어들기 마련이다.

이런 이유로 슈퍼블록은 되도록 피하고 꼭 필요한 경우에는 이미 보행이 많지 않은 근린 외곽에 조성해야 한다. 경기장은 근린이 끝나는 지점에 배치한다.

규칙 37: 새로운 장소들은 작은 블록으로 지어라. 시내에서는 최대 1천 피트, 교외에서는 최대 2천 피트의 둘레 길이를 목표로 하라. 기존 도심에서는 보행을 막는 슈퍼블록을 되도록 피하고 배치할 경우 근린 외곽에만 하라.

38 | 상업을 위해 다차선 일방통행로를 양방통행으로 전환하라

많은 도시에서 일방통행 체계가 상업을 방해하고 있다.

도시에 다차선 일방통행로가 없다면 이번 섹션과 다음 세 섹션은 건너뛰어도 된다. 하지만 상당 규모의 미국 도시들에는 대부분 그런 통행로가 있고, 소도시에 있는 경우도 많다. 이는 대개 1950년과 1980년 사이에 일어난 일인데, 그 전말은 『걸어다닐 수 있는 도시』의 '일방통행이라는 유행병' 섹션에서 잘 다룬 바 있다. 그 글에서 나는 이러한

> 노스캐롤라이나의 더럼에도,
> 로스앤젤레스의 데번포트에도, 오리건의
> 코넬리우스에도, 도심에 일방통행로가
> 들어오면서 매장들이 떠난 과정을 말해줄
> 수 있는 노인들이 늘 있다.

전국 규모의 오류가 어느 정도의 피해를 초래했는지 전하고자 했다. 그 책을 쓴 이후에 더 많은 데이터와 이야기가 수집되었고, 이제 전국에서 일방통행로를 양방통행으로 전환하는 움직임이 있음을 모르는 도시 계획가를 찾아보기는 힘들다. 하지만 미국의 많은 도시들은 아직도 도심의 일방통행로들을 재고하기 꺼려하며, 우리가 목소리를 내는 와중에도 일부에서는 심지어 (놀랍게도!) 새로운 일방통행로까지 도입하고 있다. 라스베이거스는 이제 막 중심가를 일방통행로로 바꾸기로 결정한 상태인데, 그래도 여기서는 최소한 자전거 전용차로를 확충하는 효과는 있었다.

라스베이거스가 물리학의 법칙마저 따르길 거부하기 때문에, 지금이야말로 모든 규칙에는 예외가 있음을 지적하기 좋은 때일 것이다. 일방통행의 중심가는 뉴욕시와 보스턴, 필라델피아, 팜비치, 그리고 몇몇 다른 장소들에서 번영하고 있다. 하지만 산책길에서도 그랬듯이, 성공 사례는 비교적 드물다. 훨씬 더 흔한, 아니 사실 전형적인 일은 조지아의 서배너에서 일어났는데, 1969년 이스트 브로드 스트리트가 일방통행로로 조성되면서 그곳 사업장들의 2/3가 사라졌다. (다행히도 1990년에는 그 길을 양방통행으로 전환했고, 그러자 즉시 등록 사업장 주소들의 수가 50% 늘어났다.)

일화들은 데이터가 아니지만, 수십 년간 계획가로 일하면서 모든 도시에서 들어온 이야기들의 유사성은 놀라울 정도다. 노스캐롤라이나의 더럼에도, 로스앤젤레스의 데번포트에도, 오리건의 코넬리우스에도, 도심에 일방통행로가 들어오면서 매장들이 떠난 과정을 말해줄 수 있는 노인들은 늘 있다. 또한 "일방통행로에서 길을 헤맬까봐 겁나서" 도심에 오지 않는다고 말하는 교외 거주자들도 놀라울 정도로 많이 만나게 된다.

신시내티의 오버더라인(Over-the-Rhine) 동네에 있는
바인(Vine) 스트리트는 양방통행으로 전환하는 재정비를 시작했다.

수십 년에 걸친 실무의 또 다른 혜택은 양방통행으로 전환한 많은 중심가들의 부흥을 직접 목격하는 것이다. 플로리다의 웨스트팜비치부터 워싱턴의 밴쿠버까지, 빠른 일방통행에서 조용한 양방통행으로의 변화가 어떻게 자영업자들의 수입을 끌어올렸는지에 대한 이야기가 이번에도 풍부하게 펼쳐진다. 밴쿠버의 회복은 2009년 『거버닝 매거진(Governing Magazine)』에 실린 중요한 기사에서 '양방통행로의 귀환'으로 묘사되었다.[153]

하지만 이 모든 증거에도 불구하고, 대부분의 도시들은 이와 관련해서 엄청난 관성을 보여준다. 일례로 신시내티의 경우를 보자면, 요즘 신시내티에 관해 자자한 소문은 도심 북부 동네인 오버더라인에서 놀라운 부흥이 일어나고 있다는 것이다. 신시내티에서 가장 위험했던 동네를 힙스터(hipster)들의 안식처로 탈바꿈시킨 지역사회의 변화가 먼저 박차를 가하면서 도시는 뒤늦게 그 성공의 파도를 타고 있다. 이러한 부흥은 1999년 시 당국이 양방통행으로 전환한 바인 스트리트를 중심으로 시작되었고, 대부분의 시 공무원들은 이를 알고 있다.

성공을 경험한 지 10년이 넘었는데도, 신시내티시 당국은 인근의 또 다른 중심가를 양방통행으로 전환할지 여부를 지금껏 고민해오고 있다. 아직껏 전환은 이뤄지지 않았고, 더 많은 연구가 권고된다. 이처럼 양방통행으로 성공을 했음에도 그걸 더 추진하지 못하는 유사 사례들을 미국의 다른 많은 도심에서도 찾아볼 수 있을 것이다.

다차선 일방통행로는 왜 그리도 상업에 안 좋은가? 첫째는 자동차들이 속도를 내며 경쟁하기 때문이다. 둘째는 시야 문제인데, 지나치는 운전자들에게는 교통 흐름의 방향으로 정면이 난 교차 도로상의 상점들이 절대 보이지 않는다. (생각해보라.) 마지막으로, 일방통행로는 아침 출근길인지 저녁 퇴근길인지에 따라 기복이 심한 시나리오를 만들어낸다. 일방통행의 귀갓길에서는 식당과 술집이 번창하지 않을 것이다. 출근길에 (우리가 바라는) 만찬을 하거나 술을 마실 사람도 거의 없을 것이다.

이런 이유로 양방통행으로의 전환 조치가 전국을 휩쓸고 있다. 그저 확산 속도가 충분히 빠르지 않을 뿐이다. 소멸 중인 일방통행을 다시 양방통행으로 전환하지 말아야 할 유일한 이유는 지역이 다시 활성화되면서 수반될 수 있는 둥지 내몰기에 대한 두려움밖에 없다(규칙 14 참조). 이러한 두려움은 정당하며, 그런 개선이 이뤄질 때면 기존 사업장들을 지키기 위한 계획이 뒤따라야 한다.

규칙 38: 개선이 필요한 곳에서는 상점이 늘어선 일방통행로를 양방통행으로 바꿔야 한다.

39 | 안전을 위해 다차선 일방통행로를 양방통행으로 전환하라

많은 도시에서 일방통행 체계는 불필요한 위험을 일으킨다.

교통안전은 종종 직관에 반한다. 많은 사람들이 다차선 일방통행로가 양방통행로보다 더 안전하다고 여기는 이유는 길을 건널 때 한쪽만 보면 되고 정면충돌의 가능성도 더 적다고 여기기 때문이다. 이런 생각의 문제는 미시건의 트래버스시티(Traverse City)에 관한 1967년의 한 지역 신문 사설에서 "도심 구역의 더 빠르고 안전한 차량 흐름을 위해 만든 일방통행"이라는 주장으로 잘 요약된 바 있다.[154]

우리는 이제 이런 구절이 자기모순임을 알고 있다. 이미 거론한 충돌 데이터에 입각하여 판단해볼 때(규칙 31), 더 빠르고 안전한 것이란 존재하지 않는다. 속도가 높을수록 더 많은 충돌과 사망이 일어나기 마련이다.

차선의 선택지가 많을수록 경쟁의 기회가 늘어난다.

왜 사람들은 다차선 일방통행로에서 속도를 내는가? 첫째, 정면충돌의 위험이 낮아졌다. 둘째, 같은 방향의 다차선 도로는 주간선 도로와 똑같은 느낌이다. 셋째, 차선의 선택지가 많을수록 경쟁의 기회가 늘어난다. 이게 아마 가장 결정적 요인일 것이다. 통과 차선이 없는 보통 도로에서는 어쨌든 가장 느린 운전자가 전체적인 속도를 결정한다. 사람들이 걸어 다니는 곳에서는 이런 보통 도로가 더 좋다.

이런 이유로, 데이터가 축적된 곳에서는 양방통행으로 전환하는 조치가 생명을 구한다는 결과가 나왔다. 아마도 이를 보여주는 역대 최고의 연구로는 루이빌에서 수행된 연구를 들 수 있을 것이다. 윌리엄 릭스(William Riggs)와 존 길더블룸(John Gilderbloom)은 루이빌에서 4

인디애나의 뉴올버니에서는 과속의 부담을 없애기 위해 최근 거의 모든 일방통행로를 양방통행으로 전환하는 데 총 4백만 달러의 비용을 들였다. 이 계획은 제안에서 완공까지 3년이 채 안 걸렸다.

개의 인접한 일방통행로를 보았는데, 그중 2개가 2011년에 양방통행으로 전환되었다. 이렇게 전환된 브룩 스트리트(Brook Street)와 1번가(1st Street)에는 일방통행일 때보다 매일 더 많은 차량이 왔는데도 전체적인 충돌률은 49%가량 감소했고, 동시에 나머지 2개의 일방통행로에서는 충돌률이 10%가량 상승했다.[155]

때로는 적당한 속도에서 교통 신호가 순차적으로 이어지도록 조율하여 다차선 일방통행로의 위험을 완화할 수 있다는 주장도 제기된다. 그런 도로가 있는 도시들은 대부분 느린 '초록불 파도'의 교통 흐름을 만들어내도록 신호를 조율하여 과속을 저지해왔다. 하지만 신호등은 늘 있는 게 아니며, 신호등이 있는 곳에서도 또 다른 문제가 발생한다. 샛길에서 일방통행로로 돌아 들어가는 운전자들은 모퉁이를 돌면서 가속하면 빨간불이 뜨기 전에 초록불 파도의 끝을 따라잡을 수 있

음을 알게 된다. 게다가 교통량이 적은 경우에는 속도를 높여 그 파도의 앞까지 간다. 따라서 교통 신호를 순차적으로 맞추는 일방통행로에서는 계획된 속도보다 더 빠른 차량 속도를 유도하게 된다.

그리고 이게 전부가 아니다. 이런 운전자들은 일방통행로로 돌아 들어갈 때 다가오는 교통의 방향을 어깨 너머로 주시하느라 전방을 직시하지 않는 경향이 있는데, 그 전방에는 횡단보도를 걷는 행인이 있을 수 있다. 펜실베이니아 교통부가 계획한 일방통행로들이 도심을 수놓는 랭커스터에서는 이런 성격의 충돌과 위기일발의 상황이 흔히 일어난다.

흥미롭게도 일방통행로는 범죄도 유발하는 것으로 보인다. 같은 루이빌 연구에서 보고된 총 범죄율은 양방통행으로 전환한 도로에서 23%가량 떨어졌지만, 일방통행으로 남은 도로에서는 3%가 올라갔다.[156] 이런 관계는 다양한 원인이 작용한 결과이지만, 주목해야 할 흥미로운 사실은 일방통행로가 건물들 사이의 사람들이 보이지 않는 '그림자 구역'을 만들어낸다는 것이다. 일방통행로는 교차로를 지나는 운전자의 시야에서 교통 방향으로 정면이 난 사업장을 가려 장사를 힘들게 하는 것과 똑같이, 어슬렁거리는 사람들이 보이지 않는 사각지대도 많이 만들어낼 수 있다.

양방통행로에서 과속과 범죄가 줄어들자 부동산 가치는 극적으로 상승했다. 루이빌시 전체와 일방통행로상의 주택 가치가 약간 떨어지는 동안에도, 브룩 스트리트와 1번가에서 매매된 주택 가격에는 연간 21.6%의 평가절상이 반영되었다.

부동산 가치가 오르면 세입이 늘어난다. 충돌과 범죄가 감소하면 단속과 치안의 비용이 줄어든다. 그리고 무엇보다 생명을 살리기 좋은 환경이 조성된다는 게 중요하다. 이런 결과들이 더 많은 도시에서 일방통행로를 양방통행으로 전환하도록 자극을 줘야 할 것이다.

규칙 39: 충돌 발생률이 상당한 일방통행로를 양방통행으로 전환하여 안전도를 높여야 한다.

40 | 편의를 위해 다차선 일방통행로를 양방통행으로 전환하라

활력 있는 안전과 매끄러운 교통 중 간단히 선택할 문제가 아니다.

신호가 순차적으로 조율되지 않는 전형적인 양방통행 체계에서 보다 초록불 파도를 통해 운전자들이 도심 구역을 더 빨리 통과한다는 데에는 거의 의문의 여지가 없다. 하지만 소도시의 안팎에서 초록불 파도를 조성하는 게 도로망 체계를 조직하는 가장 효율적인 방식이라거나 양방통행으로 전환하는 조치가 수많은 이유로 혼잡을 더 키울 가능성이 높다는 주장은 반드시 옳지만은 않다.

순환하는 여정: 일방통행 체계에서는 출발점이나 도착점에서 갔던 길을 두 번 반복하는 여정이 많지만, 양방통행 체계에서는 그런 일이 생기지 않는다. 펜실베이니아 주립 대학교의 교통 공학자 비카시 게이아(Vikash Gayah)는 짧은 여정일수록 양방통행로보다 일방통행로에서 실제로 더 안 좋은 성과가 나옴을 보여줬다.[157]

불필요한 여정: 어떤 곳에서는 일방통행 체계가 양방통행에서 일어나지 않을 여정들까지 만들어낸다. 툴사에 있는 하얏트 호텔의 대리 주차원은 손님에게 다시 차를 대놓을 때 주차장부터 정문까지 네 번의 우회전과 다섯 번의 교통 신호를 거치는 장장 0.5마일(800m)의 여정을 떠나야 한다. 일방통행 체계가 보행자에게 불편할 정도의 차량 속도를 부추기는 한, 위험한 보행을 포기하고 대신 차를 모는 운전자들이 도로에 더 많이 나온다는 점도 명심해야 한다.

초록불 파도: 순차적으로 이어지는 초록불들은 일방통행로에서만 가능한 게 아니다. 혼잡 시간대에 도심 안팎에 있는 주요 경로의 양방통행 체계에도 도입이 가능하다.

좌회전 차로: 좌회전 전용차로를 도입하면 양방통행 체계가 거의 일방통행 체계만큼 효율적인 성능을 발휘할 수 있다. 하지만 좌회전 차로 때문에 상당량의 평행 주차가 사라지는 경우에는 좌회전 차로를 피해야 함을 명심해야 한다. 평행 주차는 도심을 성공적이고 안전하게 만드는 필수 요인일 수 있기 때문이다.

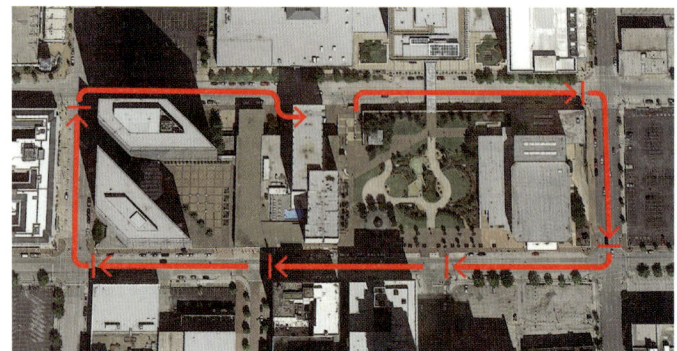

툴사(Tulsa)에 있는 하얏트 호텔의 주차장에서 손님을 태울 장소까지 길게 돌아가는 순환 경로.

응급 대응과 회복력: 경찰과 소방 인력, 기타 응급 대응반의 출동은 종종 위기 지점과의 경로가 긴 일방통행 체계 때문에 지연되고 실패하곤 한다. 게다가 충돌 등이 발생하여 도로가 막힐 때, 양방통행 체계에서는 블록 하나만 이동하는 것으로 충분한 데 반해 일방통행 체계에서는 길을 더 멀리 돌아가야 한다.

> 경찰과 소방 인력, 기타 응급 대응반의 출동은 종종 위기 지점과의 경로가 긴 일방통행 체계 때문에 지연되고 실패하곤 한다.

더 적은 교통 신호: 일방통행 체계를 양방통행 체계로 전환할 때는 종종 일부 교통 신호들을 없애고 대신 '전방향 우선 정지(all-way stop)'[역18] 표지를 선호할 수 있다. 이런 기회가 생기는 이유는 2개의 다차선 일방통행로가 만나는 곳에는 보통 교통 신호들이 필요하지만 2개의 양방통행로가 만날 때는 그런 게 필요하지 않을 수도 있기 때문이다. 전방향 우선 정지 표지는 생명을 구할 뿐만 아니라(규칙 76 참조), 꼭 빨간불을 이용하지 않고도 정차를 가능하게 해 도심을 통과하는 도로들을 더 효율적으로 만들 수 있다. 교통 신호등에 비해 설치비와 유지비도 훨씬 싸다.

이 규칙은 앞서 거론한 두 규칙과 함께 다차선 일방통행로를 양방통행으로 전환하자는 연속적인 주장들을 완성한다. 더 많은 증거가 필요하진 않을 것이다. 하지만 통행 방향을 바꾸는 데 공적 자금을 쓴 지 오래되지 않은 도로의 통행 방향을 다시 바꾸는 데 공적 자금을 쓰기는 어렵다. 아마도 양방통행으로 전환하는 조치를 이미 성공적으로 완수한 다음 지역들, 앨버커키, 알링턴(버지니아), 앤아버, 애틀랜타, 오스틴, 볼티모어, 보이시, 버펄로, 시더래피즈, 찰스턴, 샬러츠빌, 시카고, 신시내티, 콜로라도스프링스, 콜럼버스, 댈러스, 데번포트(아이오와), 데이턴, 덴버, 디트로이트, 더럼, 에드먼턴(앨버타), 엘패소, 에번즈빌(인디애나), 포트콜린스(콜로라도), 포트웨인(인디애나), 해밀턴(온타리오), 홀랜드(미시건), 헌팅턴(웨스트버지니아), 인디애나폴리스, 아이오와시티, 잭슨, 칼리스펠(몬태나), 캔자스시티(미주리), 키치너(온타리오), 코코모(인디애나), 랭커스터(펜실베이니아), 로렌스(매사추세츠), 루이빌, 로스앤젤레스, 로웰(매사추세츠), 러벅(텍사스), 맨케이토(미네소타), 멜버른(플로리다), 멕시코시티, 미시간시티(인디애나), 밀워키, 미니애폴리스, 마운트 플레전트(사우스캐롤라이나), 내슈빌, 뉴올버니(인디애나), 오클라호마시티, 오마하, 오텀와(아이오와), 피츠버그, 로어노크, 로체스터(뉴욕), 롤리, 레드몬드(워싱턴), 리치몬드, 새크라멘토, 샌프란시스코, 산호세, 샌 마르코스(텍사스), 서배너, 시애틀, 서머빌(매사추세츠), 사우스벤드, 스터전베이(위스콘신), 탬파, 톨레도, 툴사, 투손, 밴쿠버(워싱턴), 웨스트라파예트(인디애나), 웨스트팜비치(플로리다), 윈체스터(버지니아)에서 동기를 찾을 수 있을 것이다.

상기한 목록은 미완성이며, 점점 더 많은 지역 사회가 지난 세기의 실수를 교정하려고 노력함에 따라 곧 과거의 기록이 될 것이다.

역18) 교차로의 네 방향 모두에서 일단 정지하라는 문구로, Four-way stop이라고도 한다.

규칙 40: 일방통행 체계를 양방통행 체계로 전환하는 조치가 더 큰 혼잡을 가져온다고 주장하는 가정과 연구를 의문시하라.

41 다차선 일방통행로를 적절히 전환하라
수년간의 이런 프로젝트에서 일부 모범 실무가 나온다.

다차선 일방통행로를 양방통행으로 전환하기는 까다로운 작업이지만, 이를 비난하는 사람들이 주장하는 것만큼 어렵지는 않다. 일방통행 체계를 적절히 전환하기 위해선 다음 사안들을 고려해야 한다.

양방통행에서 일방통행들로의 분기: 양방통행으로의 전환이 제안될 때 사람들은 양방통행로에서 두 개의 일방통행로가 갈라져 나오는 분기점을 전환의 장애물로 지적하곤 한다. 그들은 "이런 분기점에서 교통 흐름을 어떻게 해결할 것인가?"라고 묻는다. 이에 대해서는 그런 움직임들이 거의 늘 분기점으로부터 한두 블록 뒤떨어진 지점에서 쉽게 해결된다고 답할 수 있다. 오른쪽의 두 다이어그램은 펜실베이니아의 랭커스터에 있는 그런 분기점의 현재 구성과 새롭게 제안된 구성을 보여준다.

양방통행으로 전환하려고 상업 중심가의 주차장 중 절반을 없애는 조치는 아마도 실수일 것이다.

주간선 도로 진출입 지점: 그와 비슷하되 더 단순한 도전들이 존재하는 경우는 쌍으로 된 일방통행로들이 주간선 도로의 진입 사면(on-ramp)이나 진출 사면(off-ramp)으로 이어질 때다. 이것은 흔히 일어나는 일이며, 도심을 가로지르는 주간 고속도로가 건설될 때 종종 일방통행 체계가 도입되었다. 이 경우 양방통행으로의 전환은 주간선 도로 진출입 사면의 끝에서 한두 블록 떨어진 곳에서 제지해야 한다. 이런 입지에서는 주간선 도로 진출 사면에 접근하는 새로운 교통이 오른쪽이나 왼쪽의 평행한 도로로 옮겨져야 한다.

주차장 보존하기: 앞 장의 요점에서도 언급한 것처럼, 원활한 교통을 바라는 마음에 양방 전환에 교차로의 좌회전 차로를 포함시키는 일이 생길 수 있다. 3차선 도로가 전환될 때는 중앙 차로 전체가 좌회전 전용차로가 될 수 있으니 문제가 없다. 하지만 2차선 도로에서 중앙 회전 차로를 도입한다는 것은 다른 무엇이 어쩔 수 없이 활용된다는 뜻이다. 대부분의 경우 그 무엇은 종종 도심 도로의 안전과 성공에 필수적인 평행 주차다. 여기서 최고의 해법은 아마도 매우 짧은 좌회전 차로를 도입하여 각 모퉁이마다 단 두세 개의 주차 공간만 잘려나가게 하는 것이리라. 그 이상으로 존재하는 상충적 요인들도 세심히 고려해야 하며, 양방통행으로 전환하려고 상업 중심가의 주차장 중 절반을 없애는 조치는 아마도 실수일 것이다.

자전거 전용차로를 추가할 때: 이와 비슷하게, 고품질 자전거 시설을 위한 공간을 도로 안에서 찾다보면 일방통행의 흐름을 유지하는 게 최선인 순간들이 있다. 양방통행로보다는 일방통행로에서 양방통행

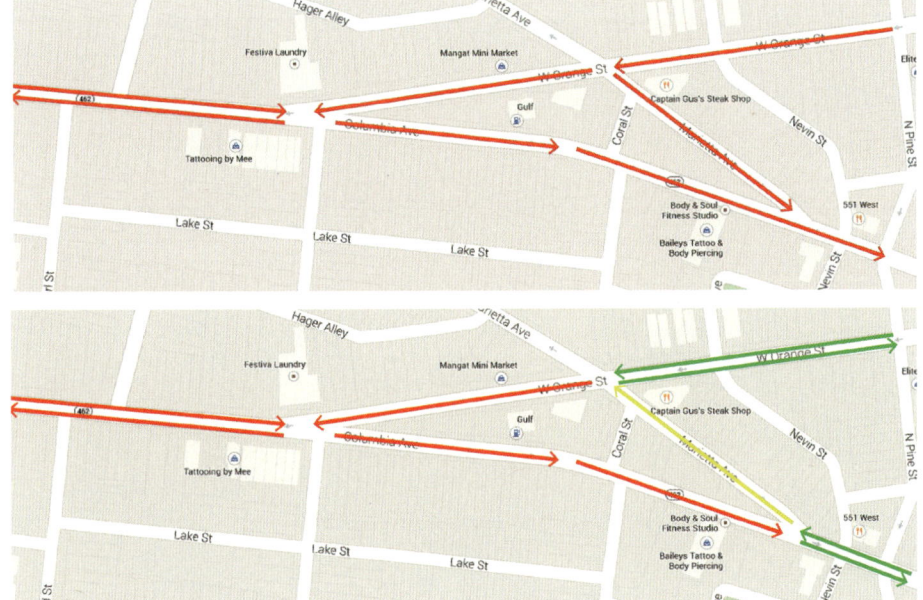

펜실베이니아의 랭커스터에서 양방 전환이 이루어기 전.

전환 이후. 이 경우 교통 동선들은 마리에타 애비뉴의 흐름을 거꾸로 전환함으로써 해소된다.

자전거 트랙을 두기가 훨씬 더 쉬운데, 특히 다른 회전 차로들끼리 더 많은 아스팔트를 차지하려고 경쟁할 때일수록 그러하다. 일방통행 체계를 전부 양방 전환할지 고민 중일 때는 한두 쌍의 일방통행로를 보존하여 자전거 체계를 최적화하는 게 합리적일 때가 있다.

단계적 공사의 문제: 일방통행 체계를 다시 양방통행으로 전환할 때의 비용은 주로 교통 신호를 재구성하는 데서 나간다. 비용이 비싸서 공사를 단계적으로 완성해야겠다는 암시가 들 수 있지만, 그렇게 하면 결국에는 상당한 지출을 하게 될 수도 있다. 첫 번째 단계에서 남쪽과 북쪽의 한 쌍을 양방 전환하고 두 번째 단계에서 동쪽과 서쪽의 한 쌍을 양방 전환한다면, 그것들이 만나는 네 개의 교차점들은 교통 신호를 두 번 설정해야 할 것이다. 게다가 교통 신호 대신 전방향 우선 정지 표지를 활용하기 좋은 위치로 지정된 교차로에서는, 교차로에 진입하는 두 도로 모두가 양방 전환되기 전까지 그러한 전환을 할 수 없다. 따라서 이를 악물고 단계화된 접근은 피하는 게 제값을 하는 것일 수 있다.

규칙 41: 일방통행로를 양방통행으로 다시 전환할 때는 분기점과 주간선 도로 진출입 지점을 다룰 검증된 방법들을 활용하고, 주차 및 자전거 이용에 관한 모든 장단점들에 비추어 양방통행의 혜택을 가늠하라. 그리고 점진적으로 시행할수록 상당한 비용이 초래됨을 이해하라.

9부. 차로의 수를 적정 규모로 바로잡아라

42. 교통 연구에 이의를 제기하라

43. 서비스 수준에 이의를 제기하라

44. 기능 분류에 이의를 제기하라

45. 불필요한 차로들을 없애라

46. 4차선 도로를 날씬하게 만들어라

47. 회전 차로를 제한하라

9부

차로의 수를 적정 규모로 바로잡아라

주행 차로가 많을수록 도로는 더 위험해진다. 하지만 대부분이 도시에서 듣게 되는 가장 흔한 불만은 교통에 관한 것이기 때문에, 늘 더 많은 차로를 추가하라는 압력이 존재한다(규칙 27 참조). 게다가 많은 도시의 공공사업 부서들이 미래에 예견되는 혼잡을 우려하여 이미 필요하지 않을 수 있는 차로들을 지어왔다. 걷기 좋은 장소를 유지하는 한 가지 핵심적인 접근은 차로를 늘리려는 압력에 저항하는 것이며, 걷기 좋은 장소를 만드는 한 가지 핵심적인 기법은 운전자의 경험에 과도한 영향을 주지 않고 없앨 수 있는 모든 차로를 없애는 것이다.

주행 차로의 수를 합리적 수준으로 유지하기 위한 첫 단계는 현재 대부분의 도시에서 도로망 체계의 설계 실무를 잘못된 방향으로 이끌고 있는 가정과 실무에 이의를 제기하는 것이다. 그중에서도 세 가지가 두드러진다. 첫 번째는 보통 지나치게 요구되고 지나친 가치가 매겨지며 그릇된 가정에 기초하고 있는 '교통 연구'다. 두 번째는 계획가들을 걷기 불편한 도로를 만드는 방향으로 이끄는 A부터 F까지의 등급 시스템인 도로 '서비스 수준'이다. 마지막으로 세 번째는 나무처럼 가지를 치며 대부분의 시내 도로망에도 적용되도록 거짓 확장되어 온 스프롤의 위계에 따른 도로 구성인 '기능 분류'다. 도로 체계의 비만을 피하기 위해서는 이 세 항목 모두에 대해 종종 비판적으로 접근할 필요가 있다.

한 도시의 차로 공급 방식을 고려하기 위한 적절한 지적 토대가 쌓이고 나면, 주로 세 가지의 기회가 존재한다. 불필요해 보일 수 있는 과도한 차로들을 없애기, 비효율적인 4차선 도로를 모두 3차선으로 날씬하게 만들기, 그리고 너무 긴 차로들을 줄이면서 수요가 없는 회전 차로들을 없애기가 그것이다. 이런 변화들이 합쳐지면 지역 사회의 안전과 보행 편의성에 심대한 영향을 줄 수 있다.

42 교통 연구에 이의를 제기하라
아마도 불가피하겠지만 관리는 할 수 있다.

상당한 규모를 갖춘 모든 도시에서는, 그리고 그보다 훨씬 소규모의 많은 도시들에서도, 교통 연구를 먼저 수행하지 않고는 조그마한 도로를 제외한 어떤 것에 대해서도 의미 있는 변화를 만들어낼 수 없다. 이런 정책에는 혼잡을 고칠 수 있고 혼잡을 피하는 게 우리 도로의 설계와 관리를 지배하는 불가침의 규칙이어야 한다는 통설이 반영되어 있다.

미국에서 교통 혼잡이 가장 심한 도시들이 가장 높은 생산성과 1인당 소득, 가장 건강한 시민들, 그리고 가장 적은 교통 탄소 배출량을 자랑하는 도시들인데도(진짜로 그렇다),[158] 이런 건 신경 쓰지 않는다. 규칙 27에서 설명했듯이, 운전을 하는 한 혼잡은 기본적으로 존재하는 제약 조건이어서 그것을 해소하려는 노력은 헛고생인데도, 이런 건 신경 쓰지 않는다. 당신이 하루 종일 뭐가 더 중요한지 설득하고 그 증거를 제시할 수 있다고 해도, 미국의 거의 모든 도시에서는 건강과 부, 지속 가능성, 행복이라는 목표들조차 자유로운 교통 흐름의 수요와 상충한다면 뒤로 제쳐두고 말 것이다. 늘 한결같이 말이다.

우리는 이런 싸움을 할 수 있고, 때로는 보스턴과 뉴욕, 시애틀, 샌프란시스코에서 그랬듯이 이길 수 있다. 하지만 다른 거의 모든 곳에서는 교통 연구가 공공 영역의 재설계를 제한하고 있고, 도로 위 주행 차로 수를 바꾸자는 모든 제안은 현재나 예측 가능한 미래에 차량 흐름을 위협하지 않도록 입증되어야 하는 게 현실이다.

하지만 다행히도 대부분의 지역에서는 이런 사실이 진정한 변화에 걸림돌이 되지는 않는다. 모든 도로에 여유가 없는 것도 아니고(규칙 45 참조) 교통 연구를 수행하는 엔지니어들이 (심지어 창의적으로) 판단을 할 수도 있기 때문이다. 엔지니어가 어떤 태도와 선입견을 가지

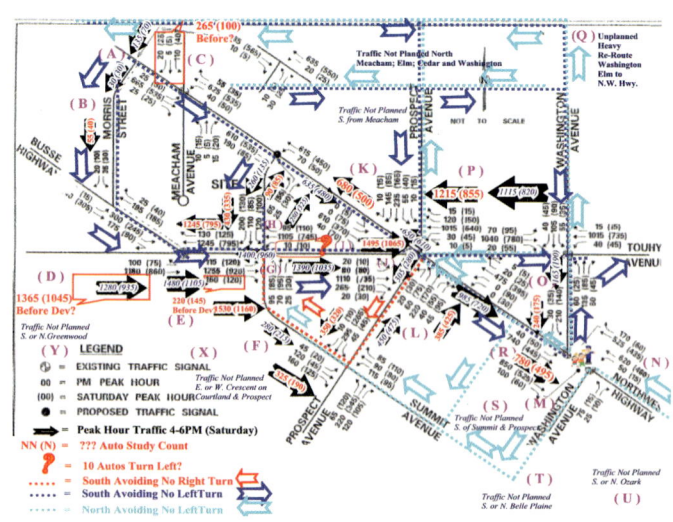

교통 연구는 도시 계획의 가장 불가피한 활동이 되었다.

고 어떻게 교통 연구에 접근하느냐가 연구 결과의 향방을 가르는 가장 중요한 요인으로 남는 것이다.

따라서 한 도로나 도로망 체계를 바꾸기 위한 핵심 단계는 통상 올바른 엔지니어를 고용하는 일이다. 이는 대체로 지역 공공사업 관료들의 종종 부정확한 가정에 맞설 준비가 된 자문가를 영입해야 한다는 뜻인데, 관료들의 부정확한 가정이 교통 연구의 투입 요인들에 영향을 주기 때문이다. 그런 요인들 중에서도 특히 핵심적인 항목은 '시간당 차로별 차량 수(vehicles per lane per hour)'와 '배경 성장률(background growth)'이다.

엔지니어가 어떤 태도와 선입견을 가지고 어떻게 교통 연구에 접근하느냐가 연구 결과의 향방을 가르는 가장 중요한 요인으로 남는다.

시간당 차로별 차량 수: 한 차로가 매 시간 얼마나 많은 차량을 처리해야 하는지에 관한 일반적 합의는 없지만, 대략 최소 500대 미만에서 최대 800대 이상일 것으로 추정된다. 주간선 도로에서의 포화율은 약 2,000대이지만, 여기서 우리가 말하고 있는 것은 더 가변적인 국지 도로다. 아이오와주는 750대라는 수치를 활용하는데, 많은 엔지니어들이 이를 너무 공격적인 수치로 보지만 사실 출발점으로서는 괜찮은 수치다. 왜냐면 아이오와이기 때문이다.

배경 성장률: 배경 성장률은 도시에서 시간이 지날수록 운전의 양이 증가하는 속도를 예측한 값이다. 많은 교통 연구가 20년 앞을 내다보기 때문에, 이 수치는 제안된 도로 변경을 쉽게 그르칠 수 있다. 일부 교통 공학자들은 생각 없이 2%라는 (총합) 수치를 적용하는데, 이는 20년 후에 교통량이 50% 가까이 늘어난다는 뜻이 된다. 배경 성장률에 관한 이 간단한 사실을 아무도 모른다. 게다가 도시들은 미래에 과연 얼마나 많은 교통량을 원하는지 스스로 질문을 던져봐야 한다. 유발 수요와 더불어 늘어나는 자동차 의존도의 심각한 폐해를 이해한다면, 배경 성장률은 우리 도시의 설계를 제어하도록 허용해서는 안 될 어두운 자기 충족 예언임을 알게 될 것이다. 배경 성장률은 알 수도 없고 원치도 않는 것이므로, 더 합리적인 교통 연구법은 그것을 0으로 설정하는 것이다.

교통 연구의 가정을 최적화하면 좋은 교통 공학자가 하는 일의 절반은 이미 끝난 것이다. 나머지 절반은 적절한 우선순위를 매기며 교통 모델의 결과들을 검토하고 해법을 제안하는 일이다. 여기서 핵심은 다음 장에서 논의할 '서비스 수준'에 대한 비판적 입장을 견지하는 것이다.

규칙 42: 교통 연구의 가치에 이의를 제기하되, 그런 연구가 불가피할 때는 그 가정에 이의를 제기하고 그 결과를 비판적으로 평가하는 데 숙련된 진보적인 교통 공학자를 섭외하라.

43 | 서비스 수준에 이의를 제기하라
서비스 수준은 도시 지역에 대한 잘못된 척도다.

서비스 수준(Level Of Service: LOS)은 교통 계획가들이 한 도로 체계망의 성공 여부를 판단하기 위해 종종 배타적으로 활용하는 시스템이다. 서비스 수준 등급은 A부터 F까지 이어지는데, A는 막힘없는 흐름을 뜻하고 F는 막히는 지체를 뜻한다. 교통 정체는 피해야 하는 게 분명하지만, 그 이상으로 우리가 자문해봐야 할 질문은 이것이다. 건강한 도심을 위한 목표 서비스 수준은 얼마인가?

많은 엔지니어들이 A나 B의 서비스 수준을 목표로 하는데, 그 이유는… 그 두 등급이 최선이라는 이유에서다. 그렇지 않은가? 엔지니어가 생각하기에는 교통 혼잡이 적을수록 좋다. 하지만 이런 믿음은 A나 B 등급의 서비스 수준이 도심에 안전한 속도보다 더 빠르게 달리는 자동차들에 맞는 수준이라는 사실을 무시한다. 게다가 성공적이고 활력적인 중심가가 A나 B 등급을 얻을 가능성이 거의 없다는 것은 우리의 경험으로 입증되는 교훈이다. 상점의 매출 성과와 거리의 활력에 대해 말하자면, 서비스 수준은 오히려 '성공의 결여'를 나타내는 수준이라는 게 적절한 표현일 수 있다.

지혜로운 지방 자치 단체들은 E등급이 도심에 완벽히 적절한 서비스 수준임을 이해한다.

다행히도 도심에서 특정한 양의 혼합이 불가피하고 바람직함을 이해하는 더 지각 있는 엔지니어들은 C나 D등급의 서비스 수준을 제공하고자 한다.

하지만 잠깐! 활기찬 도심을 한번 상상해보라. 당신이 생각하기에, 자동차들이 얼마나

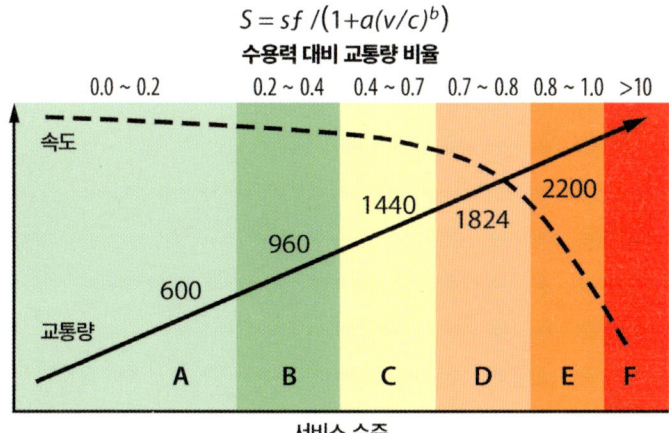

모두가 F가 아닌 A등급을 원하지만, 안전이 목표라면 서비스 수준 등급 체계를 거꾸로 이해해야 할 것이다.

빠르게 움직이고 서로 얼마나 멀리 떨어져 있는가? 독자들은 앞뒤 차량의 간격이 차체 길이의 8배쯤 되는 서비스 수준이 D등급임을 알면 놀랄 것이다.[159] 이는 '블록마다' 움직이는 자동차가 한두 개라는 뜻이다. 고속도로의 평가를 위해 만들어진 서비스 수준 체계는 도시의 성공을 결정하기에는 잘못된 척도임이 분명하다. 아니면 아마도 우리가 일관되게 E등급의 서비스 수준을 목표로 하는 경우에만 유용한 척도가 될 것이다.

자동차 중심의 교통 연구 이사회(Transportation Research Board)가 작성한 위의 차트는 논의를 분명히 하는 데 도움이 된다. 오로지 서비스 수준 D가 E로 병합될 때만 주행 속도가 상당히 떨어진다. 심지어 F등급에서도 중심가에 이상적인 느리되 안정된 교통 흐름을 제공한다.

지혜로운 지방 자치 단체들은 E등급이 도심에 완벽히 적절한 서비스 수준임을 이해한다. 최근에 도심 전체의 모든 도로 차선을 다시 구성한 디모인시는 기꺼이 E등급을 혼잡 시간대의 조건으로 수용했고, 심지어 쉽지 않은 입지에서 F등급을 적용한 경우도 소수 있었다.

일부러 특정한, 낮거나 높은 혼잡 수준을 목표로 하는 것보다 더 좋은 방법은 아예 모든 서비스 수준을 무시하는 것이다. 그런 결정을 한 지방 단치 단체들이 일부 있는데, 캘리포니아의 새크라멘토 바로 서쪽에 있는 욜로카운티도 그중 하나다. 인생은 한 번 뿐인데, 왜 약간의 교통이 당신의 기운을 꺾게 내버려두는가?

그보다 더 멀리 나아가려는 의지를 보이는 도시는 거의 없다. 따라서 E등급의 목표 서비스 수준에서 교통 연구를 다시 하도록 방향을 전환하는 게 아마도 더 쉬울 것이다. 하지만 서비스 수준은 한곳에서 영원히 벗어날 필요가 있는데, 그것은 우리의 환경 법규다. 교통 혼잡은 오염과 연관된다는 그럴 듯한 인상이 있어서, 새로운 개발 단지에 높은 서비스 수준을 유지해야 하는 부담을 지우는 게 현명해 보이던 때가 있었다. 이런 접근은 사람들이 가장 먼 거리를 운전하는 곳에서 가장 자유로운 교통 흐름이 나타난다는 사실, 달리 말해 원활한 교통이 실은 운전을 유도할 뿐만 아니라 반대로 가장 혼잡한 도시들은 1인당 온실가스 기여도가 가장 낮다는 사실을 무시했다. 이를 새롭게 이해한 캘리포니아주는 최근 환경 검토 과정에서 서비스 수준을 없애고 대신 차량 주행 마일(Vehicle Miles Traveled: VMT)을 줄이는 데 초점을 맞추기로 했다.

아이러니하게도 옛 환경 법규에서는 자동차의 흐름에 부정적 영향을 준다는 교통 연구 결과가 나오면 자전거 전용차로를 추가하지 못하게 했었다.[160] 이런 방식은 지금도 많은 곳에서 행해지고 있다. 하지만 캘리포니아는 이제 제정신을 차렸고, 또 다시 운전의 환경적 영향을 제한하는 길을 주도하고 있다.

규칙 43: 환경 검토 과정에서 서비스 수준을 완전히 없앨 수 없다면, 더 걷기 좋아질 수 있는 도시 구역의 도로들을 E등급의 서비스 수준을 목표로 설계해야 한다.

44 기능 분류에 이의를 제기하라
스프롤을 위해 만들어진 이 시스템은 도시 계획에 적합하지 않다.

　20세기 후반을 지배했던 도로 조직 기법이 전통적인 블록 도로망 체계를 분기형 스프롤로 대체했을 때(규칙 36 참조), '기능 분류'라는 새로운 개념이 탄생했다. 기능 분류의 유래는 분기형 도로 설계 시스템, 즉 가장 가깝고 느린 통행에서 가장 멀고 빠른 통행까지 아우르도록 국지(local) 도로에서 집산(collector) 도로, 간선(arterial) 도로, 주간선(highway) 도로로 올라가는 위계를 조직하는 시스템이다. 여기에는 교통량의 역할도 있다. 간선 도로는 일반적으로 집산 도로보다 더 많은 교통량을, 그리고 집산 도로는 국지 도로보다 더 많은 교통량을 책임질 것으로 기대된다. 도로 패턴이 분기형일 때는 이런 식으로 도로를 조직하는 게 합리적인데, 어떤 이동 유형이 어떤 도로 등급을 이용할 것인지를 알기 쉽기 때문이다.

　하지만 촌락과 교외의 도로 설계를 조직하기 위해 만들어진 기능 분류 체계는 오래 지나지 않아 시내 도로에도 할당되었다. 교외의 지역지구제 규정을 들여오면서 도시의 역사적 조직과 맞지 않는 건물들이 신축된 것처럼, 도로 기능 분류 체계도 도시 격자에 맞게 설계된 게 아니어서 작동 방식이 완전히 다르다.

　분기형 체계의 본질은 집중(concentration)이다. 상당한 거리를 움직이는 모든 통행은 국지 도로를 훌쩍 넘어 더 높은 위계의 도로를 향할 수밖에 없다. 반대로 전통적 도시 계획의 본질은 분산(dispersion)이다. 대다수의 평행 도로들 사이에서 통행이 분산되기에 어떤 도로에도 교통이 몰리지 않으면서도, 모든 도로가 통과하는 사람들의 감시를 받는다는 이점도 있다. 일부 간선 도로들, 예컨대 애비뉴(avenue)와 불바르(boulevard) 등의 가로수 대로들[역19]은 다른 도로들보다 비교적 많은 여정을 실어 나르지만 모두 거리의 활력도 지원할 수 있게 설계된다.

　전통적인 도로망 체계에서 출발지에서 목적지까지의 여정은 다양한 요인에 따라 다양한 경로를 취할 수 있고, 실제로 그런 경우가 많다. 도심 격자의 도로는 대개 그것에 할당되는 기능 분류에 저항하며 국지 도로부터 중간 거리의 도로, 원거리의 도로까지 모든 유형의 통행을 취급한다. 모든 기능 분류마다 일단의 요구되는 기준들이 있는 게 아니라면 이게 늘 문제가 되진 않을 것이다. 그중에서도 핵심은 각 도로가 지원하도록 설정되는 설계 속도다. 주간선 도로에서는 차로를 폭넓게 유지하고 커브를 느슨하게 만드는 설계 속도는 운전자가 과속해도 충돌이 일어나지 않도록 적절히 설정된다. 하지만 그것은 더 높은 속도를 지원만 하는 게 아니다. 제한 속도보다 훨씬 높게 설정되는 설계 속도는 과속을 유발하며, 이 사실은 특히 도심에서 큰 영향을 주게 된다.

　사람들은 앨버커키 도심에서 운전자들이 왜 과속하는지 의아해

걷기 좋은 도시 | 105

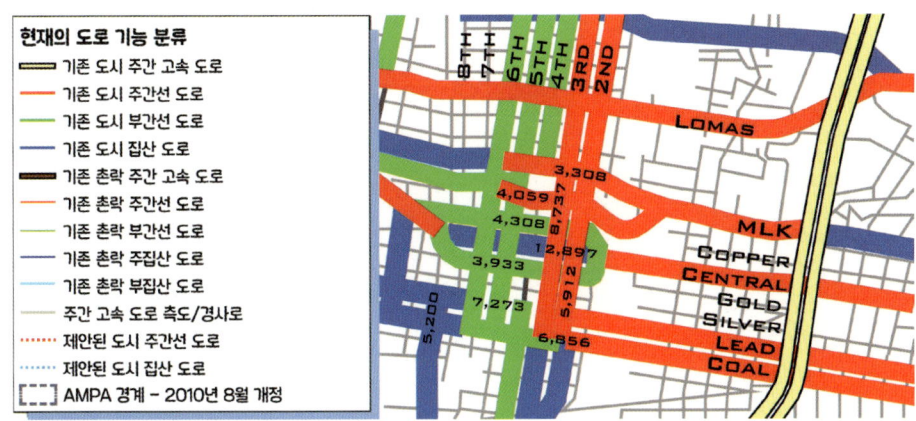

앨버커키의 도심 격자 안에서는 기능 분류와 교통량 간의 관계를 발견할 수 없다.

한다. 설명을 해보자면, 그들은 기능 분류보다 더 나아 보일 게 없다. 위의 이미지는 도심의 주간선 도로들을 붉은색으로, 부간선 도로들은 초록색으로, 도시의 집산 도로들은 푸른색으로 표시하고, 매일 각 도로상의 자동차 통행량을 함께 보여준다. 일단 주목할 만한 것은 이 체계의 의도와 반대로 도로 위계와 교통량 간에는 아무런 상관관계가 없다는 사실이다. 주간선 도로에서는 평균적으로 매일 약 5,800번, 부간선 도로에서는 약 5,100번, 낮은 수준의 집산 도로에서는 약 9,000번의 통행이 일어난다.

다음으로는 앨버커키의 옛 개발 과정 매뉴얼로 관심을 돌릴 필요가 있다. 이 매뉴얼은 각 도로 등급에 대해 설계 속도를 비롯한 기준들을 설정한다. 놀라지 마시라. 이 매뉴얼에 따르면 도시 집산 도로는 시속 35마일(56㎞), 보조간선 도로는 시속 45마일(72㎞), 주간선 도로는 시속 50마일(80㎞)의 설계 속도로 지어야 한다.

분명히 와 닿지 않을까봐 달리 말해보겠다. 과속이 치명률을 높이고 더 높은 설계 속도가 과속을 늘림을 우리는 알고 있지만, 앨버커키의 도심 구역들인 2번가, 3번가, 로마스 스트리트, MLK 스트리트, 센트럴 스트리트, 리드 스트리트, 콜 스트리트는 모두 시속 50마일을 기준으로 설계되었다. 이 모든 도로는 이 도시에서 적당한 운전 속도가 보편적으로 권장되는 보행자 중심 지구에 속해 있다. 보행자와 자전거 이용자는 어디에나 있는데, 일부 도로에서만 다른 도로에서보다 더 빠르게 자동차가 주행해야 할 이유가 전혀 없다.

2014년에 보행 편의성 연구를 완수한 이후로 앨버커키시는 이런 기준들을 변경하는 작업을 해오고 있다. 하지만 다른 많은 도시들은 여전히 이렇게 위험한 결과가 따르는 법규에 매여 있는 형편이다.

역19) 둘 다 가로수 길을 뜻하는 중세 프랑스 용법에서 따온 용어이지만 미국 도시에서 애비뉴는 주로 스트리트(street)와 수직을 이루는 도로에, 불바르는 애비뉴보다 더 폭이 넓은 가로수 대로에 붙여지는 이름이다.

규칙 44: 가능하다면 전통적인 도시 구역 중 걷기 좋은 곳이 될 법한 도로에는 기능 분류 체계를 지정하지 말라. 최소한 이런 구역의 도로들은 그런 체계에 따른 기준으로 설계하도록 허용하지 말라.

45 | 불필요한 차로들을 없애라
교통에 필요하지 않은 차로들은 과속을 유발할 뿐이다.

필요 이상으로 차로가 많은 도로에서는 그렇지 않은 경우에 비해 부상과 사망 사고가 더 많이 일어난다. 도로에 차로가 더 많을수록, 더 고속 도로 같은 느낌이 들고 더 많은 운전자가 과속을 하게 된다. 차로가 많을수록 위험한 차로 변경 경쟁이 더 많이 일어나고, 보행자들은 더 먼 거리를 걸어야 한다. 이런 요인들만 보더라도 불필요하게 여겨지는 차로를 모두 없애야 할 당위는 분명해진다.

모든 좋은 근린 계획의 첫 단계는 걷기 좋을 법한 도로 각각에 대해 차로의 공급과 수요를 비교하는 차로 현황 평가를 신속하게 완수하는 것이다.

차로의 필수 수요에 대한 정의는 다양하지만, 미국 사회는 지금껏 원활한 교통을 위해 생명을 희생시키는 경향이 엄청나게 강했다. 미국은 매년 인구 대비 자동차 충돌 사망자의 비율이 다른 거의 모든 선진국보다 높은데도, 차로 신설을 중단한 적은 한 번도 없었다. 미국에서 도로의 수용력을 더 이상 확대하지 않기로 결정한 도시들은 소수임이 명백하며, 이미 혼잡해진 도로에서 차로를 없앨 의지를 보이는 도시도

오클라호마시티의 허드슨 애비뉴는 재설계되기 전에 매일 8,400대의 자동차가 지나다니는 도로였는데, 이러한 통행 차량 대수는 2차선만으로 충분히 대처할 수 있는 적은 규모였다.

미약한 비중을 차지할 뿐이다. 유발 수요의 역학 관계를 깨닫지 못하는 운전자 대중도 그런 시도를 허용하지 않으려 할 것이다.

좋은 소식은 미국의 거의 모든 도시들, 심지어 혼잡한 도시들에서도 통과하는 교통을 처리하는 데 불필요한 차로가 많은 중심 도로가 적어도 몇 개는 된다는 점이다. 이런 차로들은 아스팔트를 낭비하며 대혼란을 일으키는 것 말고 하는 일이 없다. 이런 사실이 적절히 전파되고 자각되어야 불필요한 차로들을 없앨 수 있다.

오클라호마시티의 셰리던 스트리트에서는 불필요한 차로들을 주차 공간과 자전거 전용차로, 식재된 중앙 분리대로 바꾸었다.

2009년 오클라호마시티가 그런 경우였다. 『프리벤션(Prevention)』 매거진에서 "전국에서 가장 걷기 안 좋은 도시"[161]라고 명명된 이래로, 이 도시의 코멧 시장(Mayor Cornett)은 아마도 역사상 처음이었을 보행 편의성 연구를 의뢰했다. 그 연구는 차로의 공급과 수요 간에 엄청난 차이가 있음을 신속하게 밝혀냈다. 도심을 가로지르던 7개 도로 전부가 4~6차선 간선 도로였지만 정작 실제 자동차 통행량은 일간 평균 7천 번도 안 되었던 것이다.

오클라호마시티는 관련 연구를 진행하였고, 미래의 기대 수요를 충족하도록 이런 도로들의 규모를 바로잡아 도심 내 노상 주차 공급을 2배로 늘림으로써 진정한 상업적 혜택을 맛볼 수 있었다. 또한 자전거 도로망 체계를 그것이 없던 곳에 만들어 과속을 줄이고 안전을 개선할 수 있었다. 코멧 시장에 따르면, 이런 변화들은 도심의 르네상스를 촉발시켰다.

모든 좋은 근린 계획의 첫 단계는 걷기 좋을 법한 도로 각각에 대해 차로의 공급과 수요를 비교하는 차로 현황 평가를 신속하게 완수하는 것이다. 공급과 수요가 일치하지 않는 곳에서는 불필요한 차로들을 더 좋은 용도로 변경할 수 있다. 성장을 허용하는 좋은 경험칙 하나를 말하자면, 혼잡 시간대의 시간당 자동차 통행량이 1천 번 미만인 도로는 2차선으로 충분하다. (이는 보통 일간 약 1만 번의 통행량과 같다.) 중앙 회전 차로를 더하면 도로가 취급할 수 있는 통행량이 최대 2배까지 높아진다. 혼잡 시간대의 시간당 통행량이 2천 번에 근접할 경우에만 3차선이 넘는 차로가 필요하다.

규칙 45: 차로의 공급이 그 수요를 초과하는 도로들을 찾아서 불필요한 차로들을 다른 용도로 전환하라.

46 | 4차선 도로를 날씬하게 만들어라
고전적인 미국 도로의 다이어트는 혼잡을 키우지 않고도 생명을 구할 수 있다.

이제 우리는 미국의 어떤 시내 도로도 4차선이어야 할 이유가 없음을 안다. 4차선 도로는 정당화될 수 없다.

이를 파악하기까지 시간이 좀 걸렸지만, 데이터는 명확하다. 4차선 도로를 3차선 도로로 전환하고 그중 가운데 차로를 좌회전 차로로 정하면 도로의 수용력은 떨어지지 않는다.

올랜도에서 에지워터 드라이브를 감량했을 때, 도로 이용자들의 부상 사고율이 68% 감소했다.

왜 이런 일이 일어나는지에 대해서는 설명이 좀 필요하다. 먼저 4차선 도로가 위험하다는 점부터 인식해야 한다. 4차선 도로에서는 회전 차로가 통과 차로이기도 해서 운전자들은 똑같은 차로에서 정차하기도, 과속하기도 한다. 정차한 차량을 뒤에서 충돌하지 않으려고 우측으로 차로를 변경했다가 정작 자기 차량이 뒤쪽에서 충돌을 당하기도 한다. 게다가 좌회전하는 자동차들은 평행한 교통에 시야가 막힌 채로 다가오는 차량과 T자형 충돌을 일으킬 수 있다.

또한 거꾸로 통과 차로가 회전 차로이기도 하므로, 오히려 직진하고 싶어 하는 운전자들의 경로가 종종 가로막히게 되고 차로를 변경하는 자동차들은 혼잡의 파동을 일으켜 교통의 속도를 늦춘다.

4차선 도로를 3차선 도로로 감량할 때 생명을 구한다는 얘기는 놀랍지 않다. 올랜도에서 에지워터 드라이브를 감량했을 때, 도로 이용자들의 부상 사고율이 68% 감소했다. 하지만 많은 사람들이 실로 놀랍게 여기며 좀체 못 믿어 하는 것은 이러한 도로 다이어트에도 불구하고 도로의 수용력이 줄지 않는다는 사실이다. 북미에 있는 다양한 4~6차선 도로 23개의 다이어트에 관한 연구는 매일 도로를 이용하는 차량들의 평균 대수가 전반적으로 약간만 오른다는 사실을 보여줬다.

도로 다이어트는 또 하나의 장점이 있는데, 낭비되던 10 내지 12 피트의 아스팔트를 다른 용도로 복원할 수 있다는 사실이다. 이 공간에는 2개의 자전거 전용차로를 두거나, 주차로(parking lane), 추가적인 갓길 보도, 또는 조경을 배치할 수도 있다. 자전거 전용차로가 가장 간단한 해법인데, 최소한의 투자로 거의 페인트칠만 해도 변화를 만들 수 있기 때문이다. 좌회전이 일어나지 않는 곳에서는 가용한 예산 범위 내에서 나무들을 심은 중앙 분리대를 삽입하는 게 가장 좋겠다. 최고의 도로 다이어트는 중앙의 회전 차로를 연속시키지 않는 것이다.

컨설팅 회사 넬슨\니가드가 정리한 이 23개 도로의 다이어트 사례를 평균해보면, 도로들을 통과하는 전반적인 차량 대수는 줄어들지 않았다.

도로 다이어트 시행 지역 — 교통량 변화

지역명	도로명	시행 전 일일 평균 교통량	시행 후 일일 평균 교통량
Oakland, CA	High Street	22,000	24,000
San Francisco, CA	Valencia Street	22,200	20,000
San Leandro, CA	East 14th Street	17,700	16,700
Santa Monica, CA	Main Street	20,000	18,000
Orlando, FL	Edgewater Drive	20,500	21,000
Charlotte, NC	East Boulevard	21,400	18,400
Reno, NV	South Wells Avenue	18,000	17,500
East Lansing, MI	Abbott Road	15,000	21,000
East Lansing, MI	Grand River Boulevard	23,000	23,000
Duluth, MN	21st Avenue East	17,000	17,000
Ramsey, MN	Rice Street	18,700	16,400
Helena, MT	U.S. 12	18,000	18,000
Toronto, ON	Danforth	22,000	22,000
Toronto, ON	St. George Street	15,000	15,000
Lewistown, PA	Electric Avenue	13,000	14,500
Bellevue, WA	Montana Street	18,500	18,500
Bellevue, WA	120th Avenue, NE	16,900	16,900
Covington, WA	State Road 516	29,900	32,800
Kirkland, WA	Lake Washington Boulevard	23,000	25,900
Seattle, WA	Dexter Avenue, N,	13,606	14,949
Seattle, WA	North 45th Street	19,421	20,274
Seattle, WA	Madison Street	17,000	18,000
Seattle, WA	W. Gov't Way / Gilmen Ave.	17,000	18,000

일방통행로의 양방 전환과 마찬가지로, 도로 다이어트도 미국 전체를 휩쓸고 있다. 시애틀은 34개 도로를 감량했다. 대부분의 도로 다이어트는 4차선 도로를 3차선으로 전환하지만, 6차선을 5차선으로 전환하여 비슷한 결과를 얻는 도시들도 있다. 대부분의 교통 혼잡이 교차로에서 일어나고 중앙 회전 차로로 해결될 수 있으므로, 지방 자치 단체들은 도시 구역에서 4차선이나 6차선 도로를 허용하지 않는 방향으로 각각의 기준을 변경해야 할 것이다.

데이터가 아주 강력하기 때문에, 대중 교육은 도로 다이어트 과정의 중요하고 효과적인 구성 요소다. 가장 큰 저항은 종종 이 다이어트 과정에서 잠재적인 행인 고객들을 상당수 잃을까봐 걱정하는 상인들에게서 나온다. 하지만 이에 대해서도 데이터는 다른 결과를 보여준다. 오클랜드에서 텔레그래프 애비뉴를 감량했을 때 상점 매출은 오히려 9%가 올랐는데, 이는 보행 활동량이 2배가 되었다는 사실 때문일 가능성이 높다.

규칙 46: 도시 구역에서는 4차선 도로를 만들지 말고, 모든 4차선 도로를 3차선 도로로 전환하라. 낭비되던 아스팔트는 다른 용도로 복원하고, 예산이 허용된다면 식재된 중앙 분리대를 조성하라.

47 회전 차로를 제한하라
도로 다이어트는 잠시 제쳐두더라도, 회전 차로는 만병통치약이 아니다.

2개 차로를 중앙의 회전 차로 하나로 대체하는 것은 확실한 성공을 보장하지만, 그렇다고 많은 미국 도시의 흔한 습관처럼 모든 도로에 중앙 회전 차로를 적용해야 한다고 오해해서는 안 된다. 공공사업을 추진하는 공무원들 사이에서는 그런 차로를 어울려 보이는 모든 곳에 설치하는 게 모범 실무로 여겨져 왔는데, 이런 차로들이 교차로를 더 효율적으로 만들기 때문이다.

불필요한 좌회전 차로가 생기면 그만큼 폭이 늘어난 노면에서 과속이 조장되고, 횡단 거리가 길어지며, 노상 주차나 자전거 전용차로를 위한 공간은 희생된다.

하지만 좌회전 차로는 결코 교차점을 설계하는 보편적 접근이 되어선 안 된다. 그것은 오로지 좌회전하는 차량들이 혼잡을 줄여주는 교차로에서만 활용되어야 한다. 그렇지 않은 곳에서는 운전자와 보행자, 자전거 이용자 모두에게 더 위험한 도로를 만들 뿐이다.

불필요한 좌회전 차로가 생기면 그만큼 폭이 늘어난 노면에서 과속이 조장되고, 횡단 거리가 길어지며, 노상 주차나 자전거 전용차로를 위한 공간은 희생된다. 반대로 어떤 회전 차로도 삽입되지 않은 곳에서는, 회전하는 다른 차량을 위해 운전자들이 정지를 반복하며 서행하기 때문에 일상적으로 과속이 적절히 억제된다.

불필요한 좌회전 차로를 없애는 것은 오클라호마시티에서 보행 편의성을 높이기 위한 프로젝트에서 중요한 부분이었다. 그 프로젝트의 수석 엔지니어였던 로라 스토리(Laura Story)는 매일 1만 대보다 적은 차량이 통행하는 도로에는 좌회전 차로를 둬선 안 된다고 주장했다. 교통 계획가들의 자문을 구하는 과정에서 많은 저항에 부딪혔지만, 결국 이러한 당위는 관철되었다. 그 결과 자문가들의 예상과 달리 혼잡이 일어나지 않는 더 안전한 도로망 체계가 조성되었다.

이와 비슷한 이야기가 펜실베이니아의 베들레헴에서도 나오는데, 이 도시에서는 도심 남쪽에 있는 와이언도트 스트리트가 안타깝게도 펜실베이니아 378번 주도(州道, state highway)이기도 했다. 주립 고속 도로 계획가들의 습관에 따라, 이 도로에는 좌회전 차로 하나가 새로 추가되었다. 미식축구 경기장 하나보다 더 긴 이 차로는 블록 3개 길이에 걸쳐 주택 12채하고만 연결되는 교차 도로의 역할을 했다. 전적으로 불필요한 이 시설은 원래 갓길 보도에 줄지어 있던 사업장 6곳을 완전히 밀어내고 한 줄의 평행 주차 공간을 통째로 없애서 만든 것이었다. 펜실베이니아주는 2009년에 보행 편의성에 관한 연구를 수행

펜실베이니아의 베들레헴에서는 불필요하고 지나치게 긴 회전 차로를 만들고 연석 주차 블록을 없애 점포 상업에 피해를 줬다.

하고 나서 다시 주차를 허용했는데, 사업장들이 있으면 가장 많이 이용될 혼잡 시간대에만은 허용하지 않았다. 회전 차로에서 핵심적인 이슈는 그 길이에 있다. 회전 차로는 응당 표준적인 혼잡 시간대에 밀려드는 수많은 자동차들을 수용하기에 충분한 길이를 갖춰야 하지만, 그보다 더 길어선 안 된다. 역시 같은 이유에서다. 불필요한 도로는 과속을 조장하기 때문이다.

좌회전 차로와 달리 우회전 전용차로가 보행자가 많은 도시 구역에서 정당화되는 일은 드물며, 보행 밀도가 매우 높아 우회전하는 운전자들의 대기 행렬이 통과 교통의 속도를 극적으로 늦추는 곳에서만 가끔 합리화될 뿐이다. 대부분의 미국 도시에서는 이런 상황이 잘 일어나지 않는다. 우회전하는 차량이 다가오는 인파에 막힐 때가 없기 때문에, 우회전 전용차로를 추가하면 도로의 차량 수용력만 제한적으로 높아질 뿐이고 보행의 쾌적성은 급격히 침해된다. 이러한 상충 효과는 걷기와 자전거 타기를 장려하는 거리에서 거의 의미가 없다.

회전 차로는 적절히 시행되기만 하면 장점이 많다. 대부분의 혼잡은 교차로에서 일어나지 블록 중간에서는 일어나지 않기 때문에, 교차로에 회전 차로를 둘 수 있게 하는 것은 도로의 나머지 부분을 좁은 폭으로 유지하기 위한 요령일 수 있다. 교차로에 좌회전 차로가 있는 2차선 도로는 대개 4차선 도로가 담당하는 것만큼의 교통량을 더 안전하게 담당할 수 있다. 핵심은 회전 차로들을 정말로 필요한 곳에만 두고 가능한 한 짧은 거리로 만드는 것이다.

규칙 47: 좌회전 차로는 좌회전하는 자동차들로 지나친 혼잡이 일어나는 교차로에만 배치하고, 전형적인 혼잡 시간대 대기 행렬보다 길지 않게 만들어라. 일반적으로 우회전 차로는 활용하지 말아야 한다.

10부. 차로를 적정 규모로 바로잡아라

48. 흐름이 원활한 차로는 기준 폭을 10피트 (3m)로 하라

49. 10피트 기준에 맞춰 차선을 조정하라

50. 서행과 양보의 흐름이 일어나는 도로를 구축하라

51. 소방서장의 당위를 확대하라

10부

차로를 적정 규모로 바로잡아라

　차로의 수를 제한하는 것은 전반전에 불과하며, 나머지 후반은 차로의 규모를 어떻게 제한하느냐의 싸움이다. 지난 반세기동안 미국 내 도로들의 설계 요건은 위험한 수준으로 변해왔다. 보통 (양편 주차를 포함하여) 25피트(약 7.5m) 폭이었던 주택가의 거리 요건이 이제는 많은 도시에서 40피트(약 12m) 폭으로 확대되었는데, 걷기 좋을 법한 도로에 고속 주간선 도로 기준을 무턱대고 적용함으로써 보행 위험도와 그에 따른 자동차 의존도를 높이는 데 지대한 기여를 해온 것이다.

　아마도 우리의 지역 사회를 다시 걷기 좋게 만들기 위한 핵심적인 조치는 주행 차로를 다시 원래의 비율로 되돌리는 것이리라. 이는 폭이 (11피트[3.3m]나 12피트[3.6m]가 아닌) 10피트(3m)에 불과한 번잡한 시내 차로, 그리고 서행과 양보가 이뤄지는 훨씬 더 좁은 차로 폭의 도로를 다시 도입하는 것을 의미한다. 필요 이상으로 폭이 넓은 모든 차로는 건강상의 위험으로 간주하고 적절한 경계 신호로 다루어야 한다. 이런 위험에 응하는 것을 소방서와 기타 응급 서비스들의 마땅한 업무로 명시해야 한다.

　한 도시의 주행 차로 규모를 바로잡는 모든 캠페인은 '미사용 아스팔트(free asphalt)'라는 중요한 부산물을 만들어낸다. 이 잔여 도로는 자전거 전용차로와 노상 주차 등 장소에 더 활력을 불어넣을 다른 용도로 변경할 수 있다.

48 흐름이 원활한 차로는 기준 폭을 10피트(3m)로 하라
폭이 넓을수록 과속을 조장하게 된다.

간단히 말하자면, 다양한 폭의 주행 차로는 다양한 주행 속도와 일치한다. 미국의 전형적인 시내 차로 폭은 전통적으로 10피트(3m)였는데, 이는 시속 45마일(72㎞)을 지원하는 데 무리가 없다. 한편 미국의 전형적인 주간선 차로 폭은 12피트(3.6m)였는데, 이는 시속 70마일(112㎞)을 지원하는 데 무리가 없다. 운전자들은 차로 폭과 주행 속도의 상관관계를 본능적으로 이해하며, 차로의 폭이 넓을수록 도시 지역에서도 과속을 하게 된다. 따라서 폭이 10피트가 넘는 모든 도시 차로는 보행자에게 더 위험한 속도를 장려하는 셈이다.

이런 차로는 어디에나 있다. 20세기 후반에 도시 공학자들은 주간선 도로 설계 기준을 도심 중앙으로 들여오기 시작했고, 그 결과 미국의 많은 도시들은 현재 11피트, 12피트, 또는 그 이상의 차로 폭을 요구하고 있다. 예컨대 차로 폭이 12피트인 많은 도시 중 하나인 네브라스카의 오마하에서는 거의 주간선 도로의 속도에 근접하게 주행하는 운전자들을 볼 수 있다. 그런데 놀라운 것은, 차로 폭이 주행 속도와 사고 빈도, 사고 심각성과 맺는 상관관계를 교통 공학자들이 아주 최근에야 발견했고 이는 그간 수십 년간 이어져온 그들의 전형적인 지혜와 모순된다는 사실이다. 지금도 차로 폭이 넓을수록 안전하다고 주장하는 교통 공학자들은 많이 있을 것이다. 하지만 다행히도 최근의 수많은 연구들은 폭이 12피트 이상인 차로가 위험하다는 증거를 숱

안드레 듀아니(Andres Duany)의 말을 인용하자면, "전형적인 미국 대지 구획의 전형적인 도로는 현재 땅의 곡률을 경험할 수 있을 정도로 충분히 폭이 넓다."

하게 내놓고 있다.

전미 주간선 도로 협동 연구 프로그램(National Cooperative Highway Research Program)에서 펴낸 이러한 연구서들은 도시와 교외에 있는 12피트 폭의 차로들이 10피트 폭의 차로들에 비해 속도와 충돌 사고 빈도가 더 높다는 분명한 상관관계를 보여준다.[162] 게

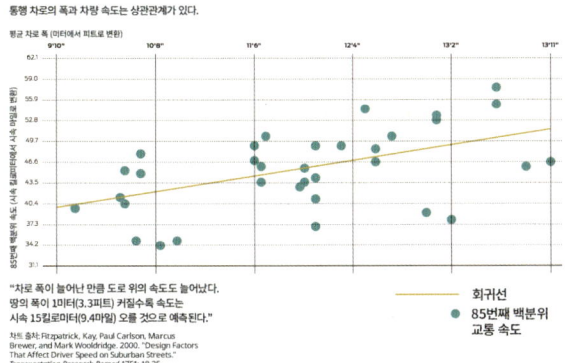

이 연구는 주행 차로의 폭이 넓을수록 차량 속도가 더 높아진다는 상관관계를 보여준다.

다가 캐나다 교통 공학자 협회(Canadian Institute of Transportation Engineers)의 2015년 7월 보고서에서는 폭이 10피트를 넘는 차로들에서 충돌 심각도가 더 높게 나타난다는 결과를 얻었다.[163]

10피트 폭의 차로들이 12피트 폭의 차로들보다 적지 않은 교통량을 취급한다는 점을 감안할 때(이 또한 문서화된 바 있음[164]), 도시 지역에서 12피트 폭의 차로를 정당화할 이유는 분명 존재하지 않는다. 이런 일단의 연구를 인정한 수많은 조직과 기관들은 최근 도시적인 맥락에서 사용될 10피트 폭의 차로를 승인하기 시작했다. 그중에서도 전미 도시 교통 공무원 협회(NACTO)의 『시내 도로 설계 기준(Urban Street Design Guide)』은 10피트를 기준으로 승인하면서 이렇게 언급한다. "10피트의 차로 폭은 시내 지역에 적절하며 교통 운행에 영향을 주지 않고도 도로 안전에 긍정적 영향을 준다. 도로 폭이 좁을수록 주행 속도를 늦추는 데 도움이 되고, 이는 다시 충돌의 심각도를 줄이는 데에도 도움이 된다."[165] 교통 공학자 협회(Institute of Transportation Engineers: ITE)에서도 이와 같은 결론에 도달했다. 『ITE 교통 설계 핸드북(ITE Traffic Engineering Handbook)』 제7판에 따르면, "시속 45마일 이하의 속도로 달리는 일반 목적의 차로는 10피트 폭을 기본으로 해야 한다." 이 진술은 10피트 폭을 초과하는 차로가 시속 45마일이 넘는 속도를 장려한다는 뜻이어서 매우 인상적이다. 그리고 시속 45마일은 대부분의 도심에서 게시되는 제한 속도보다 무려 시속 20마일이 높은 것이다.

규칙 48: 10피트(3m)가 넘는 모든 시내 차로 폭 기준을 10피트 기준으로 대체하라.

49 10피트 기준에 맞춰 차선을 조정하라
위험하게 낭비되는 노면을 더 나은 용도로 활용하라.

이제 10피트 기준을 세웠으니, 그걸로 무엇을 할까? 이 물음에 대한 답은 실로 경이롭다.

도시에서 폭이 10피트가 넘는 모든 시내 차로에는 의무도 있고, 기회도 있다. 의무는 명백하다. 차로의 여유 폭은 오직 한 가지 일만 하고 있는데, 그것은 바로 운전자들의 과속을 유발하여 그들과 타인 모두에게 전혀 쓸모없는 위험을 만드는 일이다. 반대로 기회는 다양하며, 가용한 여유 피트의 총 수치에 좌우된다.

여유 공간이 5피트(1.5m) 미만이라면 선택지는 거의 없다. 하지만 너무 빨리 포기하지는 말라. 폭이 7피트(2.1m)를 넘는 주차 구획이 있다면 역시 줄일 수 있다. 보스턴의 하버드 스트리트에서는 10피트 폭의 주행 차로들과 7피트 폭의 주차 구획 사이에 5피트 폭의 자전거 전용차로가 끼어 있다. 이상적이라고 말하긴 어렵지만, 차로 폭이 넓은 경우보다는 훨씬 낫다. 하지만 조정 가능한 여유 폭이 4피트(1.2m)도 안 된다면, 가장 안전한 해법은 그걸 주차로의 폭에 합치는 것이다. 이렇게 하면 운전자들이 좀 더 느리게 주행할 것이다.

여유 폭이 5피트 이상이라면, 대개 자전거 전용차로 하나를 추가하는 게 가장 좋은 접근이다. 여유 폭이 7피트가 넘는다면, 자전거 전용차로 대신 평행 주차로를 한 줄 추가할 수도 있을 것이다(그게 없다면 말이다). 자전거 전용차로와 주차로 중 뭘 선택할 것이냐는 까다로운 문제이므로, 더 큰 자전거 도로망 체계를 염두에 두고 판단해야 한다. (이에 관해서는 규칙 55를 참조한다.)

아직도 더 많은 공간이 가용하다면 더 많은 선택지가 있는데, 자전거 전용 도로와 사각 주차(斜角駐車, angle parking), 그리고 (예산이 충분하다면) 더 폭넓은 갓길 보도를 조성할 수도 있다. 대부분은 경제적 여건에 따라, 연석을 옮기지 않는 해법이 이뤄진다(규칙 97 참조).

버스는 어떻게 하는가?

10피트 폭 차로에 대한 다른 모든 장애물이 걷힌 것처럼 보인다면, 바로 그때가 대중교통 기관이 나타나 버스를 위한 11피트 폭을 요구하는 시점이다.

대부분의 버스 폭은 8피트 6인치(약 2.6m)에 양쪽의 사이드 미러까지 포함한다. 10피트 폭 차로의 버스 한 대가 10피트 폭 차로의 자동차 한 대를 추월할 때는 마찰이 없다. 같은 상황에서 버스 한 대가 다른 버스 한 대를 추월할 때는 간격이 별로 없는 상황이 벌어지기 때문에 버스가 잠시 속도를 좀 늦출 필요가 있다. 이 잠깐의 순간은 버스 일정에 영향을 주기에는 너무 짧지만, 모든 사용자를 위한 도로 안전에는 긍정적 영향을 준다.

교통 상황을 조용하게 만드는 10피트 폭 차로의 가치를 인정하는

전과 후: 35피트 폭으로 지었어야 할 많은 도로들이 40피트 폭을 갖추고 있다. 필요하든 그렇지 않든 자전거 전용차로를 하나 삽입하면 이 도로들은 더 안전해질 것이다.

소수의 대중교통 기관도 드물게나마 있다. 10피트 폭 차로를 지지하는 디모인 대도시권 광역 대중교통 공사(Des Moines Area Regional Transit Authority: DART)는 우리에게 이렇게 상기시킨다. "모든 대중교통의 탑승은 걷기에서 시작해서 걷기로 끝나는 만큼, 걷기 좋은 거리가 없다면 지역 사회의 대중교통 이용 기회를 침해하고 있는 것이다."[166] 하지만 이 기관은 예외적인 경우이므로, 대부분의 대중교통 기관들은 보행자를 죽이는 도로가 대중교통을 이용하는 고객 기반을 위협한다는 사실을 기억할 필요가 있다.

눈이 오면 어떻게 하는가?

가장 홀쭉한 도로들이 있는 일부 지역 사회에 엄청난 눈이 내릴 때를 보면 유용한 교훈을 얻게 된다. 수 피트 두께의 눈이 쌓일 때도 그런 지역 사회는 제설차가 진입할 필요성을 중심으로 설계된 인근 장소들보다 여전히 부동산 가치가 더 높다. 폭설에 따른 불편을 동네의 거주 적합성(livability)보다 우선시한다면 목적과 수단을 혼동하는 것이리라.

하지만 이런 내용을 지역 당국의 공공사업 부서에 알리는 시도를 해야 한다. 더 유용한 논거로는 일례로 폭설에 따른 긴급 상황 시 주차용 차로는 보통 파낸 눈을 쌓아두는 곳이 된다는 사실, 그리고 진짜 위기 시에는 (적어도 미국에서는) 자전거 전용차로가 같은 목적을 수행할 수 있다는 사실을 들 수 있겠다. 코펜하겐에서는 자전거 전용차로부터 먼저 제설 작업을 한다.

도로 폭이 넓을수록 제설할 눈이 더 많다는 사실을 도시 행정부가 기억하도록 확실히 각인시켜야 한다.

규칙 49: 차로 폭이 넓은 도로들의 차선을 10피트 폭을 기준으로 다시 그리고, 주차로의 폭은 7피트로 좁혀 다른 용도를 위한 공간을 마련한다. 그 다음에는 남는 공간을 활용하여 다음 조치들을 취하라.
- 남는 공간이 5피트 미만이면, 주차 공간의 폭을 넓혀라.
- 남는 공간이 5 내지 7피트면, 자전거 전용차로를 하나 넣어라.
- 남는 공간이 7피트를 넘으면, 자전거 전용차로(들) 또는 연석 주차 공간을 적절히 넣어라.

50 | 서행과 양보의 흐름이 일어나는 도로를 구축하라

대부분의 도로에서는 10피트 폭의 차로도 너무 넓다.

많은 교통량을 처리하는 도로에서 10피트는 한 차로의 폭으로 적절하다. 하지만 많은 도시의 규정에서 다른 도로 유형의 존재를 완전히 무시하고 있음이 경험적으로 드러난다. 지역 사회의 간선 도로들에서 매일 발생하는 자동차 통행량은 대부분 1천 번을 넘지 못한다. 그럼 왜 그중 그리도 많은 도로가 10~12피트 폭의 차로들로 이뤄지는 것인가?

미국의 가장 오래된 1가구 주택가 중 하나에서 성장하는 특권을 누려본 사람에게는 아마도 실외에서 보낸 시간의 상당 부분이 홀쭉한 도로들에서 놀았던 시간일 것이다.

20세기 후반 미국 전역에서 일어난 개발 규정의 지나친 단순화는 실제로 네 가지의 서로 다른 교통 흐름 유형, 즉 주간선 도로를 위한 고속 흐름(speed flow), 번잡한 도로를 위한 자유 흐름(free flow), 덜 번잡한 도로를 위한 서행 흐름(slow flow), 그리고 조용한 주택가 도로를 위한 양보 흐름(yield flow)이 존재한다는 사실을 지워버렸다. 언급했듯이, 고속 흐름의 차로는 폭이 대략 12피트이지만 자유 흐름의 차로는 폭이 대략 10피트다. 나머지 둘은 그보다 더 좁다.[167]

서행 흐름

오래된 도시 주변에서 운전할 때는 가끔씩 도로 위에서 또 다른 자동차가 다가올 때 속도를 늦춰야 한다고 느낄 때가 있다. 지나치는 동안에 어떤 불안을 경험하지만, 사이드 미러는 서로 부딪히지 않는다. 이런 도로는 서행 흐름의 도로(slow-flow street)라고 불리며, 그 차로들의 폭은 대략 8피트(2.4m)다. 이런 도로에서는 브레이크를 밟지 않고 지나치기가 불안하기 때문에 자유 흐름의 도로보다 훨씬 더 안전한 상황이 조성된다. 이는 생명을 구하기 위해 작은 대가를 지불하는 상황이다.

이게 공식적인 경험칙은 아니지만, 혼잡 시간대의 시간당 자동차 통행량이 300번 미만인 도로는 대부분 서행 흐름에 맞춰 설계할 수 있다고 말하면 무리가 없다. 이런 흐름은 분당 약 5대의 자동차가 통행하는 속도다. 12초간 독서를 중단해보면, 자동차들 간의 통행 시간 간격이 아마도 당신의 상상보다 더 길다는 걸 알게 될 것이다.

서행 흐름의 도로에는 중앙선을 설치할 필요가 없고, 아마도 설치하지 말아야 할 것이다(규칙 71 참조). 이런 도로에는 자전거 전용차로도 필요가 없는데, 자동차들의 속도가 자전거들의 속도에 근접할 것이기 때문이다. 서행 흐름의 도로는 쇼핑가나 버스 노선 또는 무거운 트럭이 다니는 곳에 적합하지 않다. 이런 도로는 한쪽 갓길에 주차할 경우 폭이 약 24피트(7.2m)여야 하고, 양쪽 갓길에 주차할 경우에는 약 31피트(9.3m)여야 한다.

양보 흐름

미국의 가장 오래된 1가구 주택가 중 하나에서 성장하는 특권을 누려본 사람에게는 아마도 실외에서 보낸 시간의 상당 부분이 홀쭉한 도로들에서 놀았던 시간일 것이다. 현재 아이들의 주된 사망 원인이 되어버린 교통사고를 부모가 걱정하지 않고도 아이들이 자유롭게 뛰놀 수 있던 환경에서 살았다는 것은 진정 특권이었다. 예전보다 더 많은 아이들이 자동차 충돌로 사망하게 된 한 가지 이유는 개발 규정에서 '양보 도로(yield street)'를 없애버린 데 있다. 양보 도로는 약 12피트(3.6m) 폭의 주행 차로 하나에서 양방통행이 모두 이루어지는 간선 도로다. 이런 통행이 터무니없게 느껴진다는 이유로 양보 도로를 없앤 이들은 확실히 보는 눈이 없었는데, 사실 그런 도로는 거의 어디에나 있고 어느 도시에서나 가장 바람직한 도로일 수밖에 없기 때문이다.

하지만 논리가 그리도 명백한데 왜 경험을 믿는가? 어떻게 겨우 12피트 폭에서 자동차 2대가 반대 방향으로 통과할 수 있단 말인가? 이에 대한 답은 주차로에서 발견된다. 다른 자동차가 접근할 때 자차를 약간 갓길로 밀어 붙이면 그 사이에 틈을 벌릴 수 있다. 이것은 미국을 중심으로 한 수천 개의 양보 흐름 도로에서 매일 행해지는 묘책

우리 가운데 상당수는 '양보 흐름'의 도로에서 성장했지만, 그런 도로가 이제는 대부분의 장소에서 불법이다.

이며, 바로 이렇게 해야 한다는 사실 때문에 양보 흐름의 도로는 가장 안전한 도로가 된다.

여기서도 엄한 규칙은 없지만, 혼잡 시간대의 시간당 통행량이 150번 미만이고 단독이든 연립이든 1가구 주택들로만 연결되는 도로라면 양보 흐름의 도로로서 적절하다. 이런 도로의 폭은 한쪽 갓길에 주차할 경우 약 20피트(6m)여야 하고, 양쪽 갓길에 주차할 경우에는 약 26피트(7.8m)여야 한다.

대부분의 지역 사회에서 서행 흐름과 양보 흐름의 도로를 만드는 데 가장 큰 걸림돌은 소방서장이다. 이 문제는 규칙 51에서 다룬다.

규칙 50: 교통량이 많지 않은 도로는 서행 흐름의 차원으로 조성하고, 지역의 1가구 주택가 도로는 양보 흐름의 차원으로 조성하라.

51 소방서장의 당위를 확대하라
출동 소요 시간에서 공공 안전으로 초점을 옮겨라.

아마도 모든 도시 계획가의 삶에서 가장 아이러니한 날은 시내 도로를 더 안전하게 만드는 걸 가장 반대하는 인물이 소방서장임을 알게 되는 날이리라. 이 기이한 상황이 어떻게 미국 전역의 도시마다 일어나게 되었는지는 편협한 생각, 목적과 수단의 혼동, 그리고 머피의 법칙(Murphy's Law)[역20]을 주제로 한 한편의 진정한 도덕극이나 다름없다. 그 얘기를 풀어보자면 다음과 같다.

출동 소요 시간은 빠를수록 좋지만, 생명의 안전을 대가로 해서는 안 된다.

소방서장의 직무 성과는 보통 출동 소요 시간을 기준으로 판단되고, 소방서의 예산은 종종 소방차의 출동 명령 횟수를 기준으로 책정된다. 이 두 가지 요인은 소방서장의 자연스러운 당위를 훨씬 더 협소한 역할로 대체하는 데 공모한다. 지역 사회의 생명 안전을 지켜야 하는 소방서장의 마땅한 책무를 그저 많은 소방차를 목적지에 급파하는 역할로 축소하는 것이다.

여기에 공모하는 두 가지 요소를 더 추가할 수 있는데, 조합의 불필요한 작업과 소방 장비의 고가 판매가 그것이다. 지난 수년간 소방관 조합은 출동 대기 소방관의 최소 숫자를 명기하는 계약 언어를 도입해왔고, 아울러 소방 장비 공급업체들은 소방 장비의 공식 지침서를 작성하는 기관들의 대열에 합류해왔다. 이에 따른 자연스러운 결과는 소방차의 규모가 그 어느 때보다 커졌다는 사실이다.

그 결과 대부분의 도시들은 계획 관련 대화에 참여하는 각 지역 소방서장들이 도시를 더 위험하게 만드는 3요소인 더 폭넓은 도로, 더 폭넓은 교차로, 작위적인 교통 신호의 도입을 옹호하는 걸 목격해왔다.

더 폭넓은 도로: 규칙 50에서는 대부분의 걷기 좋은 오래된 도시에서 안전도를 높이는 8피트 폭의 서행 차로와 12피트 폭의 양방통행 양보 차로를 거론했는데, 이 두 유형의 차로는 '20피트 간격(20-foot clear)'이라고 불리는 보편 소방 규정(Universal Fire Code)상의 기준에 따르자면 허용이 불가하다. 이 규정은 '법률(law)'이 아니라 많은 도시에서 채택하는 표준으로, 모든 도로에서 주차된 차량과 같은 방해물들의 간격을 20피트로 유지할 것을 요구한다. 많은 소방서장들은 이를 법률처럼 무차별적으로 적용하는데, 정작 그것이 화재 시 진입로가 하나뿐인 막다른 골목의 교외에서 나온 기준임은 깨닫지 못하고 있다. 양쪽에서 진입할 수 있는 도로에서는 더 이상 20피트 간격이라는 허용 기준을 적용할 필요가 없다. 이 20피트는 대형 소방차를 주차시키고, 안정판(stabilizer)을 내려놓은 다음 그 옆으로 또 하나의 대형 소방차를 주행시키는 데 필요한 간격이다. 전부는 아니지만 일부

사우스캐롤라이나의 보퍼트시는 긴급 전화의 1.1%만 화재와 관련이 있음을 알고는 펌프차 두 대를 더 작은 만능 차량으로 대체하여 50만 달러를 절약했다.[168]

차로를 침범하지 않고 회전할 수 있다. 또한 반경이 큰 모퉁이에서 운전자들은 브레이크를 밟지 않고 속도를 낼 수 있는 데 반해, 보행자들은 다가오는 교통에 노출되는 시간이 더 길어진다. 대부분의 도시에서 이 반경은 소방차 크기에 맞게 회전반을 이용하여 각 교차로를 독립적으로 설계하는 어려운 (또는 그렇게 어렵지는 않은) 작업을 손쉽게 하게 해주는 방편이었다. 이 반경은 적절히 맞춤화될 때 훨씬 더 작아지는데, 특히 소방차들이 회전하면서 반대쪽 차로로 건널 수 있도록 (사이렌을 통해) 양해가 이뤄질 때 그러하다.

작위적인 교통 신호: 뒤에 나올 규칙 76에서도 설명하겠지만, 작위적인 교통 신호들을 전방향 우선 정지 표지로 대체하면 부상 사고가 크게 줄어든다. 하지만 소방서장들은 교통 신호를 선호하는데, 그런 신호들이 있어야 그것들의 통제권을 선취함으로써 소방차가 다가올 때 자동차들과의 교차를 없애 출동 소요 시간을 앞당길 수 있기 때문이다.

출동 소요 시간은 빠를수록 좋지만, 다른 두 요소에서와 마찬가지로 생명의 안전을 대가로 해서는 안 된다. 더 폭넓은 도로와 더 폭넓은 교차로 그리고 작위적인 교통 신호가 모두 출동 소요 시간을 앞당긴다 한들 그 과정에서 무수한 시민들을 사망과 불구로 이끈다면, 본말이 전도된 상황임이 분명하다. 시장과 시의 관리자들이 소방서장에게 다양한 성과 척도와 새로운 직업적 당위를 제공해야 비로소 이런 상황은 종식될 것이다.

소방서장들은 이게 교외의 막다른 골목용으로 마련된 기준임을 알고는 기꺼이 그걸 거부하고 있다.

더 폭넓은 교차로: 많은 도시에서는 교차로의 모퉁이에서 대형 소방차가 다닐 수 있는 최소한의 연석 회전 반경(curb return radius)을 규정한다. 이 반경은 소방차가 회전할 때 모퉁이를 얼마나 많이 덮는지를 보여주는 척도로서, 덮는 구간이 커야 대형 소방차가 반대편

역20) 잘못될 가능성이 있는 모든 것은 결국 잘못된 결과로 이어지게 마련이라는 뜻의 경구

규칙 51: 소방서장의 당위를 출동 소요 시간이 아닌 공공 안전을 최적화하는 것으로 재정의하라. 20피트 간격과 최소 연석 반경은 더 정밀한 척도로 대체하라. 신호 선취권이라는 미명하에 작위적인 교통 신호를 더하거나 유지하지 말라. 새로운 소방차들의 규모를 지역 사회에 맞게 정하고, 반대로 지역 사회의 규모를 소방차들에 맞추지는 말라.

11부. 자전거 타기를 설득하라

52. 자전거 타기에 대한 투자를 정당화하라

53. 자전거 타기는 투자를 따른다는 사실을 이해하라

54. 자전거 타기의 흔한 위험 요인을 피하라

11부

자전거 타기를 설득하라

도시에서 자전거 타기에 대해서는 주로 두 가지를 이해하고 추진해야 한다. **첫째**, 자전거 타기는 순전히 유익하다. 자전거를 타는 인구가 많을수록 도시는 더 풍족해질 것이다. **둘째**, 자전거를 타는 인구는 주로 자전거 타기에 대한 투자와 상관관계가 있다. 자전거 타기를 우선시하고 그런 우선순위를 재정에 반영하는 도시들이 비로소 자전거의 도시가 될 것이다.

도시를 이끄는 지도자들이 자전거 시설에 투자하도록 설득하기 위해서는 종종 자전거를 타지 않는 사람들도 쉽게 이해할 수 있는 주장을 펼쳐야 한다. 가장 좋은 지원군은 공중 보건과 사회적 공평성, 경제적 경쟁력에 관심을 둔 이들로, 그 모두가 자전거 타기에 대한 투자를 뒷받침하는 강력한 논거로 무장할 수 있다. 그런 노력은 어떤 기후에서든 도시의 큰 변화로 이어질 수 있다.

52 자전거 타기에 대한 투자를 정당화하라

연구에 따르면 자전거 전용차로는 비용보다 몇 배의 이익을 가져다준다.

자전거 타기에 대한 투자가 쉬운 일은 아니지만, 효과적인 자전거 도로망 체계의 설계는 도시의 자전거 이용자를 늘리는 쉬운 방법이다. 어려운 부분은 지방 자치 단체 정부들로 하여금 자전거 도로망 체계를 받아들이고 그것에 투자하도록 설득하는 과정이다. 대의 민주주의에서 그런 임무는 보통 자전거 타기의 주된 이점들에 관한 대중 교육과 지원 활동을 상당히 필요로 한다. 이런 지원 활동이 효과적이려면 다음의 핵심 현안들에 초점을 맞춰야 한다.

공중 보건

자전거를 타는 인구의 증대를 선호하는 가장 강력한 논거들은 공중 보건에 중심을 둔다. 이에 관한 연구는 첩첩이 쌓이는 중이며, 그야말로 놀라울 정도다. 5년간 263,450명을 추적한 가장 최근의 연구는 자전거로 출퇴근하는 사람들이 때 이른 죽음을 맞이할 위험이 41% 더 낮았음을 발견했다. 또한 그런 사람들이 심장병 발병률이 41% 더 낮고, 암이 발생할 위험은 45% 더 낮다는 결과도 포함되어 있었다.[169]

공중 보건 혜택에 관한 모든 연구는 자전거 이용자들이 직면하는 부상과 사망의 위험도 고려해야 한다. 특히 자전거를 타다가 죽을 확률이 대략 유럽의 2배에 달하는 미국에서라면 더 그러하다. 이 주제에 관한 최고의 연구는 영국에서 이뤄졌는데, 그 연구는 자전거 타기의 위험보다 그것의 보건 혜택이 20배에 달한다는 결과를 얻었다.[170] 그 절반만 되었어도 여전히 인상적인 수치였겠지만, 더 좋은 소식은 여러 도시에서 이용자 수가 늘면서 자전거 타기의 장점이 더 우세해지는 모양새라는 점이다. 지난 15년간 뉴욕과 워싱턴, 시카고, 미니애폴리스, 포틀랜드, 시애틀에서 늘어난 자전거 이용자 수는 심각한 부상 사고의 발생률을 평균 64% 이상 낮췄다.[171]

> 2005년 뉴욕에서 자전거 타기에 1천만 달러를 투자하자 시민들에게 약 2억 3천만 달러의 사회적 순 혜택이 돌아갔다는 연구 결과가 나왔다.

공중 보건 투자의 관점에서 자전거 전용차로보다 더 효율적인 특효약을 상상하기는 쉽지 않다. 보통 사람들은 자전거로 출퇴근하기를 시작한 첫해에 평균 13파운드를 감량한다.[172] 노던 아이오와 대학교의 한 연구에 따르면, 자전거 타기는 아이오와주에 사는 자전거 이용자들의 의료비를 약 8,700만 달러 절감시킨다.[173] 2005년 뉴욕에서 자전거 타기에 1천만 달러를 투자하자 시민들에게 약 2억 3천만 달러의 사회적 순 혜택이 돌아갔다는 연구 결과도 있다. 이 수치에는 공기가 더 맑아져 자전거를 타지 않는 사람들의 건강도 더 좋아졌음이 고려되었다.[174]

공평성

대부분의 사람들은 자전거 이용자라고 하면 딱 달라붙는 스판덱스를 입은 중년 남성(Middle-Age Men In Lycra: MAMIL)을 떠올리고 그들이 비교적 부유하다고 여긴다. 통계에 따르면 이런 인상은 잘못된 것이다. 자전거로 출퇴근할 가능성이 높은 사람들은 가난한 사람들이 거의 2배에 달한다. 미국인 중 소득 4분위의 최하위계층이 자전거 통근 인구의 거의 40%를 이루고 있다.[175] 자전거 시설에 투자하면 주로 지역 사회의 건설 노동자와 레스토랑 근무자의 안전이 개선되고, 그들이 자가용에 지출하는 엄청난 재정 부담도 없애는 데 도움이 된다.

경제학

인재의 유치와 보유, 일자리 창출, 가구 지출, 집값, 가게 매출, 또는 불필요한 부대비용 제한과 관련해서는, 자전거 전용차로가 해답이다. 젊은 창작인과 기술직 노동자들은 주거지와 근무지를 정할 때 자전거 기반시설을 주된 우선순위로 꼽을 때가 많다.[176] 한 연구에 따르면 공적 자금을 자동차 주행 기반시설에 투자할 때보다 자전거 기반시설에 투자할 때 창출되는 일자리가 약 2배에 달한다.[177] 인디애나폴리스에서는 자전거 둘레길(bike path)과 가까울수록 집값이 평균 11% 높은 것으로 나타났고,[178] 브루클린에서는 그 수치가 평균 16%였다.[179] 맨해튼에서는 가게가 자전거 전용차로에 있을 때 무려 49% 높은 매출을 올리는 것으로 나타났다.[180] 마지막으로, 자동차와 달리 자전거는 기후 변화와 기름 중독, 연간 4만 명의 자동차 사고 사망자 수 등

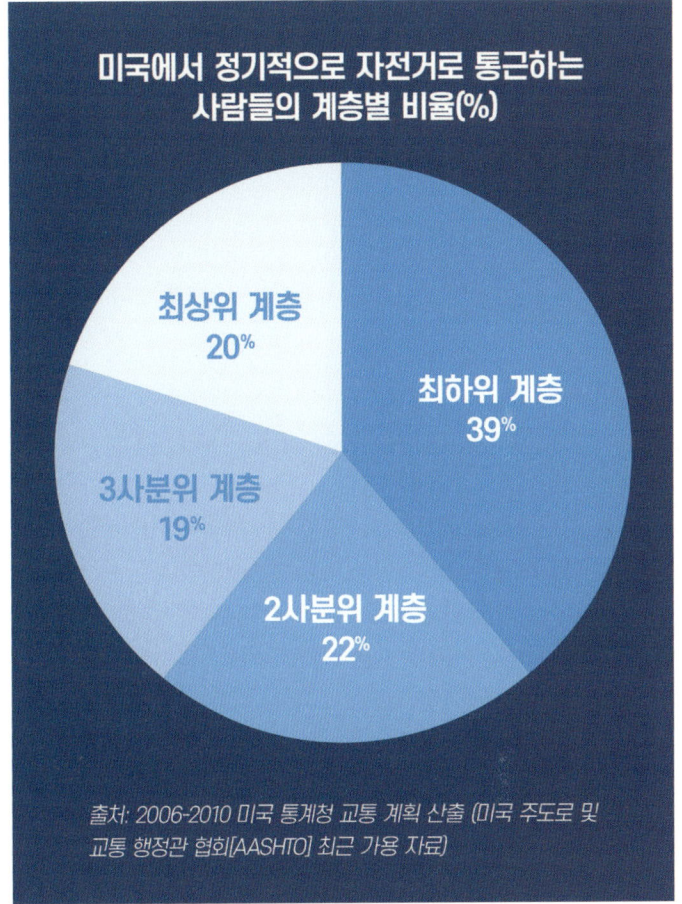

미국에서 자전거로 통근하는 인구의 대부분은 부유층이 아니다.

대가가 큰 영향들을 악화시키지 않는다. 도시에서 자전거 전용차로보다 더 성공적인 투자를 찾기란 어려울 것임은 데이터로 분명하게 나타난다.

규칙 52: 자전거 도로망 체계에 대한 투자를 옹호할 때는, 공중 보건과 공평성, 경제학에 대한 데이터를 인용하라.

53 | 자전거 타기는 투자를 따른다는 사실을 이해하라

지형과 기후, 문화에 비교할 일이 아니다.

1970년대 오리건 포틀랜드에서 자전거를 타는 인구는 미국의 다른 지역에서와 크게 다르지 않은 수준이었다. 이후 40년간 포틀랜드시는 자전거 기반시설에 약 6천만 달러를 투자했는데, 이는 약 1마일의 시내 프리웨이를 짓기에도 충분한 금액이었다. 이제 오리건 주민들이 자전거로 출퇴근하는 비율은 전국 평균의 14배를 넘는다.[181]

좋은 자전거 도로망 체계가 없는 곳에서 사람들이 거의 자전거를 타지 않는 문화라고 말하는 것은 마치 아무도 강을 헤엄쳐서 건너지 않으니 다리는 필요 없다고 말하는 것과 같다.

유럽 도시에 대해서도 똑같은 얘기를 할 수 있지만, 그 결과는 더 극적이다. 1960년대 암스테르담과 코펜하겐에서는 전형적인 미국 도시에서처럼 자동차가 풍경을 지배하기 시작했다. 하지만 그때 국가와 지역의 정책들은 주간선 도로에 투자되던 자금을 총체적인 시내 자전거 도로망 체계로 돌리면서, 자동차 교통으로부터 대부분 보호되는 안전한 자전거 전용차로에 초점을 맞췄다. 이제 네덜란드에서는 돌아

워싱턴 DC에서는 고품질의 자전거 도로망 체계로 인해 이러한 자전거 기반 청소 서비스가 가능해졌다.

다닐 때 가장 흔히 쓰는 교통수단으로 자전거를 꼽는 국민의 비율이 36%이며, 도심에서는 그 비율이 훨씬 더 높다.[182] 아울러 코펜하겐에서는 지난 10년에만 1억 5천만 달러를 투자한 이후 시민 중 무려 62%가 자전거로 출퇴근하거나 통학하고 있는데, 이는 자동차를 이용하는 비율의 거의 7배에 달하는 수치다.[183]

코펜하겐에는 눈이 좀 내리는데, 이 도시는 자동차 주행 차로보

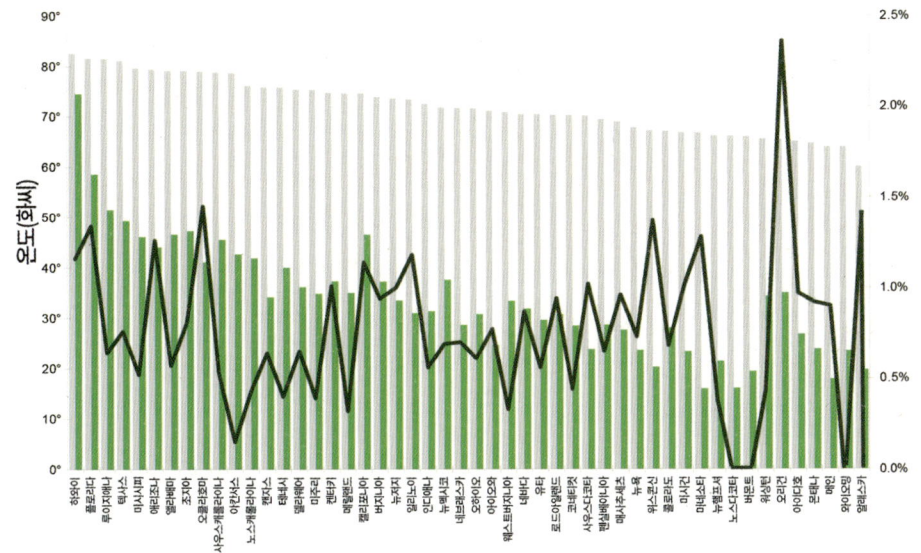

날씨와 무관하게 주에 따라 요동치는 선은 자전거를 이용한 통근 여정의 비율을 나타낸다.

다 자전거 전용차로를 먼저 제설하기로 유명하다. 또한 포틀랜드는 강우가 엄청난 곳으로 매년 약 150일간 비가 내리고, 눈까지 온다. 포틀랜드에는 이런 말이 있다. "나쁜 날씨 같은 것은 없다. 나쁜 기어만 있을 뿐이다." 여기서 중요한 또 하나를 떠올리게 되는데, 한때 자전거 타기에 큰 영향을 준다고 여겨지던 날씨가 실은 큰 영향을 주지 않으며 지형도 별 영향이 없어 보인다는 점이다. 캐나다 북부의 유콘테리토리는 캘리포니아보다 자전거 통근자 수가 2배 많으며,[184] 구릉지인 샌프란시스코는 비교적 평지인 덴버보다 자전거 이용자의 비율이 2배다.[185]

더운 날씨는 분명 문제가 될 수 있으며, 그렇기 때문에 (LEED[역21] 친환경 건물 인증 기준이 명시하듯이) 업무 시간 중 샤워를 장려하는 개발 법규는 이 구상에서 핵심을 이룬다. 하지만 기후와 구릉지를 비롯한 지역 요인들이 자전거 이용 인구의 성장에 불가항력적인 장애물이라고 말하는 것은 정당화될 수 없다. 그렇지 않음을 보여주는 증거가 분명한 상황이기 때문이다.

본질을 흐리는 가장 당황스러운 논리는 무엇보다도 '문화'다. "여기서는 자전거를 타는 사람이 없으니 아무도 자전거를 타지 않을 것"이라는 동어 반복적인 주장이 종종 이뤄지곤 한다. 좋은 자전거 도로망 체계가 없는 곳에서 사람들이 거의 자전거를 타지 않는 문화라고 말하는 것은 마치 아무도 강을 헤엄쳐서 건너지 않으니 다리는 필요 없다고 말하는 것과 같다.

땀이 뻘뻘 나는 지역인 조지아주 메이콘 시의 과거 공무원들은 3개의 자전거 전용차로 블록을 따로따로 설치하고는 아무도 그것들을 이용하지 않는다고 했다. 하지만 작년에는 임시 자전거 전용차선을 8마일에 걸쳐 조성한 결과 자전거 이용자가 800% 넘게 늘었음을 확인했다.[186]

역21) '에너지 및 환경 설계 분야 리더십(Leadership in Energy and Environmental Design)'의 약자로, 미국 녹색 건물 위원회(US Green Building Council)가 만든 친환경 건물 인증 제도다.

규칙 53: 자전거 타기에 대한 투자가 아닌 어떤 요인이 자전거 이용 인구에 상당한 영향을 줄 거라는 모든 주장에 반박하라.

54 자전거 타기의 흔한 위험 요인을 피하라
실수로부터 배워야 할 교훈이 많다.

다소간의 야심과 운이 함께 해온 미국의 여러 도시들은 수십 년간 자전거 전용차로를 설치하는 노력을 경주해오는 중이다. 이런 노력을 일부라도 접하게 되면 피하는 게 좋았을 흔한 실수들에 대한 교훈을 얻을 수 있다.

뉴욕시에서는 자전거 전용차로를 신설하면서 도로 위 부상 사고 발생률이 평균 22% 감소했다.

'우리 대 그들'이라는 생각: 계획가가 배우는 이상적인 교훈 중 하나는 공식 문서에서 운전자(driver)나 자전거 이용자(cyclist) 또는 보행자(pedestrian)라는 단어의 사용을 피하는 것이다. 그보다는 운전하는 사람들(people driving), 자전거 타는 사람들(people biking), 걷는 사람들(people walking)이라는 용어를 쓰는 게 좋다. 우리는 서로 그다지 다르지 않다. 우리는 모두 같은 종에 속하며, 사실 우리 중 다수는 완전히 동일한 유형이다. 우리는 날짜와 시간과 날씨에 따라 자동차를 운전할 수도, 자전거를 탈 수도, 걷기를 택할 수도 있다. 우리가 택하는 언어가 그런 사실을 강화할 수도, 약화할 수도 있다. 게다가 거슬리는 비문이긴 해도 너무나 필요하고 더 큰 주목을 받아야 할 티셔츠 캠페인인 "원 레스 카(One Less Car)"라는 현상이 있다. 운전하는 사람들의 대부분은 자전거를 타는 사람 하나하나가 자가용을 운전할수록 통근길이 정체될 수 있음을 상기할 수 있으리라.

제로섬 사고방식: 많은 사람들이 자전거 전용차로가 생기면 그만큼 주행 차로나 주차로가 없어진다고 여긴다. 물론 그럴 때도 있지만, 그렇지 않을 때도 있다. 좋은 자전거 도로망 체계라면 대부분 과속과 위험에 기여할 뿐인 불필요한 주행 차로와 멀리 떨어진 공간을 차지할 것이다. (규칙 45와 46에서) 도로 다이어트라는 이름으로 그리고 위에서도 논했듯이, 자전거 전용차로를 추가하면 자동차 수용력을 전혀 줄이지 않고도 모든 도로 이용자에게 더 안전한 조건을 만들 수 있다.

자전거 이용자 대 보행자라는 생각: 이건 단골로 등장하는 얘기다. 대략 하루에 한번쯤은 어딘가에서 열리는 교통 계획 공청회에서 누군가가 일어서서 말한다. 어떤 할머니가 브레이크 없이 달리는 자전거 우편배달부에 치였다는 소름끼치는 소식을 들은 적이 있어서 자전거 전용차로 계획을 멈춰야 한다고 말이다. 이런 말에 대한 적절한 대처법은 좋은 자전거 전용차로가 실제로 어떻게

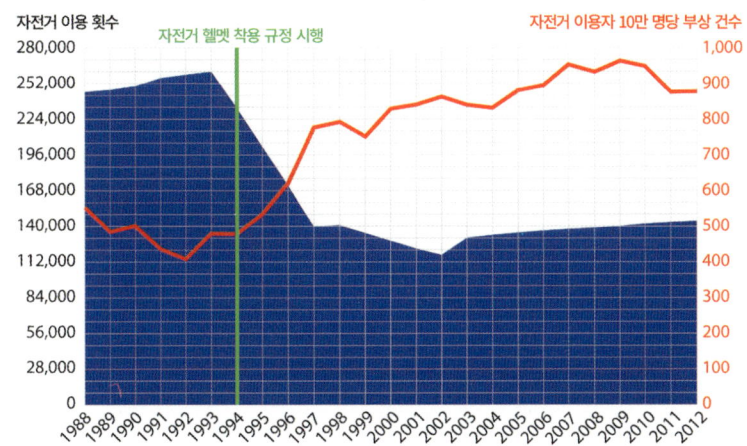

뉴질랜드에서 헬멧 착용 규정을 시행하기 시작했을 때 자전거 이용률이 51% 떨어졌고 부상 위험은 2배가량 올랐다.[190]

보행 환경을 더 안전하게 만드는지를 조용히 설명하는 것이다. 뉴욕시에서는 자전거 전용차로를 신설하면서 도로 위 부상 사고 발생률이 평균 22% 감소했다는 확실한 데이터가 있다고 말이다.[187] 부적절하지만 때로는 필요한 대응은 다음과 같다. "매년 자전거 이용자와 부딪혀 사망하는 보행자보다 자판기에 압살당하는 사람이 더 많습니다."[188] 자, 다음 질문이요.

헬멧 착용 규정: 유럽에서는 자전거를 탈 때 헬멧을 쓰지 않지만, 미국에서는 자전거 타기가 훨씬 더 위험하기 때문에 헬멧을 써야 한다. 하지만 자신의 안전이 염려된다고 해서 다른 사람한테까지 헬멧을 쓰라고 요구해선 안 된다. 그렇게 하면 자전거 타기가 모두에게 더 위험해지기 때문이다. 헬멧 착용 규정은 자전거 이용률을 억누르게 되고, 자전거를 타는 사람이 적을수록 위험은 더 커지기 마련이다. 그럴수록 공중 보건도 더 안 좋아지고, 더 많은 사람들이 자동차를 몰게 된다. 대중적인 자전거 공유가 실패한 소수 지역들(시애틀, 호주)에 헬멧 착용 규정이 적용되고 있는 것은 우연이 아니다.[189]

나쁜 '여론 조사': 디모인시는 수년간 잠정적 대책을 시행한 다음 2017년부터 다중 교통 방식의 도로 설계 전략을 공세적으로 추진하기 시작했다. 겨우 3년 전만 하더라도 그곳의 상황은 미국의 많은 지역 사회에서 지금도 볼 수 있는 상황과 비슷했다. 시 정부의 수장과 직원들, 그리고 탄탄한 자전거 커뮤니티 모두가 더 좋은 자전거 기반시설을 원했지만, '여론'이 반대하기 때문에 그런 계획을 추진할 수 없다고 느꼈다. 어떻게 여론을 가늠했을까? 온라인 여론 조사의 질문은 이런 식이었다. "잉거솔 애비뉴에서 새로운 자전거 전용 차로를 보고 싶으십니까?" 사람들은 자발적인 의사로 이 조사에 참여했고, 대부분의 온라인 포럼에서도 그렇듯 가장 심술궂은 반대론자들이 일찍이 떼로 나타나 여러 번에 걸쳐 반대에 투표했다. '여론 조사'는 조사에 적극적인 사람들에게만 국한됨이 없이 무작위로 인구 집단 전체를 고루 조사하는 횡단면(cross-sectional) 조사가 아닌 한 여론 조사라고 볼 수 없다. 전형적인 온라인 여론 조사에 신뢰를 보내는 것은 그야말로 당신의 도시에 자전거 시설을 비롯한 어떤 좋은 변화도 일어나지 못하게 막는 훌륭한 길이다.

규칙 54: 자동차 운전자와 자전거 이용자, 보행자 모두의 공통점을 반영한 언어를 사용하고, 자전거 타기에 좋은 것이 어떻게 자동차 운전에도 좋을 수 있는지를 보여줘라. 자전거와 보행자의 충돌에 대한 우려를 누그러뜨리고, 헬멧 착용 규정을 없애고, 여론 조사는 오직 과학적인 방식으로 할 수 있을 때만 실시하라.

12부. 도시의 자전거 도로망 체계를 구축하라

55. 자전거 도로망 체계의 기능을 이해하라

56. 기존 회랑 지대들을 자전거 둘레길로 전환하라

57. 자전거 가로수 길을 구축하라

58. 자전거 트랙을 구축하라

59. 자전거 트랙을 적절히 구축하라

60. 기존의 전형적인 자전거 전용차로를 활용하라

61. 전형적인 자전거 전용차로를 적절히 구축하라

62. 공유 도로 표시를 자전거 시설로 활용하지 말라

12부

도시의 자전거 도로망 체계를 구축하라

　북미 지역에서 적절한 시내 자전거 도로망 체계는 모든 게 함께 작동하는 다양한 시설로 구성된다. 쾌적한 순서로 나열하자면, 자전거 둘레길(bike path), 자전거 가로수 길(bicycle boulevard), 자전거 트랙(cycle track), 그리고 전형적인 자전거 전용차로(bike lane)의 순이 된다. 이 시설들을 잘 설계하고 분배하는 법에 관해서는 알아야 할 게 많다. '섀로우(sharrow)'[역22]라고 불리는 공유 도로 표시는 수행하는 역할이 있음에도 효과적인 자전거 시설은 아니다. 적절한 자전거 도로망 체계는 다양한 시설뿐만 아니라, 저속의 교통과 간편하게 섞이는 수많은 국지 도로도 포함할 가능성이 높다.

역22) 'share(공유)'와 'arrow(화살표)'의 합성어다.

55 자전거 도로망 체계의 기능을 이해하라
자전거 타기를 유용하고 안전하게 만드는 게 목적이다.

『걸어다닐 수 있는 도시』에 나오는 한 가지 논쟁적인 문장은 되풀이할 가치가 있다. "목표는 자전거 이용자들을 도로 안으로 아슬아슬하게 몰아넣는 게 아니라, 그들이 원하는 어디로든 가게 해주는 것이다."191, 역23) 정치적 상황이 가장 좋을 때라도 모든 도로에 자전거 전용 차로를 배치할 수는 없는 노릇이고, 그게 최선의 결과도 아니다. 자전거 이용자 수가 많을수록 좋다는 개념이 말해주듯이, 그들을 도시 전역에 안개처럼 분산시키지 말고 더 적은 경로에 집중시키는 게 더 안전하다. 그렇게 하면 자동차 운전자들이 자전거 이용자들의 존재를 미리 예측하게 되기 때문이다.

대중교통망 체계를 개선하는 목적이 이용이 잦은 노선에 초점을 맞추는 것이듯, 자전거 도로망 체계를 개선하는 목적은 스트레스가 적은 노선에 초점을 맞추는 것이다.

이러한 접근이 이상적으로 이루어질 경우, 대부분 자동차와 트럭과는 분리된 스트레스가 적은 환경에서 자전거를 탈 수 있는 자전거 도로망 체계가 형성된다. 하지만 자전거 이용자들이 목적지에 다다를 때는 잠시 자전거 비보호 전용차로를 활용하거나, 속도가 느린 차로를 빌려 쓰거나, 그냥 갓길 보도에서 자전거를 끌며 걸어야 하는 상황이 있을 수 있다. 이런 도로망 체계의 결점을 인식하는 자전거 이용자들은 많지 않지만, 대부분의 미국 도시들은 그 정도에도 미치지 못한다. 그럼 어디서부터 시작해야 하는가?

시내 도로망 체계를 보면 여러 가능성이 떠오르는데, 대부분은 주행 차로를 적정 규모로 줄이며 확보되는 '여유 노면'에서 기회가 생긴다(규칙 45부터 50까지 참조). 이런 기회들은 더 큰 광역적 구상을 기준으로 모아서 구성해야 산책로와 기타 대규모 시설을 함께 결합할 수 있다. 모든 게 순조롭게 진행된다면, 대부분의 목적지를 대체로 스트레스가 적은 자전거 도로망 체계로 이을 수 있게 될 것이다.

이런 도로망 체계는 스트레스가 가장 적은 유형부터 가장 많은 유형까지 광범위한 시설 유형들로 사전에 구성될 것이다.[192]

자전거 둘레길(bike path): 이 유형은 시내 도로에서 떨어져 위치하는 자전거 길이며, 때때로 만들어지는 횡단로는 안전을 위해 세심하게 설계된다. 미국에서는 대부분 철도 폐선 내에 설치되어 왔다.

자전거 가로수 길(bicycle boulevard): 이 유형은 교통량이 적고 속도가 느린 (보통은 주택가의) 도로로서, 흔한 유형은 아니다. 특히 자전거 여행을 장려하고 자동차의 광역 주행을 막기 위해 이 유형으로

변경이 이뤄진다.

자전거 트랙(cycle track): 비교적 최근에 도입되어 현재 확산 중인 유형으로, '자전거 보호 전용차로(protected bike lane)'라고도 불린다. 도로 점유권 설정 구역(street right-of-way)에 위치하지만 동시에 그로부터 (종종 한 줄의 주차 행렬을 통해) 물리적 보호가 이뤄진다.

전형적인 자전거 전용차로(conventional lane): 가장 흔한 시설로서, 주행 차로 바로 옆에 줄을 그어 표시한 노선이다. 종종 차로들과 주차된 차량들 사이에 끼어 있어서, 차량 문이 열릴 때 위험한 경우가 생긴다.

서행 흐름과 양보 흐름의 도로(slow-flow and yield-flow streets): 교통량이 적은 도로가 적절히 저속으로 설계된 곳에서는 특별한 표시 없이 자동차와 트럭과 자전거가 도로를 공유할 수 있다. 이 유형은 국지적인 이동에 적합하지만, 그 자체로 광역 도로망 체계를 구성하는 경우는 드물다.

공유 도로 표시(섀로우): 공유 도로 표시는 전형적인 주행 차로에 자전거 그림을 표시하고(표시하거나) '도로 공유(Share the Road)' 표지들을 줄지어 늘어놓은 유형이다. 뒤에서 얘기하겠지만, 공유 도로 표시는 사실 자전거 시설이 아니라는 점이 분명해지고 있다(규칙 62).

미국의 도시들은 대부분 자전거 도로망 체계가 매우 부적절한데, 특히 자전거 타기가 가장 생산적인 도심에서 그러하다. 대중교통망 체계를 개선하는 목적이 이용이 잦은 노선에 초점을 맞추는 것이듯, 자전거 도로망 체계를 개선하는 목적은 스트레스가 적은 노선에 초점을 맞추는 것이다. 대부분의 경우에는 옆으로 몇 블록만 가면 이용할 수

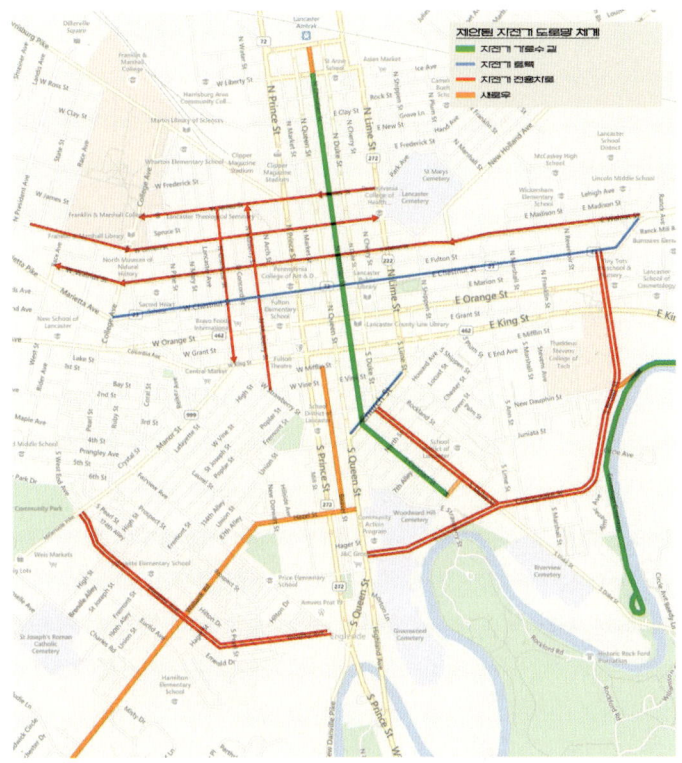

펜실베이니아 랭커스터의 작은 도심에서는 도로 공간의 일부를 다양한 시설로 구성된 도심 자전거 도로망 체계로 변경했다.

있는 자전거 가로수 길과 자전거 트랙을 설치할 기회를 찾아야 한다. 자전거 트랙을 끼워 넣을 수 없는 번잡한 도로에서는 여전히 통합 노선(Integrated Lane)이 중요한 역할을 할 수 있다. 특히 과속을 유발하는 불필요한 노면을 없앨 경우에 말이다.

역23) 『걸어다닐 수 있는 도시』 (박해인 옮김, 마티, 2015) 232쪽의 번역문을 일부 준용했다.

규칙 55: 자전거 동선을 접근하기 쉽고 스트레스가 적은 노선으로 집중시키는 자전거 도로망 체계를 만들어라.

56 | 기존 회랑 지대[역24]들을 자전거 둘레길로 전환하라

자전거/달리기/걷기 전용 시설보다 나은 대안은 없다.

자전거 둘레길(bike path 또는 bike trail)은 시내 도로에서 떨어져 위치하는 자전거 길이며, 그렇기 때문에 자전거를 타기에 가장 안전하고 매력적인 장소다. 이런 길은 철도 폐선 부지나 해변, 강변, 운하 주변에 설치되는 경향이 있다. 또한 주간선 도로 점유권 설정 구역(highway right-of-way)에서도, 때로는 송전선을 따라서도 발견될 수 있다.

콜로라도의 볼더에서는 자전거 둘레길에 인접한 부동산들이 1천 야드 떨어진 곳의 비슷한 부동산들보다 32% 더 비싸게 팔린다.

안전하고 성공적인 자전거 둘레길을 만드는 열쇠는 끊기는 지점들을 제한하고 적절히 다루는 것이다. 도로의 횡단로에서는 주변 상황에 따라 정지 표지나 점멸 신호, 또는 완전한 신호등 체계가 필요할 수도 있다. 자동차 통행량이 많지 않은 곳에서는 자전거 둘레길이 아닌 교차 도로에서 정지 표지를 받아야 한다. 자동차가 정지해도 교통 혼잡이 일어나지 않는 곳에서도 자전거가 멈추게 되는 경우가 너무 많은데, 이런 결과는 우선순위가 잘못 정착되어 있음을 시사한다.

자전거 둘레길은 때때로 잠시 사라졌다가 도심을 지날 때 시내 도로와 합쳐질 것이다. 이런 조건을 어떻게 다루느냐가 그 길의 성공에, 특히 여가 시설로서의 성공에 큰 영향을 미칠 것이다. 숙련되지 않은 이용자들은 둘레길의 향기가 사라졌을 때 되돌아갈 가능성이 충분히 있다. 도로 안의 차로들과 두텁게 그려진 표지는 이 길이 중간에 끊겨도 다시 이어질 것임을 이용자들에게 알려주는 핵심적인 역할을 한다.

전문가의 영역이 되어버린 대부분의 교통 시설에서도 그렇듯이, 이용자들에게 가장 좋은 서비스를 제공한다는 목적으로 자전거 둘레길의 규모를 키우는 경향이 존재한다. 하지만 이런 시도가 과도한 비용을 지출시켜 사업의 실패를 초래할 수 있다. 자전거 타기와 걷기를 최적화하는 일부 계획가들은 자전거 이용자와 보행자에게 이동하는 방향마다 5피트 폭의 노면을 할당하도록 요구하는데, 이렇게 하면 20피트라는 터무니없는 폭의 노면을 할당해야 한다. 더 폭넓은 노면을 보장하는 고강도의 시내 용도가 있긴 하지만, 통상적인 양방통행로의 폭이 10피트를 넘어야 할 이유는 없다. 여가와 통근을 위한 자전거 타기는 프랑스에서 매년 열리는 사이클 경기가 아니며, 자전거 이용자들은 가끔씩 브레이크를 쓰는 게 당연시되어야 한다.

철도 폐선을 둘레길로 전환하는 운동은 큰 성공을 거두었으며, 그렇게 생긴 다수의 광역 자전거 둘레길들은 기념할 가치가 있다. 대중교통과 결합한 최고의 사례에 속하는 매사추세츠의 미닛맨 바이크웨이(Minuteman Bikeway)는 10마일 길이의 자전거 둘레길로, 보스턴 도심에서 출발하면 매사추세츠만 교통공사(Massachusetts Bay Transportation Authority: MBTA) 레드 라인의 서부 종착역까지 금방 도착한다. 역에는 충분한 공간의 자전거 보관소가 마련되어 있다.

자전거 둘레길은 지역 사회의 특질과 그 삶의 질에 엄청나게 기여한다. 하지만 새로운 시설을 만들려는 대부분의 시도들은 어김없이 상당한 지역적 반대에 직면하게 된다. 반대하는 이웃들은 종종 불량배들이 "도시에서 와서 우리 집 텔레비전을 훔치기" 위해 그런 둘레길을 사용할 거라는 확신에 차 있으며, 그런 두려움은 지금도 지역 회의에서 흔히 반복되고 있다. 지금껏 자전거 둘레길은 범죄의 증가와 관련된 적이 전혀 없다는 사실에도 불구하고 말이다.

반대로 데이터에 따르면, 인근의 자전거 둘레길이 집값에 상당히 긍정적 영향을 줄 가능성이 높다. 델라웨어 대학교의 한 연구에 따르면, 집마다 부동산 가치가 약 8,800달러 오르는 효과가 있는 것으로 나타난다.[193] 콜로라도의 볼더에서는 자전거 둘레길에 인접한 부동산들이 1천 야드 떨어진 곳의 비슷한 부동산들보다 32% 더 비싸게 팔린다. 매사추세츠에서는 자전거 둘레길을 따라 위치한 집들이 다른 곳의 집들보다 팔리는 데 3주가 덜 걸린다.[194]

충분히 큰 자전거 둘레길은 그 자체로 경제의 엔진일 수 있다. 35마일 길이의 버지니아 크리퍼 트레일(Virginia Creeper Trail)은 그 지역에 연간 약 160억 달러의 세입을 기여하는 것으로 기록되어 있으

디트로이트 도심의 드퀸드레 컷(Dequindre Cut)은 자전거 이용자들에게 빠르고 안전한 궤도를 제공하고자 옛 철도 회랑 지대를 활용한다.

며, 그것만으로도 버지니아 다마스쿠스시의 부흥을 가져온 성과가 인정된다. 다마스쿠스시에서는 둘레길의 연간 방문객 13만 명에게 서비스를 제공하기 위해 30개가 넘는 신규 사업체들이 우후죽순 생겨났다.

자전거 둘레길, 특히 철도 폐선을 활용한 자전거 둘레길은 만들지 말아야 할 정당한 이유가 있을 수 있는데, 그것은 그 철도에 다시 열차가 다닐 수 있는 잠재력이 있을 때다. 그럴 때 폐선을 떼어 내면 미래에 통근 열차 서비스를 도입하는 시도를 영영 못하게 될 수도 있다. 따라서 철도를 둘레길로 전환하는 새로운 제안들은 미래 대중교통을 위한 현실적 기회들을 감안하여 신중하게 고려되어야 한다.

역24) 도시 계획에서 '회랑(corridor)'은 주로 교통로를 따라 선형으로 이어지는 광역적인 도시 상권을 뜻하지만, 여기서는 옛 철도 폐선 부지와 송전선까지 포함하는 개념으로 쓰였다.

규칙 56: 자전거 둘레길이 될 잠재력을 갖춘 회랑 지대들을 파악하고, 경제적 분석과 최근 경험을 활용하여 그에 대한 투자를 정당화하라.

57 | 자전거 가로수 길을 구축하라
쓰임이 덜했던 도구를 쓸 만한 때가 되었다.

자전거 가로수 길(bicycle boulevard)은 미국 서부 해안에서 확산하기 시작한 개념으로서, 미국 전역에서 자전거 이용자들의 안전을 높이고 그 인구를 늘릴 수 있는 큰 잠재력을 보여준다. 이 용어는 마치 간선 급행버스 체계(Bus Rapid Transit)와 뉴 어바니즘(New Urbanism)처럼 기억하기도 쉬운 말이어서, 그만큼 쉽게 채택될 뿐만 아니라 성의 없는 모방으로 본래의 의미를 잃어버릴 위험도 있다. 자전거 가로수 길은 정확히 뭘 말하는가? 적절한 자전거 가로수 길은 다음과 같은 5가지 특징을 갖는다.

자전거 가로수 길이 중심가와 교차할 때는 자전거 시설의 효율성을 높일 수 있는 신호 체계를 계획해야 한다.

길고 조용하다: 자전거 가로수 길은 광역 시설일 때 가치가 있으며, 따라서 좋은 자전거 가로수 길은 블록 단위가 아니라 마일 단위로 측정된다. 이런 길이 적절히 기능하려면 자동차 통행량이 매우 적어야 하고, 대개는 그 블록에서 '사는' 사람들의 자동차만 다녀야 한다. 이런 길은 교통이 몰려드는 고밀 지역이나 상업 지역에는 적합하지 않다. 자전거 가로수 길이 도심에 진입할 때는 보통 더 도시적인 시설로 바뀌어야 하는데, 이상적인 방법은 자전거 트랙을 설치하는 것이다.

속도가 느리다: 자전거 가로수 길은 보통 시속 20~25마일의 저속을 위한 신호 체계를 갖춰야 할 뿐만 아니라, 저속을 위한 설계도 이뤄져야 한다. 말하자면 폭이 너무 넓지 않게 설계하는 것이 이상적이다. 과속을 유발하는 도로에는 '과속방지턱(speed cushion)'이나 '병목 구

간(pinch point)', '이중 급커브 길(chicane)' 등 자동차들의 속도만 늦추고 자전거들은 제 속도로 쉽게 다닐 수 있게 하는 요소들을 둬야 한다. 평행 주차는 저속을 유지하는 데 도움이 되기 때문에 자전거 가로수 길에도 어울린다.

글씨와 로고가 표시된다: 블록과 블록을 잇는 자전거 가로수 길은 평범한 도로와 매우 흡사해 보이지만, 노면 위의 표시들이 강조된다. 단지 자전거 로고만 그리는 걸 넘어 도로 안에 '가로수 길(BLVD)'이라고 쓰는 것은 이 시설을 특별하게 칭하는 의미 있는 방법이다. 모퉁이마다 수직 표지판을 세워서 자전거 가로수 길마다 고유의 이름을 부여하면 그 길의 브랜딩과 마케팅에도 도움이 되고, 자전거 이용자 위주의 길임을 자동차 운전자들에게 상기시켜준다. 또한 중앙선은 지워야 한다.

통과 교통을 걸러낸다: 자전거 가로수 길은 효율적이고 직접적으로 시내로 진입하는 노선인 만큼 차량 통행을 저지하지 않으면 금세 자동차와 트럭으로 넘쳐나게 될 것이다. 차량 통행의 저지는 표지판과 경찰 단속으로 할 수 있지만, 더 쉬운 방법은 교차로에 장애물을 설치하는 것이다. 그중 가장 효과적인 도구는 교차 도로에서 바닥을 높인 짧은 중앙 분리대인데, 그 가운데에 작은 간극을 둬서 자전거 이용자들만 교차 도로에서 방향을 꺾지 않고 블록 사이를 지나가게 할 수 있다.

자전거용 표지와 신호 체계가 계획된다: 자전거 가로수 길이 지선 도로와 교차할 때는 지선 도로에 정지 표지를 둬야 한다. 중심가와 교차할 때는 신호 체계로 자전거 시설의 효율성을 높일 수 있도록 녹색불

캘리포니아의 버클리에서는 7개의 자전거 가로수 길이 도시 전체의 격자 체계를 이룬다.

파도의 시간을 자전거의 속도나 자전거 이용자들의 신속 응답 센서(quick-response sensor)(또는 누름단추)에 맞춰야 한다.

두 경우 모두, 특히 충돌 가능성이 높은 곳에서 표지판, 노상 표시, 점멸등, 그리고/또는 바닥을 높인 횡단로로 자전거 가로수 길의 가시성을 강조하는 게 시설의 안전을 개선하는 데 중요할 수 있다.

대부분의 자전거 시설에서와 마찬가지로, 자전거 가로수 길의 설계에 관한 최고의 지침서는 전미 도시 교통 공무원 협회에서 펴낸 『시내 자전거 도로 설계 기준(Urban Bikeway Design Guide)』에서 찾아볼 수 있다.

규칙 57: 광역 자전거 가로수 길을 도입할 때는 제한 속도가 낮은 조용한 도로에서 중앙선을 없애고, 두드러진 표시와 브랜드화된 표지를 갖추고, 자동차와 트럭보다 자전거를 우선시하는 교차로와 그 신호 체계를 계획하라.

58 | 자전거 트랙을 구축하라
자전거 보호 전용차로는 시내 자전거 이용률을 높이는 빠르고 저렴한 길이다.

여러 연구에 따르면 자전거 이용 인구를 확대하고 싶은 도시는 스트레스가 적은 자전거 시설의 유용한 도로망 체계를 제공해야 한다. 이런 도로망 체계에는 적절한 자전거 둘레길과 자전거 가로수 길뿐만 아니라 '자전거 보호 전용차로(protected bike lane)'라고도 알려진 '자전거 트랙(cycle track)'도 보통 포함된다. 자전거 트랙은 차량 도로 점유권 설정 구역 내에 위치한 자전거 도로이지만, 대개 주행 차로와 자전거 전용차로 사이에 모종의 장벽을 둠으로써 자동차 운전자와 자전거 이용자 간에 일어날 수 있는 충돌을 제한하는 방식으로 설계된다.

유럽에서 전형적인 자전거 트랙은 갓길 보도의 외곽 경계를 점유하면서 그 보도의 높이만큼 도로 위로 올라와 있다. 북미 도시에서는 이런 구성이 이제야 겨우 도입되기 시작했지만, 이는 도로를 새로 설계하거나 완전히 재건할 때만 추진할 수 있는 이상적인 결과다. 대신 많이 활용되는 배치법은 자전거 트랙과 갓길 보도 사이에 가로수를 심어 영역을 더 분명하게 구분하는 것이다.

미국에서는 대부분 기존 도로에서 자전거 트랙을 만들 기회가 생겨나는데, 기존 도로에서는 시공을 최소화하는 게 더 경제적인 접근이다. 이런 상황에서 가장 좋은 기법은 차로 하나를 없애고 한 줄의 평행 주차를 연석에서 띄워 배치함으로써 주차된 차량의 차문이 열리는 완충 지대 옆으로 자전거 보호 전용차로를 만드는 것이다.

이런 유형의 자전거 전용차로는 미국 전역에서 확산하면서 엄청난 결과를 가져오고 있다. 자넷 사딕-칸이 브루클린의 프로스펙트 파크 웨스트에 자전거 트랙을 도입했을 때, 그 도로의 자전거 이용률은 3배로 뛰어올랐고 모든 자동차 운전자들의 과속 비율은 75%에서 17%로 떨어졌으며, 부상 충돌의 수는 무려 63% 급락했다.[195] 이곳은 뉴욕시인 만큼 즉각 법적 소송이 일어났지만, 『빌리지 보이스(Village Voice)』를 인용하자면 결국 "자전거를 혐오하던 님비(NIMBY)[역25] 심술쟁이들은 투덜거리며 현실에 굴복했다."[196]

자전거 트랙은 가용한 도로의 양과 추가할 수 있는 평행 노선이 얼마나 되느냐에 따라 일방통행이 될 수도 양방통행이 될 수도 있다. 일방통행의 자전거 트랙이 더 안전하고 더 쾌적한 이용이 가능함에는 의문의 여지가 없다. 덴마크는 양방통행의 자전거 트랙을 없애는 모범을 실천했다.[197] 하지만 반대 방향의 통행을 따로 제공할 여지가 없는 경우에는 프로스펙트 파크 주변 트랙과 같은 양방통행 트랙도 축복일 수 있다. 그런 트랙은 모퉁이에서 혼란을 일으킬 수 있으므로 교차로에 접근할 때는 매우 세심하게 설계되어야 한다. (특히 충돌 기회가 배가되는 양방통행로와 만날 때 말이다.) 다차선 일방통행로는 일반적으로 피하는 게 제일 좋지만(규칙 39 참조), 때로는 도시의 기존 일방통행로 중 하나 또는 몇 개를 보존하여 자전거 트랙을 두기 좋은 장소를

브루클린의 프로스펙트 파크 웨스트에서는 이 자전거 트랙을 위해 교통 차로 하나를 없앴지만 차량 통행량이나 이동 시간에 부정적 영향이 생기지 않았다.[198]

마련하는 게 의미가 있다.

자전거 트랙은 그 옆으로 한 줄의 평행 주차가 이어져야 하기 때문에 교차 도로나 연석의 끊김이 적은 곳에 두는 게 제일 좋다. 따라서 공원과 선로, 그리고 블록 면들이 길게 이어지는 기타 선형 요소들을 배경으로 배치하는 게 가장 효과적이다. 이런 곳에서는 연석의 끊김이 도로의 한쪽 변에만 많고 반대쪽에는 적기 때문에, 한쪽에 양방통행 자전거 트랙을 두는 게 특히 의미가 있다.

자전거 트랙에 관해 제기되는 가장 큰 질문은 평행 주차로만 없애고 자전거 트랙을 도입하는 방식도 의미가 있는지의 여부다. 단답형으로 말하자면 '의미가 없다.' 교통 속도를 늦추고 갓길 보도도 보호해주는 주차로를 없애는 것보다는 불필요한 주행 차로를 없애는 게 훨씬 더 낫기 때문이다.

이보다 긴 답은 좀 더 미묘하다. 가게가 없는 도로에서는 주차를 없애는 게 좋을 수 있다. 다만 그게 정치적으로 가능하다면 말이다. (말하자면 그럴 일이 거의 없다는 얘기다.) 가게가 있는 도로에서는 가게가 번창하는 데 이런 주차가 필요할 수도 있고 필요 없을 수도 있다. 꼭 주차를 해야 쇼핑할 수 있는 게 아니고 어떤 주행 차로라도 없애면 반드시 교통 체증이 일어난다는 (늘 이의를 제기해볼 만한) 판단이 가능하다면, 주차로를 자전거 전용차로로 바꾸는 게 의미가 있을 수 있다. 그렇게 주차된 차량이 없을 때는 연석이나 화단과 같은 물리적 장벽을 두어야 자전거 전용차로를 진정한 자전거 트랙으로 만들 수 있다.

역25) "Not In My BackYard"의 약자로, 자신이 사는 곳 주변에 혐오하는 시설이 들어서는 계획에 반대하는 일군의 지역민들을 가리키는 용어다.

규칙 58: 자전거 트랙의 도로망 체계를 구축하라. 이상적인 방법은 불필요한 주행 차로를 없애는 것이다.

59 자전거 트랙을 적절히 구축하라
디테일을 정확히 처리하라.

미국에서 자전거 시설의 설계 기준은 도시 계획의 다른 어떤 측면에도 비할 수 없을 만큼 빠르게 진보하고 있다. 우리는 그 기준이 결국 유럽에서 볼 수 있는 기준의 질을 달성하여 비슷한 지분의 도로 공간과 공공사업 예산을 지원받으리라고 희망할 수 있다. 그동안 어떤 구성과 척도는 이미 확산되기 시작했고, 자전거 이용자 서비스에 관해서는 모종의 모범 실무를 형성하고 있다. 이에 대해서는 전미 도시 교통 공무원 협회의 『시내 자전거 도로 설계 기준』에 잘 기록되어 있지만, 여기서 이를 더 상술해보겠다.

같은 비용이라면 10블록보다 100블록의 자전거 트랙을 표시하는 게 더 낫다.

자전거 트랙 하나의 폭으로는 각 통행 방향마다 5피트씩 노면을 할당하고 주차된 차량과의 완충 지대로서 3피트를 추가하는 게 좋다. 물론 어떤 경우에는 차로 하나를 없애서 약 10피트의 노면만 얻기도 하는데, 이론적으로는 양방통행 트랙에 충분하지 않은 폭이다. 워싱턴 DC의 인기 있는 15번가 자전거 트랙이 그런 경우였는데, 이 트랙은 일방통행로의 좌측에 구축된 양방통행 시설이다. (예외적인 조건만 빼면, 좌측은 늘 일방통행로에서 양방통행 트랙을 두기에 적절한 측면이다. 흐름의 방향을 생각해보면 그 이유를 알 수 있다.) 워싱턴시는 3.5피트의 자전거 전용차로 2개와 3피트의 완충 지대를 두는 해법을 택했다. 비록 이상적이진 않지만 이 결과는 이동 방향 하나를 잃는 것보다 나은 것이었고, 매우 많은 자전거 이용자들을 수용하고 있다. 주목할 만한 또 한 가지는 전형적인 연석 주차로의 폭이 8피트인데 반해 이 시설의 평행 주차는 폭이 7피트밖에 안 된다는 점이다. 연석보다는 완충 지대가 주차하기에 더 편리하기 때문에 자전거 트랙을 배경으로 한 평행 주차 폭은 7피트만으로도 충분하다.

완충 지대를 설계하는 방식은 예산과 기후에 좌우된다. 강설량이 많은 지역에서는 바닥을 높인 완충 지대가 제설을 어렵게 만들 수 있지만, 고품질 시설에 전념하는 도시에서는 모든 횡단보도 옆에 주차 공간과 완충 지대를 함께 점유하는 작은 교통섬을 만들 것이다. 이것은 뉴욕시가 많은 시설에 활용해온 기법이다. 우측에 보이는 이 기법의 이상적 버전에서, 이 교통섬과 짝을 이루는 또 다른 교통섬은 교차로에서 돌출하는데 이는 차량이 모퉁이를 돌 때 과속하지 않도록 연석 회전 반경을 빠듯하게 조이는 일명 넥다운(neckdown)이다. 자전거 트랙 2개가 교차할 때는 자전거 이용자를 자동차와 보행자 모두로부터 분리하는 이런 디테일이 특히 유용하다.

교차로에서 떨어진 완충 지대의 바닥을 연석으로 높이는 것도, 심

이상적인 다기능(multi-modal) 교차로는 걷는 사람과 자전거 타는 사람, 자동차를 운전하는 사람 모두에게 각각의 전용 도로를 제공한다. 주차로뿐만 아니라 모퉁이의 넥다운까지 만들어내는 교통섬들에 주목하라.

지어 그걸 지피 식물로 덮는 것도 괜찮은 시도이긴 하지만, 이것은 사치로 간주해야 한다. 같은 비용이라면 10블록보다 100블록의 자전거 트랙을 표시하는 게 더 낫다.

기존 도로 안에 자전거 전용차로를 넣을 때는 주차로에서 전구형으로 돌출한 연석 확장 구역(bulb-out)이 적절한 자전거 트랙을 만드는 데 장애물로 보일 수 있다. 이에 대한 해법은 모퉁이 근처에서 연석에 도달하기 전에 자전거 트랙을 비트는 것인데, 이때 교차로에 가장 가까운 주차 지점이었던 곳을 통과하도록 비트는 게 필수다. 이렇게 하면 모든 교차로 근처에서 사라지는 주차 공간이 하나밖에 없게 될 것이다.

자전거 트랙과 자전거 보호 전용차로를 '완충 지대가 있는 자전거 전용차로'와 혼동해선 안 된다. 완충 지대는 자전거 전용차로와 그 옆을 지나는 교통 사이에 얼마간 거리를 띄우지만 실질적인 물리적 장벽은 아니다. 완충 지대에는 자동차와 자전거가 밟을 수 없는 구역임을 알리기 위해 보통 사선이 그어진다. 물론 평행 주차가 있고 완충 지대를 조성할 여지가 있는 도로에서도 자전거 보호 전용차로를 제공하는 게 완충 지대만 갖추는 것보다 더 안전하지만, 소방서에서는 종종 도로 안에 20피트의 순 간격을 유지하려고 후자를 고집하곤 한다. 규칙 51에서 논한 것처럼, 이런 요구 조건에는 의문을 제기할 만하다.

대부분의 설계 기준은 연석이 없을 경우 자전거 트랙의 완충 지대를 유연한 수직 말뚝들로 채우고 사선들을 그으라고 권고한다. 이런 방식은 비록 효과적이긴 해도 볼품이 없으며 결국 시각적으로 번잡하고 불협화음적인 가로 경관을 만든다는 게 문제다. 아름다움이 안전보다 우선시되어선 안 되지만, 시간이 갈수록 미국인들이 이런 기반시설을 활용하는 데 더 익숙해지면서 그 말뚝들을 없애고 노면의 단순한 대비 색상으로 대체할 수 있다는 가정은 합리적으로 보인다.

규칙 59: 전미 도시 교통 공무원 협회의 『시내 자전거 도로 설계 기준』에서 개괄한 모범 실무들을 활용하여 자전거 트랙을 구축하라.

60 | 기존의 전형적인 자전거 전용차로를 활용하라

현재로서는 도로 안의 전용차로도 유용한 도구다.

움직이는 교통과 때로는 주차된 차량과도 인접한 전형적인 자전거 전용차로는 원래 충분히 좋은 방식이었다. 자전거 트랙을 수용하는 이 시점에는 그걸 옹호하기가 더 어려워졌지만, 그럼에도 대부분의 미국 도시에서 자전거 전용차로는 여전히 중요한 역할을 하고 있다.

자전거 비보호 전용차로가 있는 6차선 도로는 많은 교통부에서 주장하는 것처럼 '완전한 도로'가 아니다. 오히려 죽음의 덫이다.

전형적인 자전거 전용차로의 약점은 분명하다. 자전거 이용자가 움직이는 교통에 바로 인접하고, 종종 이런 교통과 주차된 차량 사이에 샌드위치처럼 껴서 경고 없이 갑자기 열리는 차문에 부딪힐 가능성도 있다. 아마존과 기타 서비스들의 택배 발송이 점점 더 흔해지면서, 종종 배달 트럭이 자전거 전용차로를 점유하고 자전거 이용자들은 어쩔 수 없이 차량 통행에 섞여 들어간다. 이와 비슷하게 자전거 전용차로는 우버(Uber)와 리프트(Lyft)가 가장 선호하는 픽업 지대이기도 하다. 게다가 뉴욕시 경찰국의 순찰차들은 자전거 도로 안에 주차하기를 너무도 좋아하면서, 정작 교차로에서 완전히 멈추지 않은 자전거 이용자들에게는 교통 위반 딱지를 발급한다.

이 모든 이유로 인해 자전거 전용차로는 자전거 트랙보다 못하지만, 그럼에도 여전히 필요하다. 전형적인 시내 격자에서는 자전거 이용자

자기 딸이 차문이 열리는 지대에 있기를 원할 사람은 아무도 없지만, 자전거 전용차로는 너무 넓은 5피트 폭의 도로에서 자동차의 속도를 늦추는 훌륭한 방식이다.

자전거 트랙과 달리, 전형적인 자전거 전용차로에는 배달 트럭과 기타 방해물이 끼어든다.

가 좌우로 최대 한두 도로만 옮기면 자전거 전용차로를 찾을 수 있을 것이다. 이는 서너 개의 평행 도로 중 하나에 어떤 유형이든 자전거 시설을 둬야 하고 이 모든 도로에서 자전거 트랙을 만들 여지는 없을 때가 많다는 뜻이다. 자전거 전용차로가 아예 없는 것보다는 전형적인 것이라도 하나 있는 게 더 낫다.

자전거 전용차로가 필요한 또 다른 좋은 이유는 규칙 48에서 논한 것으로, 일부 도로가 4~6피트 폭의 노면을 필요 이상으로 차지한다는 사실이다. 예컨대 전형적인 중심가의 폭은 양측에 8피트씩 할당되는 주차 폭을 포함하여 36피트인데, 일부에서는 40피트 폭의 중심가가 조성되어왔다. 이런 도로를 더 안전하게 만드는 한 가지 방법은 모든 차로를 조금씩 더 좁혀서 10피트 폭의 주행 차로들과 7피트 폭의 주차로들 옆에 6피트 폭의 자전거 전용차로를 하나 두는 것이다. 만약 어떤 도로가 7피트의 노면을 필요 이상으로 차지하고 있다면, (4피트 폭의 전용차로에 3피트 폭의 완충 지대를 포함한) 자전거 트랙 하나를 삽입하는 게 더 좋을 것이다. 하지만 필요 이상의 폭이 그보다 적을 경우에는 전형적인 자전거 전용차로 하나를 넣어야 맞을 것이다.

전형적인 자전거 전용차로가 아무 의미 없는 도로들도 있다. 차로가 3개 이상인 주간선 도로에는 그것이 유발하는 주행 속도를 감안할 때 보호받지 않는 자전거가 다녀선 안 된다. 같은 이유로, 어떤 유형의 도로든 어느 한 방향으로만 차로가 3개 이상이라면 역시 보호받지 않는 자전거가 다닐 곳이 못 된다. 자전거 비보호 전용차로가 있는 6차선 도로는 많은 교통부에서 주장하는 것처럼 '완전한 도로'가 아니다. 오히려 죽음의 덫이다. 폭이 넓고 속도가 빠른 도로일수록 자전거 보호 전용차로를 설치하거나 아무것도 설치하지 않는 것 중 선택을 해야 한다.

규칙 60: 유용한 자전거 도로망 체계를 구축하고 필요 이상의 노면을 다 쓰기 위해, 자전거 트랙이 맞지 않는 곳에는 전형적인 자전거 전용차로를 두어라.

61 | 전형적인 자전거 전용차로를 적절히 구축하라

디테일을 정확히 처리하라.

폭: 전형적인 자전거 전용차로의 표준 폭은 오랫동안 5피트였는데, 폭이 넓을수록 더 안전하기 때문에 이제는 6피트로 바뀌었다. 하지만 폭의 확장은 여기서 그쳐야 한다. 만약 자전거 전용차로가 7피트 이상이 되면 사람들은 거기서 운전이나 주차를 시도할 것이다. 폭을 5피트보다 더 키울 수 없다면, 특히 자전거 전용차로가 평행 주차와 인접하지 않는 상황에서는 5피트도 여전히 합리적인 폭이다. 극단적으로 여유가 없을 때는 자동차 주행 차로와 연석 사이에 4피트 폭의 자전거 전용차로를 둘 수도 있지만, 완충 지대가 없이 차문이 열리는 곳에서는 그런 폭도 허용할 수 없다.

밝은 줄무늬는 사실상 한 도시가 진보적이고 건강하며 젊은 인재를 환영한다고 선포하는 드러누운 간판이다.

완충 지대: 자전거 전용차로 하나에 가용한 폭이 6피트를 넘고 진정한 자전거 트랙을 만드는 것은 불가할 때, 5피트를 넘는 필요 이상의 폭은 대각 줄무늬가 그려진 하나 또는 복수의 완충 지대가 되어야 한다. 완충 지대가 교통이나 주차된 차량의 문으로부터 자전거 전용차로를 보호해야 하는지의 여부에 대해서는 합의된 바가 없는 듯하다. 아마도 두 위험 모두에 동등하게 대비하여 필요 이상의 폭을 완충 지대들로 나누는 게 가장 합리적일 것이다.

페인트: 밝은 초록색 페인트는 자전거 전용차로의 핵심적인 위치나 전체 길이를 표시하는 최적의 표준이 되었다. 자전거 전용차로를 전부 초록색 페인트로 칠하는 데는 마케팅상의 이유가 있을 수 있다. 밝은 줄무늬는 사실상 한 도시가 진보적이고 건강하며 젊은 인재를 환영한

다고 선포하는 드러누운 간판이다. 이런 동기가 없을 경우에는 아마도 자전거가 자동차 및 보행자와 가장 잘 접촉할 수 있는 교차로와 병합 지점 등 여러 길들이 만나는 위치에 그 페인트칠의 예산을 할당하는 게 가장 현명할 것이다.

초록색 표면 도장 기술은 계속 향상되기 때문에, 지역 사회들은 비슷한 기후 지역에서 최근 적용된 사례들을 연구하여 오랜 시간에 걸쳐 내구성을 보여준 최신 재료와 브랜드를 선택해야 한다. 검증되지 않은 제품의 실험용 쥐가 되어선 안 된다. 그리고 물론 초록색은 필수가 아니다. 독특한 색상이라면 무엇이든 지역의 정체성과 자부심을 표현하는 원천이 될 수 있다.

교차로: 자전거 전용차로만으로는 충분하지 않다. 효과적인 자전거 도로망 체계는 자전거 이용자들이 교차로를 안전하게 통과할 수 있게 해주는 특수 시설도 포함해야 한다. 그중 주된 시설로는 자전거 박스(bike box)와 자전거 횡단로(bike crossing)가 있다. 자전거 박스는 교통을 가로질러 좌회전하는 자전거들과 자전거 전용차로를 가로질러 우회전하는 자동차들이 서로 충돌할 가능성이 높을 때 정차한 차량 앞을 자전거 이용자들이 지날 수 있게 해준다. 자전거 횡단로는 횡단보도와 유사하지만 자전거용이고, 교차로에서 자전거 이용자들만의 위험이 제기될 때 필요하다. 이런 시설들에는 교차로를 통과하는 점선의 자전거 화살표나 초록색 페인트가 도입되어 자동차 운전자들에게 자전거의 존재를 일깨우고 자전거 이용자들은 제 길을 계속 갈 수 있도록 도와준다. 이 둘을 비롯한 여러 시설들의 디테일을 전미 도시 교통 공무원 협회의 『시내 자전거 도로 설계 기준』에서 찾아볼 수 있다.

범위: 전형적인 자전거 전용차로뿐만 아니라 한 도시의 전체적인 자전거 기반시설을 고려할 때, 자전거 도로망 체계가 인기를 얻으려면

자전거 박스는 교차로에서 자전거 이용자들에게 서비스되는 많은 중요한 요소 중 하나다.

유용해야 하고 사람들이 각자의 일상적 수요 대부분을 자전거로 충족할 수 있어야 유용해진다는 사실을 기억하는 게 중요하다. 안타깝게도 거의 어떤 자전거 기반시설도 없던 곳에서 효과적인 도로망 체계로 바뀌는 전형적인 도시의 변모 과정은 오래 걸리고 짜증을 유발할 수 있다. 자전거 전용차로 하나만 신설해 가지고는 한 장소의 경험과 문화를 자전거 타기 위주로 근본적으로 바꾸기에 충분치 않을 것이다. 따라서 그런 도로망 체계를 구축하려면 전념과 인내심 그리고 오랜 시간 지속하는 정치적 노력이 필요하다. 그 과정 전반에서는 모든 개별 투자가 하나의 효과적인 도로망 체계로 합쳐지고 나면 상당한 자전거 이용 인구가 늘 것임을 지역 사회에 꾸준히 상기시킬 필요가 있을 것이다.

규칙 61: 전미 도시 교통 공무원 협회의 『시내 자전거 도로 설계 기준』에서 개괄한 것처럼 모범 실무를 활용하여 전형적인 자전거 전용차로를 구축하라. 도시의 구성원들에게 총체적인 도로망 체계의 필요성을 상기시켜라.

62 공유 도로 표시를 자전거 시설로 활용하지 말라

섀로우 표시가 있는 고속 주행 차로들은 안전하지 않다.

공유 도로 표시(share-the-road marking)인 섀로우(sharrow)는 자전거 이용자와 자동차 운전자 모두에게 이 차로는 두 유형의 사람들 모두가 동등하게 쓰도록 계획되었음을 알리고자 주행 차로 안에 그리는 자전거 심볼을 말한다. 이런 표시는 보통 두 가지 형태로 나타나는데, 정상 폭의 차로 중앙에 배치할 수 있고 폭넓은 차로의 중앙 우측에 배치할 수도 있다. 전자의 구성에서는 자전거 이용자들이 '차로의 이용권을 선점'하고 자동차 운전자들은 그 뒤에서 인내심 있게 저속 주행하도록 의도된다. 후자의 구성에서는 자전거 이용자들이 우측에 머무르고 자동차 운전자들은 경고음을 내며 그들을 지나칠 것으로 여겨진다. 이 각각의 시나리오들에서 충돌이 일어날 가능성을 짚기는 어렵지 않다.

섀로우가 안전을 개선해준다면 이 모든 게 괜찮을 것이다.
문제는 그렇지 않다는 데 있다.

주 교통부들과 전형적인 공공사업 부서들은 다년간 섀로우를 선호해왔는데, 어떤 식으로도 도로에서 차량 전용 할당량에 영향을 주지 않으면서도 자전거 기반시설을 제공한다는 생색을 낼 수 있기 때문이다. 자전거 전용차로의 잠재력에 관한 전형적인 교통 연구는 자전거 전용 시설을 삽입하면 교통 서비스 수준이 D나 E 등급으로 변함을 보여주고는 자전거 전용차로 대신 섀로우로 바꿀 것을 제안한다. 그렇게 문제를 해결한다!

놀랍게도 섀로우는 자전거 이용자 커뮤니티에서도 꽤 상당한 지지를 받은 바가 있는데, 특히 가장 어려운 악조건에서도 자전거를 탈 가능성이 높은 자신에 찬 사람들 사이에서 지지를 받았다. 2009년에 나온 중요한 책 『사이클리스트 선언(Cyclist's Manifesto)』에서 로버트 허스트(Robert Hurst)는 섀로우를 가리켜 "자각을 불러일으키는 예술이자, 우리가 보았듯이 교통안전이 집중되는 예술"[199]이라고 불렀다.

섀로우가 안전을 개선해준다면 이 모든 게 괜찮을 것이다. 문제는 그렇지 않다는 데 있다. 2009년 이래로 우리에게는 이 표시를 연구할 충분한 기회가 있었고, 결국 섀로우가 표시된 도로들은 실제로 자전거 전용차로가 있는 도로보다 더 위험할 뿐만 아니라 그런 표시가 '없는' 도로보다도 더 위험할 수 있는 것으로 나타났다.

최근 콜로라도 대학교의 닉 페렌책(Nick Ferenchak)과 웨슬리 마셜(Wesley Marshall)이 한 연구는 시카고에서 섀로우가 있거나 자전거 전용차로를 설치하거나 도로상 표시가 전혀 없는 지역들의 자

내시빌의 431번 주간선 도로는 교통 계획가 댄 코스텔렉(Dan Kostelec)의 2017년 "죽음의 섀로우 (Sharrows of Death)" 상을 수상했다.

퀸 앤 그린웨이즈에서 제안한 더 정확한 심볼.

전거 이용 인구와 충돌률을 비교했다. 그 결과 지역 전체에서 자전거 이용 인구가 늘수록 부상이 줄었는데, 자전거 전용차로가 있는 지역에서 개선 효과가 가장 컸다. 반면에 섀로우가 있는 지역에서는 개선 효과가 가장 적었고, 도로상 표시를 추가하지 않은 지역보다 더 적은 자전거 이용자들을 끌어들이고 (이용자당) 더 많은 부상을 경험했다.[200]

이 데이터를 기준으로 트위터에서 섀로우 심볼에 대한 더 정확한 버전을 요청했더니, 퀸 앤 그린웨이즈(Queen Anne Greenways)[역26]는 위의 이미지를 댓글로 달았다.

하지만 이런 맥락에서도 섀로우는 여전히 해야 할 역할이 있다. 도로 안에 삽입된 회전 차로나 병목 구간 때문에 자전거 전용차로가 본 궤도에서 사라지고 자전거 이용자들이 자동차 운전자들과 섞일 수밖에 없을 때가 있다. 이런 곳에는 (이런 곳은 드물기를 바라지만) 자동차 운전자와 자전거 이용자에게 도로가 합쳐진다고 경고하는 섀로우 같은 유형의 도로 표시들이 실제로 필요하다. 좁고 속도가 느린 도로에 공유 도로 표시를 추가하여 자전거 이용자들이 함께 있음을 모두가 알게 하는 것도 유용할 수 있다. 하지만 더 큰 도로에서 공유 도로 표시는 양해의 메시지일 뿐 자전거 시설이 아니다.

역26) 시애틀의 퀸 앤 힐(Queen Anne Hill) 주민들이 안전하고 쾌적한 거리를 만들고자 협력하는 근린 단체다.

규칙 62: 자전거 전용차로의 병합을 나타내는 용도와 길찾기의 용도로 공유 도로 표시를 활용하되, 실제 자전거 시설을 대체하는 용도로는 쓰지 말라.

13부. 도로 위에 주차하라

63. 거의 모든 곳에 연석 주차 공간을 둬라

64. 평행 주차를 적절히 설계하라

65. 적절한 곳에서 사각 주차를 제공하라

13부

도로 위에 주차하라

    가로수는 차치하더라도, 간선 도로 설계에서 가장 저평가된 측면은 연석 주차다. 평행 주차든 사각 주차든, 노상 주차는 북미의 거의 모든 훌륭한 도로를 이루는 특징이며, 그런 곳에서 노상 주차는 교통을 순화하고 혼합 용도를 지원하는 데 필수적인 역할을 한다.

    현재 유럽과 기타 지역에서 실천되고 있는 '도시 계획 2.0(City Planning 2.0)'에서 자동차는 가로 경관에서 거의 전적으로 빠져 있다. 이러한 꿈은 미국에서도 상존하며, 소수의 비범한 장소에서 성취되고 있다. 하지만 자동차가 도시의 활력과 무관해지기 전까지는 운전 구역과 보행 구역 사이에 주차 공간을 두는 게 적절하다.

63 | 거의 모든 곳에 연석 주차 공간을 둬라
종종 저평가되는 연석 주차가 보행 편의성의 열쇠일 수 있다.

연석 주차는 움직이는 차량들로부터 갓길 보도를 보호하는 필수적인 철의 장벽이다. 이게 없으면 시내 지역의 갓길 보도가 안전하게 느껴지지 않는다. 포트로더데일만 봐도 이를 알 수 있는데, 그 도시에서는 히마시 대로(Himmarshee Boulevard) 한쪽에서 혼잡 시간대 주차를 금지하는 완벽한 실험을 했다. 그러자 카운터에서 기본적으로 동일한 음식을 서비스하는 식당들이 도로 양측에 테이블을 설치했고, 특별 할인 시간대마다 손님들이 찾아왔다. 그 결과 매번 주차가 이루어진 쪽에는 여러 집단의 식사 손님들이 나타났지만, 주차가 없는 쪽은 텅 빈 테이블의 유령 도시처럼 되었다. 결국 얼마 안 가서 그쪽의 음식점은 테이블을 접었다.

안전을 중시하는 사람이라면 아무도 자동차가 시속 30마일로 달리는 도로변에서 앉거나 걷고 싶어 하지 않기 때문에, 이 결과는 완벽히 말이 된다. 연석 주차의 보호막 같은 존재감은 정말 강력하기 때문에, 그게 없는 16피트 폭의 갓길 보도보다는 주차가 이루어진 8피트 폭의 갓길 보도가 거의 확실히 더 나은 결과를 가져온다.

연석 주차는 갓길 보도만 보호하는 게 아니라 자동차의 속도도 늦춘다. 운전자들이 사이드 미러를 부딪치지 않을까 조심하게 되고 빈 주차 공간을 찾을 때도 도로의 흐름이 느려지기 때문이다. 또한 그게 노외 주차를 대체하면서 대형 주차장과 비싼 구조물의 수요를 줄여준

포트로더데일은 보행 편의성 연구를 하기 전에 갓길 식사가 이뤄지는 주요 장소인 히마시 대로의 한쪽에서 연석 주차를 금지했다.

다. 자동차에서 운전자들이 걸어 나와 목적지로 향하는 만큼 갓길 보도의 활력에도 기여하게 된다.[201] 그리고 내셔널 트러스트[역27]의 중심가 프로그램에 따르면, 각각의 노상 주차 공간은 인근 가게들의 매출에 약 1만 달러를 기여한다.[202]

포트로더데일은 보행 편의성 연구를 하고는 혼잡 시간대 주차 금

좌측은 도로에서 주차된 쪽의 특별 할인 시간대다. 우측은 주차가 없는 쪽의 특별 할인 시간대다.

지를 폐지했다. 디모인도 혼잡 시간대가 도심에서 노동자들이 머물며 돈을 쓰게 유도할 수 있는 가장 좋은 시간대임을 알고는 주차 금지를 폐지했다. 많은 도시들은 여전히 이렇게 시정하길 꺼려하고 있는데, 이는 교통 유발 수요의 법칙(규칙 27)을 모르기 때문이다. 오후 5시에 교통이 빠져나가는 차로의 수가 늘어나면 교통 혼잡이 줄어들기보다 혼잡 시간대에 몰리는 인파만 더 적어지는 경향이 생길 뿐이다.

그 모든 이점을 생각해보면 노상 주차는 이용자를 끌어들일 가능성이 높은 입지에 신설되는 모든 간선 도로의 일부를 이뤄야 하며, 그것이 없는 대부분의 시내 연석에 다시 도입되어야 한다. 어려움을 겪는 상업 도로에 재도입되는 주차야말로 종종 미래에 성공을 가져오는 핵심 요인이다.

종종 더없이 희한한 이유로 도심에서 연석 주차가 없는 경우를 보게 된다. 앨버커키에서는 도로 내 연석을 따라 블록 길이의 소방용 차로들이 발견되었는데, 그 폭만 해도 30피트가 넘는다. 툴사에서는 모든 차도 주변에 분명한 시야 확보를 위한 20피트의 건축 후퇴를 요구하면서 거대한 주차 간극을 만들어냈다. (반면 뉴욕처럼 비교적 걷기 좋은 도시들은 연석을 조금도 뒤로 물리지 못하게 한다.) 시더래피즈에서 어느 건축가의 제안은 더 상점 친화적인 3번가를 만들기 위해 갓길 보도의 깊이를 키우겠다며 거의 모든 주차 공간을 없애버렸다…. 보아하니 누군가가 그 어떤 상업 전문가와도 상담하는 걸 깜박한 것이다!

드물게나마 주차로를 없애서 자전거나 대중교통의 전용차로를 만드는 게 합리적인 경우는 있다. 상인들이 연석 주차에 의존하지 않는 뉴욕 같은 곳은 예외이지만, 국지적 이점과 광역적 이점을 맞바꾸는 경우가 이에 해당한다고 봐야 한다. 많은 통근자들에게 편의를 제공하려면 소수의 상인들이 손해를 봐야할 때가 있는 것이다. 이 어려운 맞바꿈은 비용에 관한 논의를 낱낱이 공개적으로 진행하는 조건에서야 정당화될 수 있다.

그럼에도 대부분 가장 적절한 해법은 주차로를 없애는 게 아니라 불필요한 주행 차로를 없애서 자전거와 대중교통의 전용차선을 위한 공간을 마련하는 것이다. 『걸어다닐 수 있는 도시』에서 언급했듯이, 진정 자동차의 대안을 제공하려면 주차된 차량이 아닌 이동하는 차량들을 자전거와 전차로 대체해야 한다.[203]

역27) National Trust. 잉글랜드, 웨일스, 북아일랜드의 문화유산을 보존하기 위한 영국 자선 단체로, 스코틀랜드에는 별도의 독립 단체가 있다.

규칙 63: 자전거 전용차로가 더 필요하다고 여겨지는 곳만을 제외하고, 주차가 이뤄질 가능성이 높은 모든 도로에서 양측 주차가 이뤄지도록 차선을 그어라.

64 평행 주차를 적절히 설계하라
디테일을 정확히 처리하라.

적절한 폭: 적어도 적당한 수준의 교통이 있는 시내 도로에서는 대부분 평행 주차 공간의 폭이 7~8피트여야 한다. 8피트가 표준이지만 7피트도 자주 쓰이며 그걸 부적절하다고 여길 이유는 없다. 쉐보레 서버번(Chevrolet Suburban)의 차체 폭이 6피트 9인치다. 더 폭넓은 주차 공간은 과속을 부추기는 여유 범위를 늘리는 데 기여하는 또 하나의 요소다. 교통량이 적은 간선 도로, 특히 저속 흐름과 양보 흐름의 도로(규칙 50 참조)에서는 공간이 빠듯할 경우 주차 공간의 폭을 6피트로 좁게 표시할 수 있다. 이렇게 하면 사람들이 연석에 더 가까이 주차하게 된다.

> **10피트 폭의 주행 차로를 따라 이어지는 9피트 폭의 주차 공간이 11피트 폭의 주행 차로를 따라 이어지는 8피트 폭의 주차 공간보다 더 안전하다.**

반대로 도로에 여유가 너무 많을 경우 주차 공간을 9피트나 심지어 10피트까지 넓히는 게 합리적일 때도 있다. 10피트 폭의 주행 차로를 따라 이어지는 9피트 폭의 주차 공간이 11피트 폭의 주행 차로를 따라 이어지는 8피트 폭의 주차 공간보다 더 안전하다. 주차 공간의 폭이 10피트를 넘으면 터무니없어 보이고, 그러한 여유 공간은 아마 자전거 전용차로와 같은 더 나은 용도로 쓸 방법을 찾을 수 있을 것이다.

적절한 길이: 차체 후면에 수직 안정판이 달리던 시절에는 주차 공간의 길이가 22피트(6.6m)로까지 늘어났었다. 연료 소비가 많은 보트들만큼이나 경이롭던 나날들은 이제 가버렸다. 쉐보레 서버번은 길이가 18피트 8인치(5.7m)이고, 혼다 어코드(Honda Accord)는 15피트 9인치(4.8m)다. 속도를 감안하자면 20피트(6m) 길이로 충분하며, 모퉁이 공간의 길이는 2피트 더 짧게 할 수 있다. 22피트 표준을 유지하는 도시들은 가치 있는 주차의 기회를 빼앗고 있는 것이다.

표시: 주차 공간을 표시하는 적절한 방식은 하나만 있는 게 아니다. 각 구획을 둘러싼 박스들을 그리는 방식부터 각 구획이 주행 차로의 경계와 만나는 지점마다 작은 T자들을 흰색으로 그리는 방식까지 다양한 해법이 있다. T자들을 그리는 게 가장 간편한 방식이지만, 더 두터운 페인트 작업을 할수록 사고 다발 지역에서 과속을 줄이는 데 도움이 될 수 있다. 주택가의 저속 흐름과 양보 흐름의 도로에서는 주차 구획을 전혀 표시하지 않는 게 미관상 제일 좋지만, 아무도 거기에 주차를 하지 않거나 사람들이 과속을 할 경우에는 다른 접근을 취할 필요가 있다.

이 새로운 주택가에서 9피트 폭의 주차 공간들은 주행 구역을 더 좁아 보이게 한다.

공급의 최적화: 연석을 낮춰 만든 차도는 단지 갓길 보도만 망치는 게 아니라(규칙 81 참조), 주차 공급에도 큰 피해를 준다. 화물 적재 구역도 가급적 짧고 드물게 유지되어야 하고, 소방 급수전도 가급적 사람들이 주차할 수 없는 모퉁이 근처에 둬야 한다. 이런 주차 금지 구역은 횡단보도 경계에서 10피트 연장하여 모퉁이를 드러내야 하지만, 그보다 더 연장해서는 안 된다. 어떤 도시들은 20~30피트를 더 안전하다고 여기고 요구하지만, 운전자의 시야 문제를 더 깊이 생각해보면 그것은 틀린 해법임을 알게 될 것이다(규칙 66 참조).

우버 존: 주차 공간은 모퉁이에 가깝게 표시해야 하지만, 손님을 태울 곳이 필요한 공유 차량 운전자들의 맹습에 대처하려면 모퉁이 주차 공간을 독립 구역으로 표시해야 한다는 논리도 강력하다. 현재 샌프란시스코의 모든 혼잡 관련 교통 위반 딱지 중 2/3는 계속해서 주행 차로와 자전거 전용차로를 가로막는 우버와 리프트의 운전자들에게 발부되고 있다.[204] 이 글을 쓰는 시점에서는, 이 문제의 분명한 해법에 대한 그 어떤 대단한 계기도 만들어진 거 같지 않다. 각 모퉁이마다 승차와 하차를 위한 일정량의 주차 지점을 필요한 만큼만 지정하는 해법 말이다. 고객들은 모퉁이까지 걸어갈 필요가 있을 것이며, 애플리케이션은 운전자들을 자동으로 모퉁이까지 보낼 것이다. 블록이 특별히 긴 곳에서는, 예컨대 그 길이가 400피트를 넘는 곳에서는 그와 비슷한 곳을 블록의 중간 지점에도 둬야 할 것이다. 각 도시는 저마다의 문제적인 구역에서 이런 규칙을 즉각 시행할 수 있을 것이다.

자율주행의 미래: 우리 모두는 떼지어 몰려드는 자율주행차의 함대들이 결국 연석 주차를 더는 필요 없게 만들 수 있다는 얘기들을 들어왔다(규칙 26 참조). 이와 비슷한 방식으로 인공지능 컴퓨팅은 인간의 개입을 더 이상 불필요하게 만들 수 있다. 이런 미래들은 그 무엇도 오늘날 도로 설계에 영향을 줄 만큼 충분히 정확하게 예측될 수 없다.

규칙 64: 공급을 최적화하면서 교통 속도를 조절한다는 목적으로, 현 상황에 맞게 주차 공간의 크기를 정하라. 과속이 계속되는 곳에서는 공간을 두껍게 표시하고, 모퉁이에는 공유 차량 승차 구역을 만들어라.

65 적절한 곳에서 사각 주차를 제공하라
사각 주차는 불필요한 노면을 다 쓰기 위한 훌륭한 도구다.

한때 미국의 중심가들에서 애용되던 사각 주차가 다시 돌아오고 있다. 많은 도시에서 사각 주차는 주차로의 수를 늘리고 교통 속도를 높이기 위해 평행 주차로 바뀌었다. 많은 도로가 진정한 교통 수요를 충족하기 위해 규모가 바로잡히고 차로들은 더 안전한 폭으로 좁혀지고 있는 만큼, 남겨진 노면은 더 나은 용도에 쓰일 수 있는 공간이 되고 있다. 어떤 경우에는 자전거나 대중교통의 전용차로로, 또 다른 경우에는 주차 공급을 늘리는 용도로 쓰인다. 이미 도로 양측에 평행 주차가 이뤄지고 있다면, 주차를 늘리는 다음 단계는 한쪽이나 양쪽 모두를 사각 주차로 전환하는 것이다.

투손에서 주요 간선 도로 하나를 정면 사각에서 후면 사각 주차로 전환하자, 매주 1회였던 자동차·자전거 충돌 사고 건수가 4년 후에 0이 되었다.

사각 주차는 주차 공급을 키우고 교통 속도는 줄이면서 시내 상업에 도움을 준다. 사각 주차가 이뤄지는 도로에서는 (주차 지점을 찾다가) 충돌할 기회가 아주 높기 때문에 과속하는 사람을 보기가 쉽지 않다. 위험해 보이는 많은 것들과 비슷하게, 교통량이 많은 도로로 후진하는 운전자들이 안전한 이유는 바로 그걸 겁내는 사람들이 조심히 운전하기 때문이다.

사각 주차는 상업 도로에서 가장 흔하고 유용하지만, 주차와 여유 노면을 모두 다 활용하라는 요구가 있는 모든 도로에서 채택할 수 있는 구성이다. 주차 공간은 도로의 가용 면적에 따라 보통 연석과 45°나 60°의 각도를 이룬다. 교통 계획가들은 사각 주차를 계획하는 데 종종 너무 보수적이어서, 약간의 경험칙을 활용하는 게 유용하다. 일반적으로 60°와 45° 주차는 모두 18피트 깊이의 구역을 요한다. 하지만 전자는 (표준 폭보다 넓은) 11피트 폭의 주행 차로를 배경으로 둬야 하는 데 반해, 후자는 10피트 폭의 차로만 있으면 된다. 이런 폭을 넘어서는 경우, 일단 주행 차로와 주차로 폭의 합이 30피트를 넘어서면 주차는 연석과 직각을 이뤄야 한다. 늘 그렇듯이, 필요 이상의 공간을 제공하면 과속이 일어날 것임을 예상할 수 있다.

사각 주차가 극복해야 할 가장 큰 도전은 자전거 이용자들에게 제기되는 위험이다. 자전거의 경로로 후진하는 자동차는 공중 보건에 좋은 형식이 아니다. 따라서 대중적인 자전거 교통로를 따라서는 사각 주차를 피해야 하며, 특히 전형적인 자전거 전용차로를 배경으로 할 때는 확실히 피해야 한다.

후면 사각 주차는 확실히 자전거 이용자들에게 더 안전하지만, 다소 혼란을 일으킬 수 있다.

하지만 해법이 하나 있는데, 후면 사각 주차(rear-angle parking)가 그것이다. 현재 해안가들을 중심으로 확산 중인 후면 사각 주차는 자동차 운전자들이 전진 기어로 빠져나갈 수 있게 함으로써 모든 도로 이용자의 위험을 줄여주고, 그중에서도 특히 자전거 이용자의 위험을 줄여준다. 또한 트렁크의 적재와 적하도 더 쉽게 할 수 있을 뿐만 아니라, 자동차에서 아이들이 내릴 때도 뒷문이 열리면 통행로가 아닌 그 반대편에 내리게 되어 더 안전한 구성이 이뤄진다.

사각 주차와 자전거 타기에 관한 데이터는 압도적이다. 투손에서 주요 간선 도로 하나를 정면 사각에서 후면 사각 주차로 전환하자, 매주 1회였던 자동차·자전거 충돌 사고 건수가 4년 후에 0이 되었다.[205] 후면 사각 주차의 유일한 문제는 사람들이 그걸 (적어도 처음에는) 싫어한다는 것인데, 빠듯한 구획으로 후진하려면 약간의 연습이 필요하기 때문이다. 소수의 도시에서 이를 시도했다가 폐지했고, 대부분의 도시는 시도할 의지가 없어 보인다.

이런 곳에서 마땅히 해야 할 일은 전면 사각 주차를 없애기보다 그로부터 자전거 이용자들을 떨어뜨리는 일이다. 한 시의원에 따라 "적어도 오락적 가치를 위해"[206] 후면 사각 주차를 일시적으로 실험한 도시인 시더래피즈의 도심 도로 재구성 계획은 도로를 교대해가며 자전거 시설과 사각 주차를 배치하여 충돌이 일어날 가능성을 줄였다.

사각 주차가 있는 도로는 폭이 넓어서 횡단하는 시간도 오래 걸린다. 그래서 사각 주차 공간은 '전구형 돌출 구역(bulb-out)'으로 에워싸야 하는데, 이는 교차로에서 주행 차로의 경계와 갓길 보도를 효과적으로 이어 횡단 거리를 좁히는 연석 확장 구역을 말한다(규칙 68 참조). 주차 각도는 45°나 60°일 수 있지만 이런 확장 구역은 연석과 90°를 이뤄야 한다. 이는 모두 미관 때문이기도 하고, 전면 주차와 후면 주차 중 무엇을 선택할 것인지 시 당국이 마음을 바꿀 수 있게 하기 위해서이기도 하다. 하지만 대부분의 도시는 이런 선택을 잘못 내리곤 한다.

규칙 65: 적절한 경우에는 여유 도로 폭을 사각 주차로 채우고, 전면 사각 주차는 중요한 자전거 노선으로부터 조심히 떨어뜨려야 한다.

14부. 기하학에 초점을 맞춰라

66. 완만한 곡선, 우회전 샛길, 삼각 시야를 피하라
67. 좌회전 차로를 적절히 설계하라
68. 폭넓은 횡단로에는 넥다운을 배치하라
69. 회전교차로를 신중하게 활용하라
70. 복잡성을 '손보지' 말라
71. 근린 도로에서는 중심선을 없애라
72. 보행 구역을 적절히 만들어라

14부

기하학에 초점을 맞춰라

　차로의 수와 폭 그리고 자전거와 주차의 존재감에 더해, 또 하나의 요소가 자동차 운전자의 속도와 보행자의 안전에 뚜렷이 기여한다. 그것은 도로 자체의 모양이다. 도로가 뻗었는가 아니면 굽었는가? 주간선 도로에서처럼 차로 표시선이 부드럽게 나아가는가? 연석은 흐름의 제약에 일조하고 보행자용 교통섬을 제공하는가? 교차로들은 느슨한가 아니면 빠듯한가, 단순한가 아니면 복잡한가? 중앙선이 있는가? 자동차가 허용이 되긴 하는가? 이런 물음에 대한 답은 걷기 좋아질 잠재력이 있는 장소의 안전과 성공에 극적인 영향을 주며, 종종 그 영향은 직관에 반하곤 한다.

66 | 완만한 곡선, 우회전 샛길, 삼각 시야를 피하라

완만한 곡선과 탁 트인 모퉁이는 안전을 해친다.

흥미로운 테스트가 있다. 도로들이 부드러운 곡선을 그리는 성공적인 도심을 한번 맘속에 그려보라. 그려지는 게 없는가? 그 이유는 걷기 좋은 도시 계획이 주로 직선의 기하학으로 이뤄지고 가끔 원이나 계란 모양이 삽입될 뿐, 완만한 곡선은 포함하지 않기 때문이다. 중세의 도시 계획은 곡선형이 아니라 기이한 모양이며, 심지어 곡선의 왕이었던 프레더릭 로 옴스테드(역28)도 도심에서는 쭉 뻗은 직선형으로 계획했다. 곡선형의 거리들은 조용히 '교외풍(suburbia)'이라는 중요한 어휘를 속삭이지만, 사실 이는 그 이상을 뜻한다. 자동차 운전자들은 약간의 곡률을 접할 때 속도를 높이는 경향이 있다. 원심력을 느끼는 기분이 그저 너무 좋기 때문이다. 흥미롭게도 곡선은 교통 계획가의 '설계 속도'와 연관이 있는데, 여전히 많은 도시의 규정에 등장하는 최소 설계 속도라는 요인이 그 곡선을 넓게 그리게 만든다. 좁은 범위에서 높은 곡률을 허용할수록 교통 흐름은 늦어지지만 도시 환경에서는 그게 인지 부조화를 일으킨다. 운전자에게도 보행자에게도, 확산하는 교외 단지의 막다른 골목과 드라이브스루 방식의 패스트푸드 매장을 연상시키니 말이다. 영국 배스의 로열 크레센트와 같은 순수 기하학은 차치하더라도, 그런 곡선은 새로운 도시 계획에서 설 자리가 없다.

그런 맥락에서 2010년 저널리즘 진실성(Honesty in Journalism) 상은 위의 이미지에 다음처럼 캡션을 단 『라스베이거스 선

라스베이거스의 가장 새로운 "동네" 심장부에 있는 자동차 구역.

(Las Vegas Sun)』에게 돌아갔기를 희망한다. "혹자들은 시티센터(CityCenter)의 입구가 보행자에게 매력적이지 않다고 말한다."[207] 그렇게 생각하는가? 예비 보행자들에게 도로가 유선형 기하학, 즉 '아메바'와 '돼지 갈빗살' 같은 공기역학적 형상들을 제시할 때마다, 그들은 그곳이 사람이 아닌 자동차를 위한 장소임을 분명히 깨닫는다. 10피트 폭의 주행 차로들도 라스베이거스의 보행자들을 소외시키는

전과 후: 애틀랜타에서 미드타운 얼라이언스는 우회전 샛길을 알찬 조경 교차로로 대체하고 있다.

이 완만한 달 표면 같은 모습을 구제하지 못한다.

똑같은 문제가 우회전 샛길(slip lane)에도 있다. 자동차 운전자들이 초록불을 기다릴 필요 없이 우회전할 수 있도록 교통 계획가들이 즐겨 도입하는 자그마한 모퉁이 샛길 말이다. "우리는 보행자용 교통섬을 도입한다"고 그들은 말하겠지만, 그 교통섬은 지나치게 완만한 곡선을 그리는 모퉁이 때문에 필요한 것일 뿐이다. 미드타운 애틀랜타와 같은 스마트한 동네에서는 회전하는 차량들이 실제로 일단 속도를 늦출 수밖에 없도록 이런 우회전 샛길들을 없애는 데 투자하고 있다. 이런 샛길들은 도시적인 장소에 어울리지 않는 고속도로 시대의 침전물이다.

도시 계획가이자 교육가인 앨런 제이콥스(Alan Jacobs)가 쓴 『불바르 북(Boulevard Book)』이라는 고전적 저서에는 「전문직과 관료제의 제약들(Professional and Bureaucratic Constraints)」이라는 섹션이 있는데, 여기서 그는 교통 계획의 관습과 지방 자치 단체의 규정이 어떻게 종종 훌륭한 거리의 조성을 방해하는지를 보여준다.[208] 특히 주목할 만한 부분은 교차로의 삼각 시야(sight-triangle) 요건인데, 말하자면 자동차들이 교차로 주변에서 속도를 내며 접근할 때 분명한 시야를 확보할 수 있도록 건물과 나무가 도로 모퉁이와 일정 거리를 유지해야 한다는 요건이다.

환경이 행동에 영향을 준다는 사실을 완전히 부정해온 역사를 지닌 교통 공학의 세계에서는 자동차 운전자들이 빠르게 통과할 거라는 이유로 교차로에서 시각적 방해물을 치우게 한다. 하지만 현실 세계에서는 교차로에서 시각적 방해물을 치우는 것이야말로 운전자들이 빠르게 교차로를 통과하게 만드는 한 가지 원인이다.

이런 이유로 세계에서 가장 위험한 도로들은 대부분 삼각 시야 요건을 충족하지만, 가장 안전한 도로들은 그렇지 않은 곳이 많다. 제이콥스는 미국의 삼각 시야 요건을 바르셀로나의 그라시아 거리(Passeig de Gràcia)에 적용하면 단일 블록 안의 나무 107그루 중 41그루가 사라지게 됨을 보여준다.[209] 도시들이 해야 할 일은 분명하다. 더 안전하고 더 걷기 좋은 거리를 만드는 목적으로 규정을 개정할 때 삼각 시야 규칙을 없애야 한다.

역28) Frederick Law Olmsted (1822~1903): 뉴욕 맨해튼의 센트럴 파크를 설계한 것으로 유명한 미국의 조경 건축가이자 환경 보호 활동가로, 미국 조경 건축의 아버지로 여겨진다.

규칙 66: 원과 계란형 같은 분명한 형상이 아닌 곡선형의 거리로 도시적인 장소를 설계하지 말고, '돼지 갈빗살' 같은 다른 완만한 곡선 기하학과 우회전 샛길도 피하라. 당신의 도시에서 규정하는 삼각 시야 요건도 퇴출시켜라.

67 | 좌회전 차로를 적절히 설계하라
주간선 도로 표준을 시내 지역에 활용하지 말라.

도심 도로에서 볼 수 있는 완만한 곡선 기하학은 대부분 주 교통부가 소유한 도로 안에 있다. 주 교통부는 주간선 도로에서 발전한 설계 기법을 도심에도 잘못 적용하는 습관이 있기 때문이다. 오마하와 캔자스시티 같은 일부 지방 자치 단체의 교통 기획실도 그와 동일한 습관을 드러내는데, 마치 주 교통부의 전문가들을 고용하고 있는 것처럼 보인다.

시내에서는 운전자들이 그 풍경에서 단서를 얻기 때문에 불법적인 속도를 예상하여 설계하면 과속이 더 흔해지게 된다.

누구에게 책임이 있든 간에 이 문제는 주간선 도로에서 안전하면 도시에서도 안전하다는 오해에서 비롯된다. 이런 믿음은 완전히 잘못된 것인데, 우리는 환경에 따라 속도를 결정하기 때문이다(규칙 34 참조). 주간선 도로에서는 대부분의 운전자가 게시된 속도를 기준으로 속도를 설정하기 때문에 스마트한 설계는 관용적으로, 즉 더 폭넓은 차로와 더 길게 그리는 곡선형으로 이루어진다. 반대로 시내에서는 운전자들이 그 풍경에서 단서를 얻기 때문에 불법적인 속도를 예상하여 설계하면 과속할 가능성을 더 키우게 된다.

아마도 주간선 도로 스타일의 도로 설계가 미국 도심에 침투한 가장 흔한 사례는 고속 좌회전 차로일 것이다. 옆쪽 좌측 상단에 보이는 앨버커키 고유의 시내 중앙 회전 차로는 짧고 간단하다. 한 쌍의 평행 주차 공간들이 연석에서 떨어져 나오고, 중앙 차로가 하나 보인다. 추가

시내 좌회전 차로가 주된 생산물이 되어선 안 된다.

주간선 도로 스타일의 좌회전 차로는 중앙 지대를 덮치는 식으로 도입된다.

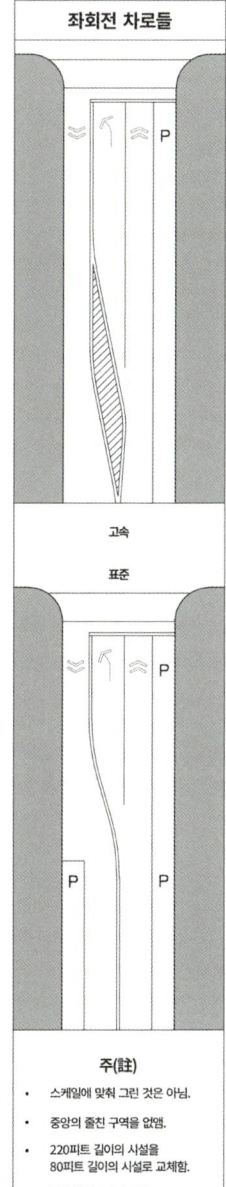

적인 지시선이 필요하면 점선을 그려서 그 차로로 통과 교통을 보낼 수 있다. 이 얘기는 이쯤이면 충분하다.

주간선 도로 스타일의 좌회전 차로는 꽤 다르다. 우측 상단 사진에 일부가 보이는 이 스타일의 차로는 너무 길어서 한 번에 다 보이지 않는다. 시속 50마일로 직진하는 어떤 운전자도 우연히 좌회전 차로에 이르지 못하게 하려고 주행 차로를 우측까지 침범시켜 중앙에 160피트 길이의 진입 금지 구역을 만들어냈다. 중앙 구역을 만드느라 6개의 연석 주차 공간이 공연히 사라진 것이다. (사진에 보이는 맥주 트럭은 불법 주차한 것이다.) 이건 주가 소유한 도로가 아니라 펜실베이니아주 랭커스터시의 워터 스트리트다. 이 도시는 현재 더 안전한 주행 속도를 장려하기 위해 시의 도로들을 개편하려 하는 중이다. 대부분의 도심 도로는 펜실베이니아주 교통부가 소유하고 있어서 변경하기가 까다롭지만, 이 도로는 그런 경우가 아니다.

두 유형의 시설이 보여주는 차이는 우측 그림에 나오는데(스케일에 맞춰 그린 것은 아니다), 중앙의 진입 금지 구역이 종종 2배 길이에 달하기에 나타나는 차이다. 그것이 주차 공급에 미치는 영향은 분명하며, 마치 주간선 도로 같은 느낌을 줘서 주간선 도로의 속도를 유발한다는 사실 또한 분명하다.

주간선 도로의 표준이 도심에 부적절하게 도입된 다른 사례들도 있지만, 이게 가장 흔한 사례다. 대부분은 완만한 곡선과 낭비되는 노면이 발견되며, 다수는 꽤 새로운 사례들이다. 이는 종종 시 당국의 공무원들이 주간선 도로와 도시 지역 간 차이에 대해 재교육을 좀 받을 필요가 있음을 암시한다.

규칙 67: 시내에서는 미리 진입 금지 구역을 두지 않는 좌회전 차로 표준을 활용하라.

68 폭넓은 횡단로에는 넥다운을 배치하라
노면을 확장하여 교차로를 더 안전하게 만들어라.

도시 설계자들이 좋아하는 새 용어로 "스넥다운(Sneck-down)"이란 말이 있다. 이 합성어는 북부 도시에서 눈(snow)이 내릴 때 생기는 넥다운(neckdown)을 뜻하는데, 도로 위의 타이어 자국은 차량들이 모퉁이를 돌 때 필요한 공간이 실제로 얼마나 적은지를 보여준다. 도로의 나머지 공간을 뒤덮은 눈은 교차로에 넥다운을 만들면서, 갓길 보도가 이상적인 경우 교통 흐름을 저해하지 않고도 얼마나 많이 확장될 수 있을지를 보여준다. 그리고 물론 이렇게 제한된 구역에서는 차량들이 훨씬 더 느리고 안전하게 움직인다.

3차선 이상의 신설 도로와 사각 주차가 이뤄지는 도로에서는 전구형 돌출 구역을 필수로 고려해야 한다.

강설을 통해서든 아니든 이 사실을 납득하게 된 도시들은 교차로를 더 안전하게 만들기 위해 상당 기간 동안 넥다운을 구축하면서 좋은 결과를 거둬오는 중이다. 넥다운은 주행 속도와 횡단 거리를 줄이는 한편, 보행자에게는 횡단 기회를 기다리며 안전하게 서 있을 쉼터를 제공한다. 그것은 전구형 돌출 구역(bulb-out)과 교차로 보수(intersection repair)라는 두 가지의 기본 범주로 나뉜다.

전구형 돌출 구역

도로를 신설하거나 사고가 잦은 교차로를 더 안전하게 만들 때는 가장 좁은 도로들만 제외하고 거의 모든 도로에 전구형 돌출 구역을 삽입하는 게 의미가 있다. 규칙 65에서 언급했듯이 전구형 돌출 구역은 모퉁이에서 노면을 주차로까지 확장한 것으로, 여기서는 주차로가 중단되고 이상적으로는 횡단보도에서 약 10피트 떨어진 지점에서 시작한다.

좁은 도로에서는 횡단 거리가 이미 짧고 자동차들의 이동 속도도 이미 느려서 전구형 돌출 구역은 불필요하다. 하지만 연석 주차를 포함하는 자유 흐름의 모든 신설 도로에서는, 심지어 겨우 2차선 도로라고 할지라도 전구형 돌출 구역을 표준화하면 실보다 득이 더 클 가능성이 높다. 이렇게 차로가 적은 상황이나 중앙 분리대가 도로 폭을 제한하는 곳에서 어려운 과제는 버스와 트럭이 연석 위로 올라서지 않고 모퉁이를 돌 수 있게 하는 것이다. 이를 위해서는 교통 계획의 표준 선례들을 활용해야 한다. 최소한의 연석 회전 반경을 유지할 필요와 관련해서는(규칙 51 참조) 전구형 돌출 구역의 설치가 필요 이상의 반경을 만들 때가 종종 있다.

요 연석과 45° 각도를 이루는 모 따기를 해야 하지만, 사각 주차를 에워싸는 깊은 전구형 돌출 구역은 예외적으로 90° 각도로 하는 게 주차 해법을 다양화하기에 가장 좋다.

교차로 보수

전구형 돌출 구역이 아닌 다른 연석 확장 유형은 '스넥다운'을 본보기로 삼아 실제 기능적으로 필요한 만큼의 노면만 취하는 교차로 다이어트 전략을 추구한다. 미국의 아주 많은 장소들이 일단 도로부터 깔고 질문은 나중에 하라는 식으로 지어졌기 때문에, 대부분의 (특히 중심가의) 교차로들은 손볼 여지가 좀 있다. 적절히 손보기 위한 기법으로는 주행 차로의 수와 폭을 올바른 규모로 바로잡기(규칙 45부터 50까지 참조), 트럭의 적절한 본보기를 적용하여 회전의 움직임 결정하기, 그리고 그런 궤적들의 경계로 연석 재배치하기 등이 있다.

두 유형의 연석 확장을 모두 포함하는 프로젝트들이 많다. 좌측 이미지는 도로 재포장을 기다리며 이뤄지는 임시적 개입의 사례로, 전구형 돌출 구역을 설치하고 교차로를 보수하면서 샛길 2개를 없앴다(규칙 66 참조). 연석을 옮기는 건 비쌀 수 있기 때문에, 어디서나 교차로의 규모를 바로잡을 수는 없을 때가 종종 있다. 이런 개입들은 사람들이 걸을 가능성이 가장 높은 곳과 차에 치일 가능성이 가장 높은 곳이 어디인지를 기준으로 도시 전역에서 우선시되어야 한다.

재포장이 예정된 시카고의 한 위험한 교차로는 임시로 페인트와 말뚝을 활용해 재구성되었다.

3차선 이상의 신설 도로와 사각 주차가 이뤄지는 도로에서는 전구형 돌출 구역을 필수로 고려해야 한다. 충돌이 일어나고 있는 기존 교차로에서는 그런 돌출 구역이 미래의 피해와 부상을 막는 최초의 방어선이다. 자동차가 사람을 치는 사고가 일어나는 곳에서는 새로운 도로 포장 예산이 책정 가능해질 때까지 종종 함께 팀을 이룬 지역민들이 시 당국과의 협업을 통해서든 독자적으로든(규칙 98의 '전술적 도시주의' 참조) 페인트와 수직 말뚝을 활용한 임시 연석 확장 구역을 설치한다. 설치된 전구형 돌출 구역은 제설과 청소를 쉽게 하기 위해 주

규칙 68: 차로가 3개 이상인 모든 신설 도로에서, 또한 경우에 따라 더 좁은 도로에서도, 모퉁이의 연석 주차를 전구형 돌출 구역으로 에워싸라. 기존의 위험한 교차로에서는 연석 확장 구역을 만들어, 예상되는 차량 이동에 필요한 최소한의 합리적 규모로 주행 가능 구역을 정리하라.

69 | 회전교차로를 신중하게 활용하라
회전교차로는 지극히 안전하지만 그리 대단히 도시적이지는 않다.

인디애나주의 카멜시에는 회전교차로(roundabout)가 100개가 넘는다. 인디애나폴리스의 이 고급 교외 지역에서 회전교차로들은 부상 사고를 80% 이상 감축시켰고, 대량의 교통을 처리하는 엄청난 일을 맡고 있다. 사실 카멜시는 시를 관통하는 4차선의 키스톤 파크웨이를 주 교통부로부터 획득하고 그것의 모든 진출 차선에 특별한 '땅콩' 모양 회전교차로를 건설함으로써, 이 도로가 6차선의 주간선 도로로 확장되지 않게 막을 수 있었다.

도시적 활력의 감각을 만들거나 강화하려는 의도가 아니라면 현대의 회전교차로는 훌륭한 도구다.

카멜의 많은 회전교차로 중 이 도시의 중심가에 있는 것은 하나뿐이고 매장들과 1가구 주택들이 혼합된 도시의 서쪽 경계에도 하나가 있다는 점은 주목할 만하다. 카멜시장으로서 4년 임기를 6번째 해 왔고 국제적인 회전교차로 홍보자인 짐 브레이너드(Jim Brainard)는 회전교차로가 효과적이기는 해도 엄밀히 도시적이지는 않음을 이해한다. 회전교차로는 대체로 교외 도시에서 편의를 늘리고 자동차 충돌을

새러소타의 "오거리" 도심에 있는 회전교차로.

줄이는 데는 훌륭하지만, 걷기 좋은 쇼핑 지구의 중심부에서는 이상적인 교차로가 아니다. 플로리다의 새러소타에서도 동일한 교훈을 얻을 수 있다. 이 도시는 듀아니 플레이터-자이벅사(DPZ)의 도심 계획을 정확히 따르지는 않지만 계속해서 중심가에 회전교차로를 두고 있다. 이런 회전교차로는 비싼 비용을 들여 사랑스럽게 지어지지만, 그것이 도심을 더 안전하게 만들지언정 걷기 좋다는 느낌을 키우지는 못한다. 왜 그럴까? 회전교차로가 전통적인 교차로보다 걷기 불편하다고 느끼게

대부분 교외 환경에 적합한 회전교차로는 보행자들이 일직선으로 걸으려고 해도 축을 훌쩍 벗어나 걸을 수밖에 없게 만든다.

만드는 수많은 특징이 있다. 첫째, 회전교차로는 동네를 가로지르려는 보행자들이 일직선으로 걸으려고 해도 측면으로 우회했다 되돌아올 수밖에 없게 만든다. 둘째, 자동차들이 속도를 늦춰 보행자에게 양보할 것을 요구할 뿐 뭔가에 가로막히지 않는 한 차량들이 정지하는 법은 결코 없다. 회전교차로는 역동적으로 느껴지고, 보행자들은 정적인 환경을 선호한다. 셋째, 도시 지역에 불가피하게 '자동차에 어울리는' 완만한 곡선의 디자인을 도입한다. 규칙 66에서 논한 것처럼 이런 디자인은 아무리 안전하다 할지라도 교차로가 결국 사람보다 자동차를 위한 장소라는 메시지를 전달한다.

올바른 곳에 설치되는 현대의 회전교차로는 엄청난 발명이다. 둘 이상의 도로가 함께 상당량의 교통을 수용하고 있을 때, 또한 그 목적이 보행자들 사이에서도 교통을 효과적이고 안전하게 처리하는 데 있고 도시적 활력의 감각을 만들거나 강화하려는 의도는 아닌 경우에 회전교차로는 훌륭한 도구가 된다.

여기서 말하는 현대 회전교차로는 일반적으로 크고 위협적인 차량 처리 기계들인 원형교차점(traffic circle) 및 로터리(rotary)와 구분할 필요가 있으며, 전통적인 주변 교차로들을 통해 걷기 좋게 도시가 형성되는 워싱턴 DC의 듀퐁 서클(Dupont Circle)과 인디애나폴리스의 모뉴먼트 서클(Monument Circle) 같은 도시 고유의 원형 구조들과도 구분할 필요가 있다.

또한 기존 교차로의 중간에 자그마한 원형 조경이 이뤄져 통과 교통의 속도를 늦추는 버클리와 코럴게이블스 등지의 쾌적한 구조들과도 구분된다. 이런 구조가 정점을 이루는 남부 소도시들에서는 전통적인 중심가 교차로의 중간에 동상이 놓이고 보행자가 도로의 축선을 따라 걷기 좋은 환경이 조성된다.

현대의 회전교차로들은 매우 안전하다. 충돌이 있을 때 구급차가 아니라 견인차를 부른다. 이런 교차로는 당신의 도시에서 지을 수 있는 가장 안전하고 보행자 친화적인 '자동차' 환경이라고 말할 수 있다.

규칙 69: 안전 그리고/또는 혼잡의 문제를 풀기 위해 현재의 모범 실무에 따라 현대적인 회전교차로를 설치하고, 보행의 활력이 필요한 쇼핑 지구와 같은 장소에는 설치하지 말라.

70 복잡성을 '손보지' 말라
가장 혼란한 교차로가 가장 안전할 수 있다.

우리는 『교외 국가(SUBURBAN NATION)』에서 플로리다의 스튜어트에서 도로 7개와 철도 1개가 맞물려 있는 '혼란의 모퉁이(Confusion Corner)'에 대해 얘기했다.

플로리다주 교통부는 매뉴얼에서 이 구역이 위험하다고 했기 때문에 구역 전체를 재구성하는 데 수십만 달러를 쓸 준비가 되어 있었다. 하지만 스튜어트 시민들은 그 악명 높은 교차로를 지키고 나섰다. 지역 사회에서 가장 엽서에 실릴 만한 곳이었기 때문이다. 악명에도 불구하고 연구에 따르면 그곳은 수십 년간의 역사 속에서 사고가 단 한 건에 불과했던, 광역권 전체에서 가장 안전한 교차로에 속했다. 반면 그 지역에서 가장 치명적인 교차로들은 모두 주 교통부의 표준 모델이었다.[210]

'혼란의 모퉁이' 이후로, 우리는 그와 비슷한 다른 많은 교차로들에 주목해왔다. 이제는 왜 그런 복잡한 구성이 대개 더 안전한지가 분명해질 것이다. 그런 교차로들이 경각심을 유발해서 더 느리고 신중한 주행을 유도하기 때문이다.

예상할 수 있듯이, 교통 공학 매뉴얼은 환경과 행동 간의 관계를 이해하지 못해서 복잡성에 반대한다. 많은 도시의 규정과 설계 매뉴얼에 스며든 교통 공학적 관점은 예각으로 만나는 도로들, 큰 폭의 교차로들, 그리고 고전적인 오거리 교차로를 불법화한다. 이런 제약들은 새로운 지역 사회를 설계할 때 독특하고 기억에 남을 만한 입지, 말하자면 방문객의 방향 감각을 개선하고 특정 대지에 장소의 자부심을 부여하는 공간적 위계를 설정하는 구성을 만드는 데 실질적인 걸림돌로 작용할 수 있다.

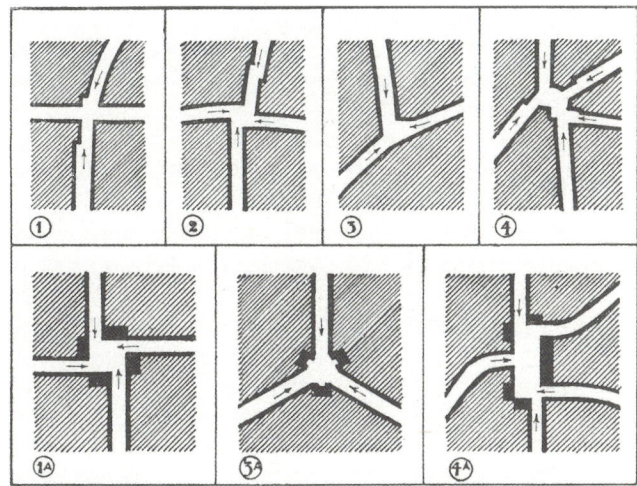
레이먼드 언윈의 『도시 계획 실무』에서, 복잡한 교차로들은 기억에 남는 입지를 조성한다.

색다른 교차로(여기서는 Y자)는 시야의 끝을 효과적으로 맺는 데 유용하다.

레이먼드 언윈의 1909년 저서 『도시 계획 실무(Town Planning in Practice)』에서 도해된 것처럼 색다른 교차로는 적절히 설계될 경우 기념할 만한 건물, 말하자면 지역 사회에서 중시하는 공공 기관 건물을 위한 기념용 대지를 만들어낸다. 이런 건물들은 멀리서, 종종 높은 곳에서도 보일 수 있도록 긴 시야의 끝에 위치한다. 앨라배마의 몽고메리 근처에 생긴 새로운 지역 사회인 '더워터스'에서 디자이너 스티브 무존(Steve Mouzon)은 지역 사회의 예배당 및 회관 부지로 예정된 언덕배기 주변에 Y자형 도로를 구성했다.

교차로 관련법들은 종종 새로운 계획이 대지의 지형에 적절히 반응하지 못하게 막기도 한다. 듀아니 플레이터-자이벅사의 계획 팀이 (역시 앨라배마의) 버밍엄 외곽에 마운트 로렐이라는 뉴 타운을 설계했을 때 애초의 규정은 대지의 경사 지형 위 교차로를 직각으로 설계하라는 것이었다. 이 카운티의 규정은 버밍엄의 오래된 산동네들이 작은 삼각 녹지들 주변으로 도로들을 교차시켜 구배 변경을 피했다는 사실을 무시했다. 이렇게 분기된 교차로들을 마운트로렐 부지에 적용하자 도로의 직통로에 속하지 않은 모든 나무가 보호되었다. 반대로 카운티에서 명령한 모든 90° 교차로 주변에 구배 변경이 요구되었다면 모든 개별 교차로의 주변에서 0.5에이커(약 612평)에 해당하는 녹지를 없애야 했을 것이다. 다행히도 여러 달 동안 어려운 협상을 거친 끝에 이 프로젝트는 필수적인 변화를 받아들이게 되었다.

규칙 70: 시의 규정 그리고/또는 공무원들이 색다른 교차로의 구성을 금하지 못하게 하라.

71 근린 도로에서는 중심선을 없애라
도로의 중심선이 사라지면 시속이 7마일가량 떨어진다.

작지만 유용한 항목이 하나 있다. 런던 교통부(Transport for London)라고 불리는 이상한 운전부(Ministry of Silly Driving)[역29]에서 일하는 우리 친구들은 중앙선이 없으면 도로가 더 안전할 수도 있겠다는 의심을 상당 기간 해왔다. 런던시는 이미 2009년에 무표시 도로(Naked Streets)라는 네덜란드적 개념을 포용한 '더 좋은 도로(Better Streets)' 정책을 시행했고(규칙 77 참조), 교통부의 엔지니어들은 중앙선에도 '적을수록 좋다(Less is more)'는 접근이 통할 수 있으리라는 희망을 품었다. 무표시 도로라는 일견 반직관적인 논리를 고수한 그들은 중앙선이 자동차 운전자들에게 자신감을 불어넣어 과속을 야기할 수 있는 많은 도로 표시 중 하나라고 예상했다.

런던시는 2차선 광역 도로를 중앙선 없이 재포장하는 공사를 한 뒤 운전자들의 속도가 얼마나 달라졌는지 공사 전과 후를 비교했는데,

런던 브라이튼 로드의 중앙선을 제거하기 전과 후의 모습. 제거 이후 과속이 줄어든 것으로 나타났다.

		평균 속도 변화 (시간당 마일)
세븐 시스터즈 로드	북부행	-7.0
	남부행	-8.6
위컴 로드	동부행	-7.4
	서부행	-7.5
브라이튼 로드	북부행	-5.6
	남부행	-5.4

세 도로의 데이터를 연구한 결과 정격 시속이 평균 6.9마일 감소한 것으로 나타났다.

결과는 실망스럽지 않았다. 일반적으로 새로운 포장도로가 과속을 부추기는 경향이 적지 않은데도, 중앙선을 지운 도로에서는 운전자들의 평균 시속이 7마일가량 느려졌다.[211]

걷는 사람들에게 끼칠 위험의 맥락에서 보면, 시속 7마일은 엄청난 차이다. 이 연구에서 목격된 시속 30마일을 전후로 한 속도들에서 시속 7마일이 감소하면 사망 위험을 거의 절반으로 낮출 수 있다 (규칙 31 참조).

운전자의 행동을 고려해보면(규칙 34 참조) 이러한 연구 결과는 놀라운 게 아니다. 저자들은 추정을 피하고자 노력하면서도 이렇게 말한다. 일부 운전자들이 "교통 상황과 무관하게 자기 차량을 백색선 가까이에 두고 그런 위치에 있는 것을 그들의 '권리'라고 믿는다"면서 "중앙선의 제거가 도입하는 불확실성의 요소가 낮은 속도로 이어진다"는

것이다. 또한 그들은 다가오는 차량들을 볼 때 운전자들의 속도가 가장 현저하게 줄어든다는 사실에 특히 주목한다.[212]

그런데 이 연구가 동종 최초의 연구는 아니었다. 저자들은 윌셔 카운티 의회(Wilshire County Council)가 2003년부터 2007년까지 실시한 선행 연구를 언급하는데, 그 연구에서는 도로를 중앙선 없이 재포장한 결과 속도만 느려진 게 아니라 부상 충돌도 줄었다는 결과가 나왔다. 그리고 영국의 독립 기관인 교통 연구소(Transport Research Laboratory)가 실시한 선행 연구에서도 그와 비슷한 결과가 나왔다.[213]

이에 반대 증거를 제시하는 데이터는 없으니, 이 모든 증거를 바탕으로 중앙선이 없는 도로가 더 안전하다고 결론을 내리면 안전해 보인다. 마찬가지로, 실질적인 반대 증거도 없이 중앙선 유지를 주장하는 공공사업 부서는 인간의 삶보다 관습을 더 중시하고 있을 가능성이 높다.

하지만 몇 가지를 더 언급할 필요가 있다. 첫째, 도로 재포장으로 속도가 늘어나는 효과는 엄연히 실재하며 이 연구에서는 평균 시속 4.5마일이 늘어났다. 여기서 공유할 만한 시사점은 이것이다. 더 안전한 차선 구성을 도입하지 않는 한, 노후화된 노면을 교체해야만 하는 상황도 아닌데 도로를 재포장하면 도리어 안전을 침해할 가능성이 높다.

둘째, 그 연구의 저자들은 "모든 도로가 중앙선 표시를 없애는 데 적합하지는 않을 것이며 특히 그 표시가 특정한 위험을 강조하는 곳에서라면 더 그럴 것"이라고 언급한다. 모든 규칙에는 예외가 있지만, 무엇이 예외인지의 여부는 먼저 꼭 비판적으로 검토해봐야 한다.

역29) 영국의 전설적인 코미디 그룹 몬티 파이선(Monty Python)의 BBC 예능 프로그램 <몬티 파이선의 비행 서커스(Monty Pyhon's Flying Circus)>(1969-74)의 한 에피소드에서 이상한 걸음걸이를 연구하는 행정 부처가 있다는 설정으로 등장한 '이상한 걸음부(Ministry of Silly Walks)'를 패러디한 것이다.

규칙 71: 보행자들이 다니는 지역에서 2차선 양방통행로를 재포장할 때는 그 대지만의 특정한 사정이 없을 경우 중앙선을 빼고 시공하라.

72 보행 구역을 적절히 만들어라
임시로 시작해서 융통성 있게 유지하라.

최고의 중심가와 최고의 도심에는 자동차가 없다. 정말이다. 쇼핑하고, 산책하고, 갓길 보도에서 식사하고, 소음과 배기와 지속적인 사망 위험이 없는 환경에서 자녀들이 자유롭게 뛰놀게 할 수 있는 것은 진정한 축복이다. 시선이 오가는 지역 사회의 초저녁 산책을 뜻하는 '파세지아타(passegiata)'를 중심으로 싹트는 문화도 역시 축복인데, 이런 산책로는 충분한 공간이 주어질 때만 뿌리내릴 수 있다. 따라서 우리가 정말 보행 편의성을 중시한다면, 우리 마을과 도시에 자동차 없는 거리와 구역을 만드는 게 목적이자 심지어 우선순위가 되어야 한다.

하지만 안타깝게도 이런 목적의 중요도는 규칙 30에서 제시한 냉정한 사실에 비춰 잴 수밖에 없다. 20세기에 자동차를 막은 약 200개의 미국 중심가 중 (실패율을 어떻게 측정하느냐에 따라) 85% 내지 95%가 얼마 안 가서 실패했다. 그런 경험을 반복하지 않으려면, 이미 논했듯이 새로운 보행 구역을 잠정적이고 가역적으로 만들어야 하며 디테일을 제대로 처리하기 위해 애써야 한다.

그런 노력에서 중요한 첫 단계는 자동차를 타고 오는 쇼핑객들의 비율과 그들이 주차하는 장소를 조사하는 것이다. 정면 연석 주차 의존도가 높아 보이는 곳에서는 근처에 여러 대안적 장소를 배치하고 사람들을 그로 데려가기 위한 임시 길 안내 표지를 준비하라. 운전해서 찾아오는 고객이 적은 곳에서는 훨씬 더 공세적이어도 됨을 인식하고 심지어 코펜하겐에서처럼 넓은 보행 구역을 만들 수도 있다. 예컨대 연석 주차가 매출에 거의 기여하지 않는 맨해튼에서는 도시 전체에서 자동차를 없앨 수도 있을 것이다. 최고의 후보지는 17번가부터 108번가에 이르는 브로드웨이 전체로 보일 수도 있겠는데, 여기서는 바탕을 이루는 도시 격자에 비해 도로가 과다하기 때문이다.[214] 사실 이 90개 블록들을 배경으로 내세울 수 있는 유일한 좋은 논거는 그 블록들이 이미 성공적이라는 사실뿐이다.

> **20세기에 자동차를 막은 약 200개의 미국 중심가 중 85% 내지 95%가 얼마 안 가서 실패했다.**

도로 하나를 보행자 전용으로 바꾸는 두 번째 단계는 앞에서 지적한 것처럼 임시로 도로를 막는 것이다. 이 작업은 저비용으로 간단하게 이뤄져야 하는데, 화단과 작은 나무, 경량의 탁자와 의자들을 분산시켜서 그 주위로 사람들이 자유롭게 돌아다닐 수 있게 할 수 있다. 그렇다. 그중 몇 개는 누가 훔쳐갈 테지만… 아무렴 어떤가?

보스턴의 다운타운 크로싱은 수십 년간의 침체 끝에 새로운 가로경관을 융통성 있게 구축하면서 활력을 되찾았다.

이런 변화를 임시적 수준 이상으로 만들 수 있다는 증거가 분명할 때는, 디자인보다 프로그래밍에 초점을 맞춰라. 지역 사회의 이해당사자들을 불러 모아서 '최종적'이되 계속 진화하는 결과를 만들기 위한 공동의 비전을 만들어라. 그 비전에 활력을 불어넣을 기관과 개인을 파악하라. 바라는 활동들을 서비스하는 데 필요한 장비를 결정하고 전략적으로 배치하라. 이동식 의자를 유지하되 튼튼한 가로 시설물도 좀 넣고, 가능하면 더 친환경적으로 만들어라. 하지만 그 과정에서 계획했던 결과가 나오지 않을 때를 대비하여 자동차를 아예 막는 고정된 장벽은 만들지 말아야 함을 명심하라. 이런 식으로 배치하면 보행자가 없는 시간대에 트럭 서비스를 쉽게 할 수 있는 장점도 있다.

그리고 이 작업이 점점 더 성공 범위를 넓혀갈수록 유럽을 바라보라. 유럽의 많은 도시에는 상당한 규모의 보행 구역들이 있다. 반면 도심에 넓은 보행 구역이 있을 만큼 충분히 걷기 좋은 미국 도시들은 손꼽을 수준을 조금 넘는 정도로, 보스턴과 뉴욕, 필라델피아, 워싱턴, 시카고, 포틀랜드, 시애틀, 샌프란시스코가 그 예다.

몇 가지 다른 디테일도 언급할 필요가 있다. 보행용 중심가는 자동차와 활동, 많은 모퉁이가 있는 평범한 도로들과 자주 교차할수록 성공할 가능성이 더 높다. 대부분의 시내 블록이 직선형이지 정사각형은 아니어서, 이는 곧 (산타모니카 3번가처럼 결을 가로지르는) 좋은 방향과 (버팔로의 중심가처럼 결을 따르다가 실패하여 다시 자동차에 개방되는) 나쁜 방향이 존재한다는 뜻이 된다. 여기서도 다시, 작은 블록이 더 좋다.

마지막으로, 최고의 보행로는 자전거 도로나 버스 전용차로가 아니다. 물론 주변에 자동차가 없으면 보행자와 자전거, 버스 모두 더 안전하지만, 그렇다고 그게 최고의 보행로임을 뜻하진 않는다. 훌륭한 산책길은 부모가 앉아서 음료를 마시는 동안 자녀들이 돌아다녀도 안심할 수 있는 곳이다.

규칙 72: 유사 모델과 모범 실무, 지역 사회가 주도하는 프로그래밍에 주목하면서, 상황이 허락하는 한 도심 보행 구역을 도로별로 만들거나 확장하라.

15부. 교차로에 초점을 맞춰라

73. 훌륭한 횡단보도를 만들어라

74. 교통 신호를 단순하게 유지하라

75. 보행자 작동 신호기와 잔여 시간 표시기를 없애라

76. 교통 신호를 전방향 우선 정지 표지로 대체하라

77. 무표시 도로와 공유 공간을 구축하라

15부

교차로에 초점을 맞춰라

보행자들이 도로를 차량과 공유해야 하는 주된 장소인 교차로는 도로 안전의 핵심적인 위치를 차지한다. 교차로의 설계와 관리는 말 그대로 생사가 달린 문제다. 적절한 횡단보도가 필수이며, 위험한 위치에서는 과속방지턱(speed table)을 비롯해 다른 더 강력한 해법들도 필요하다.

교차로 신호 체계는 지난 수십 년간 제 경로를 심각하게 이탈해온 걸로 보이는 분야다. 미국의 도시들은 신호 체계가 과다하게 계획되는 경향이 있고, 그런 신호들은 지나치게 복잡한 경향이 있다. 단순하고 짧은 타이밍의 체계였던 게 종종 여러 단계의 긴 주기를 이루게 되면서 걷기를 지연시키는 경우가 많아졌다. 대부분 어떤 결과도 촉발하지 않는 것처럼 보이는 누름단추들은 보행자의 불만을 악화시킨다. 그리고 전방향 우선 정지 표지가 적절히 작동하는 많은 교차로들에 신호 체계가 설치된 결과 부상율과 사망률이 놀라운 수준으로 상승했다.

이런 실수들은 되돌리는 게 그리 어렵지 않으며, 일부 도시들은 그렇게 하고 있다. 또한 유럽에서는 많은 장소가 지나치게 열성적인 신호 체계에 대한 훨씬 더 야심찬 대안을 실험하고 있다. 그것은 교통 제어가 없는 곳에서 저속을 유도하는 세심한 계획으로 보행자와 자전거와 차량 모두가 안전하게 혼합될 수 있게 하는 '공유 공간(shared space)'이다. 미국의 도시들은 이미 이 기법도 시도할 준비가 되어 있다.

73 훌륭한 횡단보도를 만들어라

모범 실무를 활용하는 동시에 예술적인 해법도 시험하라.

횡단보도는 보행 안전에서 매우 중요한 일익을 담당하지만, 이에 대한 인식이 얼마나 적은지는 놀라운 수준이다. 횡단보도의 안전에 관한 가장 영향력 있는 연구들은 신뢰를 잃어왔는데, 새로운 세대의 세계적 실험은 무엇이 효과가 있고 무엇은 그렇지 않은지를 더 협력적으로 검토할 적기가 바로 지금임을 보여줄 것이다. 지금껏 알려진 것으로 보이는 사실은 아래와 같다.

횡단보도보다 횡단보도 표시가 없는 교차로가 보행자에게 더 안전하다고 결론 내린 1972년의 한 연구는 도시의 안전에 엄청난 피해를 일으켰고, 지금은 논박당한 상태다.

과속방지턱이 가장 좋다: 여유가 있다면 페인트로 칠한 횡단보도보다 시설물로 구축된 횡단보도가 더 효과적이다. 벽돌이나 자갈 같이 대비나 질감이 느껴지는 표면은 횡단보도가 운전자보다 보행자의 영역에 속한다는 사실을 분명히 한다. 더 좋은 것은 횡단보도를 갓길 보도의 높이에 가깝게 들어 올려 연석이 아닌 도로에 경사면을 만드는 것이다. 이렇게 하면 횡단보도가 '과속방지턱(speed table)' 위에 있게 되고, 부드럽지만 유의미한 경사면들을 갖춘 이 융기된 구역을 향해 운전자들은 더 느린 속도로 접근하게 된다. 이상적인 교차로는 4개의 횡단보도 모두와 그 중간 구역까지 포함하는 하나의 과속방지턱을 둔다. 물론 이러한 조치는 비용을 감안해서 정말 특별한 입지, 예컨대 도심의 중심가들이 만나는 횡단로에서만 해야 할 것이다.

모든 도로에서 볼 수 있는 횡단로: 횡단보도보다 횡단보도 표시가 없는 교차로가 보행자에게 더 안전하다고 결론 내린 1972년의 한 연구는 도시의 안전에 엄청난 피해를 일으켰고, 지금은 논박당한 상태다.[215] 보행자의 행동에 관한 잘못된 생각은 여러 도시에서 많은 교차로의 횡단보도를 일부 도로에만 표시하는 결과로도 이어졌는데, 그렇게 하면 보행자들이 '희망선(desire line)'[역30]을 택하지 않고 더 잘 보이는 지점에서 건널 거라고 잘못 가정했기 때문이다. 전미 도시 교통 공무원 협회는 더 오랜 기간 동안 현장을 관찰하고는 "보행자들은 세 번 우회하는 횡단 방식을 지킬 가능성이 낮아서 결국 위험한 상황에 처할 수 있다"[216]고 말한다. 현재 횡단보도를 위한 표준적인 모범 실무는 교통량 그리고/또는 속도가 상당한 모든 교차로를 횡단하는 모든 희망선마다 횡단보도를 배치하는 것이다.

신선하게 눈을 사로잡기: 횡단보도의 가장 큰 숙제는 아마도 유지

관리에 있을 것이다. 그것의 가시성을 어떻게 유지할 것인가 말이다. 어떤 표준을 선택하든 간에, 횡단보도의 색이 희미해질 때 다시 페인트칠을 하지 않으면 아무 의미가 없다. 따라서 시 당국의 안전에 대한 약속이 유지관리 일정과 페인트 예산으로 반영될 필요가 있다. 게다가 디자인은 다소 논쟁적인 주제다. 선명한 대비가 돋보이는 '사다리' 표시들이 가장 효과적인 표준 해법이라는 데에는 모두가 동의하지만, 최근에 우리는 많은 열광과 예측 가능한 반대 움직임을 불러일으킨 더 창의적인 해법들의 시도를 목격했다. 수많은 도시들이 신나는 횡단보도 미술 프로그램들을 도입하고 있는데, 미 연방 주간선 도로국(Federal Highway Administration)은 단색 표준에서 벗어나는 디자인들을 막으며 엄중 단속에 나섰다. 그런데 이건 수단과 목적을 혼동한 것일 수 있다. 선명한 대비가 중요함은 아무도 의심하지 않지만, 백색 페인트가 자동차 운전자들의 관심을 끄는 유일한 방법인지는 의심스럽다. 독특하고 예술적인 횡단보도들이 지역 사회의 장소감에 얼마나 많이 기여하는지를 감안할 때, 이제는 그것들이 얼마나 좋은 성과를 내는지 연구해야 할 때다.

육교와 지하보도는 효과가 없다: 특히 위험한 도로 횡단로에서는 육교와 지하보도라는 개념이 종종 제기되는데, 대개 이런 개념을 내세우는 건 도로에서 보행자를 떼어놓기를 아주 좋아하는 교통부 직원이지만 가끔은 이런 시설의 불결한 역사를 별로 경험해보지 못한 선의의 시민들일 때도 있다. 육교도 지하보도도 좋게 볼 만한 이력이 없으며, 특히 미국 도시에서는 더 그렇다. 그래서 미국의 도시민들은 대개 계단 25개를 오르거나 지린내가 나는 잠재적 범죄의 통로로 내려

상상을 초월하는 아이슬란드의 이 횡단보도는 이론적으로 미국에서 검열을 통과할 만큼 충분히 눈에 띄지는 않는다.[217]

가기보다 차라리 죽음의 위험을 감수하려 한다. 도로에서 보행자의 안전은 주로 차량 속도 및 교통섬 이용 기회와 함수 관계에 있다. 뉴욕의 파크 애비뉴와 시카고의 미시건 애비뉴는 심지어 6차선 도로도 적절히 설계하면 동일 평면의 횡단로에 방해가 되지 않는다는 교훈을 준다.

역30) 쉽게 말하면 '지름길'을 뜻하며, 여기서는 횡단보도가 없는 도로에서 사람들이 무단 횡단하게 되는 주된 경로를 뜻한다.

규칙 73: 특히 중요하거나 위험한 교차로에는 과속방지턱을 설치하고, 그렇지 않은 경우에는 모든 희망선에서 횡단보도 사다리와 대비되는 밝은색 페인트를 칠하라. 새로운 예술적인 횡단보도들도 실험하고 검증해보라. 육교나 지하보도는 짓지 말라.

74 | 교통 신호를 단순하게 유지하라
대부분의 교차로 신호는 동시에 빠르게 이뤄져야 한다.

시드니에서는 보행자가 매우 답답할 수 있다. 횡단 교통이 지나가는 동안 도로의 모퉁이에 서서 기다린다. 그 다음엔 당신 쪽으로 다가오는 자동차들이 우회전하는 동안 기다린다. 그 다음엔 당신의 뒤쪽에서 다가오는 자동차들이 좌회전하는 동안 기다린다. 그 다음에야 횡단보도를 건너라는 신호가 켜지고, 당신은 회전이 허용되지 않는 방향으로 직진하는 자동차들과 평행하게 걷는다.

합리적인 폭의 도로들과 연결되는 대부분의 시내 교차로들은 적절히 설계될 경우 단순한 2단계 신호 주기로 서비스되어야 한다.

이러한 여섯 (또는 그 이상의) 주기의 신호 체계는 미국에서도 발견할 수 있다. 이런 체계는 모든 충돌 가능성을 제거하여 도로 횡단을 더 안전하게 만든다는 확실한 이유로 점점 더 상용화되고 있다. 대부분의 보행자 충돌 사고는 횡단보도에서 자동차가 사람에게 돌진하는 경우이고, 이론적으로 각 방향마다 고유의 주기가 있을 땐 절대 충돌이 일어나지 않는다.

같은 논리를 횡단 안전의 최상봉인 '보행 스크램블(pedestrian scramble)'[역31] 교차로의 이면에서도 발견할 수 있다. 보행 스크램블에서는 보행자가 원한다면 대각으로 건너는 등 교차로 전체를 자유롭게 다닐 수 있지만, 일단 모든 방향에서 모든 자동차가 제 갈 길을 갈 기다린 이후에만 그게 가능하다.

어떤 체계에서든지 도시를 거니는 경험은 걷기보다 서기의 경험이 되고, 시속 3마일이어야 할 속도는 아마도 그 절반으로 느려지게 된다. 더 안전하다는 명목 하에 걷기는 더 따분하고 덜 편해진다. 하지만 그게 정말 더 안전할까?

그것은 의심해볼 여지가 있다. 기다리다 지친 보행자가 신호를 무시한 채 교차로를 황급히 건너는 게 더 안전한 걷기인가? 사람들이 계산을 해보고는 걷기 대신 운전을 택한다면 그게 더 안전한가? 그리고 안전은 최고의 우선순위로 남아야 하지만, 안전이 걷기를 불편하게 만들더라도 도로 설계에 실패가 있었음을 지적해선 안 되는가?

더 안전하거나 덜 안전한 횡단로에 기여하는 모든 요인들을 감안해보면, 교차로의 신호 체계를 최상으로 유지하기 위한 만능의 해법은 없다. 보행자가 지극히 많고 대각 방향의 희망선이 여럿 형성되어 보행 스크램블이 의미를 갖는 교차로들은 분명 존재한다. 현재 빠른 회전을 유도하는 상황이라 6단계 신호 주기가 의미가 있는 교차로들도 분명히 있다. 하지만 그중 어느 것도 걷기 좋은 도시에는 흔하지 않다. 합리적인 폭의 도로들과 연결되는 대부분의 시내 교차로들은 적절히

보행 스크램블 교차로에서는 사람들이 대각으로 건널 수 있지만... 그 전에 아주 오랜 시간을 기다려야 한다.

설계될 경우 단순한 2단계 신호 주기로 서비스되어야 한다. 이를 가리켜 '동시 신호 체계(concurrent signalization)'라고 부른다.

동시 신호 체계에서는 보행자들이 보행 신호를 받을 때 그 옆의 자동차들도 초록불을 받는다. 교차로에 도착할 때 한 방향에서 횡단이 불가하면 다른 방향으로 건널 수 있다. 걷는 방법은 늘 존재한다. 시내에서 대부분 그러하듯 격자의 대각 방향으로 걸으면 한 번도 정지할 필요가 없을 수도 있다. 90초 동안 보행 스크램블을 기다릴 필요 없이 오른쪽으로 꺾었다 왼쪽으로, 또는 왼쪽으로 꺾었다 오른쪽으로 꺾는 식으로 보행을 이어갈 수 있기 때문이다.

현재는 도시의 많은 곳에서 6단계 신호 체계와 보행 스크램블이 필요 이상으로 설치되는 추세다. 이제 보스턴의 전형적인 교차로가 시드니처럼 느껴지기 시작한다. 결국 보스턴의 많은 부모들은 마지못해 자녀들에게 안전하게 무단 횡단하려면 언제 신호를 무시해야 하는지를 가르치고 있다. 이것은 문제다.

이상적인 횡단 신호는 동시적이며, 이상적인 동시 신호는 보행자 우선 출발 신호(Lead Pedestrian Interval: LPI)라고 불리는 것도 포함한다. 보행자 우선 출발 신호는 횡단하는 보행자들의 보행 신호를 차로의 초록불보다 몇 초 일찍 켜서 교차로에서 보행자들의 지배적인 존재감을 드러냄으로써 초록불에서 회전하는 자동차들이 훨씬 더 주의를 기울이도록 유도한다. 이런 신호는 미국 전역에서 흔해지고 있으며, 뉴욕시에서는 1975년부터 활용되었다. 뉴욕에 있는 LPI 14개소를 연구한 결과, 그로 인해 회전하는 차량과의 충돌 사고 빈도가 28%, 충돌 강도가 64% 낮아진 것으로 나타났다.[218] 이 데이터에 대한 응답으로 뉴욕시는 1,200개가 넘는 LPI를 더 설치했다.[219]

마지막으로, 신호 주기는 짧아야 하는데 거의 늘 60초 이하여야 하고 때로는 30초까지 짧아져야 한다. 초록불의 지속 시간은 길수록 (더 많은 자동차가 움직여서) 효율적이지만, 그만큼 대기 시간도 길어져서 운전자들은 답답함을 느끼고 걷기의 효율은 극단적으로 떨어지게 된다.

역31) 교차로에서 대각 횡단보도까지 포함하여 모든 횡단보도가 동시에 같은 신호를 받는 체계다.

규칙 74: 대부분의 교차로에서 동시 신호 체계를 활용하고, 더 복잡한 해법들은 통상적이지 않은 상황을 위해 남겨둬라. 신호 주기는 대부분 30~60초 범위에서 유지하라. 사고 다발 지역을 중심으로 보행자 우선 출발 신호(LPI)를 체계 전반에 적용하라.

75 | 보행자 작동 신호기와 잔여 시간 표시기를 없애라
보행자들이 신호를 간청해야 할 필요가 없다.

교차로의 보행자 작동 신호기는 거의 늘 잘못된 해법이다. 얼마나 잘못되었느냐는 유형에 따라 다르다. 가장 잘못된 유형은 종종 교통부들이 설치하는, 반드시 보행자가 버튼을 눌러야만 횡단 신호가 켜지는 유형이다. 교통부로서는 횡단하는 보행자가 없을 때 더 많은 자동차를 이동시킬 수 있기 때문에, 이런 유형은 어떻게든 결국 주나 카운티가 신호 체계를 책임지게 되는 곳들에 흔히 설치되며 그중에는 도심도 적잖이 포함된다. 지역민은 결국 이런 유형에 익숙해지지만, 방문객은 금세 답답함을 느낀다. 그리고 모든 보행자는 자기들이 이등 시민으로 취급받고 있음을 꽤 빨리 느끼게 된다.

오스틴, 게인스빌, 그리고 시러큐스의 교통 신호들을 조사한 결과, 이 세 도시에서 기능하고 있는 보행자 작동 신호기는 하나뿐인 것으로 나타났다.

이런 상황은 곱씹어볼수록 그 자체가 더 터무니없고 모욕적인 사실로 밝혀진다. 운전하는 사람들은 자동으로 통과하게끔 안내받지만, 걷는 사람들은 횡단하기 위해 신호를 간청해야 한다. 게다가 운전하는 사람들은 일반적으로 걷는 사람들보다 더 부유하다는 사실과 운전자가 보행자에게 큰 위험 요인이고 그 역은 성립하지 않는다는 사실까지 고려해보면, 한 사회에 통용되는 가치관의 슬픈 그림이 떠오르기 시작한다.

그런 신호는 오직 건너는 보행자가 거의 없는 곳이나 보행자의 횡단이 또 한 단계를 이뤄 동시 신호를 받을 수 없는 곳에서만 의미가 있다(규칙 74 참조). 예컨대 길게 뻗은 교외 주간선 도로의 블록 중간에 있는 횡단로에서는 의미가 있지만, 도심에는 그런 신호가 전혀 어울리지 않는다.

그 다음으로 잘못된 보행자 작동 신호기 유형은 대다수를 차지하고 있는 걸로 보이는, 아무 역할도 하지 않는 유형이다. 뉴욕시에서는 약 3천 개의 보행자 작동 신호기 중 120개만 빼고는 아무것도 제대로 기능하지 못한다. 오스틴, 게인스빌, 그리고 시러큐스의 교통 신호들을 조사한 결과, 이 세 도시에서 기능하고 있는 보행자 작동 신호기는 하나뿐인 것으로 나타났다.[220] 그중 대부분은 플라시보 효과를 노린 게 아니라 한때 기능을 했다가 비활성화된 것들이다.[221]

이런 신호기들은 물론 가능한 한 빨리 없애야 한다. 그런데 그에 못지않게 성가신 세 번째 유형의 잘못된 신호기도 있다. 이는 너무 짧은 횡단 신호의 길이를 늘려주는 유형으로, 다음의 몇 가지 이유로

로스앤젤레스의 개념 미술가 제이슨 에프닉(Jason Eppink)의 보행자 작동 신호기에 관한 해석

문제가 된다. 첫째, 횡단 신호가 더 빨리 호출되지는 않기 때문에 비활성화된 것으로 보여서 답답함을 느끼는 보행자의 무단 횡단을 유도한다. 둘째, 횡단 신호가 더 빨리 오지 않아서 지역민들이 버튼을 누르지 않는 경향이 있다. 이는 짧은 표준 길이의 단계에 횡단하는 사람들이 많다는 뜻이다. 또한 이러한 보행자 작동 신호기 유형은 곱씹어볼수록 더 터무니없어 보인다. 횡단 신호의 길이를 적정 수준 이상으로 늘리는 게 대체 무슨 의미가 있는가? 이런 신호기들은 없애서 모든 이용자에게 적절한 타이밍의 단순한 자동신호로 대체해야 한다.

한편 시내에서 쓰임이 있는 보행자 작동 신호기의 유형도 있는데,, 이런 종류의 신호기는 그걸 설치함으로써 생명을 구하게 될 입지들에서 보행 신호를 즉각 호출하는 기능을 한다. 블록 중간의 번잡한 횡단로와 어떤 차량 신호도 없는 여타 장소에서 의미가 있으며, 호크(HAWK: High intensity Activated crossWalK)^{역32} 신호등과 바닥을 높인 횡단보도(규칙 73 참조)를 동반할 때 가장 효과적이다. 이런 신호기는 어떤 외부 상황에 따라 위험한 무단 횡단이 걷잡을 수 없이 유도되는 교차로에서 사전 주의를 주기에도 유용하다. 예컨대 매사추세츠의 브루클린에서는 매사추세츠만 교통공사(MBTA)의 그린 라인 전차를 놓치지 않으려는 사람들이 차량 속도가 빠른 비컨 스트리트를 위험하게 횡단하는데, 이럴 때 즉각적인 보행 신호는 통근자들에게 아침 열차를 잡기 위한 안전한 횡단 방식을 대안으로 제공한다.

선의로 시작했지만 의치 않은 결과를 낳는 마지막 사례는 비교적 새로운 또 다른 기술인 보행자 횡단 잔여 시간 표시기(pedestrian crossing countdown clock)와 관련이 있다. 시내에서 운전하며 이런 신호를 만나본 사람이라면 그것을 발명한 이들이 깨달았어야 할 사실을 말해줄 것이다. 빠르게 째깍거리는 초읽기는 보행자들에게만 남은 시간을 알려주는 게 아니라 운전자들에게도 신호가 바뀌기 전에 가속하게끔 부추긴다는 사실 말이다. 토론토의 교차로 1,794개소에 대한 4년간의 연구 결과, 횡단 잔여 시간의 표시로 보행자 충돌은 아주 근소하게 떨어졌지만 차량 추돌은 급격하게 치솟은 걸로 나타났다.[222] 잔여 시간 표시는 빼고 그냥 오렌지색 손바닥 표시만 하는 게 더 안전한 해법으로 보인다.

역32) 고강도 활성 신호 횡단보도. 예컨대 하나가 아닌 2개의 빨간불이 교대로 깜빡이며 운전자에게 더 경각심을 주는 신호등이 있는 횡단보도다. 실제로 사고율을 낮추는 효과가 알려져 있다.

규칙 75: 보행자 작동 신호기는 오직 위험을 완화할 수 있는 즉각적이고 필수적인 경우에만 설치하고 나머지는 모두 없애라. 보행자 잔여 시간 표시기는 설치하지 말라.

76 교통 신호를 전방향 우선 정지 표지로 대체하라

정지 표지가 가장 안전한 해법인 곳이 많다.

오랜 기간 동안 도시들은 시내 교차로에 자랑스럽게 교통 신호를 도입해왔는데, 여기에는 신호가 많을수록 더 현대적이고 세계적인 장소가 만들어진다는 정서가 깃들어 있었다. 하지만 최근에는 그러한 동기에 변화가 일기 시작했다. 도로 안전에 대한 관심이 높아지면서 과연 적당한 교통을 경험하는 교차로에 교통 신호를 두는 게 최선의 해법인지의 여부를 의문시하는 사람들이 많아졌기 때문이다. 요즘 연구에서는 자동차 운전자들이 교차로에 접근할 때 서로 타협하기를 주문하는 '전방향 우선 정지(all-way stop)' 표지가 교통 신호보다 훨씬 더 안전한 것으로 나타난다.

교통 신호가 있을 때와 달리, 법을 준수하는 모든 운전자는 전방향 우선 정지 표지를 아주 느린 속도로 통과하고 이용자들 간에는 상당한 눈빛 교환이 일어난다.

전방향 우선 정지 표지가 더 안전한 데는 여러 이유가 있다. 교통 신호가 있을 때와 달리, 법을 준수하는 모든 운전자는 전방향 우선 정지 표지를 아주 느린 속도로 통과하고 이용자들 간에는 상당한 눈빛 교환이 일어난다. 일반적으로 보행자와 자전거 이용자가 먼저 통과하며, 아무도 불이 바뀌기 전에 미리 가속을 시도하지 않는다.

데이터가 더 많으면 유용하겠지만, 필라델피아에서 이루어진 이 주제에 관한 주된 연구는 강력한 설득력을 갖는다.[223] 그 연구는 1977년에 교통량이 제한적인 교차로에 교통 신호를 불허한 주 법원의 판결로 1978년에 462개의 교통 신호가 제거된 사례를 논한다. 거의 모든 경우에 신호들이 전방향 우선 정지 표지로 대체되면서, 충돌 건수는 전반적으로 24% 줄었고 심각한 부상 충돌 건수는 62.5% 줄었으며 심각한 보행자 부상 충돌 건수는 68%가 줄었다.

신호 체계가 있는 교차로를 선호하는 보행자와 운전자도 있긴 하지만, 이 데이터는 너무도 확실해서 무시할 수가 없다. 이와 모순되는 연구가 발표되지 않는 한 도시들은 현존하는 신호 체계들을 전체적으로 검사하여 없애도 되는 신호들이 무엇인지 결정해야 한다.

교통 신호를 정지 표지로 전환할 때 도시는 양방향 우선 정지(two-way stop)(역33)와 전방향 우선 정지 중 하나를 선택해야 하는 상황에 직면한다. 만약 어떤 도로가 다른 도로보다 엄청나게 많은 교통을 부담한다면, 분명 양방향 정지가 더 의미가 있다. 하지만 지나친 부담이 없는 곳에서는 양방향 정지보다 50% 내지 80% 더 안전한 전방향 정지 표지를 써야 한다는 데 의문의 여지가 없다.[224] 게다가 양방향 정지 보행 편의성을 연구한 결과, 앨버커키의 도심 교통 신호 19개가 불필요한 것으로 간주되었다. 이후 9개가 제거되었다.

는 중심가를 건너는 사람들에게 교통을 피해가도록 요구하기 때문에 보행 편의성도 해친다. 이런 이유로, 전방향 우선 정지가 정당화되지 않는 입지에서는 신호 체계를 남겨두는 게 현명해 보인다.

교통 신호를 정지 표지로 전환하면 돈도 절약되는 부수 효과가 있다. 정지 표지는 교통 신호보다 설치 및 유지 관리 비용이 훨씬 싸다. 도심의 도로들을 일방통행에서 양방통행으로 전환할까 고려 중일 때는 이 사실을 참고하는 게 중요하다. 이런 전환에 드는 주된 비용은 신호의 방향을 바꾸는 비용이다. 하지만 신호는 다차선 일방통행로들의 교차점에서 거의 늘 필요한 데 반해, 2차선 양방통행로들의 교차점에서는 종종 필요하지 않다. 게다가 2차선 양방통행로들이 전방향 우선 정지 표지 앞에서 교차할 때는 종종 좌회전 차로가 필요 없어서 그 노면을 주차로나 자전거 차로로 대체할 수 있다.

교통 신호를 전방향 우선 정지 표지로 대체했을 때 운전자가 겪는 경험에 대해서도 한 마디 해야겠다. 교통 신호 체계에 비해 정지 표지 체계에서는 운전할 때 더 많이 멈춰야 하는 게 사실이다. 하지만 이런 정지는 모두 꽤 짧은 편이다. 운전자가 가만히 앉아 빨간불이 초록불로 바뀌길 기다려야 할 필요가 전혀 없다. 교통 신호가 있는 교차로에서 그런 기다림은 종종 30초 이상이며, 이를 신호 체계 전반에 걸쳐 합하면 상당한 시간이 낭비될 수 있다. 놀랍게도, 정지 표지가 많을수록 통근이 더 빨라질 수 있다.

마지막으로, 공기 질을 옹호하는 일각에서는 멈췄다가 다시 움직이는 자동차들이 추가적인 오염을 일으킬 거라며 새로운 정지 표지에 반대할 것이다. 이런 주장은 정확하지만, 걷기 좋은 장소일수록 탄소 발자국이 더 적다는 사실을 배제한 동떨어진 가정으로서만 정확할 뿐이다. 정지 표지는 더 걷기 안전한 장소를 만드는 만큼 전반적인 운전 비율을 낮춰서 이런 영향에 맞설 것으로 기대할 수 있다.

이 주제에 관해서는 값비싼 연구를 시행해야 할 이유가 없다. 적당하고 꽤 균형 있는 교통 흐름과 연결되는 교차로마다, 일주일간 전방향 우선 정지의 구성을 시험해보라. 문제가 일어나지 않는다면 그걸 영구화하라.

역33) 교차로의 네 방향 중 마주보는 두 방향의 교통만 우선 정지시키는 문구다.

규칙 76: 교통량이 지나치게 많지 않은 교차로에서는 정상 참작이 필요한 상황이 아닌 한 교통 신호를 전방향 우선 정지 표지로 대체하라.

77 | 무표시 도로와 공유 공간을 구축하라
미국은 이 기술을 채택할 준비가 되어 있다.

수십 년의 논의를 거치고 나면 미국에서도 무표시 도로(Naked Street)와 공유 공간(Shared Space)을 볼 수 있을까? 워싱턴 DC는 '더 워프(The Wharf)'라는 새로운 개발 단지에서 이런 개념을 실험하고 있는데, 이는 아마도 계획가들이 다른 곳으로 확대 적용하려 할 때 활용할 수 있는 건축 사례일 것이다.

예전에는 연간 4~7회 심각한 충돌이 발생했었지만 이제는 충돌 건수가 0으로 떨어졌다.[225]

가장 간단히 말하자면 무표시 도로는 교차로를 포함하는 도로의 한 구획으로서, 이상적으로는 저속에 맞춘 기하학이 도입되고 교통 제어 장치를 없앤 교차로를 포함함으로써 보행자와 자전거, 자동차가 모두 저속으로 편안하게 섞이는 환경을 만들고자 한다. 이를 처음 발명한 사람은 네덜란드 엔지니어 한스 몬데르만(Hans Monderman)이었는데, 그는 표시선과 표지를 없애서 혼란한 조건을 만들 때 교차로가 더 안전해질 수 있음을 깨달았다. 초기의 이러한 혼란은 자연스럽게 운전자의 주의를 키우고 예절도 키우는 결과로 이어진다.

영국은 이 기술의 개발을 이끌어온 선두주자였다. 2009년에 시작된 런던시장의 '더 좋은 거리(Better Streets)' 정책은 런던시의 도로들을 개선하고자 제안된 수많은 대책을 포함하는데, 그중 하나는 '잡동사니 정리(declutter)'하기다. 이로써 주간선 도로 당국은 다음과 같은 과제를 안는다.

유지해야 할 확실한 근거가 있지 않는 한 없앤다는 가정 하에 모든 장비와 장애물의 필요를 따져보라. 특히 표지와 말뚝, 가드레일, 볼라드(bollard),[역34] 도로 표시를 유심히 살펴보라.[225]

하지만 모든 이용자에게 효과적인 무표시 도로를 만들 때는 잡동사니를 치우는 것만으로 충분하지 않을 수 있다. 아마도 자동차와 보행자가 안전하게 섞일 수 있게 충분히 느린 주행 속도를 보장하는 다른 디테일이 필요할 것이다. 여기에는 더 빠듯한 치수, 자갈처럼 질감 있는 노면, 그리고 이상적으로는 곡선의 제거까지 포함되기 때문에, 도로가 정말 하나의 광장처럼 느껴진다. 연석과 표시선 대신, 다양한 색상과 석재 패턴을 활용하여 자동차 주행과 보행, 주차를 위한 공간들을 구분한다. 이런 특징을 갖출 때 무표시 도로는 공유 공간이 된다.

영국 포인튼 (전): 교통 체증, 높은 속도, 충돌

영국 포인튼 (후): 흐름 원활, 낮은 속도, 안전

그 모든 석재들로 인해 공유 공간은 저렴하지 않다. 하지만 일부 지역에서는 공유 공간에 투자할 만한 가치가 확실히 있다. 영국의 포인튼(Poynton)에서 죽어가던 중심가는 혼잡과 충돌, 트럭 배기가스가 잘 생기는 번잡한 주간선 도로 교차로로 분할되어 있었다. 엄청난 회의론에 직면한 지역 공무원들은 2011년에 잉글랜드의 대규모 공유 공간에 관한 첫 번째 대책을 주관했다. 벤 해밀턴-베일리(Ben Hamilton-Baillie)가 설계한 이 안에서는 교통 신호와 표지, 연석을 모두 제거하고 부드러운 그릇 형태로 대체하여 광장처럼 포장했다. 교차로에는 이제 매일 25,000대가 넘는 차량이 오가며, 혼잡이나 충돌은 거의 없다. 예전에는 연간 4~7회 심각한 충돌이 발생했었지만 이제는 충돌 건수가 0으로 떨어졌다.[226]

더 주목할 만한 것은 그 도시에 다시 활력이 돌아왔다는 점이다. 엄청나게 많은 대다수의 사업장이 활성화되었다. 재건 비용은 400만 파운드(약 600만 달러)였다.[227] 죽어가는 도시를 되돌리는 일이 그만큼의 가치를 하는 것일까? 많은 경우에는 보통 눈 깜짝하지 않고 주차 데크를 신설하는 데 1천만 달러를 지불한다.

포인튼의 이야기는 '재생되는 포인튼(Poynton Regenerated)'이라는 유튜브 영상에 잘 기록되어 있다.[228] 구성이 새롭게 바뀐 뒤로는 특히 항상 어디서나 자유롭게 횡단하는 보행자들이 흥미롭게 목격된다. 최고의 시내 장소들에서도 그렇듯이, '무단 횡단'이 기준이다.

몬트리올과 멕시코시티에서도 비슷한 재건이 이뤄진 바 있다. 미국에 수백 개가 있는 중심가들은 교통에 압도당하므로, 여기서는 공유 공간 대책에 투자할 가치가 있어 보인다.

역34) 차량 진입 방지용 말뚝

규칙 77: 당신의 도시에 진정한 공유 공간을 도입할 기회가 있는지 따져보고, 기회가 있다면 포인튼 모델을 추구하라.

16부. 갓길 보도를 제대로 만들어라

78. 거의 모든 곳에 가로수를 둬라

79. 가로수를 적절히 선정하여 배치하라

80. 갓길 보도를 적절히 설계하라

81. 연석 낮추기를 허용하지 말라

82. 파크렛을 도입하라

16부

갓길 보도를 제대로 만들어라

걷기 좋은 도시에 관한 책에서 갓길 보도의 규칙을 다섯 개만 다룬다는 게 놀라워 보일 수도 있겠다. 하지만 사실 대부분의 도시에서 갓길 보도 자체는 문제가 아니다. 걷기에 가장 큰 영향을 주는 요인은 보도의 양측에 있는데, 말하자면 위험한 도로도 그렇고 친근감 없는 건물이나 도로변에서 사라진 건물도 걷기에 영향을 주는 요인이다. 물론 그밖에도 갓길 보도를 망칠 수 있는 요인은 존재하며, 본 섹션에서는 도로와 건물 사이의 영역이 보행 편의성을 해치기보다 지원하기 위해서는 도시들이 무엇을 바로잡아야 하는지를 다룬다.

이제 우리의 논의는 자연스럽게 가로수부터 시작한다. 가로수는 갓길 보도를 안전하고 건강하고 편안하고 지속 가능하게 만드는 데 거의 늘 중심이 되는 요인이다. 예외가 규칙을 입증하는데, 북미에서 성공적인 도로들에는 가로수가 필요하고 그것도 아주 많이 필요하다. 연석에 기댄 (식사 장소로도 이상적인) 가로수 구역 너머로 펼쳐지는 시내 갓길 보도는 걷기와 휠체어 이용에 적합한 청정 구역과 건물 출입이 이뤄지는 건물 인접 구역, 즉 서적 전시대와 의류 진열대가 곧잘 배치되는 구역을 포함해야 한다. 연석이 보도를 끊어 단절을 일으키는 것은 불법화해야 하며, 이상적으로는 그런 단절을 아예 없애는 게 좋다. 그리고 갓길 보도의 폭을 더 넓힐 필요가 있을 때는 '파크렛(parklet)'이라고 불리는 새로운 간이 쉼터 기술을 활용하여 비용을 최소화할 수 있다.

78 거의 모든 곳에 가로수를 둬라
공공 자금을 가로수에 쓰는 것보다 나은 대안은 없다.

미국의 도시들이 투자하거나 투자하지 않는 수백 개의 물리적 자산 중에서 가로수만큼 일관되게 저평가되어온 것은 없다. 미국 도시의 지도자들이 가로수의 진정한 가치를 이해하려 한다면 가로수에 지원되는 자금은 현재보다 몇 배는 늘어나게 될 것이다. 이런 가치를 전달하는 것이 보행 편의성과 도시적 활력을 높이기 위한 모든 캠페인의 핵심이 되어야 한다.

가로수는 무엇 때문에 그리도 가치가 있고 필수적인가? 『걸어다닐 수 있는 도시(Walkable City)』에서는 한 장(chapter)에 걸쳐 이 화두를 다루었는데, 그 이후에 더 많은 증거가 발견되었다.

가로수는 갓길 보도를 보호한다. 성숙한 가로수들은 주차된 차량들처럼 움직이는 차량과 보행자 사이에 튼튼한 장벽을 형성한다. 투시도적 시각에서 보면, 한 줄로 죽 늘어선 가로수들이 거의 갓길 보도와 도로 사이의 벽처럼 느껴질 수 있다.

가로수는 충돌을 줄여준다. 올랜도의 콜로니얼 드라이브를 따라 이루어진 한 연구는 가로수를 비롯한 수직적인 물체들이 늘어선 도로와 그렇지 않은 도로를 비교했다. 그 결과 가로수가 없는 도로에서는 부상 충돌을 경험한 비율이 45% 더 높았고 그중 다수는 치명적인 충돌이었던 것으로 나타났다. 가로수가 있는 도로에서는 발생하지 않은 치명적 충돌이 가로수가 없는 도로에서는 6건 발생했다.[229]

가로수는 공간을 형성한다. 규칙 83에서도 논하겠지만, 사람들은 경계가 확실한 장소로 이끌린다. 가로수는 자칫 볼품없는 형상으로 느껴질 수 있었을 공공 공간에 좋은 공간적 구획을 제공하는 중요한 역할을 수행할 수 있다. 사람들은 그저 가로수 근처에 있기를 좋아하기도 한다.

가로수는 빗물을 흡수한다. 성숙한 나무는 보통 그것에 떨어지는 빗물의 첫 0.5인치(1.27㎝)가량을 흡수한다.[230] 1990년대에 더 많은 가로수를 심었더라면 미국의 많은 도시에서 큰 손실을 일으킨 합류식 하수도 범람(Combined Sewage Overflow)이라는 파괴적인 문제를 피할 수 있었을 것이다. 미래에 이런 문제가 일어나지 않으려면 지금 나무를 더 많이 심어야 한다는 얘기다.

가로수는 자외선과 오염물을 흡수한다. 가로수는 자외선이 지면에 도달하지 못하게 막을 뿐만 아니라 대기 중의 엄청난 이산화탄소량을 흡수하기도 한다. 도로에서 멀리 떨어져 있는 나무들보다 10배 더 많이 말이다.[231]

가로수는 도시 열섬 효과를 줄여준다. 지구가 더워지면서 이미 주요 도시들에서는 매일 수백 명이 열사병으로 죽기 시작했다. 가로수는 국지 기온을 화씨 기준 15도(섭씨 기준 약 8.33도)까지 줄일 수 있는 것으로 나타났다. 미 연방 정부의 보고서에 따르면 성숙한 나무 한 그루

가로수는 자동차들의 서행을 (때로는 갑작스럽게) 유도하기 때문에 갓길 보도를 보호하는 효과가 있다.

는 "24시간 내내 방 10개를 냉방하는 규모의 에어컨 시스템"과 동일한 냉각 효과를 갖는다.[232]

가로수는 부동산 가치를 높인다. 와튼 경영대학이 수행한 한 연구에 따르면, 가로수는 집값을 9% 늘리는 것으로 나타났다.[233] 그렇게 높아진 가격은 부동산 세수의 증가로 직결된다. 포틀랜드시는 이런 이유로 나무의 식재와 유지 관리에 투자하면 그 금액의 12배에 해당하는 수입이 생김을 밝혀냈다.[234]

가로수는 가게의 생존력을 높여준다. 낸터킷에서 비벌리힐스까지, 북미에서 가장 매력적인 중심가가 있는 지구들은 거의 예외 없이 가로수가 심겨 있다는 게 일관된 특징이다. 한 연구에 따르면 나무 그늘이 잘 조성된 도로변에서는 가게 소득이 12% 더 높은 것으로 나타났다.[235]

가게를 더 잘 보이게 하겠다고 가로수를 없애려 하는 상인들은 중심가에서 이뤄지는 구매 행위가 대부분 경험에 기초한다는 사실을 망각한다. 아마존에서 더 편리하고 저렴한 쇼핑을 할 수 있기 때문에, 오프라인 가게의 생존력을 높일 주된 요인은 점점 더 훌륭한 환경을 조성하는 일이 되어가고 있다.

가로수는 공중 보건을 개선한다. 많은 연구에 따르면 정기적으로 나무를 접할수록 수명이 늘고, 정신 건강에 도움이 되며, 천식과 비만, 스트레스, 심장병이 줄어들 뿐만 아니라, 행복감도 커지는 것으로 나타났다.[236] 시내 자전거 시설과 더불어 가로수는 공중 보건 자금을 쏠 만한 이유가 충분한 분야다.

규칙 78: 도시 전역에 나무 심기를 위주로 '연속적인 나무 그늘 조성 캠페인'을 시작하라. 토지 개발 규정을 수정하여 새로운 도로에는 갓길 보도만 설치할 게 아니라 연석을 따라 가로수도 설치하도록 요구하라. 빗물 관리와 지속 가능성, 공중 보건을 위한 시 예산에서 나무 심기와 수목 유지 관리를 위한 자금을 할당하라.

79 | 가로수를 적절히 선정하여 배치하라
가로수는 자칫하면 잘못되기 쉽다. 이에 몇 가지 중요한 팁을 제시한다.

적절한 가로수: 건강과 환경에 미칠 수 있는 잠재적 영향을 감안해볼 때, 가로수의 선정은 심지어 쇼핑 지구에서도 그게 얼마나 크고 장대해질 수 있을지를 기준으로 이뤄져야 한다. 공간이 빠듯한 상황에서는 더 높고 좁으면서도 튼튼한 종을 선택해야 한다. 비교적 크기가 작은 꽃나무들을 활용하여 독특한 거리의 특별한 경험을 만들어낼 수도 있지만, 이런 경우는 규칙이 아닌 예외로 남아 있어야 한다. 야자수는 대부분 그저 장식용이며, 도시 이름에 야자(Palm)를 뜻하는 명칭이 들어가는 게 아닌 한 시내 가로수 목록에 들어가선 안 된다.

일관성을 유지하라: 최고의 거리는 총 길이에 걸쳐 똑같은 나무를 일관되게 심어 독특한 특성을 발전시키는 곳이다. 일부 도시들은 네덜란드 느릅나무병과 같은 병충해를 두려워한 나머지 이런 접근을 멀리해왔지만, 비슷하게 생겼으면서도 유전적으로 구분되는 아종(亞種, subspecies)들을 나란히 배치하면 그런 위험을 피할 수 있다.

적절한 간격을 둬라: 가로수를 두는 목적은 '연속적인 나무 그늘(arboring)', 즉 나무들이 다 자랄 때 서로 닿을 수 있는 배치를 얻기 위한 것이다. 이는 성목이 되었을 때 예상되는 나뭇잎들의 최외곽 범위 이내로 나무 중심들 간의 거리를 띄워 심는 것을 의미한다. 간격은 좁을수록 좋으며, 가장 폭넓은 나무들은 40피트(12m) 간격도 괜찮을 수 있지만 더 넓은 간격은 가로에 일렬로 늘어서기에 부적합하다.

시내 가로수들의 중심 간격으로는 대부분 30피트(9m)가 적절하다. 공간이 빠듯해서 선택되는 비교적 폭이 좁은 종들은 예산이 허락하는 한 더 좁은 20피트(6m)의 중심 간격으로 심을 수 있다. 주차 공간마다 나무를 한 그루씩 두는 방식은 중심가에서 적용하기 좋은 해법이다. 간격은 가급적 일관되게 돼야 뚜렷한 리듬을 만들어낼 수 있다.

일렬로 배치하라: 필수적인 것은 아니지만 도로 양쪽에 가로수를 정렬하면 도로 전반에 나무 그늘이 늘어나기 때문에 장소의 질에 뚜렷한 기여를 할 수 있다. 식재된 중앙 분리대를 활용하는 경우처럼 가로수를 세 줄 이상 배치할 때는 정렬의 효과가 훨씬 더 커진다. 공간이 비교적 빠듯한 상황에서는 대각으로 교대하며 띄우는 정렬 방식이 좋은 해법일 수 있다. 어려운 과제는 각 도로마다 도로 공간에 최대한의 리듬과 질서를 부여하는 식으로 가로수가 덮는 면적을 설계하는 일이다.

이중 가로수길: 갓길 보도의 폭이 20피트(6m)를 넘을 때는 보행 구역 안쪽으로 가로수를 한 줄 더 넣는 게 종종 합리적이다. 뉴욕 센트럴 파크 앞의 5번 애비뉴에서 볼 수 있는 이러한 해법은 비용이 좀 더 들지만 가치 있는 장소를 만드는 면에서는 그보다 몇 배의 가치를 한다.

모퉁이에 맞춰 세워라: 가로수가 있는 블록을 설계할 때는 모퉁이에 가장 가까운 나무들을 횡단보도 경계에서 약 10피트(3m) 떨어진 곳에 둬야 한다. 교차로에서 가로수를 더 멀리 밀어내는 시의 규정은

빠듯한 공간에서는 은행나무처럼 수직적인 수종을 두면 충분한 나무 그늘과 가을 색상을 제공할 수 있다.

삼각 시야 요건을 수정할 필요가 있다.

모든 중앙 분리대에 가로수를 둬라: 가로수가 일정 간격으로 배치된 중앙 분리대는 도로의 안전과 쾌적함 및 아름다움에 두드러지게 기여한다. 중앙 분리대에 나무가 없는 도로는 주간선 도로처럼 보이고 그렇게 기능하게 된다. 지방 자치 단체의 엔지니어들에게는 나무를 고정된 위험물(Fixed and Hazardous Objects: FHO)로 보던 시대가 끝났음을 이따금 상기시켜 줘야 한다.

구조적 토양과 투수성 표면: 가로수의 토양 설계는 통상 실패할 수밖에 없는 방식으로 이뤄지곤 한다. 하지만 그동안 발전해온 모범 실무에 따르면, 시내 가로수에 적절한 토대는 갓길 보도 전체의 하부에 약 3피트(90cm) 깊이로 깔아두는 구조적 토양(structural soil), 즉 흙에 쇄석을 섞어 나무뿌리가 자라면서도 하중을 지지할 수 있도록 설계된 기층의 연속적인 도랑이다.[237] 이런 도랑은 밑으로 물이 잘 빠지며, 그 상단의 노면은 적어도 가로수 구역 내에서 충분한 투수가 일어날 수 있게 하는 재료로 포장된다. 구조적 토양으로 구축하는 노면은 더 높은 비용을 초래하지만, 그만큼 가로수가 잘 자랄 수 있게 해준다. 그에 반해 전형적인 토양에서는 나무뿌리가 뻗을 곳이 마땅치 않을 때 노면을 들어 올려 접근성이 저해되고 비싼 대체 비용을 치러야 하는 문제가 발생한다.

규칙 79: 대부분의 도로에서 큰 수종의 가로수를 일관되게 심되, 나무에 따라 20~40피트의 간격을 두고 규칙적인 패턴으로 심어라. 적절한 곳에서는 이중 가로수길을 활용하고, 모든 중앙 분리대에 가로수를 심어라. 현재의 모범 실무에 따라 시내 가로수들은 구조적 토양 위에 배치하라.

80 갓길 보도를 적절히 설계하라

갓길 보도는 자칫 잘못되기 쉽다. 이에 몇 가지 중요한 팁을 제시한다.

적절한 폭: 교외 갓길 보도의 폭은 보통 5피트(1.5m), 많은 보행이 예상되는 곳에서는 6피트(1.8m)여야 한다. 교외 쇼핑 지구를 비롯한 도시 지역에서는 이 6피트 척도를 최소한의 청정 구역으로 유지해야 한다. 가로수와 플래카드, 탁자, 벤치, 기타 비품들을 위한 폭은 이 구역

걷기 좋은 도시는 휠체어를 이용하기 좋은 도시이며, 휠체어 이용자에게 편리한 도시는 모두에게 편리하다.

바깥에 덧붙여진다는 뜻이다. 결국 전형적인 도시 갓길 보도의 폭은 기대되는 유동 인구 규모에 따라 12피트(3.6m) 이상이 된다. 맨해튼의 애비뉴처럼 아주 번잡한 장소에서는 20피트(6m)도 충분하지 않지만, 대부분의 도시 도로에서는 12피트보다 훨씬 넓은 폭이 필요할 만큼 충분한 활동이 일어나지 않는다. 마이애미 사우스비치의 오션 드라이브의 갓길 보도는 세계에서 가장 인기 있는 갓길 보도 중 하나로서 가로수와 탁자, 의자가 있고 관광객들이 떼를 지어 거니는 곳이지만, 그 폭은 16피트(4.8m)가 채 못 된다. 관찰을 해보면 사람들이 빠듯하게 낀 공간을 즐긴다는 결론이 나올 수도 있을 것이다.

갓길 보도의 구역들: 연석 너머의 도시 갓길 보도는 다음의 세 구역을 포함하도록 적절히 설계된다.

- 중간에는 최소 6피트 폭의 청정 구역(Clear Zone)이 있다. 도로 전문가 댄 버든(Dan Burden)이 "걷고 얘기하는 구역(walk and talk zone)"이라고 부르는 이 구역은 거닐거나 휠체어를 이용하는 데 방해물이 없는 공간이다. 노면의 포장법이 멋질수록 좋지만, 이 구역은 약 5피트의 정사각형 모양으로 눈금을 낸 단순한 콘크리트로 적절히 포장된다.
- 도로 쪽에는 보통 5~8피트(1.5~2.4m) 폭의 가로수 구역(Tree Zone)이 있다. 이 구역은 그 밑의 도랑을 이루는 구조적 토양 안에 나무가 심기며, 가로수들 사이에는 자전거 거치대와 벤치, 기타 가로 시설물(street furniture), 그리고 (수요가 있는 곳에서는) 갓길 식탁이 있다. 경량의 기둥과 휴지통은 이 구역의 바깥에, 연석에서 약 18인치(46cm) 거리에 배치해야 한다. 벤치는 갓길 보도와 수직을 이루도록 배치하되, 한 쌍의 벤치가 약 6피트 간격으로 마주보게 해야 한다. 이 구역의 노면은 투수성 포장재로 덮어 가로수들의 도랑으로 빗물이 빠질 수 있게 하고 청정 구역과 대비를 이루도록 하는 게 가장 좋다.
- 통행로의 외곽 경계에는 보통 1~3피트(30~90cm) 깊이의 건

물 인접 구역(Frontage Zone)이 있다. 건물의 정면과 노면 사이에서 전이가 일어나는 곳으로 이해되는 이 구역은 플래카드와 서적 전시대, 의류 진열대, 더 많은 벤치, 추가적인 갓길 식탁을 위한 장소이자, 편히 기대어 시간을 보내기 위한 곳이기도 하다. 이곳의 의도는 가게와 도로의 구별을 불분명하게 만들어 사람들이 가게에 더 큰 관련성을 느끼게 하려는 것이다. 유럽에서는 이 구역을 종종 작은 자갈로 덮는데, 여기에는 건물 입면의 변화를 촉진하려는 이유도 있다. 이것은 괜찮은 시도이지만 불필요하며, 미국에서는 대개 눈금을 새긴 콘크리트가 이 구역까지 이어진다.

산호세의 산타나로우(Santana Row) 쇼핑가는 레스토랑의 정면을 개방하고 '청정 구역'의 양측에 식탁을 두는 식으로 갓길 보도상의 식사 공간을 완벽하게 정착시켰다.

튼튼한 화강석 연석: 디테일이 중요하다. 그리고 교외의 전형적인 연석 디테일은 시내 갓길 보도와 다른 부류다. 연석과 도로 사이에 견고한 각도를 내지 않고 연석과 배수로를 통합하는 해법은 자동차가 갓길 보도로 튀어오를 수 있다는 인식과 실제로 그럴 공산을 키운다. 적절한 구성은 노면에서 수직으로 약 6인치 높이의 연석 경계를 두고 그와 대비되는 배수로는 두지 않는 것이다. 그리고 초기 비용은 콘크리트 연석이 더 싸지만, 총 생애 비용을 고려해보면 진짜 화강석 연석을 설치해도 결국 같은 비용이 든다.[238]

장애인법 준수: 걷기 좋은 도시는 휠체어를 이용하기 좋은 도시이며, 휠체어 이용자에게 편리한 도시는 모두에게 편리하다. 표면상 미국의 장애인법(Americans with Disabilities Act)은 휠체어를 끄는 보행자들의 필요에 대비한 것으로, 모든 갓길 보도에서 적절한 청정 구역과 통행 가능한 노면, 모퉁이 연석 경사로를 요구한다. 안타깝게도 이 법은 산발적으로 시행되고 있어서 많은 시내 도로에서 휠체어 이용자들은 여전히 환영받지 못한다. 이는 그들이 유모차를 미는 부모들뿐만 아니라 많은 노년층 보행자들에게도 부담스럽게 여겨진다는 뜻이다. 특히 인구가 늘어날수록, 보행 편의성을 높이고 싶어 하는 도시들은 장애인법상의 의무 충족 여부에 높은 우선순위를 둘 필요가 있다.

규칙 80: 예상되는 용도에 대해 적절한 폭의 갓길 보도를 제공하라. 갓길 보도는 '가로수 구역'과 '청정 구역', '건물 인접 구역'으로 구성하고 가장자리에는 수직 화강석 연석을 두는 게 적절하다. 또한 장애인법 준수 요건을 강력하게 시행하라.

81 | 연석 낮추기를 허용하지 말라
갓길 보도를 가로지르는 차도는 걷기 좋은 지구의 속성이 아니다.

갓길 보도를 가로지르는 모든 차도는 보행자와 자전거 이용자를 잠재적인 위험에 빠뜨린다. 그들은 앞길을 횡단하는 차량에 치일 가능성이 있다. 이러한 위험은 갓길 보도를 한층 불안하고 불편하게 만드는 요인인데, 차도 주변에 경사가 있고 연석이 없으면 그런 느낌이 더 커진다. 게다가 연석 낮추기(curb cut)는 갓길 보도의 경계를 보호해주던 노상 주차를 없애버려서 결국 도로 폭이 더 넓어 보이게 만들고 그것이 불법적인 과속을 장려하게 된다.

걷기 좋은 지구에는 패스트푸드점과 은행의 드라이브스루가 발붙일 자리가 없다.

그게 전부가 아니다. 더 걷기 좋은 장소를 만들려고 할 때 연석 낮추기는 필요한 개선의 많은 부분을 좌초시킬 위험이 있다. 여기에는 몇 가지 이유가 있다. 연석을 낮추면 주차 공간이 사라지는 만큼 차로의 수와 폭을 바로잡은 도로에 연석 주차 공간을 추가하는 작업이 거의 소용없게 된다. 연석을 낮춘 도로와 교차하는 자전거 전용차로는 그렇지 않은 도로와 교차할 때보다 안전도가 떨어진다. 주차된 자동차들이 자전거 전용차로를 보호해주는 자전거 트랙은 연석을 낮춘 곳에서 특히 제 기능을 하지 못하는데, 주차된 자동차 대신 폭넓은 띠를 이루는 완충 지대는 자전거 전용차로를 보호하는 효과가 거의 없기 때문이다. 마지막으로, 갓길 보도에 꼬박꼬박 차도가 끼어들게 되면 가로수를 심기가 더 어려워진다.

대부분의 도시에서 연석 낮추기의 문제에 대처하는 첫 단계는 그냥 더 이상 허용하지 않는 것이다. 주차 건물과 같은 핵심 시설에 대해서만은 예외로 하고 말이다. 걷기 좋은 지구에는 패스트푸드점과 은행의 드라이브스루가 발붙일 자리가 없다. 주유소와 자동차 정비소, 기타 자동차 위주의 용도도 마찬가지다. 중심가에서는 그런 용도들을 몰아내야 한다. 소규모 호텔에서는 지정 주차 공간에서 연석을 낮춰도 괜찮겠지만, 개발 중인 도심에서는 자동차 전용 출입구를 제공하지 않고는 매력적인 호텔을 지을 수 없을 때가 있다. 이런 출입구는 정면이 아닌 측면이나 후면에서 골목과 떨어진 곳에 둬야 한다. 이런 용도를 제외하고는 그 어떤 전용 차도도 시내 갓길 보도를 가로지를 만한 가치가 없다.

대체할 만한 출입로가 없는 공용 골목에 인접한 부지에서는 용도를 불문하고 새로운 연석 낮추기를 일절 허용해선 안 된다. 연석 낮추기가 (드물게) 허용될 때는 갓길 보도와 같은 수준으로 포장되어야 하며 절대적으로 필요한 수준을 넘어서선 안 된다. 연석 낮추기는 통상 12피트 폭 차로 2개(7.2m)에 걸쳐 이뤄지는 게 표준이다. 이렇게 쩍

걷기 좋은 도시 | 193

툴사의 도심에서는 갓길 보도가 거듭해서 연석 낮추기로 차단되어 안전하게 걷는 느낌이 들지 않는다.

벌어진 목구멍에서 자동차들은 갓길 보도를 가로질러 과속하려는 유혹을 받는다. 새로운 연석 낮추기는 차로 2개를 필요로 하는 모든 대형 주차 공간에서 그 폭을 20피트(6m)로, 나머지 공간에서는 10피트(3m)로 제한해야 한다. 대부분의 자동차는 어쨌든 폭이 6피트(1.8m) 밖에 되지 않는다.

하지만 도시들은 이미 현존하고 있는 그 모든 연석 낮추기에 대해 뭘 하고 있는가? 지금껏 모범 실무로 확립된 것은 하나도 없다. 연석 낮추기를 15년간 사탕 주듯이 베풀어온 툴사 같은 도시에서는 걷기 좋은 도시를 만들 핵심부에 속한다고 여겨지는 도로들을 따라 연석 낮추기를 폐지하기 위한 시 행정부의 헌신적인 노력과 적절한 자금 지원이 필요해 보인다.[239]

이렇게 불필요한 연석 낮추기를 없애기 위한 프로그램은 이런 출입 지점들을 닫는 과정에서 부동산 소유주들이 들여야 할 시간과 노력의 비용을 인정하는 방식으로 짜야 할 것이다. 다음과 같은 소유주 지원 과정을 제공한다면 이상적일 것이다.

- 부동산 소유주에게 예정된 연석 대체 공사를 공지하고, 회의를 소집한다. 소유주가 불참하겠다고 하면 소유주의 개입 없이 연석을 대체한다.
- 협력하는 소유주들에게는 시에서 소유주의 부동산을 어떻게 재구성할 것인지에 대한 설계안을 제공하고, 필요한 경우 소유주의 승인을 얻어 수정된 설계안을 시행한다.
- 주차장 같은 부동산을 재구성할 때 실내 주차 공간이 줄어드는 경우가 있는데, 이는 소유주의 기존 수입이 줄어든다는 뜻이다. 이렇게 예상되는 수입에 대한 손실 보전은 표준 공식에 따라 미래 소득의 순 현재 가치로 계산되어 추후 소유주에게 보조금으로 일괄 지급된다.

소유주 지원 프로그램은 적절히 시행될 경우, 그 자금을 주로 재건된 연석을 따라 설치될 새로운 연석 주차 공간에서 시가 거둘 부가 수익에서 마련할 수 있다. 이런 프로그램은 툴사의 도심에서 고려 중이며, 비슷한 문제를 겪는 다른 도시들에서도 시험해봐야 한다.

규칙 81: 걷기 좋은 지구를 조성하려면 주차 건물이나 골목 출입로가 없는 호텔 차량 진입로를 제외한 그 어떤 곳에서도 새로운 연석 낮추기를 허용하지 말라. 연석 낮추기는 대형 주차 공간에서 최대 20피트, 나머지 공간에서는 10피트 폭까지만 허용하고, 갓길 보도와 같은 수준으로 포장하라. 필요한 곳에서는 기존의 연석 낮추기를 없애기 위한 지방 자치 단체 차원의 프로그램을 만들어라.

82 | 파크렛을 도입하라
수공예로 만든 데크는 폭넓은 갓길 보도를 꾸미는 저렴한 방식이다.

'파크 데이(park day)'나 '파킹 데이(parking day)'라는 말을 들어봤는가?[240] 매년 9월 셋째 주 금요일에는 전 세계인들이 주차 공간을 사람을 위한 용도로 복원하는데, 평상시에는 차고와 다름없던 공간을 사람들과 어울려 노는 장소로 바꿔 쓰는 것이다. 벤치와 수목으로 채우는 경우도 있고, 소규모 운동장이나 자전거 거치대, 인공 잔디를 깐 퍼팅 그린(putting green)으로 채우는 경우도 있다. 그러다 밤 12시 정각이 되면 아스팔트는 다시 원 상태로 돌아간다. 하지만 그래야만 하는가?

많은 도시에는 북적이는 인파에 걸맞은 모든 용도를 갖추기에 갓길 보도의 폭이 충분히 않은 곳들이 있다.

파크 데이에 대한 응답이자 독립된 움직임으로서, 많은 도시들은 영구적이지는 않더라도 분명 일시적 용도에만 그치지는 않는 주차 공간의 설치를 실험하기 시작했다. 때로는 민간에서, 때로는 시가 직접 나서서 주차 공간들을 다른 용도로, 예컨대 갓길 식사 장소와 같은 용도로 바꿔 쓰고 있다. 대부분의 경우, 갓길 보도와 같은 높이의 목제

시카고의 사우스사이드 75번가에 설치된 5개의 파크렛은 3개 블록에 걸친 회랑 지대 전역에서 매출과 거리의 활력을 끌어올렸다.

(또는 합성) 데크가 한두 개의 주차 공간에 걸쳐 설치된다. 이런 데크는 움직이는 차량에 바로 인접하여 배치되기 때문에 대개 그 바깥 경계에 화분을 얇게 배치하거나 튼튼한 난간을 두는 식으로 교통의 영향을 진정시키고 그로부터 사람들을 보호한다.

많은 도시에는 북적이는 인파에 걸맞은 모든 용도를 갖추기에 갓길 보도의 폭이 충분히 않은 곳들이 있다. 갓길 식사, 도로 시설물, 녹화 공간, 자전거 거치대, 공공 대출 도서관 등, 걷기 좋은 도시는 이 모든

걷기 좋은 도시 | 195

샌프란시스코시는 동네마다 파크렛을 도입하는 시도를 선도적으로 해왔다.

것 이상을 갖추고 싶어 한다. 그래서 많은 지역 사회에서 비싼 비용을 들여 새로운 노면과 연석, 빗물 처리 시설을 설치해야 하는 갓길 보도 확장 프로젝트를 고려한다. 미국 전역의 수백 개 도시와 소도시에서 현재 그런 목적으로 연방 정부나 주 정부의 자금 지원을 기다리는 중이라고 해도 과언이 아니다. 그러나 대부분은 헛된 기다림이다. 그리고 연석 주차는 지극히 가치가 있기 때문에(규칙 63 참조), 주차된 자동차들의 대부분을 없애는 식으로 갓길 보도를 연속으로 확장하려는 것은 실수일 가능성이 높다. 파크렛이 가장 효과를 발휘할 수 있는 곳을 몇 군데 다시 정해서 소수의 저렴한 파크렛을 설치하는 게 훨씬 더 낫다.

아이오와의 시더래피즈 같은 일부 도시들은 직접 파크렛을 설치해왔다. 한편 보스턴과 시애틀, 샌프란시스코 같은 도시들은 민간 기업에 권한을 줘서 파크렛의 설치를 촉진하는 프로그램을 도입해왔다. 이 사업의 관리에 드는 비용이 제한적임을 감안한다면, 모든 중·대규모 도시가 샌프란시스코처럼 프로그램을 운영하지 말아야 할 이유는 없다.

적절한 파크렛, 그리고 일반적으로 가로수 그늘이 진 갓길 식사 구역의 설치를 방해하는 한 가지 요인은 갓길 보도에서 주류를 판매하려면 건물에 울타리를 친 외부 공간을 만들어 그 안에서 하도록 요구하는 주들이 있다는 점이다. 이런 규정은 흥미로운 이론에 기초하고 있는데, 알코올 중독자가 금주를 깨고 다시 술을 마시려 할 때 3피트(90cm) 높이의 연철 난간동자를 설치하면 그의 음주를 막을 수 있을 거라는 이론이다. 이런 유형의 터무니없는 규정들을 없애려면 그렇게 과보호하려 드는 주들을 향해 도시들이 합심하여 탄원서를 제출할 필요가 있다.

마지막으로, 어떤 도시들은 파크렛 설치의 허가 수수료를 사업장에 부과하여 프로그램 비용의 분담을 꾀하기도 한다. 이런 수수료는 갓길 식사 장소에 허가 수수료를 부과하는 것처럼 어리석은 것인데, 다름이 아니라 장기적으로 지방 자치 단체의 수입을 늘릴 가능성이 높은 활동 유형을 제지하는 요인이기 때문이다.

규칙 82: 가게들이 갓길 확장 구역을 설치하도록 장려하고 모범 실무에 따른 신속한 승인 과정을 통해 진행할 수 있게 하는 파크렛 프로그램을 만들어라. 더 폭넓은 갓길 보도가 필요한 곳에서는 시 행정부의 예산을 지출하여 추가적인 파크렛을 설치할 방안을 고려하라.

17부. 편안한 공간을 만들어라

83. 확실한 경계를 만들어라

84. 건물 앞 주차를 절대 허용하지 말라

85. 밴쿠버처럼 도시를 계획하라

86. 조명으로 도시 계획을 뒷받침하라

87. 도시의 설계를 테러범에 맡기지 말라

17부

편안한 공간을 만들어라

앞선 섹션들에서는 걷기가 유용하면서 안전하지 않는 한 대부분의 사람들이 걷기를 선택하지 않을 것이라는 주제를 다루었다. 하지만 사람들은 길이 편안하게 느껴지지 않을 때도 걷지 않으려 할 것이다. 이것은 완전히 다른 주제인데, 훨씬 더 미묘하고 약간은 직관에 반하기까지 한 얘기다.

보행자의 편안함은 기본적으로 '공간적 정의(spatial definition)', 말하자면 장소를 어떻게 형성하는가에 달린 문제이며, 자연광과 인공조명의 영향도 받는다. 좋은 경계와 좋은 빛이라는 양대 목적은 가끔 서로 충돌을 일으키는 결과를 낳지만, 양자의 균형을 맞춰 최고의 효과를 거두는 방법에 대해서는 많이 알려져 있다.

마지막으로, 보행자들은 테러 위협을 방지하기 위한 너무 지나치게 경직된 풍경에서는 편안함을 느끼지 못한다. 그런 대책은 많은 비용이 드는 만큼이나 역효과도 낳을 수 있다.

83 확실한 경계를 만들어라
공간을 야외 거실처럼 설계하라.

아래 사진은 미국인들에게 유럽에서 휴가를 보내며 그간 열심히 번 돈을 쓰라며 유혹하는 여행 포스터에 곧잘 실리는 장면이다. 그리고 이런 포스터는 실제로 효과를 보는데, 이런 장소들이 우리의 물리적 환경에 대한 심층의 무의식적 갈망을 충족시켜주기 때문이다. 진화 생물학자들은 모든 동물, 그중에서도 인간이 '전망(prospect)'과 '피신(refuge)'을 동시에 추구한다고 말한다. 양 측면이 보호되지 않으면 안전하다고 느끼지 못한다. 그런 곳은 거기서 벗어나고 싶어지는, '사회적 원심력이 작동하는(sociofugal)' 공간이 된다.

피신에 대한 욕망은 왜 좋은 광장에 좋은 경계가 필요한지, 왜 훌륭한 거리 벽면(streetwall)이 공간을 장소로 만들어주는지를 말해준다. 도시 설계자들은 공간적 정의에 대해, 그리고 거리와 기타 공적 공간들을 "야외 거실"로 만드는 목적에 대해 얘기한다. 거실은 벽을 갖춘 공간이다.

그런 벽들의 위치, 그리고 그것들이 공간의 폭과 관련하여 어느 정도의 높이를 취해야 적절한지는 수 세기동안 논의되어 온 주제다. 추위와 어둠이 문제가 되기 전까지는 폭에 대한 높이의 비율이 높을수록 좋다. 듀아니와 플레이터-자이벅(DPZ)이 『뉴 어바니즘의 어휘(Lexicon of the New Urbanism)』에서 도해한 바에 따르면(오른쪽), (건물) 높이 대 (거리) 폭 비율은 르네상스 시대의 이상인 1:1이 가장 좋다고 여기는 사람들이 많고 거리 폭이 벽 높이의 6배를 넘어서면 공간적 정의의 감각이 사라질 수 있다.[241] 벽 높이는 심지어 거리 폭의 5배가 되어도 사랑스러울 수 있다. 몬트리올보다 훨씬 북쪽에 있는 중세적 분위기의 잘츠부르크를 생각해보라. 듀아니와 플레이터-자이벅의 도해에서 볼 수 있는 또 하나는 적정 비율이 갖춰지지 않은 상태를 보완하는 방법으로서 가로수들을 배치해 공간의 폭을 한정할 수 있다는 점이다.

광장은 딱 그 경계만큼 값어치를 한다.

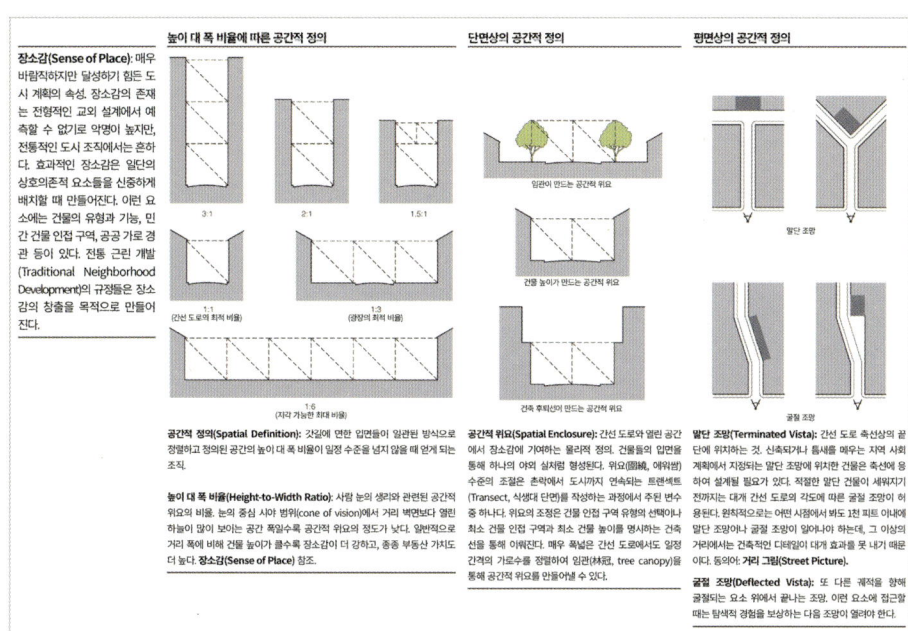

『뉴 어바니즘의 어휘』에 실린 도해: 높이 대 폭 비율은 공간적 정의에 깊은 영향을 준다.

하지만 이런 비율은 단면보다 평면에서 발견하는 게 실제로 더 의미가 있는데, 대부분의 북미 도시에서 발견되는 문제는 부적절한 높이의 건물이 아니라 부적절하게 건물이 늘어선 거리, 말하자면 마치 '이빨 빠진' 것처럼 빈 필지나 지상 주차장이 있는 거리이기 때문이다. 그런데 이 두 사례는 대개 동일한 문제로 나타난다. 부동산 소유주들이 빈 땅으로 이익을 남기는 최고의 방법이 주차장임을 재빨리 깨닫기 때문이다. 시내 가로의 벽체가 그런 미개발 부지에서 끊길 때마다 벽체가 에워싸는 감각은 사라지고 보행 편의성도 악화된다.

1960년대의 잘못된 '도시 제거(urban removal)'[역35] 전략에 따른 철거가 40년간 이뤄지고 결국 제인 제이콥스와 그녀의 추종자들에게 저지당한 이후, 대부분의 도시는 더 이상 도심의 역사적인 건물을 지상 주차장으로 대체하도록 허용하지 않는다. 물론 대부분이 그렇지 전부가 그렇다는 얘기는 아니다. 이 글을 쓰고 있는 와중에도 매사추세츠의 스프링필드는 대표적인 도심 지역의 한 모퉁이에서 그런 철거를 허용하려는 태세인데, 아직껏 그런 교훈을 얻지 못한 도시들에 대해서는 애석함을 느낄 수밖에 없다. 그런 도시들에서는 개선보다 개악부터 일어나게 될 것이다.

교훈을 얻은 도시들에서는 기존의 그 모든 이빨 빠진 공간을 어떻게 채우느냐가 문제의 핵심이고, 이에 대해서는 좋은 해답이 여럿 존재한다. 워싱턴 DC는 건물들이 있는 토지보다 동일 면적의 빈 필지에 훨씬 더 높은 요율의 세금을 부과한다. 게다가 엄격한 높이 제한을 유지하여 개발이 더 많은 토지에 분산되도록 유도해오기도 했다. 전통적인 댈러스 모델처럼 주차장 바로 옆에 타워들이 서 있는 게 아니라, 모든 블록이 중층 규모의 건물들로 채워지는 것이다.

물론 도시들은 신속한 허가와 조세 담보 금융(tax increment financing), 평범한 옛 보조금을 비롯한 기타 수단을 활용하여 빈 필지들의 개발을 장려할 수 있다. 그렇다면 문제는 빠진 치아 중 무엇을 먼저 채워야 하는지가 되고, 이 화두는 규칙 95와 96에서 다루게 될 것이다.

역35) 도시 갱신, 도시 재생, 도시 재개발 등을 뜻하는 '어번 리뉴얼(urban renewal)'을 풍자적으로 비튼 표현이다.

규칙 83: 거리와 공공 공간이 성공하려면 일반적으로 좋은 경계가 필요함을 이해하고서 도시 설계에 접근하라.

84 건물 앞 주차를 절대 허용하지 말라
갓길 보도를 따라 건물의 정면을 배치하라.

뉴 어바니즘 운동의 일환으로 가장 먼저 나온 책 중 하나는 데이비드 서쳐(David Sucher)의 『도시의 편안함(City Comforts』이었다. 이 책은 지역 사회를 만들기 위한 3가지의 주요 규칙으로 시작한다. 규칙 #1: "갓길 보도에 맞춰 건축하라."[242] 훌륭한 장소를 만들려면 3개보다 많은 규칙이 필요하지만(101가지는 어떠한가?) 이보다 더 좋은 출발점을 상상하기는 어렵다. 보행 편의성의 파괴에 관해서라면 아마도 건물 정면의 주차장이야말로 도시들이 가장 흔히 저지르고 가장 큰 영향을 끼치는 오류일 것이다.

건물 정면의 주차장은 다섯 가지 해악을 동시에 끼친다.

적절한 사례로 신시내티의 오버더라인을 들 수 있다. 그곳은 1999년에 양방통행으로 전환한 이후 바인 스트리트를 따라 1,200피트(360m) 길이의 연속적인 재활성화가 이뤄졌다가(규칙 38 참조), 세 블록 이후 크로거 델리의 주차장으로 그 흐름이 중단되었다. 쇼핑객들과 식사 손님들은 도심에서 북쪽으로 한가로이 걸어오다가 고작 열다섯 자리밖에 없는 이 아름다운 살풍경을 기점으로 다시 발길을 돌린다. 이 글을 쓰는 시점에도 여기서 더 북쪽에 있는 건물들은 북적이는 인파의 활력에서 100피트(30m) 거리밖에 안 되는데도 여전히 차단되어 있다.

북미의 셀 수 없이 많은 중심가에서 이와 비슷한 실수를 찾아볼 수 있다. 1960년경 어느 때인가 교외 자동차 시대의 퀵키 마트(Quickie Mart)는 도심에 침투할 수 있었고, 그런 현상은 남쪽으로 확산되었다. 볼품없이 가벼운 형광색의 가게 정면도 문제를 악화시켰지만, 진짜 원흉은 가게 정면의 주차장이었다.

정면 주차장은 다섯 가지 해악을 동시에 끼친다. 일단 도로에서 건물을 후퇴시켜 도로의 공간적 정의를 파괴한다. 상점의 쇼윈도를 가려서 그 옆을 거니는 흥미를 떨어뜨린다. 연석 낮추기로 갓길 보도의 흐름을 끊어서 보도의 편안함과 안전성을 침해한다(규칙 81 참조). 가게 손님들이 가게 바로 앞에 주차할 수 있게 함으로써 갓길 보도를 한가로이 거니는 쇼핑객이 사라지게 만든다. 그리고 가게가 지역민들보다는 어디서든 자동차를 타고 온 객지 손님들에게 서비스하는 곳이라는 꽤 섬세하지 못한 메시지를 전달한다.

도시의 계획 부서들은 대부분 건물 앞 주차가 해악을 끼친다는 것을 이해하지만, 그럼에도 그걸 불허하지는 않는다. 대형 약국 체인인 월그린(Walgreens)이나 라이트 에이드(Rite Aid)와는 흔히 다툼이 일어나게 되는데, 이런 체인들의 표준적인 점포 계획은 공간적 정의가

오버더라인의 바인 스트리트에서 재개발의 흐름을 끊어버린 주차장

가장 요구되는 모퉁이에서부터 바로 정면 주차시키는 것을 가정하기 때문이다. 다행히 이들 체인은 정면 주차 불허를 주장하는 도시들에서 융통성을 발휘할 의지를 보여 왔다. 적절한 해법은 한 건물의 뒤편 양측을 감싸는 한 칸(bay) 너비(이중 전면 주차 방식의 60피트[18m] 너비)의 주차장을 포함하는 것이다.

이런 결과는 연석 낮추기를 두 군데 도입하여 여전히 가로 경관 속에 공백을 남기지만, 다른 대안보다는 훨씬 나은 것이다. 연석을 낮춘 곳을 갓길 보도와 똑같이 포장하고 주차장 경계에 장식 벽체를 두면 그러한 간극의 영향은 제한된다.

확실히 긍정적인 결과를 얻고 싶어 하는 도시들은 자체적인 규정을 구체화해야 한다. 새로 생기는 모든 좋은 도시 개발 조례는 정면 주차장을 불법으로 규정한다. 또한 대부분은 갓길 보도에 주출입구가 있는 경우라면 후면 주차장과 접하는 부출입구도 둘 수 있도록 명기한다. 하지만 가게 영업시간 동안 정문을 계속 열어두도록 요구해야 한다는 점은 거의 망각되고 있다. 이것은 미시건의 버밍엄에서 문제가 되었는데, 이 도시는 10년 넘게 듀아니와 플레이터-자이벅의 계획에 따라 도심을 자동차 중심 구역에서 "보행자의 천국"으로 변화시켜왔다. 하지만 옥에 티는 그 계획을 완벽히 따랐으면서도 갓길 보도 쪽의 문은 잠가둔 어느 대형 귀금속 가게였다.

전형적인 교외 모델에서 벗어나 다시 도시적이고 걷기 좋은 개발 패턴으로 옮겨가는 것은 쉽지 않은 싸움이었고, 특히 교외에서는 더욱 그랬다. 첫걸음은 늘 건물이 거리를 바라보도록 향을 바꾸는 일이었으며, 지금도 여전히 그러하다.

규칙 84: 건물 앞 주차장을 허용하지 말라. 사업장 정면에는 주출입구를 두고, 후면이나 측면에 주차장을 두도록 요구하라.

85 | 밴쿠버처럼 도시를 계획하라
폭넓은 저층부 위의 가느다란 타워는 훌륭한 거리와 스카이라인을 만든다.

북미 대륙에서 가장 삶의 질이 높은 대도시는 밴쿠버임에 틀림없다. 2017년 머서(Mercer)가 실시한 삶의 질 순위 조사에서 밴쿠버는 세계 5위를 기록하며 같은 북미 대륙의 경쟁 도시인 토론토를 10순위 더 앞질렀다. 밴쿠버가 어떻게 이런 지위를 획득했는지는 더 좋은 장소를 만들기 위해 도시 계획이 할 수 있는 그 모든 크고 작은 것들 중에서도 특히 가치가 있는 교훈이다.

모든 것은 1960년대 말에 제안된 한 주간선 도로를 없애기 위해 건축 교수들이 주도했던 시민 봉기와 함께 시작되었다. 이 운동이 성공한 결과, 밴쿠버는 단 하나의 고속·고가 도로도 없는 북미 유일의 대도시가 되었다.[243] 미국의 시내 주간선 도로들이 초래한 황폐함과 비교해보면, 밴쿠버는 그 정도만 해도 충분했을지 모른다. 하지만 그 도시는 더 나아가 좋은 도시 계획을 위한 핸드북에서 뽑아낸 일련의 추가적인 결정을 내리는데, 여기에는 훌륭한 공원 짓기, 대중교통 및 자전거 기반 시설에 집중 투자하기, 혼합 용도 강화하기, 도심 주거 밀도를 적극 장려하기, 최소 주차 요건 없애기, 탄탄한 도시 설계 가이드라인 확립하기가 포함된다. 이런 노력의 결과로 모든 시내 여행 중 무려 절반이 보행이나 자전거 또는 대중교통을 통해서만 이뤄지고 있다.

마지막 범주인 도시 설계는 현재 거의 독보적이고 가치가 큰 모델을 제시하는 만큼 가장 흥미로운 범주일 수 있다. 조망 축을 파괴하거나 시내 가로를 어둡게 만들지 않는 방식으로 도심 주거를 고밀화하기 위해, 도시 계획가들은 최근 홍콩에서 이뤄진 영국인 개혁을 기대하며 전망과 안식의 균형을 찾는 기준을 수입했다. 1916년 뉴욕의 '빛과 공기(light and air)' 규정에서 처음 도입되었다가 곧 잊혀진 이러한 기준은 건물들로 블록을 채우지만 일정 높이 이상에서는 극적으로 뒤로 물린 타워 형태가 가늘게 솟아오르게 함으로써 적절한 형태의 도시 가로를 조성하도록 장려한다.

그 결과는 괄목할 만하다. 거리마다 훌륭한 도시 계획이 이뤄져 충분한 빛이 들고, 겹겹이 보이는 수천 세대의 아파트들은 그 조망 때문에 인기를 얻는다. 미국의 뚱뚱한 슬래브들이 시야각을 차단하며 거대한 그림자를 드리우는 데 반해 밴쿠버의 가느다란 타워들은 타워가 전혀 없을 때보다 뭔가 더 좋은 효과를 내기 때문이다. 말하자면 그 타워들이 하나의 스카이라인을 이루는 것이다. 대부분의 주민들에게 고층에서 살아야 할 하나의 이유가 있다면 그것은 다른 타워들이 더 잘 보이는 조망에 있다.

디테일은 다양할 수 있다. 중요한 것은 광장과 출입 지대 같은 특정한 시내 장소에서만 갓길 보도로부터 뒤로 물린 건물 저층부가 선호된다는 점, 그리고 가로 폭에 비례한 높이에서부터 가느다란 타워로의 전이가 시작된다는 점이다. 건물 높이 대 가로 폭 비율이 1:1이 되게 하

밴쿠버의 괄목할 만한 스카이라인은 매우 상세한 일부 규정들에 근거하여 솟아오른다.

여 대부분의 가로에서 저층부가 5~8개 층을 이루도록 하면 지혜로운 외관이 될 것이다. 이때 가느다란 타워들은 블록의 가운데 쪽으로 두고 가급적 높게 지어야 한다.

밴쿠버 모델은 뉴욕과 샌디에이고에서 진척을 좀 보이기 시작하는 중이지만, 그런 모델을 필요로 하지 않는 미국 도시들에서는 자연스럽게 정착이 늦어져왔다. 개발업자들은 뚱뚱한 슬래브들을 짓기를 훨씬 더 좋아하고, 전형적인 교외 사무실 임대인들도 그렇게 짓기를 요구하며, 아파트는 층당 슬래브 면적이 넓을수록 더 싸다. 대부분의 개발업자들은 가느다란 타워가 필수 요건이 되면 자기들은 파산한다고 말할 것이다. 이 말은 '파산'이라는 단어가 개발업자들에게 갖는 의미에 비춰보면 사실이다. 그것은 "투자자들한테 약속한 것보다 돈을 적게 벌게 될 것"이라는 의미다.

이렇게 볼 때 밴쿠버의 도시 계획은 포용적 지역지구제(inclusionary zoning)와 유사하다. 모두에게 적용될 때만 실행 가능하고 합리적이라는 점에서 말이다. 개발업자들이 타워를 짓고 싶어 하고 모든 타워는 가느다란 형태여야 한다면, 그들은 가느다란 타워를 지을 것이다. 하지만 법망의 틈새들이 존재하거나 예외 조항이 많거나 요건이 일시적으로 보인다면, 그 결과는 의도치 않은 채무 이행 유예(moratorium)나 그 이상의 악화로 이어질 수도 있다.

규칙 85: 밴쿠버 모델에 따라 높은 건물을 일관되게 제한하라. 건축 면적이 작은 타워 밑에 블록을 채우는 폭넓은 저층부를 둬라.

86 | 조명으로 도시 계획을 뒷받침하라
획일적인 기준을 거부하고 장소 기반 해법들을 채택하라.

밤에는 빛이 공간을 만들어낸다. 모든 도시, 특히 북부 도시에 사는 사람들은 해진 뒤에 공적으로 어울리는 시간이 상당하다. 몬트리올과 에든버러, 코펜하겐과 같은 도시에서 겨울 장소 만들기가 큰 성공을 거뒀다는 점은 대규모 야외 조명이 우리 지역 사회의 보행 편의성과 거주 편의성에 미칠 수 있는 영향을 보여준다. 조명을 제대로 계획하려면 다음 기준들에 주목하는 게 좋다.

밝기 기준과 높은 가로등으로 예산 대비 보급 범위를 극대화하는 목표를 추구해야 할 곳은 자동차 중심 환경뿐이다.

보급이 아닌 매력: 20세기 후반 북미의 도시 계획을 강타한 방범 조명 전략은 안전을 지향하기 위해 획일적인 조명을 보급하는 캠페인의 전개를 주장했다. 지금도 많은 도시들은 모든 곳에서 최소 조명 수준을 의무화하는 가이드라인으로 개발을 통제한다. 이런 규칙은 독특한 성격의 장소를 만드는 데 걸림돌이 될 뿐만 아니라, 보행자를 내쫓는 불쾌한 환경을 만들어 소기의 목적을 전도시켜버릴 수도 있다. 안전은 밝기에서 오는 게 아니라 인구에서 오는 것이며, 눈에 거슬리는 조명 때문에 사람들을 끌어들이지 못하는 장소는 더 위험해질 것이다.

게다가 예산상의 이유로 획일적인 조명을 보급하려 한 결과 먼 간격으로 배치된 높은 가로등들이 확산되었는데, 이는 걷기 좋은 동네와 성격이 맞지 않는 주간선 도로변에 제격인 해법이었다. 도시에서 획일적인 조명 보급은 주차장에 어울리는 요건이지, 걷기 좋은 곳이 될 법한 거리를 위한 요건이 아니다.

다양한 장소 기반 해법: ('기준'이라고 불리는) 빛 자체의 선택, 그것의 공간 속 배치, 가로등의 높이와 빈도는 원하는 효과를 얻기 위해 조절할 수 있고 조절해야 하는 일차 변수들이다. 밝기 기준과 높은 가로등으로 예산 대비 보급 범위를 극대화하는 목표를 추구해야 할 곳은 자동차 중심 환경뿐이다. 다른 곳에서는 다음과 같은 두 가지의 주된 조건에 응답해야 한다. 촌락부터 도시 지역까지 이어지는 (계획가들이 '트랜섹트[Transect]'라고 부르는) 식생대의 연속체 위에서 어디에 위치한 대지인가? 그리고 거기는 가게가 위치한 곳인가?

트랜섹트 기반의 지속 가능한 기준: 에너지 사용과 광공해(light pollution)를 최소화하려면 사용되는 모든 기준은 발광 다이오드(LED)나 미국 국방부가 정한 기술 규격(MIL)이어야 하고 상향 조명은 없어야 한다. 빛의 스펙트럼은 백열등에 가까워야 기분 좋은 불빛이 만들어지고, 나트륨등의 노란색이나 수은등의 푸른색 또는 형광등의 백색 효과를 피할 수 있다. 조명 기구 자체의 디자인은 어느 식생대에 위치하느냐에 따라야 한다. 과거에 도시에서 쓰인 조명 기구도, 촌락에서 쓰인 조명 기구도 있으며, 그러한 역사는 존중받아야 한다.

가로등의 위치와 빈도: 가로등은 거의 늘 도로변에서 약 18인치(45.7cm) 떨어진 곳에 둬야 한다. 걷기 좋은 환경에서는 가로등의 높이가 10~14피트(3~4.27m)여야 하고, 더 높지는 않아야 친밀한 느낌을 줄 수 있다. 빈도에 관해서는 보편적 기준을 정하기 어렵지만, 촌락과 진정한 교외 입지에서는 모퉁이에만 가로등을 설치하는 경우가 드물지 않다. 교외가 점점 도시화될수록, 빈도는 아마도 50피트(15m)마다 설치하는 수준으로 늘어난다. 쇼핑 지구에서는 20피트(6m)마다 가로등을 설치하여 더 장식적인 효과를 낼 수도 있다. 도시 환경에서, 특히 좁은 가로와 골목에서 매력적인 또 하나의 해법은 통행로의 중심선 위로 십자형 와이어에 매단 조명을 배치하는 것이다.

대체 조명: 쇼핑하기에 가장 좋은 갓길 보도는 일차적으로 양측의 건물들이 빛을 내뿜는 곳이다. 집중 조명(spotlight), 벽면 확산 조명(wall-washer), 장식 조명(decorative lighting)은 거리의 벽을 빛나게 하고, 쇼윈도의 디스플레이는 갓길 보도를 다채로운 빛으로 적신다. 그런 민간 조명에 얼마나 의존할 수 있느냐에 따라 가로등 자체는 덜 중요해질 수 있다. 일부 중심가의 상인 연합에서는 일과 시간 후에도 거리의 안전한 느낌을 키울 수 있도록 상점 쇼윈도에 낮은 조도의 빛을 유지한다.

덴버의 라리머 광장은 조명이 들어오기 전까지 이렇게까지 많은 관심을 받지는 않았었다.

장식 조명: 장식 조명이 가게의 성공이나 심지어 엄밀히 주거에 속하는 환경에도 기여하는 가치를 과소평가하지 말라. 기념일의 전등도 좋지만, 많은 지역 사회에서는 매년 한 공간을 중심으로 창의적으로 배열한 백색 위주의 조명 띠에서 나오는 기념적인 느낌을 활용해왔다. 덴버시에서 가장 오래된 상업 블록인 라리머 광장은 역사 보존의 힘을 증언하는 훌륭한 사례이지만, 대부분의 사람들은 1990년대에 상인들이 지혜롭게 도입한 전등들의 캐노피 때문에 그곳을 찾는다.

규칙 86: 걷기 좋은 곳이 될 법한 장소에서는 최소 조명 보급 요건을 없애라. 상향 조명을 없애고, 연석 바로 뒤에 적당한 높이로 설치되는 가로등에 저에너지 기준을 적용하라. 입지의 도시화 정도에 기초하여 기준과 빈도를 결정하라. 대체 조명과 장식 조명 같은 광원들을 창의적으로 활용하라.

87 도시의 설계를 테러범에 맡기지 말라
테러 방지 경관은 좋지 못한 투자다.

충격적인 장면을 회상해본다. 한 테러범이 픽업트럭 한 대를 몰고 맨해튼의 자전거 둘레길로 뛰어들어 8명이 치여 죽고 거의 열 몇 명이 부상당한다. 대중이 행정부의 반응을 요구하자 당시의 디블라시오 뉴욕시장은 수완을 발휘하여 뉴욕시 주변에 차량 진입을 막는 방벽을 신설하는 데 5천만 달러의 예산을 즉각 투입한다. 이 예산에는 개당 3만 달러가 드는 철제 볼라드(bollard)^{역36} 1,500개를 설치하는 비용도 포함되어 있다.²⁴⁴

사람들이 여전히 흥분해 있는 상황에서 이러한 시도는 대체로 동의를 얻는다. "우리의 지도자들이 우리의 안전 유지를 위해 일하고 있다"고 느끼면서 말이다. 하지만 뭔가가 잘못되었다는 일반적인 감각은 여전히 공중에 붕 뜬 상태다. 테러 행위에 대해 합리적으로 생각하기란 어려운 일이지만, 미국의 도시에서 나타나는 테러 위협을 냉정하게 분석해보면 우리의 정책과 실천에 극적인 영향을 줄 수 있는 좀 어려운 결론에 도달하게 된다.

유혈 사망은 말 그대로 유혈 사망이다. 어쨌든 어떤 죽음이 의도적이고 그게 '사고'가 아닌 살인일 때, 그것의 재발을 막기 위한 공적 자금은 과도하게 투입된다. 테러범의 피부색이 갈색일 때는 특히 그러하다. 하지만 개인적으로 치명적인 자동차 충돌을 목격해본 사람들은 그 비통함과 정신적 외상과 비극적인 파급 효과들이 다른 어떤 폭력적인 죽음이 가져오는 효과에 못지않음을 확신할 것이다. 합리적인 공공 안전 정책이라면 모든 생명을 동등하게 취급할 것이다. 놀랍게도, 퀸스 대로에서 일어난 186명의 자동차 충돌 사망 사고를 끝내기 위해 투입된 세금은 희생자당 22,000달러 미만이었지만(규칙 32 참조), 9/11에 복수하기 위해 지금까지 투입된 세금은 희생자당 약 17억 달러다.²⁴⁵ 우리는 이러한 차이에 주목할 필요가 있다.

테러리즘은 통계적으로 무의미하다. 여러 가지 계산법이 있지만, 수십 년간의 데이터를 객관적으로 계산해보면 미국인이 테러 공격으로 죽을 확률은 자동차 충돌로 죽을 확률보다 568배 낮다. 뉴욕의 트럭 공격으로 죽은 사람들의 수는 사실상 차후 매 2주간 교통사고로 죽은 사망자 수보다 적다. 공중 보건과 안전에 대해서는 대처하는 위험에 비례하여 자원을 할당하는 게 적절한 역학적 접근일 것이다.

부드러운 표적은 늘 존재한다. 도시 전체를 견고하게만 구축하기란 불가능하다. 아마도 이러한 사실이 뉴욕의 볼라드 설치 운동을 둘러싸고 인지 부조화를 일으키는 가장 큰 원인일 것이다. 자전거 둘레길과 갓길 보도에 보호 조치가 새로 이뤄질 때마다, 여전히 그런 조치 없이 노출된 곳은 수백 개일 것이다. 설령 모든 공공 공간에 볼라드를 설치한다는 불가능한 기획을 실현한다고 한들, 테러범은 그저 호텔 방 창문에서 AR-15 소총만 들어도 된다. 이런 식으로 우리는 다음

월가에서는 잘 설계된 포용적인 공공 영역이 사람들을 통합하는 유익한 효과가 공격적인 장벽들 때문에 침해받고 있다.

공격에 대비하는 게 아니라 지난 공격에 대한 보호 조치만 할 운명에 처해 있다. 그래서 사실상 '보여주기 위한 보안 조치(security theater)'에 수백만 달러를 낭비한다.[246]

테러 방지 경관이 공포를 일으킨다. 테러리즘의 목적은 기본적으로 사람들을 해치는 게 아니라, 공황을 일으키고 사회적 조직을 해체하는 데 있다. 그런 관점에서, 공격이 예상된다고 시끄럽게 천명하는 건축 환경은 그 자체로 공포와 불확실성, 이웃에 대한 의심을 조장하는 테러리즘의 한 형태다. 지하철 탑승객에게 이뤄지는 경찰의 신체 수색과 끝없이 쇄도하는 "목격하면 신고하라(See something, say something)"는 메시지들과 똑같이, 노골적으로 경계가 강화된 공공 공간들은 우리를 계속 겁먹게 함으로써 이득을 보는 테러-산업 복합체의 합작품으로 보는 게 가장 좋다. 이러한 드라마 속의 연기자들이 대부분 선의에 차 있다는 사실 때문에 우리가 그것의 지배에 맞서려는 시선을 거두어선 안 된다.

볼라드도 잘 설계될 수 있다. 덴마크의 도시 계획가 얀 겔(Jan Gehl)은 『사람을 위한 도시(Cities for People)』에서 시에나의 캄포 광장을 즐기는 사람들이 대부분 그 공간을 둘러싼 커다란 석제 볼라드들 근처에 어슬렁거린다는 점에 주목한다.[247] 볼라드는 전통적인 도로 시설물이며, 잘 설계되면 (현재 사람들이 순진하게 반응하고 있는 것일 수 있는) 테러리즘의 위협을 따를 필요가 없다. 디블라시오 시장의 볼라드가 매력적이고 잘 만들어지고 좋은 곳에 위치한다면, 영구적으로 우리의 공황을 일으키는 상징(즉 테러범들이 이기고 있다는 확실한 증거)이기보다 그것이 위치한 공간의 긍정적인 특징이 될 수 있다.

하지만 볼라드에도 여전히 돈은 낭비된다. 공공 안전에 투입되는 돈은 대신 진정한 효과가 있는 방식으로 쓸 수 있다. 네덜란드에서는 제한된 투자만으로 1971년에 400명이었던 교통사고 사망 아동의 수가 2010년 들어 단 14명으로 줄었다.[248] 미국의 현행 테러 방지 예산 중 작은 비중만 도로 안전 예산으로 전환해도 수천만 명을 구할 수 있을 것이다.

역36) 차량 진입 방지용 말뚝

규칙 87: 테러 방지 기반 시설에 돈을 낭비하려는 충동에 저항하고, 그것의 위험과 효과성, 그리고 더 좋은 공공 안전으로 가는 입증된 길을 정직하게 얘기하라. 그에 따라 자금을 도로 재설계 예산으로 전환하라.

18부. 흥미로운 장소를 만들어라

88. 오래 머물고픈 경계 구역을 만들어라
89. 반복을 제한하라
90. 큰 건물들을 분할하라
91. 옛 건물들을 보호하라
92. 주차 구조물을 가려라
93. 도시의 공공 미술 예산을 맹벽에 써라

18부

흥미로운 장소를 만들어라

어떤 장소에 보행자를 끌어들이려면 그곳에서 걷기가 유용하고 안전하며 편안해야 한다. 하지만 그것만으로는 충분하지 않다. 보행자들은 환대받을 필요가 있으며, 걷기가 결국 지루한 경험으로 기억되면 추후 다른 선택지가 생긴 사람들은 걷기를 반복하지 않는 경향이 있다.

인간은 사회적 영장류이며, 다른 인간들만큼 우리의 흥미를 끄는 것은 아무것도 없다. 가장 흥미로운 공간들은 사람들로 가득하며, 그렇지 않은 공간들은 인간성의 기호들로 가득할 필요가 있다. 창문과 발코니, 문, 출입 계단, 현관과 같이 사람을 들이거나 내보내는 이러한 기호들은 인간적 규모와 인간적 손길의 징표도 포함하고 있다. 건물을 흥미롭게 만드는 방법의 대부분은 덜 반복적으로 만드는 것이며, 적절한 경우 더 작은 부분들로 쪼개서 여러 사람의 손으로 작업한 것처럼 보기에 만드는 것이다. 노출된 주차 구조물과 맹벽은 걷기 좋은 곳이 될 법한 구역에서 멀리 떨어져 있어야 한다는 건 두말할 필요도 없다. (물론 규제할 필요는 있다.) 하지만 실수가 이뤄지기 때문에, 공공 미술품은 제인 제이콥스가 "활기 없는 극심한 황폐함(great blight of dullness)"이라고 부른 것으로부터 문제 구역들을 구제하기 위한 훌륭한 개선 도구일 수 있다.

88 오래 머물고픈 경계 구역을 만들어라
능동적이고 깊은 입면으로 공공 공간에 활력을 불어넣어라.

얀 겔의 고전인 『사람을 위한 도시』의 찾아보기(index) 부분에는 '경계(edges)'라는 용어 밑에 36개의 별개 용어들이 포함되어 있다. 겔은 한 장소의 주변부(perimeter)가 갖는 특성이 공공 공간으로서의 성패 여부에 얼마나 큰 책임이 있는지를 이해한다. (그리고 우리에게

걷기 좋은 곳이 될 법한 구역에서는 긴 입면의 가장 낮은 저층부에 수직 분절을 두게 하는 규정이 필요하다.

그걸 이해시키는 데 힘써왔다.) 그는 그러한 목표를 '부드러운 경계(soft edges)'라는 용어로 묘사한다. 사람들이 거의 늘 공간의 중심부보다 주변부에서 어슬렁거림에 주목하면서, 가장 성공적인 경계는 아무것도 없는 맹벽이나 거울 유리 한 장 이상의 것을 제공한다는 것이다.[249] 최고의 경계는 이중적 역할을 효과적으로 수행한다. 말하자면 능동적이면서도 두텁다.

능동적 입면

능동적 입면(active facade)은 거리에 흥미와 에너지를 제공한다. 이러한 특성들 가운데 개구부의 비율과 리듬, 제한된 반복은 시의 규정으로 명문화할 수 있는 것들이다.

- 맹벽을 피하기 위한 가장 단순한 도구는 최소 개구부 비율(minimum openings percentage)이다. 멜버른시는 '능동적 입면' 구역의 최소 개구부 비율을 소매점 용도에 적합한 60%로 설정한다.[250] 주거 입면에는 최소 개구부 비율을 25%에 가까운 수준으로 설정하여 벽에 뚫린 개구부를 낼 수 있지만, 이 규칙은 층별로 10피트(3m) 이내마다 창문이나 문 하나를 필수로 두게 하는 '맹벽 금지' 요건과 함께 시행되어야 한다.
- 리듬은 수평보다 수직 방향으로 분절되는 건물에서 생긴다. 초기 모더니즘의 수평 띠 창은 많은 역할을 하지만, 보행자가 옆을 지날 때 아무런 분절도 없이 거리만 확장하기 때문에 흥미로운 걷기를 지원하지 못한다. 걷기 좋은 곳이 될 법한 구역에서는 긴 입면의 가장 낮은 저층부에 수직 분절을 두게 하는 규정이 필요하다.
- 제한된 반복은 개발 범위를 작게 늘려가는 방식을 장려함으로써 이뤄지는데, 그게 불가능한 곳에서는 긴 건물을 별개의 단편들로 쪼개는 방식을 택할 수 있다. 이러한 구체적 실천에 대해서는 규칙 90에서 논할 것이다.

두터운 입면

잠재적인 쇼핑객이 매장에 들어갈 가능성을 높여주는 것은 무엇인가? 주민과 행인의 소통 가능성을 높여주는 것은 무엇인가? 보행자가 걸음을 멈추고 잠시 시간을 보낼 가능성을 높여주는 것은 무엇인가? 이 모든 물음에 대한 답은 같다. 건물의 안팎을 잇는 탄탄한 전이 구역, 말하자면 공공 영역에서 민간 영역으로 급작스레 이행하는 느낌을 완화하는 건축적 요소가 해답이다. 요컨대 이런 요소들은 '두터운 입면'이라고 칭할 수 있다. 두터운 입면은 다음과 같은 형식을 취한다.

- *상점*: 갓길 식사, 입면에 기댄 벤치, 플래카드, 점포 앞 매대 (규칙 80 참조), 쇼윈도 옆의 벽감 출입구, 따뜻한 날씨에 위로 걷어 올리거나 활짝 열어젖힐 수 있는 입면, 아케이드, 창구에 설치되는 카운터와 바(주점), 상층부의 발코니들, 기타 상부 내물림이 풍부하다. 대부분의 상점 입면은 모종의 차양 형식을 갖춰야 한다. 그 목적은 상점과 갓길 보도를 구분하기 어렵게 하는 데 있다.
- *주거*: 건물의 짧은 후퇴, 정면 현관과 출입 계단, 출창(出窓), 발코니, 능동적인 앞마당 정원이 풍부하다. 다세대 주거 개발업자들이 새로 도입 중인 모범 실무는 공동 주택의 1층에 (복도가 있다고 하더라도) 출입 계단과 정문을 두어 연립주택처럼 보이게 만드는 것이다.

정면 현관은 그것이 없었더라면 일어나지 못했을 이웃 간의 상호 소통을 가능케 한다.

- *사무실*: 걷기 좋은 곳이 될 법한 입지의 1층에 위치한 사무실들은 늘 어려운 숙제다. 이런 사무실은 가급적 주거 용도와 유사하게 갓길 보도를 마주한 출창과 현관 같은 전이 공간을 갖춰야 한다. 하지만 사무실 임차인들이 점점 더 선호하는 더 좋은 접근은 크고 화려한 로비를 포기하고 레스토랑과 커피숍 같은 편의를 위한 소매점에 가급적 많은 공간을 내줘서 적당한 가게 정면이 대신 조성되도록 하는 것이다.

규칙 88: 최소 개구부 비율, 수직 분절, 다양성, 차양, 출입 계단, 현관, 발코니, 출창, 벽감 출입구, 기타 반-공적인(semi-public) 부가 시설들을 요구하거나 그에 대한 인센티브를 주는 식으로 능동적이고 두터운 입면을 조성하라.

89 | 반복을 제한하라
대형 프로젝트를 여러 집합으로 나눠 다양한 건축가가
독특한 건물을 짓게 하라.

건물의 입면이 아무리 기분 좋게 구성된다 한들, 그 길이가 300피트(90m)를 넘는다면 아무도 그 옆을 걷고 싶어 하지 않는다. 1층이 매장이나 개별 출입 계단들로 구성되지 않는 한, 동일한 입면 처리가 수십 피트 넘게 이어지면 지루해진다. 또한 그것은 비인간적인 개발 규모를 암시하며, 이런 메시지는 안타까운 현실을 정확히 재현할지언정 보행 편의성을 위해서는 감추는 게 낫다.251

대규모 자본을 투입하는 현대의 개발 실무는 자연스럽게 규모와 반복의 문제로 이어진다.

대규모의 빠른 개발은 현대 부동산 실무에서 일어나는 슬픈 사실이다. 대규모 프로젝트를 건설할 때 개발업자들은 대부분 한 명의 건축가를 고용하는 게 더 쉽다고 여긴다. 그때부터 문제가 시작된다. 지적 정직성, 자기 고집, 예산, 이 모두는 동일한 결과를 가리킨다. 하나의 거대한 건물이거나, 동일하게 반복되는 더 작은 건물이다. 단독으로 고용된 건축가의 손길은 전체적으로 시각화되기 때문에, 건물의 경계를 따라 움직여보면 다양한 변화나 놀라움이 느껴지지 않는다. 걷기는 보상을 받는 행위가 아니어서 고려될 가능성이 적다. 제인 제이콥스가 지적했듯이, "동일성에서 동일성으로, 반복에서 반복으로 이어지는 여행을 하려는 사람은 거의 없다. 그럴 때 몸이 덜 힘들다고 해도 말이다."252

대규모 자본을 투입하는 현대의 개발 실무는 자연스럽게 규모와 반복의 문제로 이어진다. 규모는 비교적 다루기 쉬운 문제다. 건축 규정은 개발업자들에게 대규모 프로젝트를 더 작은 규모의 건물들로 나누도록 요구한다. 하지만 반복을 피하기란 규정을 통해 법제화하는 것

슬로바키아의 브라티슬라바에 지어진 자하 하디드의 스카이 파크는 다양성을 희생한 예술적 진술을 만들어낸다.

마이애미비치의 아쿠아 동네에서는 9명의 건축가들에게 일단의 연립주택과 중층 규모 건물을 나눠서 설계하게 했다.

보다 더 어렵기 때문에, 시의 담당 직원들은 매일같이 독려하고 회유하며 반복을 자행하는 데 선수가 되어 있다.

지금까지 파악된 최상의 접근은 일단의 여러 건물을 서로 다른 건축가들이 설계하도록 나누는 것이다. 그러면 일은 더 많아지지만, 개발업자들은 가장 세련된 건설업자들이 이런 노선을 자발적으로 취한다는 사실을 상기해야 한다. 그들은 건축적인 다양성이 장소감에 기여하고 부동산 가치도 올린다는 점을 이해한다.

프로젝트 하나를 여러 설계 사무소가 함께 할 때의 이점들은 더 있다. 건강한 의미의 경쟁이 주를 이루게 되고, 어떤 설계 사무소도 작업에 압도당하거나 막대한 설계비 지급일을 약속받고 게으름을 피우지도 않는다. 그리고 건축가가 밀봉재를 잘못 택하는 등의 실수를 해도 건물 하나에만 영향을 미칠 뿐, 여러 건물에 영향을 주지는 않는다.

규칙 89: 인간적인 규모와 다양성을 만들어내려면, 대규모 설계 프로그램을 더 소규모의 건물들로 나누고 각 건물의 설계를 다른 건축가에게 맡겨라.

90 큰 건물들을 분할하라
분할선을 활용하여 큰 건물을 더 작게 만들어라.

여러 건물의 설계를 분할하기는 쉽다. 하지만 너무 큰 개별 건물들은 어떻게 해야 할까? 공공건물과 기념비적인 마천루, 기타 아이콘적인 구조물들에 대해서는 확실히 한 명의 거장 건축가가 설계하여 통합된 비전을 제시하는 게 좋다. 하지만 대부분의 대형 건물들은 공공건물도 기념비적인 건물도 아닌, 그냥 큰 건물이다. 많은 도시에서는 현재 길이가 무려 600피트(180m)에 달하는 블록 길이의 건물들(대부분은 공동 주택)이 지어지는 광경을 목격하고 있다. 이런 건물들은 중앙의 주차장을 감추려고 일부러 블록을 크게 짓는, 도시화하는 교외 지역에서 특히 흔하게 지어진다. 요령 있는 개발업자들은 이러한 대규모 건물들의 규모를 잘게 쪼개기 위해 '분할선(demise line)'이라고 불리는 개념을 활용한 지가 꽤 되었다. 분할선은 입면 하나를 개념적으로 더 작은 여러 단위로 분할하는 인공의 수직 경계선이다. 아직 이에 대한 이론이나 문헌은 없지만, 분할선은 자주 사용되는 개념이며 큰 기술이 없이도 자주 사용된다. 분할선으로 규모를 줄여 특성 있는 장소를 만드는 효과를 내기 위해서는 다수의 단순한 규칙들을 따를 필요가 있다. 규칙들을 대략 정리해보면 다음과 같다.

1. 설득력 있는 구성을 시도하라. 다양한 건축가들이 설계한 서로 뚜렷이 구별되는 건물들이라는 진정성 있는 개발의 감각을 만들어내는 게 목적이다.

2. 해당 지역의 역사적인 건물 규모를 반영하는 분할선도를 작성하고 대규모 '건물들'이 대규모 공간들에 면하도록 배치하라.

매사추세츠 소머빌의 어셈블리로우(Assembly Row)에서는 분할선들을 활용해 큰 건물 하나를 일단의 더 작은 건물들로 나눈다.

3. 비슷한 '건물들'이 각자의 시야 범위에서 반복되지 않게 하라.

4. 자체적으로 단순한 '건물들'을 만들어라. 각각의 건물 입면을 구성하는 재료들의 수는 최대 4개로 제한해야 한다.

5. 코니스(처마띠), 돌림띠, 기타 수평 요소들은 정렬해서는 안 된다.

6. 인접한 '건물들'에서는 다음 사항들이 확실히 구분되어야 한다.
   - 벽의 재료나 색.
   - 창문: 간격, 모양, 창살 패턴, 벽 안의 위치.
   - 지붕창, 발코니, 셔터 등의 다른 디테일.

   기본적으로 함께 나누며 베푸는 외관을 모색하는 게 마땅하다.

7. 분할선은 도시 설계 (공간 조성) 전략으로서 의미가 있을 때만 건축 후퇴선(setback)의 변화를 동반해야 한다. 그렇게 하지 않으면 지나친 들쭉날쭉함이 생겨서 거리 공간의 성격이 침해받는다.

8. 가장 중요하면서도 종종 망각되는 각각의 '건물' 입면은 이웃 건물이 없이 독립된 구조물로서도 적절해 보여야 한다. 적절한 중심과 경계를 갖춘 분명하고 균형 잡힌 구성의 입면이어야 한다는 뜻이다.

개발업자가 설득력 있는 분할선의 결과를 성취하는 이상적인 방법은 인접한 입면들의 설계를 서로 다른 건축가들에게 맡기고서 한 명의 대표 건축가가 그들의 설계를 조율하게 하는 것이다. 하지만 한 건축가에게 다양한 '손길'의 설계 솜씨가 거의 없음을 알 수 있을 때는 이런 작업을 피할 수 있다. 그럴 때 입증의 부담은 그 건축가에게 있다. 그가 다양한 입면들을 다양한 설계자들이 작업한 것처럼 보이게 할 수 있는가? 그렇지 않다면 원 스트라이크다. 그 건축가에게는 자기 사무소의 여러 디자이너들에게 서로 다른 입면의 설계를 맡겨 그들이 제각기 독립적으로 작업하도록 요구해야 한다. 그것도 실패하면, 투 스트라이크다. 삼진 아웃은 없다. 바로 여기서 그 건축가는 작업의 일부나 전부에서 손을 떼야 한다.

건축가들은 종종 분할선이라는 개념을 불편하게 여기는데, 기본적으로 그게 속임수라서 그렇다. 분할선은 그 뒤의 거대한 건물들을 있는 그대로 재현하지 않으며, 더 작았어야 할 건물들의 규모를 속임수로 작아보이게 만든다. 그만큼 분할선은 사람들의 기분을 상하지 않게 하는 데 필요한 선의의 거짓말이라고 볼 수 있다. 분할선은 단조로운 가로 경관을 만들어낼 위험이 있는 민간 건물에 요구되어야 한다.

규칙 90: 지나치게 큰 건물들의 입면을 독립적으로 지어진 더 작은 건물들의 집합처럼 보이게 설계하라.

91 | 옛 건물들을 보호하라
역사적인 도시 조직은 걷기 좋은 것 이상의 혜택을 준다.

당신이 어떤 건축 스타일을 선호하든 간에, 좋은 재료와 숙련된 장인 정신, 상세한 수작업이 더 흥미로운 장소를 만든다는 사실은 부인할 수 없다. 이런 특성은 현대 건축에서 드물게 찾아볼 수 있지만, 제2차 세계대전 이전에 지어진 건물들에는 대부분 그런 특성이 나타난다. 또한 우리를 우리의 과거와 조상, 그리고 우리가 물려받은 문화를 빚어낸 잃어버린 제도와 이어주는 옛 건물들의 거리에서, 걷기는 더 많은 의미를 획득하게 된다.

대량 생산과 기업 체인점의 확산이 모든 곳에 동일한 일단의 매장과 호텔과 사무실들을 퍼뜨리고, 모든 새로운 건축 스타일이 전 세계 미디어를 통해 빠르게 국제적 스타일로 변함에 따라, 디자인은 고급과 저급을 막론하고 모든 장소(every place)를 어디에나 있는 장소(anyplace)로 바꾸는 데 공모해왔다. 더 이상 여행으로 얻을 게 없는 세계가 되어간다. 가면 갈수록 점점 더 균질해져가는 이러한 풍경에 맞서서 다른 모든 곳과 차별화된 역할을 하거나 가볼 만한 가치가 있거나 고향이라고 불릴 가치가 있는 곳은 주로 세계대전 이전에 조성된 지역 사회의 건물들이다.

따라서 역사 보존은 아주 많은 이유로 중요하지만, 금융적 관점에서만 보더라도 그 당위성이 인정된다. 경제학자 도너번 립케마(Donovan Rypkema)는 시장 경제에서 프리미엄 가격으로 팔릴 가치가 있는 것은 차별화된 제품임을 상기시킨다. 이 때문에 서배너와 마이애미비치 같은 도시들은 20세기 말에 경기가 회복될 수 있었던 핵심 요인으로 역사 보존을 꼽을 수 있는 것이다.

역사 보존 커뮤니티는 최근 수년간 현명하게도 역사적 건물보다 역사 지구에 더 초점을 맞춰왔다. 한때 미국에서 철거 위기에 처한 건물들의 목록을 유지했던 '역사 보존을 위한 내셔널 트러스트

이 글을 쓰는 시점에서, 매사추세츠 우스터의 노트르담 데 카나디엥(Notre Dame des Canadiens) 교회는 철거될 예정에 있다.[역37]

(National Trust for Historic Preservation)'는 현재 "미국에서 철거 위기에 처한 장소 11곳"의 기록을 유지하고 있다. 그들이 이런 기록을 유지하는 이유는 건물들이 기본적으로 장소 만들기에 기여하는 식으로 유용하다는 사실을 공인하고, 역사 지구가 사회적으로, 경제적으로, 환경적으로 작동하는 방식에 관한 다소 강력한 연구 결과들을 강조하기 위해서다.

제인 제이콥스가 우리에게 가르쳐줬듯이, 새로운 아이디어는 옛 건물을 필요로 한다.

이런 결과들은 미국 도시의 오래된 지역과 새로운 지역의 성과를 비교한 트러스트 자체 연구에서 나온 것이다. 데이터 과학자들은 워싱턴 DC와 샌프란시스코, 시애틀을 기점으로 비교할 만한 혼합 용도 지역들에 대해 소득과 투자 그리고 대중교통과 같은 완화 요인들을 통제하면서 지형 공간별 통계적 회귀 분석(geospatial statistical regression analysis)을 수행했다. 연구 결과에 따르면 새로운 지역들에 비해 역사 지구들에서는 단위 개발 면적(제곱피트)당 일자리와 소규모 사업장 일자리, '창의적' 일자리가 더 많았고, 체인 사업장은 더 적었다. 또한 여성과 소수자들이 소유한 사업장은 훨씬 더 많았으며, 주거비와 연령의 분포가 더 다양한 것으로 나타났다.[253]

제인 제이콥스가 우리에게 가르쳐줬듯이, 새로운 아이디어는 옛 건물을 필요로 한다. 마찬가지로 다양성도 분명 그러하다.

도너번 립케마의 연구는 여기에 더 강력한 데이터를 덧붙인다. 그는 역사 지구들이 새로운 장소들보다 경제 침체기에 훨씬 더 회복력이 크며 사업장이 압류당하는 경우도 훨씬 적다는 사실을 알아냈다. 또한 최근 친환경 설계가 부상하고 있음에도 불구하고, 1920년 이전에 지어진 전형적인 구조물이 1980년 이후에 지어진 구조물보다 단위 면적(제곱피트)당 에너지를 13% 더 적게 쓴다고 한다.[254]

이런 사실들은 잘 알려져 있지 않다. 우리는 적어도 한 세대 전에 지어진 역사적 건물들의 가치를 사회적으로 인정하는 듯하지만, 여전히 일부 가슴 아픈 철거 사례들을 목격하고 있다. 건물을 재활시키는 최대 엔진인 연방 정부와 주 정부의 '역사적 건물 세액 공제(Historic Tax Credit)' 프로그램들은 계속해서 위협받고 있다. 그런 프로그램들이 이윤을 창출하는데도 말이다. 한 연구에 따르면, 미국 정부가 보존에 1달러를 쓸 때마다 1.26달러의 세수가 증가할 뿐만 아니라 놀랍게도 2008년 경기 부양 대책이 만들어낸 달러당 일자리 수의 27배가 역사적 건물의 보존을 통해 창출된다고 한다.[255]

역사적인 건물들은 한 장소의 걷기를 흥미롭게 만드는 데 중요한 기여를 할 뿐만 아니라, 그보다 훨씬 더 많은 혜택을 줄 수 있다. 오래된 빈 건물을 생산적으로 활용하는 법을 찾기가 늘 쉽지는 않지만, 건물을 철거해버리면 그런 활용은 아예 불가능해진다. 이런 경우에는 다음과 같은 옛 격언을 기억하라. "아무거나 하지 말고 일단 거기서 멈춰라!(Don't just do something, stand there!)"[역38]

역37) 1869년에 설립된 우스터시 최초의 프랑스계-캐나다인 교구 교회로, 실제로 2018년 9월에 철거가 시작되었다.

역38) "그냥 서 있지 말고 뭐라도 해라!(Don't just stand there, do something!)"를 뒤집은 표현으로, 섣불리 경솔한 행동을 하지 말라는 의미다. 『이상한 나라의 앨리스』에서 흰 토끼가 앨리스에게 하는 말이기도 하다.

규칙 91: 사회적·경제적 논거들을 활용하여 역사적 건물과 역사 지구, 세액 공제 프로그램의 보존을 쟁취하라.

92 주차 구조물을 가려라
갓길 보도 옆에 노출된 주차 구조물을 두지 말라.

아래 이미지는 미시건의 그랜드래피즈에서 찍은 사진인데, 이 도시는 지난 수십 년간 매우 걷기 좋은 도심을 성취해왔다. 하지만 안타깝게도 이 사진에 찍힌 길을 걷고 싶어 하는 사람은 거의 없다. 이 길은 도심 최고 호텔 두 곳의 정문을 잇는데, 길 한편에 노출된 주차 데크가 있고 반대편에는 마치 그 주차 데크에 경의를 표하며 설계한 것처럼 보이는 컨퍼런스 시설이 있다. 이런 경험은 정말이지 너무 지루하다.

컨퍼런스 시설에 수직 분절이 더 있었더라면 좋았을 것이다 (규칙 88 참조). 주차장은 어떻게 고칠 방법이 없다. 주차 데크를 더 매력적으로 만들 방법은 많이 있지만, 그걸 더 흥미롭게 만들 방법이 없다. 주차 데크가 아닌 무언가로 만드는 게 아니라면 말이다. 적어도 지면 높이에서 다른 무언가로 바꾸는 것은 많은 도시에서 수십 년간 활용해오고 있는 전략인데, 그 결과는 호불호가 엇갈린다. 그보다 신뢰할 만한 접근은 가로에서 주차장을 완전히 가리는 것이다. 두 방법 모두 논의할 가치가 있다.

능동적인 1층(active ground floor): 20세기 중반은 도심에 육중하게 노출된 주차 데크를 지어댄 시기였다. 20세기 말은 그로 인해 황폐해진 갓길 보도를 경험하고 그에 대한 해법을 모색한 시기였다. 떠오른 응답은 두 가지였다. 하나는 자동차를 반기는 선벨트(Sun Belt)[역39]의 도시들에서 흔히 채택한 것으로, 1층 로비 위에 여러 층의 주차장을 두고 그 위의 층들을 사람들이 사용하는 타워였다. 다른 하나는 1층에 상점을 배치한 주차 구조물이었다.

두 유형 모두 상업성이 있는 안들이지만 이상적이지는 않으며, 전혀 능동적이지 않은 주차장 층들로부터 행인들의 주의를 돌리려면 1층을 굉장히 흥미롭게 만들어야 한다. 높은 타워의 저층부를 이루는

건물 높이 대 가로 폭 비율이 1:1인 완벽한 가로 단면은 르네상스 시대의 이상이지만 이렇게 따분하게 조성되면 좋은 느낌을 주지 못한다.

이러한 주차장의 성패는 대개 그 층들의 외장이 실제로 사람들이 거주하는 부동산을 얼마나 설득력 있게 모방하느냐에 달려 있다. 최고의 버전은 그런대로 괜찮지만, 그럼에도 여전히 직원 없는 사무실처럼 보인다. 2008년경의 리먼 브라더스(Lehmann Brothers)를 생각해보라.

주차 구조물의 1층에 상점들이 위치할 때, 그 결과는 매우 다양할 수 있다. 두 가지의 핵심 기준으로는 먼저 최적의 상점이 들어설 수 있

200피트(60m) 길이의 주차장을 감출 건물의 길이는 20피트(6m)면 된다.

는 높은 천장고의 1층이 있어야 한다는 것, 다음으로 매장들이 번창할 수 있는 장소에 주차장이 있어야 한다는 것을 들 수 있다. 꽤 좋은 결과가 나타난 경우들도 있지만, 많은 도시에서는 상점을 차리기 좋지 않은 입지에서 1층에 주차 데크를 두고 그 위에 낮은 천장의 상점을 두는 실수를 범하며 슬픈 결과를 맞이했다.

필지 외곽 건물(lot-liner): 이런 이유로 많은 도시와 개발업자들은 더 좋은 해법으로 옮겨갔는데, 그것은 주차장을 뒤로 좀 물러서 보이지 않게 가리는 방법이다. 1990년대에 사우스캐롤라이나의 찰스턴 시장이었던 조지프 P. 라일리(Joseph R. Riley)는 200피트(60m) 길이의 주차장을 감출 건물의 길이가 20피트(6m)면 된다는 사실을 보여줬다. 그 이후로 이 모델이 확산되면서 지금은 흔해진 아파트 주택 유형인, 고리 형태의 세대들이 그 중심의 커다란 주차장을 감추는 댈러스 도넛 유형을 퍼뜨렸다. 이런 건물 유형의 여러 버전들이 북미 전역

찰스턴의 역사적인 동네에서는 작은 필지 외곽 건물 하나가 거대한 주차 데크를 가리는 완충 지대 역할을 한다.

에서 성공했음을 감안하면, 각 도시마다 주차장을 가리도록 요구하는 것은 충분히 합리적이다. 그렇게 하면 걷기 좋은 곳이 될 법한 거리를 위해 건물 내 주차장을 위로 올리고 구태여 외장까지 잘할 필요가 없어지니 말이다.

21세기에 요구되는 또 다른 해법은 용도 변경이 가능한 주차장을 만드는 것이다. 만약 승차 공유와 자율주행차 서비스들이 예측대로 주차 수요를 극적으로 줄이는 결과를 낳게 된다면, 우리가 그때까지 지은 모든 주차 구조물들이 인간적 용도로 전환하기 용이한 평평한 바닥과 착탈식 경사로, 골조를 갖추었기를 바란다.

역39) 미국 남부를 가로지르는 따뜻한 지대

규칙 92: 모든 주차 구조물을 사람이 거주하는 건물들의 뒤에 두어 인접 거리에서 보이지 않게 하라. 결국에는 사람이 쓰도록 전환할 수 있는 주차 구조물을 설계하라.

93 | 도시의 공공 미술 예산을 맹벽에 써라
예술적 재능을 전략적으로 활용하라.

미국의 과거에 "플랍 아트(plop art)"[역40]의 시대가 있었다고 생각하면 좋을 것이다. 1960년대 중반부터 몇 십 년간 광장에 투하된 불가해한 조각은 공공 미술의 지배적인 형식이었다. 이런 접근을 강화한 것은 안타깝게도 전국적으로 부상한 훌륭한 트렌드였던 "미술을 위한 1%(1% for Art)" 프로그램[역41]이었는데, 건축가들이 건물 설계 과정에 미술가를 개입시키기보다 미술을 바깥 풍경으로 내쫓는 게 훨씬 더 쉽다고 여겼기 때문이다. 주목할 만한 예외도 발견할 수 있는데, 미국 총무청(US General Services Administration)은 과거에 건축가와 미술가가 협업하게 하는 훌륭한 일을 했던 적이 있다. 하지만 대부분의 장소에서 이런 투자는 소수의 미술 애호가들에게만 호소력을 지녔을 뿐 주변 장소의 활력을 높이는 효과는 거의 내지 못했다.

잘 조성된 공공 미술은 보행자들에게 혐오감을 줄 수 있는 장소에 아름다움과 흥미를 부여하는 교정자의 역할을 한다.

더 최근의 일부 공공 미술 프로그램들은 보다 보편적으로 이해할 수 있고 심지어 상호 소통적이기도 한 미술품들을 후원하려는 노력을 해왔다. 시카고 밀레니엄 파크에 설치된 더 빈(The Bean)과 크라운 분수(Crown Fountain)는 넉넉한 예산과 올바른 태도가 갖춰져 있으면 무엇이 가능한지를 보여준다. 하지만 대부분의 도시에는 이보다 자원이 더 적으며, 실제로 보행 편의성을 높여줄 공공 미술이 필요한 터무니없는 장소들이 있다.

잘 조성된 가로수가 거리에 공간적 정의를 제공하는 것과 마찬가지로, 잘 조성된 공공 미

[역40] '팝 아트(pop art)'를 희화한 은유로, 광장에 설치되는 대중적인 팝아트 작품을 '철푸덕(plop)'하고 떨어진 덩어리에 비유한 것이다. 처음에는 경멸조로 쓰인 표현이지만 일각에서는 의미의 변용을 시도하기도 한다.

[역41] 공공건물의 건설비 중 1%를 회화와 조각 등의 미술품 설치비로 할당하는 프로그램. 1930년대 초 핀란드에서 처음 그 원리가 도입되었고, 현재 미국에서는 절반 이상의 주들이 이 프로그램을 운영하고 있다.

라벨은 도움이 되지만, 이 설치 미술품은 보행 편의성에 거의 기여하지 못한다.

맹벽에 초점을 맞추는 필라델피아의 공공 미술은 따분했던 장소에 흥미를 부여한다.

술은 보행자들에게 혐오감을 줄 수 있는 장소에 아름다움과 흥미를 부여하는 교정자의 역할을 한다. 그런 장소 중 가장 흔한 사례는 북미 도시 전역에서 찾아볼 수 있는 커다란 맹벽인데, 이런 벽은 특히 투자가 회수된 적이 있던 동네에서 발견된다. 이런 맹벽은 기껏해야 지루하고, 대개는 위협적이다. 거리를 바라보는 사람들의 눈이 없을 뿐만 아니라, 방치된 곳이라는 분명한 징표로 나타나기 때문이다. 이런 벽을 고치기는 쉽다. 시에서 이를 적극적으로 문제 삼고 그런 방향으로 미술 예산을 투입한다면 말이다.

미국 전역에서 훌륭한 사례를 찾아볼 수 있다. 가장 좋은 사례는 필라델피아일 텐데, 이 도시의 벽화 예술(Mural Arts) 프로그램은 30년에 걸쳐 거의 4천 개에 이르는 미술품의 창작을 후원해왔다. 이 프로그램은 현재 매년 300명이 넘는 미술가들을 고용하는데, 그중 약 1/3은 공공기물 파손 혐의로 기소된 그라피티 작가들이다. 벽화 제작에 드는 비용은 대개 15,000달러 미만이다.[256]

상당 규모의 모든 북미 도시에는 적잖은 재능을 보유한 미술가들이 있으며, 그중 대부분에게는 자금 지원과 더불어 자신의 작업을 드러낼 눈에 잘 띄는 장소가 필요하다. 많은 도시에서 텅 빈 점포 앞 공간에 미술품을 전시하는 프로그램을 만드는데, 이는 또 하나의 영향력 있는 전략이다. 하지만 보행 편의성을 위해서는 만족스럽던 공공 영역에 맹벽이 끼어들어 거슬리는 곳에 우선순위를 둬야 한다. 그곳이 미술 예산을 가장 잘 활용할 수 있는 지점이다.

규칙 93: 맹벽에 벽화를 설치한다는 목적을 명시한 공공 미술 프로그램을 만들고, 공공 공간의 질에 가장 큰 영향을 줄 벽들에 우선순위를 둬라.

19부. 지금 당장 하라

94. 보행 편의성 연구를 하라

95. 건물 인접 구역 품질 평가를 실시하고 거점을 배치하라

96. 보행 편의성 연결망을 파악하라

97. 재건할까... 아니면 차선을 조정할까?

98. 전술적 도시주의를 실천하라

99. 지금 규정 개혁을 시작하라

100. 스프롤에 대해 포기하지 말라

101. 꿈을 크게 꿔라

19부

지금 당장 하라

보행 편의성과 자전거 이용 편의성의 뚜렷한 개선은 단기에 이뤄질 수 있다. 일부 도시들은 본서에서 개진한 개념들을 시행하여 보행 인구와 자전거 이용 인구를 극적으로 늘리는 데 3년밖에 걸리지 않았다. 하지만 어디서부터 시작해야 하는가?

'보행 편의성 연구(walkability study)'라고 불리는 특수한 기법은 변화할 준비가 된 모든 도시와 소도시에서 이용할 수 있다. 이 연구는 걷기를 더 유용하고, 안전하고, 편안하고, 흥미롭게 만들기 위한 일련의 개입을 조직하기 위해 '일반 보행 편의성 이론(General Theory of Walkability)'의 구조를 활용한다. 단지 도로 설계의 변화를 권고하는 것에 그치지 않고, 가장 큰 효과를 낼 수 있는 곳을 개선하기 위해 기존의 건물 인접 구역과 거점 입지를 분석한다. 또한 자금 지원을 신설 프로젝트에 집중할지 아니면 비용이 덜 드는 여러 차선 조정 프로젝트들로 분산할지에 대해서도 각 선택의 가치를 비교한다.

장기적으로 더 걷기 좋은 곳이 된다는 것은 종종 한 지역 사회에 현존하는 규제 틀도 바꾼다는 뜻이다. 대부분의 장소에서는 규정 전반을 개혁하려는 노력이 필요하지만, 한 쪽짜리 지역지구제 부칙과 같은 임시 대책은 단기간에 실수를 멈출 수 있다.

본서의 거의 모든 내용은 진정 걷기 좋은 곳이 될 수 있는 북미의 장소들을 겨냥하는데, 오직 진정한 보행 편의성만이 보행 인구에 유의미한 영향을 미칠 수 있기 때문이다. 이런 접근은 가장 국지화된 걷기 좋은 연결점들만 빼고 모든 곳에 자동차 위주의 교외 스프롤 패턴이 침투한 미국 내 대부분의 개발지들은 배제한다. 하지만 그런 곳에서도 여전히 보행 편의성의 기회들은 추구할 가치가 있다. 특히 더 좋은 도로 설계로 생명을 구할 수 있는 곳에서라면 말이다.

마지막으로, 본서는 단기적 측면에 초점을 맞추기 때문에 큰 그림을 그리는 장기 계획의 목적을 강조하지 않는다. 마지막 요점은 보행 편의성을 높이려면 특히 열린 공간과 교통을 중심으로 우리 도시의 극적인 개선을 함께 꿈꿀 필요도 있음을 강조한다.

94 보행 편의성 연구를 하라

보행 편의성을 목적으로 삼아 명시적으로 추구하라.

본서는 더 걷기 좋은 장소들을 만들기 위한 총체적인 전략을 개진한다. 전략의 각 요소를 단편적으로 추구하여 종종 놀라운 결과를 얻을 수도 있지만, 가장 큰 진전을 일으키고 싶은 지역 사회라면 보행 편의성의 개선을 특정한 목표로 삼아 그걸 성취하기 위한 협력적인 공적 노력을 개시할 것이다. 이런 노력은 점점 더 흔히 일어나고 있으며, '보행 편의성 연구'라는 말로 칭하는 게 가장 적절할 것이다.

보행 편의성 연구는 단순한 질문 하나로 시작한다. 한 지역이, 특히 도심이 어떻게 많은 돈을 쓰지 않고도 단기간에 보행자와 자전거 이용자 수의 가장 뚜렷한 증가를 보일 수 있는가? 그 다음에는 '일반 보행 편의성 이론'의 '유용한 걷기, 안전한 걷기, 편안한 걷기, 흥미로운 걷기'라는 범주들을 활용하여 현지 사실 연구에 기초한 일단의 폭넓은 권고 사항을 구성한다. 이러한 권고 사항들은 장소마다 다양할 수밖에 없지만, 일반적으로 다음과 같이 전개된다.

유용한 걷기

- 연구 지역 내의 용도 혼합을 고려한 다음, 지역지구제 규정의 개혁 등 그간 잘 드러나지 못한 활동에 인센티브를 부여할 정책 변경 권고 사항들을 도출한다.
- 흔히 나타나는 것처럼 주거 대비 일자리 비율이 너무 높을 경우에는 주거 공급을 늘릴 구체적인 전략들을 제시한다.
- 주차 시설 현황과 정책을 연구한 다음, 현장 요건의 축소나 폐지, 가격 조정 등 기존 공급의 조절을 위한 권고 사항들을 도출한다.
- 대중교통이 더 상세히 계획될 필요가 있음을 이해하고, 시스템 개혁과 도심 순환 서비스 궤도에 대한 일반적인 권고 사항들을 제공한다.
- 자전거 공유 시설 현황을 검토하고, 필요한 제안을 한다.

안전한 걷기

- 구간별 제한 속도와 단속에 대해 적절히 논의한다.
- 모든 일방통행로의 양방통행 전환을 고려한 다음, 구체적인 제안들을 한다.
- 차로 (수와 폭에 대한) 현황 평가를 완수하여 도로 다이어트가 필요한 곳을 결정한다.
- 차로 현황 평가 결과에 비추어 기존 및 계획된 자전거 도로망 체계에서 개선할 부분을 연구하고 그에 따라 개선된 계획을 세운다.
- 연구 지역 내의 모든 도로를 안전과 차량 수용력, 자전거 및

주차 시설이 최적화되도록 재설계한다.
- 위험한 조건을 없애고 교차로 보수의 기회를 활용할 수 있도록 핵심적인 위치들을 재설계한다.
- 신호 체계를 총체적으로 연구하고, 그 다음에는 통상 일부 교통 신호를 전방향 우선 정지 표지로 대체하는 제안을 한다.
- 보행자 작동 신호기를 없애고, 교통 신호 타이밍을 축소하고, 보행자 우선 출발 신호(LPI)와 호크(HAWK) 신호등, 기타 최근 기술을 도입하기 위한 권고 사항들을 만든다.
- 나무를 새로 심거나 기존 나무를 개선하기 위한 핵심적인 위치들을 파악한다.
- 파크렛 정책을 제안하고 후보지를 지정한다.
- 연석 낮추기 정책을 다루고, 변경이 필요한 문제 구역을 파악한다.

편안하고 흥미로운 걷기
- 건물 인접 구역 품질 평가를 완수하고, 보행 편의성 연결망(Network of Walkability)의 결정에 일조할 거점 시설을 배치한다(규칙 95 참조).
- 이 분석들의 결과를 보행 편의성 연결망으로 결합하고, 이 연결망을 활용하여 도로 개선과 토지 재개발 모두에 우선순위를 부여한다.
- 보행 편의성 연결망을 따라 이빨 빠진 공간들에 새로운 공공 공간과 같은 구체적 개입을 할 여지가 없는지 고려하고, 구체적인 설계를 권고한다.
- 개발 법규는 더 상세히 계획될 필요가 있음을 이해하고, 기존 규정과 조례를 변경하기 위한 일반적인 권고사항들을 제시한다. 일부 구역에 한정된 한 쪽짜리 지역지구제 부칙을 포함할 수도 있다.

대부분의 보행 편의성 연구는 이미 개진된 개선 사항들의 우선순위를 매기고 책임 있는 당사자들을 파악하는 '다음 단계'에 해야 할 일의 목록을 작성하는 것으로 끝난다. 대부분의 경우 연구 주체는 시청에서 도로의 변경을 관장하는 엔지니어링 부서나 공공사업 부서다. 따라서 보행 편의성 연구는 얼마나 많은 자금을 지원받든 간에 대개 시 지도층의 지휘를 받는 게 기본인데, 연방 정부나 주 정부는 자기들이 의뢰하지 않은 제안을 시행하는 경우가 드물기 때문이다.

지난 10년간 미국의 도시들에 대해 이런 유형에 속하는 약 15건의 보행 편의성 연구가 완수되었다. 그 기법은 전매특허가 아니기 때문에 가로 설계와 토지 개발에 숙련된 어떤 계획 팀도 그걸 활용할 수 있으며, 본서에 포함된 정보와 지난 성공 사례들의 검토 내용에도 아울러 도움을 받을 수 있다. 그중 몇 가지는 온라인으로 찾아볼 수 있다.[257]

규칙 94: 당신의 지역 사회에서 걷기 좋은 곳이 될 법한 구역들에 대해 현존하는 모범 실무를 활용하여 보행 편의성 연구를 수행하라.

# 95 | 건물 인접 구역 품질 평가를 실시하고 거점을 배치하라

보행 편의성 연결망을 결정하기 위한 토대를 놓아라.

진정한 보행 편의성을 성취하기란 쉽지 않다. 네 가지 범주로 구성된 전체 패키지를 제공해야 하기 때문이다. 선택의 여지가 없는 게 아니라면, 사람들은 유용하지도, 편안하지도, 흥미롭지도 않은 거리에서 걸으려 하지 않을 것이다. 안타깝게도 유용함, 편안함, 흥미라는 세 범주는 신속한 영향을 주기 어렵다. 그것들은 기본적으로 그 거리에 얼마나 매력적인 건물들이 잘 늘어서 있는지와 상관된 함수이기 때문이다. 확실히 한 도시는 자체적인 규정과 허가 과정 및 투자를 통해 어디에 뭘 지을지에 영향을 줄 수 있고 그래야 하지만, 이는 대개 약 5년은 지나야 영향을 주기 시작하는 장기적인 노력이다. 대부분의 장소는 그보다 훨씬 더 빨리 상당한 변화를 보고 싶어 한다.

이러한 사실은 도시들이 자체적인 보행 편의성 관련 예산을 어디에 투자할지에 대해 다소 심각한 시사점을 갖는다. 더 좋은 건축 법규와 개발 결정을 추구해야 함을 잊지 말아야 하지만, 빠른 시일에 더 걷기 좋은 도시를 만드는 주된 방법은 그곳의 거리를 더 안전하게 만드는 것이다. 하지만 어떤 거리부터 개선할 것인가? 답은 분명하다. 더 안전할 때 총체적인 혜택이 생길 거리부터다. 말하자면 이미 유용하고 편안하며 흥미로운 거리부터 개선하면 된다.

측정이 어렵지 않은 '유용한' 걷기 범주에 대해서는 앞서 논했다.

건물 인접 구역 품질이 사람들이 걷고 싶어 할 가능성이 높은 곳을 설명해준다면, 거점은 사람들이 어디서 가장 걸을 필요가 많은지 – 또는 적어도 걷는 게 가장 유용하다고 여길지 – 말해준다.

'편안한' 걷기와 '흥미로운' 걷기 범주도 역시 쉽게 측정할 수 있고, 기본적으로는 그 거리에 친근한 표정의 건물들이 얼마나 잘 늘어서 있는지에 따른 결과다. 그런 측정법을 가리켜 '건물 인접 구역 품질 평가(Frontage Quality Assessment)'라고 부른다.

건물 인접 구역 품질 평가에서는 편안함과 흥미의 측면에서 모든 가로의 각 부분마다 A부터 F까지 등급을 매긴다. 이런 등급은 서로 다른 색깔로 (대개 가장 밝은 색부터 가장 어두운 색까지) 표시되며, 안전성과는 무관하게 어떤 거리와 구간이 보행자를 가장 환대하는지를 보여주는 패턴들이 출현하게 된다.

이러한 등급화 시스템은 전반적으로 연구 지역의 상대적 보행 편

의성을 바탕으로 변화하는 척도일 수밖에 없다. 대부분의 미국 도시에서는 양쪽 갓길에 친근한 건물들이 늘어선 거리가 A등급이다. 한쪽이 맹벽이 되면 B등급으로 떨어진다. 맹벽이 주차 구조물로부터 이어진다면 아마도 D등급일 것이다. 쓰레기가 널린 필지가 두 곳이 있다면 F등급이다. 중요한 것은 이 시스템이 품질의 좋고 나쁨을 파악할 수 있는 내적 일관성을 갖추고 있다는 점이다.

건물 인접 구역 품질 평가를 풍족함의 검사로 오해하면 안 된다. 중요한 것은 거리에 늘어선 건물들이 오래 머물고픈 경계 구역을 갖추고 있느냐다. 종종 가장 직접적으로 측정되고 있는 것은 건물이 걷기 좋은 도시 모델에 따라 지어졌는지 아니면 운전하기 좋은 교외 모델에 따라 지어졌는지 여부다. 정면 현관을 갖춘 쓰러질 듯한 공동 주택이 환하게 신축된 엔진 오일 교환 체인점보다 훨씬 높은 점수를 받는다.

연구 지역 중 사람들이 가장 걷고 싶어 하는 곳이 어딘지를 결정하는 과정의 절반은 건물 인접 구역 품질 평가로 이뤄진다. 이러한 평가에는 해당 지역 내의 모든 중요한 거점(anchor)들을 파악하는 또 다른 도면이 결합될 필요가 있다. 거점은 보행 활동의 생산지이자 수신지가 될 것으로 기대되는 곳으로 정의된다. 건물 인접 구역 품질이 사람들이 걷고 싶어 할 가능성이 높은 곳을 설명해준다면, 거점은 사람들이 어디서 가장 걸을 필요가 많은지, 또는 적어도 걷는 게 가장 유용하다고 여길지 말해준다.

거점들을 파악하려면 공식화된 내용과 현장 조사 내용을 결합해야 한다. 지역민들은 일부 명백한 거점들을 놓칠 수 있지만 늘 예상치 못한 추가 거점들을 제시할 것이기 때문에, 반드시 팀 작업으로 조사가 이뤄져야 한다. 지도 안에는 연구 지역 내의 모든 주요 상점과 식당, 호텔, 회합 장소, 스포츠 시설, 인기 있는 야간 업소, 공공건물, 시민 공

이 도면은 툴사 도심의 모든 거리 구간을 건물 인접 구역 품질의 관점에서 등급화하고 중요한 모든 보행 거점들을 표시한다.

간, 교통 시설, 주차장, 대형 사무소 건물이 포함되어야 한다.

하나의 도면에 그려진 이러한 거점들에 건물 인접 구역 분석을 결합하면 보행 활동이 일어나기 쉬운 곳에 대한 전체적인 그림을 얻게 된다. 이 도면은 한 도시가 투입하는 노력의 향방을 바꾸는 데 훨씬 더 중요한 역할을 하는 또 다른 도면이자 이어서 논하게 될 '보행 편의성 연결망'을 만들어내기 위한 기준 역할을 할 수 있다.

규칙 95: 보행자들을 끌어들일 준비가 된 거리들이 어디인지 결정하기 위해 건물 인접 구역 평가를 실시하고 거점들을 파악하라.

96 보행 편의성 연결망을 파악하라
영향 위주의 투자를 우선시하는 지도를 그려라.

건물 인접 구역 품질 평가와 거점 다이어그램을 '보행 편의성 연결망(Network of Walkability)'으로 전환하는 작업은 3단계 과정이다. 첫째, 다이어그램에서 비교적 품질이 좋은 일부 거리 구간들이 합쳐져 확실히 걷기 좋은 구역들이 생기는 패턴이 나타나는지 연구한다. 둘째, 그런 구간들에 이 다양한 영역들을 함께 잇는 데 필요한 추가 구간들을 보충한다. 셋째, 거점들 가운데 가장 가능성 높은 경로들을 제공할 수 있도록 그 연결망을 더 확장한다.

이렇게 가능성 있는 보행 활동의 지도를 '보행 편의성 연결망'이라고 부르며, 이것이 이러한 노력의 궁극적인 목적이다. 보행 편의성 연결망은 도로를 개선하고 이빨 빠진 공간을 채운다는 차원에서 제일 먼저 투자해야 할 장소다. 그것은 높은 도시적 성능 기준을 시행하고 대중교통 선택지들을 잘 공급하기 위한 장소다. 요컨대 본서에서 개진하는 모든 기법들을 적용할 수 있는 장소다. 물론 보행 안전이 부족한 곳이라면 어디서든 그걸 개선해야 할 의무가 있지만, 한 도시의 성격 자체를 바꾸게 될 돈은 바로 이곳에 쓰일 것이다.

미국에서는 심지어 가장 걷기 좋은 도시에서도 대부분의 거리가 특별히 걷기 좋은 것은 아니다. 그래도 그건 괜찮다. 주변을 에워싼 자동차 중심 도시가 보행자 중심 도시에 침투하고 있지만, 보행자 중심 도시가 철저하게 걷기 좋고, 잘 연결되어 있고, 충분히 유의미한 규모를 갖추기만 하면 도시적인 생활 방식을 추구하는 사람들을 만족시킬 수 있다.

보행 편의성 연결망을 결정하는 것은 과학이기도 하지만 그에 못지않게 예술이기도 하다. 단 하나의 정답은 없다. 계획가가 할 수 있는 최선은 그저 많이 시도하는 것뿐이며, 많은 팀원들과 함께 시도할수록 이상적이다. 앞선 노력들을 검토하면서 반복된 결과들이 나타날 때까지 시도하는 것이다. 이러한 주관적 과정은 불완전하지만 필수적인 것으로 보인다. 대중이 참여하면 이런 과정이 효과적으로 이뤄질 수 없다. 대중은 풍족한 경계 구역을 머물고픈 구역으로 착각하면서 이미 문제를 겪고 있는 구역들을 더 악화시키는 경향이 있기 때문이다. 또한 이 과정은 '빅 데이터'를 통해서도 효과적으로 이뤄질 수 없다. 현재가 아닌 미래에 더 좋은 조건에서 걸을 수 있을 곳을 다루는 과정이기 때문이다. 물론 좋은 데이터는 도움이 될 수 있지만 최종적인 과정은 인간이 주도할 필요가 있다.

소규모의 연구 지역에서는 이런 노력의 결과로 모든 곳에 동등한 우선권을 부여하여 단기 개선을 모색하는 단일한 보행 편의성 연결망을 얻게 될 것이다. 툴사 도심과 같은 대규모의 연구 지역에서는 종종 보행 편의성 연결망이 모든 걸 한꺼번에 다루기에 너무 규모가 큰 만큼 위계에 따라 분할되어야 한다. 오른쪽 지도에서 나타나듯이 우선 연결망, 일차 연결망, 이차 연결망이라는 세 가지 범주가 파악된다. 이 범주들은 다음과 같이 정의할 수 있다.

- 우선 연결망(Priority Network)의 거리 구간들은 연결하는 성격 때문에 많은 보행자가 통행할 가능성이 높지만 건물 인접 구역 품질은 나쁘게 평가되는 구간들이다. 따라서 이런 곳들은 거리 개선과 가로변 수직 개발을 동시에 우선 진행해야 할 장소들이다.

- 일차 연결망(Primary Network)의 거리 구간들은 보행자들을 끌어들일 가능성이 가장 높으면서도 더 좋은 경계 구역의 수요는 덜 시급한 구간들이다. 이런 곳들은 먼저 거리 개선부터 우선 진행한 다음 그 길을 따라 수직 개발을 해야 할 장소들이다.

- 이차 연결망(Secondary Network)의 거리 구간들은 가까운 미래에 보행 활동이 예상되는, 나머지 장소들이다. 우선순위는 낮지만 여전히 목표에 미치지 못한 다른 거리 구간들에 비해서는 더 일찍 투자받을 가능성이 높다.

이상적인 경우에는 보행 편의성 연결망 지도가 도시 개선 노력을 진전시키기 위한 중심 문서가 된다. 도시 계획 및 엔지니어링 사무실에 눈에 띄게 걸려 있는 이 지도는 개발 커뮤니티와 함께 공유되어야 하고, 조세 담보 금융과 기타 민간 개발에 대한 시 지원금의 방향을 정

건물 인접 구역 품질 평가와 거점 다이어그램을 분석한 결과로 파악되는 보행 편의성 연결망은 중요성에 따라 그 순위가 매겨진다.

하는 용도로 쓰인다.

물론 보행 편의성을 늘리는 것만이 시의 자원을 할당하는 유일한 기준은 아님에 틀림없다. 하지만 도시가 더 걷기 좋은 곳이 되길 바란다면 그만큼 보행 편의성 연결망이 시의 노력을 안내하는 핵심 도구가 되어야 한다.

규칙 96: 건물 인접 구역 품질 평가와 파악된 거점들을 바탕으로, 개선의 지침이 될 보행 편의성 연결망을 결정하라.

97 | 재건할까... 아니면 차선을 조정할까?
불도저를 부르기 전에 같은 돈으로 페인트칠하면 얼마나 장점이 있는지 질문하라.

2012년에 도심의 보행 편의성을 고려하기 시작한 아이오와의 시더래피즈에서는 원래 컨벤션센터로 끝나는 주요 축인 3번가의 다섯 블록을 재건할 계획을 세우고 있었다. 이 계획은 더 폭넓은 갓길 보도를 새로 까는 도로 다이어트를 요구했고, 약 3백만 달러의 비용이 들 것으로 예상되었다. 그때는 이게 좋은 투자처럼 보였지만, 나중에 주변 지역의 차로 현황 평가를 해보니 거의 모든 도로가 필요한 크기의 두 배에 달한다는 결과가 나왔다. 대부분은 4차선 도로였고, 절반은 일방통행로였으며, 오직 주가 소유한 주간선 도로 하나에서만 2차선 이상의 교통량을 부담하고 있었다.

도로 하나의 재건 비용으로 작은 도심 전체의 차선을 조정할 수 있다.

이러한 발견에 대한 응답으로 시 당국은 도심 블록 30개에 대한 계획을 후원했다. 이 계획은 모든 도로의 크기를 바로잡고, 자전거 시설과 사각 주차 공간은 둘 사이에서 비는 노면을 분배하여 대략 두 배로 규모를 늘리는 것이었다. 일방통행을 없애면 이 도심의 교통 신호 13개를 모두 전방향 우선 정지 표지로 대체할 수도 있었으며, 식당 앞에는 6개의 여름용 목제 파크렛을 설치하는 계획이었다(규칙 82 참조). 이 계획의 예상 비용 역시 약 3백만 달러였다.

차이는 어디에 있는가? 연석 옮기기에 있다. 갓길 보도의 폭이나 위치를 변경할 때는 대개 그에 딸린 빗물 처리 시스템도 함께 바꾸고 가로수도 새로 심기 때문에 많은 비용이 든다. 하지만 차선 변경은 페인트만 새로 칠하면 되고 때로는 새로운 아스팔트 표층을 깔기도

시더래피즈에서는 3번가의 재건 비용으로 그곳의 차선을 조정하여 다른 도로에 쓸 여유 자금을 남겼다.

물 앤드 폴리조이디스(Moule & Polyzoides)가 재설계한 이 캘리포니아 중심가는 보는 바와 같이 완전히 탈바꿈했다.

한다. 도로 하나의 재건 비용으로 작은 도심 전체의 차선을 조정할 수 있다.

예산을 훨씬 더, 또는 너무 지나치게(?) 절약하기로 한 시더래피즈는 이 작업에 예산을 전혀 쓰지 않기로 결정했다. 대신 그 도시는 도로가 낡아 재포장해야 할 시기가 될 때마다 새로운 패턴으로 도로를 재포장한다. 이런 일정에서는 대략 절반의 작업이 끝난 것이다. 하지만 그 작업은 계속 진행 중이며, 도로 하나를 재건할 때 예상할 수 있는 것보다 더 큰 효과를 내고 있다.

이러한 교훈을 어디서나 적용할 수는 없다. 영국의 포인튼(규칙 77 참조) 같은 곳에서는 핵심적인 갓길 보도나 교차로 또는 중심가를 재건하여 한 장소를 완전히 뒤바꿀 수 있다. 이런 작업이 제대로 이뤄지면 인접 부지에서 발생하는 세수가 늘어나는 만큼 제값을 하게 된다. 캘리포니아의 랭커스터에서는 2010년 1,120만 달러를 들여 탈바꿈한 중심가에서 2억 8,200만 달러의 경제 효과가 발생한 것으로 추산되는데, 보행 활동이 두 배로 늘고 부상 충돌은 49%, 보행자 충돌은 78% 줄었을 뿐만 아니라 57개 사업장이 새로 열고 800세대가 넘는 신규 주택이 건설되었으며 2천 개의 일자리가 창출된 것으로 추산된다.[258] 말 그대로 수백 곳의 북미 지역 사회에서는 이와 비슷한 투자를 하는 게 현명할 것이다.

그렇다면, 재건을 할까 아니면 차선을 조정할까? 적절한 설계 해법은 오직 그 설계의 문제를 적절히 파악해야만 찾을 수 있다. 해결해야 할 과제가 하나의 지점이나 회랑 지대에 국한된 경우라면 차선 조정보다 재건이 더 똑똑한 해법일 수 있다. 하지만 대부분의 도시에서는 과속 차량의 해악이 더 크기 때문에, 많은 도로를 새롭게 페인트칠하는 더 총체적인 방법으로 대처할 필요가 있다.

규칙 97: 국지적인 일부 도로만 재설계하면 되는지 아니면 보다 폭넓은 범위의 도로들을 재설계해야 하는지를 고려하여, 재건이나 차선 조정 중 무엇이 더 나은 선택인지 결정하라.

98 전술적 도시주의를 실천하라
당신의 도시에서 보고 싶은 변화를 직접 실천하라.

당신의 도시가 더 걷기 좋은 곳이 되길 기다리느라 지쳤는가? 아마도 당신은 고집 센 지방 정부를 상대하며 벽에 박치기하는 기분을 느끼는 시민일 수도, 고집 센 공공사업 부서를 상대하며 벽에 박치기하는 기분을 느끼는 시 공무원일 수도 있겠다. 어느 쪽이든 간에, 당신은 당신의 도시에서 변화를 일으키는 길이 길고 멀리 돌아가며 값비싼 요식 행위로 어질러져 있음을 알게 될 것이다. 절망하지 마시라. 전술적 도시주의(tactical urbanism)가 당신을 구할 것이니!

'전술적 도시주의'는 개인들이 모여 만든 소집단이 그들이 사는 거리와 블록과 동네를 바꾸기 위해 조직하는 임기응변적이고, 종종 일시적이며, 때로는 인가받지 않은 풀뿌리적인 노력을 일컫는다. 이러한 노력은 도시가 존재해온 오랜 역사 속에서 꾸준히 도시를 만들어온 한 요인이었지만, 요즘 들어 특히 성장하는 걷기 좋은 도시 운동과 인내하기보다 생산적 노력에 나서는 밀레니엄 세대의 출현에 힘입어 전성기를 경험하고 있다.

전술적 도시주의의 개입 규모는 매우 다양한 범위에 걸쳐 있는데, 온타리오 해밀턴의 한 교차로에 '빌린' 안전 고깔(traffic cone) 몇 개를 둔 사례부터 마이애미의 비스케인 대로(Biscayne Boulevard)변 블록 3개를 탈바꿈하여 3주간 2만 명이 넘는 방문객을 끌어들인 시내 오아시스 같은 공간을 연출한 사례까지 있다.

이 운동을 대표하는 얼굴은 여럿이지만, 전술적 도시주의의 권위자들은 『전술적 도시주의: 장기적 변화를 위한 단기적 행동(Tactical Urbanism: Short Term Action for Long Term Change,)』이라는 걸작을 쓴 마이크 리든(Mike Lydon)과 토니 가르시아(Tony Garcia)다.

오하이오의 애크런에서 이루어진 이 개입은 '더 좋은 블록 재단(Better Block Foundation)'이 연출한 많은 해법 중 하나로서, 임시 광장과 교통 감속 유도 시설 그리고 여기에 보이는 자전거 전용차로와 옥외 주점 탁자 등을 포함한다.

이 책은 온라인으로 무료 이용이 가능한 5부작의 일부인데,[259] 그 부제는 이런 노력들이 추구하는 목적을 명백히 가리키고 있다. 즉 보행 편의성의 개선을 빠르게 검증하고, 영구적으로 정착시킬 가치가 있는 시도에 대해서는 공적 지원을 얻는 게 이 운동의 목적이다.

그런 사례가 온타리오의 해밀턴에서 있었는데, 주민들이 느끼기에 도로를 건너는 아이들의 교통안전이 확보되지 않은 모퉁이 두 곳에 앞서 언급한 안전 고깔들을 활용하여 일시적인 연석 확장 구역을 만들어낸 사례다. 시에서는 심야에 설치된 안전 고깔들을 철거하면서 그것들을 "불법적이고, 위험할 수 있으며, 시의 유지보수 비용을 늘리는" 설치물이라고 불렀다. 하지만 그때 이 프로젝트의 기획자들은 한 발 더 나아갔고, 공적인 논쟁이 이어졌으며, 머지않아 이런 개선 사항들은 영구적으로 정착되었다. 시 전역에 교차로가 100개 넘게 추가된 것과 비슷한 변화를 동반하면서 말이다.[260] 전술적 도시주의에 속하는 한 가지 중요한 운동은 '게릴라 길 안내 표지(guerilla wayfinding)'인데, 이는 주로 '워크(유어시티)(Walk [Your City])'라는 캠페인으로 대표된다. 2012년에 맷 토마술로(Matt Tomasulo)가 시작한 온라인 도구 세트인 워크유어시티(walkyourcity.org)는 당신의 도심에서 보행자 위주의 길 안내 시스템을 빠르고 저렴하게 만드는 데 필요한 모든 것을 제공한다. 이 매력적인 표지들은 다양한 거점까지 걸어서 갈 수 있는 가능성, 예컨대 "영화관까지 도보로 3분" 등을 알려줌으로써 지역민과 방문객 모두에게 운전할 필요가 없음을 상기시킨다.[261]

대중교통 시스템을 신설하는 등 변화의 규모가 클 때는 하향식 계획과 대규모의 공적 과정이 필요할 수 있다. 그런 경우가 아니라면, 전술적 도시주의를 통해 상향식으로 지역을 변화시킬 방법을 고려해보라.

워크(유어시티) 캠페인(이 경우는 노스캐롤라이나 샬럿의 캠페인)은 전형적인 자동차 중심 길 안내 표지의 대안을 제공한다.

규칙 98: 원하는 개선을 일시적으로 시도할 기회를 찾아보라. 가장 강력한 두 단어인 "시범 프로젝트(pilot project)"를 잘 활용하라. '워크(유어시티)' 캠페인을 조직하라. 그리고 한 공무원이 값비싼 연구를 제안할 때 "우리가 대신 시험해볼 수 있을까요?"라고 물어보라.

99 | 지금 규정 개혁을 시작하라
진정한 지역지구제 개혁을 위한 캠페인을 상정하는 동안 임시 대책을 도입하라.

20세기 지역지구제 실무의 실패와 그것이 현재 우리의 도시와 국가, 지구가 직면하고 있는 많은 문제들을 양산하는 데 얼마나 중요한 역할을 했는지에 대해서는 이미 많이 기술했다(규칙 9 참조). 수천 개의 지역 사회에서 심각한 오점을 지닌 지역지구제 규정과 구역 분할 조례를 우회하기 위한 임시 대책들, 예컨대 단위 규모와 최소 주차 요건을 없애고, 높이 제한과 건축 후퇴 요건을 변경하고, 도로 설계 기준을 변경하는 등의 대책들을 취해왔다. 모든 변화는 도움이 되지만, 북미의 많은 도시에서는 단순한 규정 변경만으로는 충분하지 않다는 결론에 도달했다. 쥐를 살찌운다고 해서 고양이가 되지 않듯이, 주로 질병과 과밀을 제한하기 위해 도입되어 이후 동네의 균질성을 강제하는 도구로 개발되어온 전형적인 토지 용도 규정에는 활기차고 걷기 좋은 동네의 유전자가 없다. 특히 민간 건물의 설계를 다루는 전형적인 규정에는 거리와 공공 공간이 적절히 편안하고 흥미롭게 완성되도록 보장하는 데 필요한 도구들—탄탄한 경계 구역, 가려진 주차 공간, 머물고 픈 입면 구역, 제한된 반복 등—이 빠져 있다. 이런 목표들을 이루려면 그것들을 중심으로 구성된 규정이 필요하다. 그런 도구를 가리켜 형태 기반 규정이라고 한다.

최초의 근대적인 형태 기반 규정은 1980년대에 성문화되었다. 이미 거론한 것처럼 400개에 가까운 규정이 공식 채택되었다. 어떤 규정은 도시 전역에 적용되지만, 다수는 보행 편의성이 특히 요구되는 시내 지역에만 적용된다. 그럴 만한 것이 자동차 위주의 스프롤이 일어나는 지역에서는 그런 규칙들이 대체로 부적절하기 때문이다.

자치 조례가 보행 편의성을 침해하기보다 지원하길 바라는 도시들에는 아마도 형태 기반 규정이 필요할 것이다. 문제는 지역지구제를 크게 고치기가 어렵고 그렇게 하려면 적잖은 비용과 시간이 든다는 데 있다. 따라서 보다 총체적인 개혁을 추구하면서도 다른 한편으로는 현존하는 지역지구제에서 실수가 일어날 수 있는 지역에 대한 임시 부칙을 추가로 제정하는 게 현명한 방법이다. 툴사에서는 지역 사회의 상인 공동체가 과도한 법규를 두려워했기 때문에 도심의 보행 편의성 연결망에 간단한 한 쪽짜리 규정을 적용하자는 제안이 나왔다.[262] 이는 지역의 특수한 문제에 맞춤화된 안이지만, 우리는 이와 비슷한 수단이 다른 많은 지역에서도 얼마나 유용할 수 있을지 이해할 수 있다.

성공적인 툴사 도심을 위한 7가지 규칙
민간 개발을 위한 한 쪽짜리 지역지구제 부칙

시 당국의 계획 팀은 보행 편의성 연결망에 인접하여 제안되는 모든 개발을 다음의 기준에 비춰 검토하고, 예외는 모범적인 건축으로서 장점이 있을 경우에만 허용해야 한다.

1. *지상 주차장은 활력을 죽인다.* 건물의 경계 구역과 갓길 보도 사이에는 어떤 지상 주차장도 둘 수 없다.

2. *죽은 벽은 죽은 갓길 보도를 만들어낸다.* 주차 구조물은 자동차 출입구가 있는 지상층에서만 갓길 보도에 노출되어야 한다. 출입 차도는 각 차로 폭을 11피트(3.3m) 이하로 하는 게 좋다. 주차 데크 지상층의 나머지 공간은 (그리고 원한다면 나머지 층들도) 갓길 보도에서 보이지 않도록 사람이 머물 수 있는 건물 경계 구역을 적어도 20피트(6m) 깊이로 둬야 한다. 그 경계는 사무실, 상점, 주거, 그리고/또는 수직 동선일 수 있지만, 성공적인 상점과 인접하지 않은 곳에는 상점 용도를 권고하지 않는다. 새로운 상점 공간의 천장은 최소 12피트(3.6m)의 높이를 갖춰야 한다.

3. *갓길 보도 근처에는 건물이 있어야 한다.* 호텔 출입구만 예외로 하고(객실이 100개가 넘는 호텔에만 예외를 적용한다), 다른 모든 건물은 갓길 경계 구역에서 10피트(3m) 이내에 입면을 둬야 한다. 상점의 경우, 모든 건물 후퇴 구간은 갓길 보도와 똑같이 포장되어야 한다. 주택이나 사무실의 경우, 모든 건물 후퇴 구간에는 녹색 식물(greenery)과 출입 계단, 테라스 등을 조성할 수 있지만, 어떤 벽이나 담장도 높이가 3피트(90cm)를 넘으면 안 된다. 공적이거나 반-공적인(semi-public) 녹지나 광장 또는 안뜰에 대해서는 예외가 허용될 수 있다.

4. *연석 낮추기는 보행자를 위험에 빠뜨린다.* 연석 낮추기는 주차 구조물과 객실이 100개가 넘는 호텔을 제외하고는 어떤 건물에도 허용하지 않는다. 그보다 규모가 작은 호텔에서는 주차로 안에 주차한 상태에서 짐을 옮겨야 하며, 주차 구획 몇 개가 이런 용도로 지정되어야 한다. 어떤 연석 낮추기도 두 차로를 넘기면 안 된다.

5. *정문은 필수적이다.* 갓길에 정면을 두고 후면 (또는 측면) 주차를 하는 건물들은 갓길의 건물 인접 구역에 주출입구를 둬야 한다. 주출입구를 잠그고 부출입구만 여는 일은 없어야 한다.

6. *갓길 보도에 면한 집들은 높이가 필요하다.* 갓길 경계 구역에서 5피트 이내에 있는 주택 입면은 1층을 바닥에서 최소 18인치(45.7cm) 높여야 한다. 1층 주거 유닛들은 설령 복도식이라 하더라도 갓길 보도를 따라 정면 현관이나 출입 계단을 둘 것을 장려한다.

7. *시내 건물은 친근한 표정을 지녀야 한다.* 갓길 보도변의 입면들은 평균적으로 높이가 18피트(약 5.5m) 이상이고 모든 층의 문과 창문 개구부가 규칙적인 간격으로 떨어져야 한다. 일직선상에서 최소 10피트(3m)마다 개구부가 하나는 있어야 하며, 특별한 건축적 요소에 대해서만 드물게 예외를 허용한다. 모든 입면에서 벽 면적에 대한 창문 면적의 비율은 20%에서 80% 사이여야 한다.

규칙 99: 당신의 도시에서 더 걷기 좋아질 수 있는 부분들에 대한 형태 기반 규정을 만들려는 노력을 시작하라. 아울러 핵심 구역들을 위한 한 쪽짜리 부칙을 통과시켜라.

100 | 스프롤에 대해 포기하지 말라
미국인들은 대부분 스프롤 속에서 산다.

『교외 국가』라는 책을 집필하고 있었던 1999년에는 스프롤의 확산이 실제로 중단될 수 있다고 봤다. 그로부터 20년이 흐른 지금에는 그런 환상을 품기가 어렵다. 교외로의 인구 유출을 최초로 이끈 국가 보조금과 비뚤어진 시장 상황은 지금도 대부분 그대로이며, 너무 많은 권력 기관들이 여전히 우리가 자동차와 자동차 도로에 의존할수록 이득을 얻는다. 여론 조사와 가격 비교 결과는 자동차 구역이 엄청나게 과잉 건설되었음을 보여주는데도, 스프롤이라는 기계는 계속해서 여기저기를 휘젓고 다니며 농지와 화석 연료를 먹어치우고 영혼 없는 대지 구획들과 그 어느 때보다 많은 탄소를 내뿜는다. 데이터는 스프롤이 머지않아 우리 모두를 죽일 수 있음을 암시한다. 하지만 우리의 상황은 여전히 그대로다. 왜 우리는 그저 우리가 원하는 종류의 장소에서 살지 못하는 걸까?

이 마지막 질문, 그리고 게임의 규칙을 바꾸지 못한 우리의 집단적 실패는 야심은 덜하지만 여전히 중요한 새로운 당위로 이어졌다. 그것은 걷기 좋은 생활 양식을 원하는데 자기 도시에서 그런 양식을 찾아볼 수 없거나 이용할 여력이 없는 사람들에게 더 많은 기회를 제공하는 것이다. 스프롤이라는 폭탄이 계속해서 천천히 터지는 현 상황에서, 계획가들과 활동가들은 더 적정가의 주거를 우리의 도시와 소도심에 도입함으로써 가장 큰 차이를 만들어낼 수 있다(규칙 6 참조). 그뿐만 아니라 이미 사람들이 있는 곳에서, 즉 스프롤이라는 야수의 배꼽 안에서 도시 계획의 틈새 공간들을 만들어내는 식으로도 영향

콜로라도 레이크우드의 벨마르에 조성된 농산물 직판장은 전국에서 두 번째로 오래된 교외 쇼핑몰을 대체했다.

을 줄 수 있다.

이런 작업은 지금까지 수십 년간 진행되어오는 중이며, 『교외의 개조(Retrofitting Suburbia)』[263]와 같은 책에서 자동차 구역 한복판에 투입되는 새로운 혼합 용도의 소도심(town center)으로 묘사된 바 있다. 그중 대부분은 텍사스 플라노의 레거시 타운 센터(Legacy Town Center)나 콜로라도 레이크우드의 벨마르(Belmar) 쇼핑 지구처럼 죽은 몰이나 복합 상업 지구의 부지들을 차지한다. 이런 작업은 적절히 이뤄졌을 때 거의 틀림없이 부동산 대박이 터지는 듯한데, 이런 부지를 둘러싸고는 도시 계획에 절대적으로 굶주린 사람들이 수십억

명에 이르기 때문이다. 그러한 인기는 그곳의 가장 작은 아파트들만 제외한 모든 곳이 단기간에 너무 비싸진다는 뜻이지만, 그럼에도 이런 교외 중심부는 떼를 지어 자동차를 몰고 와서 식사를 하거나 영화를 보거나 그냥 그 주변을 걸어 다니는 광역권 교외 거주자들에게 무척 필요했던 경험을 제공한다. 조지아 알파레타에 있는 그러한 도심인 아발론(Avalon)에서는 매년 대중 행사가 200회 넘게 열린다. 이런 곳을 계획가들은 "파크 원스 환경(park-once environment)"[역42]이라고 부른다. 그리고 이런 환경에 살 여력이 있는 사람들에게는 그런 곳이 더 행복하고 탄소도 적게 배출하는 생활 양식을 제공한다.

그런 새로운 교외 중심부가 전반적으로 정말 더 지속 가능할까?

때로는 오리건의 티가드처럼 온통 스프롤인 듯한 소도시에도 적절한 관리만 받으면 싹틀 준비가 된 도시 계획의 홀씨가 은밀히 감춰져 있다.

답하기 어려운 문제다. 하지만 그런 곳은 현재 많은 극빈층을 비롯하여 미국인들 대부분이 사는 곳에 있는 스프롤의 단조로움을 완화하는 데 일조한다. 교외가 빈민촌보다 부촌에 가까운 곳이었을 때 계획가들은 이론을 거들먹거리며 도심 빈민가로만 자기들의 설계 작업을 국한할 수 있었다. 하지만 이제 그런 자세는 더 이상 도덕적인 선택으로 보이지 않을 것이다. 통계는 스프롤 지역에 사는 사람들의 대다수가 거기에 살고 싶어서 사는 게 아님을 분명히 보여준다. 최근 전미 부동산 중개인 협회(National Association of Realtors)가 실시한 설문 조사에서 단일 용도 주택 구획에서 살고 싶다고 한 응답자는 단 10%에 불과했다.[264] 이는 아마도 미국인의 1/3이 어쩔 수 없이 교외에 묶여 살고 있다는 뜻이 되는데, 대부분은 그들이 진짜 도시 계획 속에서 살 형편이 안 되기 때문이다. 그들에게 거닐 만한 깜찍한 소도심을 제공하는 것 말고 할 수 있는 일은 무엇일까?

그 답은 그들이 묶여 있는 교외의 유형에 놓여 있다. 1950년 이전에 진짜 성장을 경험한 장소들에만 적용할 수 있는 첫 번째이자 최선의 기회는 옛 중심가를 찾아서 다시 활력을 불어넣는 것이다. 때로는 오리건의 티가드처럼 온통 스프롤인 듯한 소도시에도 적절한 관리만 받으면 싹틀 준비가 된 도시 계획의 홀씨가 은밀히 감춰져 있다. 규칙 10에서 논한 것처럼, 지혜로운 지역 사회에서는 그런 옛 중심가에 투자를 집중하고, 도로를 고치고, 주거를 신축하고, 걷기 좋은 설계 기준을 강화하여 지역 사회 전체를 개선할 수 있는 보행 편의성의 핵심부를 만들어내려 할 것이다.

하지만 애리조나의 챈들러 같이 완전히 새로운 장소들도 있다. 25만 명의 사람들은 아마도 미국에서 가장 전적으로 무장소일 풍경, 말하자면 전적으로 자동차에만 의존하고 장소다운 곳은 전무한 65제곱마일(약 5,100만 평) 넓이의 공간을 기웃거려야 하는 운명이다. 대규모의 새로운 소도심을 완전히 삽입하지 않는 것 말고, 가장 순수한 스프롤 속에 사는 사람들의 고립감을 줄이기 위해 뭘 할 수 있을까? 여기서 진정한 보행 편의성은 논해봐야 소용없으며, 가장 필수적인 개선 사항들은 보행자와 자전거 이용자, 자동차 운전자 모두의 안전을 다뤄야 할 것으로 보인다. 높은 속도에 맞춰 설계되는 도로 형상, 부적절한 횡단로, 그리고 드물고 위험한 자전거 전용차로가 있는 이런 풍경 속에서는 정말 무서운 속도로 사람들이 죽는다. 이런 장소들은 진정한 문제 해결이 불가하지만, 본서에 포함된 많은 기법들을 활용하면 더 안전하게 만들 수는 있으며 그렇게 만들어야 한다.

역42) '한 번만 주차하면 되는(park-once)', 즉 걸어 다니는 것만으로 각종 경험을 할 수 있는 환경

규칙 100: 스프롤 지역에서는 옛 중심가가 있는 곳에 투자하거나, 모든 도로 이용자의 안전에 초점을 맞춰라.

101 꿈을 크게 꿔라
위대한 도시에는 여전히 위대한 비전이 필요하다.

본서는 대체로 문제를 해결하고 단기적 성과를 거두는 데 초점을 맞춘다. 한 도시의 일상적인 보행 편의성과 거주 적합성에 영향을 주는 게 목적일 때 이런 접근은 의미가 있다. 하지만 여기서 망각된 사실은 북미에서 가장 걷기 좋고 가장 살기 좋은 도시들이 문제를 해결하고 단기적 성과를 거둠으로써 출현한 게 아니라는 점이다. 오히려 그런 도시들의 대부분은 (필라델피아와 서배너처럼) 처음부터 원대한 비전 제시로 시작했거나, (뉴욕과 시카고처럼) 비전 있는 개선의 혜택을 받거나, 또는 두 과정 모두를 경험한 곳들이다. 아주 좋은 도시는 도시의 평범한 조직이 만들어낼 수 있지만, 위대한 도시는 오로지 큰 꿈만이 만들 수 있다. 우리는 도시의 일상에 참여하면서도 위대함 역시 추구하는 것을 잊어선 안 된다.

'시장의 도시 설계 연구소(Mayor's Institute on City Design)'를 창립한 조지프 P. 라일리(Joseph P. Riley)는 4년 임기의 샌프란시스코 찰스턴시장을 10번 연임했다. 그는 종종 이 연구소의 모임에 방문하여 참석한 시장들에게 이렇게 말하곤 했다. "예산의 균형을 맞춰야 합니다. 하지만 아무도 여러분을 예산의 균형을 맞췄다는 이유로 기억하진 않을 겁니다. 기억되고 싶으면 공원을 지으세요."265

새로운 공원은 라일리 시장이 임기 중 찰스턴에 지은 많은 것 가운데 하나다. 그는 임기 중에 공공 영역의 물리적 질에 초점을 맞추는 게 특징이다. 설계자 훈련을 받진 않았지만, 라일리 시장은 자신의 동기를 다음과 같은 방식으로 설명했다.

> 미국에는 한 번도 5대호(Great Lakes)에 안 가봤거나 태평양의 일몰을 보지 못했거나 보랏빛 산맥의 장엄함이나 호박색 곡물의 물결을 보지 못한 시민들이 있습니다. 그들은 유럽에도 가보지 못했습니다. 그들이 본 것은 그들의 도시가 전부입니다. 그런 사실이 도시에 도덕적 당위를 부여합니다. 도시는 모든 시민의 심장이 노래할 수 있는 장소여야 합니다.266

다행히도 그 도덕적 당위를 따르면 실질적인 보상이 있다. 부동산 가치를 억누르는 주간선 도로에 대한 투자와 달리, 공공 공간에 대한 투자는 부동산 가치를 만들어내는 경향이 있다. 그렇기 때문에 이 투자는 보통 꽤 빠른 시간에 세수를 늘려 결국 제값을 한다.

시카고는 자기들의 도시를 더 멋지게 만드는 데 정기적으로 투자해온 도시다. 리차드 데일리(Richard Daley) 시장은 2000년대 초 밀레니엄 파크를 건설하는 데 시 예산 2억 7천만 달러를 내줬다는 이유로 사방에서 공격을 받았다. 하지만 10년이 채 안 되어서 (부동산 투자 회수 기간 치고는 느리지만) 시 당국은 그 공원 인근에 신축된 민간 건물에 30억 달러가 투자되는 걸 보았고, 이 공원은 현재 매년 5백만

샌프란시스코 찰스턴의 리버프런트 공원.

마야 린의 설계로 그랜드래피즈 도심에 재개발된 중심 광장의 여름철 스윙 댄스.

명이 넘는 방문객을 끌어들이고 있다.267 21세기의 다른 대규모 공원 프로젝트들에도 이와 비슷한 이야기가 따라붙는다. 뉴욕의 하이 라인(High Line) 프로젝트는 제1단계의 건설비로 2억 6천만 달러(그중 시에서 5천만 달러를 지급했다)가 들었지만, 그 이후로 뉴욕시의 세수 증가에 기여한 액수는 10억 달러에 육박했다.268

새로운 공원처럼 대중교통 프로젝트도 장기적으로 엄청난 투자 회수 효과를 낼 수 있다. 2000년부터 2010년까지 버지니아 알링턴 카운티의 인구 성장은 이 카운티의 토지 면적 중 단 6%에 해당하는, DC 메트로 오렌지 라인의 회랑 지대에서만 일어났다.269 하지만 메트로 서비스는 그 시스템이 자금난을 겪으면서 쇠퇴하는 중이다. 바야흐로 비전이 요구되는 때다!

1974년에 그랜드래피즈시는 그곳 출신인 제럴드 포드 대통령의 새 임기를 도심 행진으로 기념하고 싶어 했다. 그러자 정보기관에서 이렇게 말했다. "잠깐만요, 저격수가 숨을 공실 창문이 너무 많잖아요." 이 말이 지역 상점 지도자들에게 경각심을 주었고, 이들은 더 많은 사무실을 도심으로 옮기기로 집단 서약하면서 새로운 공연장과 컨벤션센터를 지었다. 의과 대학과 호텔, 기타 핵심 시설도 옮겨왔다. 머지않아 그랜드래피즈는 중서부에서 가장 건강한 도심 중 하나를 갖게 되었다.

대니얼 번햄[역43]은 반은 틀렸다. 작은 계획도 역시 중요하다. 하지만 작은 계획은 큰 계획과 병행하여 추진해야 한다. 특히 열린 공간과 대중교통을 중심으로 말이다. 그것이 도시를 위대하게 만들 수 있는 큰 계획이요 비전과 꿈이기 때문이다.

역43) Daniel Burnham (1846~1912): 미국의 건축가 겸 도시 디자이너로, 20세기 초 급격히 성장하던 미국 도시에 프랑스 고전주의식 미적 질서를 도입하려 한 그의 『시카고 계획』(1909)은 이후 도시 설계의 표준이 되었다. "작은 계획을 하지 말라. 작은 계획은 인간의 피를 끓게 하는 마법이 없으며 아마 그것만으로는 실현되지도 않을 것이다. 큰 계획을 하라. 한 번 기록된 고귀하고 논리적인 다이어그램은 결코 죽지 않음을 기억하면서, 큰 포부를 갖고 일하라."라고 말한 것으로 유명하다.

규칙 101: 보행 편의성을 개선하려는 노력과 병행하여, 대중교통과 열린 공간, 도심 시설을 개선하기 위한 야심찬 목적들을 세워라.

후기 1

모든 규칙에는 예외가 있지만, 아마도 당신은 예외가 아닐 것이다.

대다수의 보행자 전용 구역이 참담하게 실패했다는 사실은 링컨 로드 몰(마이애미비치)이나 산타모니카 3번가로 무마되지 않는다. 대부분의 일방통행 전환이 그 도심을 산산조각 낸다는 사실은 뉴욕 5번 애비뉴나 뉴베리 스트리트(보스턴)로 무마되지 않는다. 개발을 조금씩 늘려갈 때 거리 경관이 더 좋아진다는 사실은 록펠러 센터나 호튼 플라자로 무마되지 않는다. 하지만 이런 예외들은 본서에서 개진한 많은 원칙들을 힐난하듯 보란 듯이 실존한다.

예외는 유용한 교훈을 전하는 데 활용할 수 있으므로 주목할 가치가 있다. 왜 필라델피아 도심의 다차선 일방통행로는 그리도 걷기 좋은가? 아마도 그 차로들의 폭이 9피트(2.7m)밖에 안 되어서일 것이다. 왜 덴버의 16번가 몰은 그리도 인기인가? 아마도 엄청난 밀도의 혼합 용도로 둘러싸여서일 것이다. 모든 예외에는 대개 또 다른 규칙이 숨어 있다.

도시 계획처럼 복잡한 무엇에 관한 규칙들을 기술한 책이라면 각 규칙이 틀릴 수밖에 없는 순간들이 있음을 인정할 필요가 있다. 하지만 그런 인정과 더불어, 지금 여기에서 당신과 관련된 특수 사례에서 그런 예외가 생길 가능성은 매우 낮음도 인정해야 한다.

후기 2

완벽한 도시는 공공선의 적이다.

도시 계획은 가능한 것들을 다루는 예술이다. 본서에서 기술한 권고 사항들은 이론적이지 않다. 그보다는 실제적이고, 구축이 가능하며, 실은 이미 어디에나 구축되어 있는 것들이다. 모든 권고 사항은 저마다 하나의 타협이며, 대부분은 어렵게 성취한 것들이다. 만약 현행 법률과 관습이 전혀 흔들리지 않았더라면 많은 게 달라졌을 것이다.

예컨대 이상적인 세계에서라면, 도심 주행 차로의 폭은 10피트가 아니라 9피트일 것이다. 마찬가지로 '서비스 수준' 척도도 설 자리가 없을 것이다. 대부분의 주차로는 자전거 전용차로로 대체될 것이며, 주차 구조물의 건설이 완전히 중단되고, 도심 전체에서 자동차가 사라질 것이다. 하지만 그런 결과는 대부분의 북미 지역 사회에서 불가능하므로 여기서 권고되지 않는다.

좋은 소식은 본서에 담긴 많은 내용이 적게 잡아 10년 전까지만 하더라도 기이하게 여겨졌을 거라는 점이다. 지난 30년간 새로운 도시적 실천이 이뤄지면서 타협할 필요성은 점점 더 줄어들어왔다. 이런 변화는 놀라운 속도로 진화하고 있는 자전거 기반 시설에서 가장 극적으로 나타난다. 본서에서 자전거 관련 부분은 가장 빠르게 철지난 내용이 될 부분임에 의심의 여지가 없다. 이미 유럽에서는 구식이 되었으며, 아마 시애틀에서도 곧 그럴 듯하다.

하지만 우리들 대부분에게 이런 변화는 충분히 빠른 속도로 다가오고 있지 않다. 이에 불만족한 우리들은 두 가지 범주에 들어가는 듯하다. 한편에는 모든 작은 변화가 누군가의 삶의 질을 다소 개선한다는 점을 이해하며 그런 변화를 위해 결의를 다지고 싸우는 사람들이 있고, 다른 한편에는 그런 작은 변화가 부적절하다고 여기며 그런 변화를 일으키는 사람들에 대한 신뢰를 떨어뜨리는 사람들이 있다. 후자의 집단에 대해서는 많은 말을 할 수 있지만, 가장 적당한 말은 그들 가운데 최전선에서 싸우며 실제로 도시의 변화를 일으켜본 경험이 많은 사람은 거의 없다는 점이다. 양방통행 자전거 트랙이 헛소리라고 말하기는 쉽다. 그런 해법이나 한 쌍의 노출된 차로 중 하나를 선택해야 했던 경험이 없다면 말이다.

이런 진술은 방어인 동시에 변명이기도 하다. 본서의 101가지 규칙들은 2020년경 북미에서 성취할 수 있는 모범 실무를 정의하려는 시도다. 이 규칙들이 더 큰 야심을 부리지 못한 이유는 지금 이 순간에도 더 야심찬 시도들이 거의 늘 실패하고 있기 때문이다. 많은 규칙들이 결국 더 이상 필요 없는 얘기가 되길 바란다. 아울러 이런 규칙들은 제한된 합리적 대책들이 우리의 지역 사회에서 극적인 결과를 만들어낼 수 있다는 겸손한 신념으로 제시되어야 한다.

후기 3

당신 도시의 모델을 파악했는가?

도시 계획은 예술일 뿐만 아니라 전문 직능이기도 하며, 법률이나 의료 같은 전문 직능처럼 도시 계획가들도 과거의 성공과 실패에서 배워야 할 책임이 있다. 태양 아래 새로운 것은 없으며, 우리의 손끝에서 드넓은 세계의 (이제 그 어느 때보다 더 많은) 본받을 만한 사례들을 접할 수 있다. 성공적인 사례들에 대해서는 자부심을 갖고 모방할 수 있고 그렇게 해야 한다.

대부분의 도시 설계자들은 건축가로 훈련받는데, 이것이 문제일 수 있다. 건축 실무에는 전문 직능으로서의 지위와 예술로서의 지위 사이에 건강한 긴장이 존재한다. 대부분의 건축 학교는 주로 창조성과 발명을 실용적 고려 사항보다 중시하는 예술 학교처럼 기능한다. 이런 감수성이 도시 설계로 전해지면 나쁜 건축 작품에 희생당하는 사람보다 훨씬 더 많은 사람이 고통을 겪을 수 있다.

이는 도시 계획가들에게 꽤 단순한 경고를 전해준다. 발명을 해야 한다는 의무감에서 벗어나라! 사람들은 삶을 망치지 않으려고 도시 계획가에게 의지한다. 복잡한 도시 문제에 대한 올바른 해법을 찾는 데 유일한 장벽은 창조성의 결여가 아니라, 세계의 위대한 도시 명소 1만 곳에 대한 더 폭넓은 지식의 결여다. 해답은 어딘가에 있다. 그것은 새로운 인구나 새로운 기후, 새로운 기술로 해석될 필요가 있을 수 있지만, 그게 재미있는 부분이다.

인간이라는 종은 오랫동안 존재해 왔고, 어떤 종류의 장소가 우리를 행복하게 하는지에 대해서는 많은 게 알려져 있다. 이러한 사실은 자율주행차나 인공지능 또는 '스마트 시티' 알고리즘이 시작된다고 해서 바뀌지 않는다. 거리나 광장, 녹지, 공원 하나를 설계할 때는 당신의 모델이 될 만한 것을 찾아서 벽에 고정해둬라. 모델이 여럿인 것도 좋다. 좋지 않은 것은 모델이 없는 것이다. 모델이 없는 도시 설계는 게으름이나 죽고 싶은 무의식, 또는 그 둘 다를 구현하게 된다.

도시 설계에서 발명의 여지는 많지 않지만, 발명을 조심하라. 새로운 아이디어가 예상대로 진행되는 경우는 매우 드물며, 적어도 처음에는 그런 경우가 없다. 일찍 일어난 새는 벌레를 먹을 수 있지만, 두 번째로 일어난 쥐는 치즈를 먹는다는 걸 기억하라.

감사의 말

마지막으로, 서두에 말했다시피 이 [체계가] 지금 여기서 당장 완벽해지길 기대할 수는 없을 것이다. 나는 그저 내가 그 약속을 지켰다는 사실을 있는 그대로 보여줄 뿐이다. 하지만 거대한 쾰른 대성당이 미완성된 탑 꼭대기에 아직도 기중기를 세워놓은 것처럼, 나도 [이] 체계를 그냥 이대로 놔둘 생각이다. 작은 구조물은 맨 처음 공사를 시작한 건축가들이 완성하지만, 웅장하고 참된 구조물은 마지막 마무리를 후대에게 맡기는 법이니까. 신께서는 내가 그 어떤 것도 완성하지 못하게 하신다. 이 책 전체도 그저 초고에 지나지 않는다. 아니, 초고의 초고에 지나지 않는다. 오오, 내게 시간과 힘과 돈과 인내를!

— 허먼 멜빌, 『모비 딕』

꼭대기에 기중기를 세워놓은 나의 탑을 이어서 쌓을 다른 이들을 환영하면서, 이 초고도 역시 수십 년간 주로 다른 선배들이 해온 노력들의 토대 위에서 쓰였음을 인정해야 한다. 나의 작업이 선배들이 이뤄놓은 작업의 연장선상에 있고 그보다 더 큰 거대한 운동, 즉 뉴 어바니즘이라고 불리는 '위대한 수정(great correction)' 운동에 뿌리박고 있는 것은 주지해야 할 사실이다.

내가 안드레 듀아니 및 엘리자베스 플레이터-자이벅과 함께 저술한 『교외 국가』가 많은 독자들을 만났을 때 우리 셋은 모두 다소 동등하게 호평을 받고 기회를 얻었지만, 다수가 잘 몰랐던 사실은 그 두 분이 스승이었고 나는 제자였다는 점이다. 『걸어다닐 수 있는 도시』는 이렇게 얻은 교훈들을 다른 현인들의 지혜를 더한 반짝이는 새 포장에 담아 다시 선물한 것이었다. 중첩하는 여러 분야에서 중요한 목소리를 내는 그 현인들은 크리스 라인버거(Chris Leinberger), 딕 잭슨(Dick Jackson), 도널드 슈프(Donald Shoup), 캐럴 콜레타(Carol Coletta) 같은 선구적 이론가들과 조 라일리(Joe Riley), 매니 디아스(Manny Diaz), 믹 코넷(Mick Cornett) 같은 위대한 시장들이다. 그들의 지혜에 나만의 개인적인 이야기 몇 가지를 장식적으로 덧붙일 수도 있었겠지만, 대체로 나는 여전히 메신저보다 매개자에 가까웠다. 하지만 그 책을 즐긴 많은 사람들은 또 그런 사정을 잊어버렸고, 나는 이번에도 어느새 다른 분들이 열심히 길러낸 열매를 수확하고 있었다. 아직 내게 이 너그러운 분들의 항의가 단 한 번도 없었다는 사실은 북미 도시를 되찾기 위한 운동이 늘 아이디어의 운동이었지 개인적 자아를 위한 운동은 아니었음을 떠올리게 한다.

그럼에도 불구하고, 이 지면을 빌려 몇몇 분께 특히 감사를 표하고 싶다. 이미 오래된 습관이지만, 나는 안드레와 엘리자베스에게 먼저 감사드린다. 두 분의 사무소를 떠난 지 15년이 되었지만 아직도 나는 내가 쓰는 대부분의 글이 두 분께 배운 것이 아닌 지점에 도달하지 못했다.

최근 들어 나의 학습 곡선이 급커브를 그린 분야는 교통 분야로, 교통량과 대중교통 그리고 자전거에 관한 내용이었다. 이 주제들에 관해서는 넬슨\니가드의 폴 무어(Paul Moore), 『휴먼 트랜짓』의 자렛 워커, 『스트리츠블로그(Streetsblog)』의 앤지 슈미트(Angie Schmitt), 그리고 전미 도시 교통 공무원 협회(NACTO)와 블룸버그 어소시에이츠(Bloomberg Associates) 소속으로 수많은 세상을 자애심으로 이끄는 자넷 사딕-칸에게 가장 깊이 빚지고 있다.

글을 쓸 시간을 제공하는 재정적 지원으로 말하자면 라이언스톤 인베스트먼트(Lionstone Investments), 특히 2년간의 펠로우십에 달하는 지원금을 너그럽게 베푼 톰 베이컨(Tom Bacon)에게 감사를 전한다. 그들의 지원이 없었다면 이 책이 나오기까지 10년은 더 걸렸을 것이다.

『걸어다닐 수 있는 도시』를 쓸 때처럼 이 책도 나는 이탈리아에서 쓰기 시작했다. 이번에도 나는 로마 미국 아카데미(American Academy in Rome)의 입주 작가 자격으로 이탈리아를 찾았다. 마크 로빈스(Mark Robins)와 그의 친절한 직원들, 특히 당구 토너먼트를 주관하는 가브리엘(Gabriele)에게 감사를 전한다.

이번 책을 쓰는 과정에서도, 게일(Gayle)과 스콧(Scott) 스펙은 숙련된 편집 봉사자로 자원했고 앨리스(Alice) 스펙은 나의 첫 번째 청취자요 주된 동기 부여자였다.

헤더 보이어(Heather Boyer), 섀리스 시모니안(Sharis Simonian), 모린 게이틀리(Maureen Gately)를 비롯한 아일랜드 프레스의 직원들에게는 특히 감사한 마음이다. 그들은 이 주제에 큰 관심과 전문성을 보여줬을 뿐만 아니라 이 책에서 나타나듯이 엄청난 노동을, 특히 정해진 의무 이상의 그 모든 노력을 추가로 투입해주었다.

이 책에 지혜, 정보 그리고/또는 이미지를 제공해준 다른 많은 분들이 있다. 미완의 명단이라도 열거하면 다음과 같다 — 스콧 번스타인(Scott Bernstein), 스펜서 붐하워(Spencer Boomhower), 베스 부슬리(Beth Bousley), 짐 브레이너드, 댄 버든, 브라이언 카(Brian Carr), 데이비드 딕슨(David Dixon), 더그 파(Doug Farr), 앨리슨 플레처(Alyson Fletcher), 벤 해밀턴-베일리, 헨리 해렐(Henry Harrell), 알레한드로 헤나오, 하비에르 이글레시아스(Xavier Iglesias), 래리 제임스(Larry James), 게이브 클라인(Gabe Klein), 댄 코스텔렉, 월터 쿨래시, 마이크 리든, 알렉스 맥린(Alex MacLean), 찰스 머론, 로렌 매턴(Lauren Mattern), 스테파니 믹스(Stephanie Meeks), 조 미니코치, 스티브 무젠, 안드레아 므르즐락(Andrea Mrzlak), 마크 오스트로(Mark Ostrow), 조지 프로애키스(George Proakis), 제이슨 로버츠(Jason Roberts), 도너번 립케마, 메그 슈나이더(Meg Schneider), 제이슨 슈레버(Jason Schreiber), 샘 슈워츠(Sam Schwartz), 피터 세치아(Peter Secchia), 패트릭 시그먼(Patrick Siegman), 세스 솔로모노(Seth Solomonow), 사라 수상카(Sarah Susanka), 갈리나 타치바(Galina Tachieva), 브렌트 토데리안(Brent Toderian), 맷 토마술로, 마크 토로(Mark Toro), 해리엇 트레고닝(Harriet Tregoning), 룻세일리 와이크(Ruthzaly Weich), 다 윌리엄스(Dar Williams).

모든 분들께 감사를 전한다.

미주

1. Leon Batista Alberti, *On the Art of Building in Ten Books* (Cambridge: MIT Press, 1988), 23.
2. Christopher Leinberger, *The Option of Urbanism* (Washington, DC: Island Press, 2007), 98.
3. Joe Cortright, "Walking the Walk: How Walkability Raises Home Values in U.S. Cities," CEOs for Cities (August 2009), 20, http://blog.walkscore.com/wp-content/uploads/2009/08/WalkingTheWalk_CEOsforCities.pdf.
4. Ibid., 24.
5. The Segmentation Company, "Attracting College-Educated Young Adults to Cities," CEOs for Cities (May 8, 2006), 7, https://slidex.tips/download/attracting-college-educated-young-adults-to-cities. Adapted from "Revisiting Donald Appleyard's Livable Streets" by Streetfilms and Bruce Appleyard.
6. Patrick C. Doherty and Christopher B. Leinberger, "The Next Real Estate Boom," Brookings Institution (November 1, 2010), https://www.brookings.edu/articles/the-next-real-estate-boom/.
7. John Greenfield, "If the Future Will Be Walkable, How Do We Make Sure Everyone Benefits," *StreetsBlog Chicago* (May 11, 2017).
8. Heidi Garrett-Peltier, "Estimating the Employment Impacts of Pedestrian, Bicycle, and Road Infrastructure (University of Massachusetts at Amherst, December 2010), 1–2.
9. Christopher E. Leinberger and Michael Rodriguez, *Foot Traffic Ahead: Ranking Walkable Urbanism in America's Largest Metros* (Washington, DC: George Washington School of Business, 2016), 30, https://www.smartgrowthamerica.org/app/legacy/documents/foot-traffic-ahead-2016.pdf.
10. Catherine Lutz and Anne Lutz Fernandez, *Carjacked* (New York: St. Martin's Press, 2010), 80.
11. Elly Blue, "The Free Rider Myth—Who Really Pays for the Roads," *MomentumMag* (March 24, 2016).
12. Howard Frumkin, Lawrence Frank, and Richard Jackson, *Urban Sprawl and Public Health: Designing, Planning, and Building for Healthy Communities* (Washington, DC: Island Press, 2004).
13. Erica Noonan, "A Matter of Size," *Boston Globe* (March 7, 2010).
14. Wikipedia: List of countries by traffic-related death rate, https://en.wikipedia.org/wiki/List_of_countries_by_traffic-related_death_rate.
15. CDC Motor Vehicle Crash Deaths in Metropolitan Areas—United States, (2009), https://www.cdc.gov/mmwr/preview/mmwrhtml/mm6128a2.htm.
16. American Lung Association, "Trends in Asthma Morbidity and Mortality," (September 2012): 1, 5, http://www.lung.org/assets/documents/research/asthma-trend-report.pdf.

17 Fabio Caiazzo, et. al., "Air Pollution and Early Deaths in the United States. Part 1: Quantifying the Impact of Major Sectors in 2005," (MIT 2013).

18 Catherine Lutz, *Carjacked*, 172.

19 David Owen, *Green Metropolis: Why Living Smaller, Living Closer, and Driving Less are the Keys to Sustainability* (New York: Riverhead Books, 2009), 19.

20 Peter Newman, Timothy Beatley, and Heather Boyer, *Resilient Cities: Responding to Peak Oil and Climate Change* (Washington, DC: Island Press, 2009), 88.

21 Ibid., 48, 104.

22 American Public Transport Association, "A Profile of Public Transportation Demographics and Travel Characteristics Reported in On-Board Surveys," (May 2007), 1824, http://www.apta.com/resources/statistics/Documents/transit_passenger_characteristics_text_5_29_2007.pdf.

23 Chad Frederick, *America's Addiction to Automobiles: Why Cities Need to Kick the Habit and How,* (Santa Barbara: Praeger, 2017), 153, 162.

24 Smart Growth America, *Dangerous by Design*, (2016), 17–18, https://smartgrowthamerica.org/dangerous-by-design/.

25 Ibid., 23.

26 Hilary Angus, "Bicycle Equity: Fairness and Justice in Bicycle Planning and Design," *MomentumMag* (October 26, 2016), https://momentummag.com/bicycle-equity-fairness-justice-bicycle-planning-design/.

27 Donald Appleyard, M. Sue Gerson, and Mark Lintell, *Livable Streets* (Berkeley: University of California Press, 1981).

28 Howard Frumkin, *Urban Sprawl and Public Health,* 172. Also, Robert D. Putnam, *Bowling Alone: The Collapse and Revival of American Community* (New York: Simon & Schuster, 2000).

29 Shannon H. Rogers et al., "Examining Walkability and Social Capital as Indicators of Quality of Life at the Municipal and Neighborhood Scales," *Journal of Applied Research in Quality of Life* 6, no. 2 (2011): 2013.

30 Wade Graham. *Dream Cities: Seven Urban Ideas That Shape the World.* New York: 2016, Harper Collins. 99

31 Jane Jacobs, *The Death and Life of Great American Cities,* (New York: Vintage Reissue, 1992), 154.

32 Jeff Speck, *Walkable City: How Downtown Can Save America, One Step at a Time* (New York: Farrar, Straus and Giroux, 2012), 107–8.

33 National Center for Education Studies, "Overview of Public Elementary and Secondary Schools and Districts: School Year 1999–2000," (September 2001), https://nces.ed.gov/pubs2001/overview/table05.asp and https://nces.ed.gov/pubs2011/pesschools09/tables/table_05.asp.

34 Andres Duany, Elizabeth Plater-Zyberk, and Jeff Speck, *Suburban Nation: The Rise of Sprawl and the Decline of the American Dream* (New York: North Point Press, 2000), 191.

35 National Center for Education Statistics, https://nces.ed.gov/fastfacts/display.asp?id=67, and "Education Spending Per Student by State," *Governing*, http://www.governing.com/gov-data/education-data/state-education-spending-per-pupil-data.html.

36 "The Decline of Walking and Bicycling," Pedestrian and Bicycle Information Center (PBIC), http://guide.saferoutesinfo.org/introduction/the_decline_of_walking_and_bicycling.cfm.

37 "Arriving at School by Bicycle," *Bicycle Dutch* (blog), (December 5, 2013), https://bicycledutch.wordpress.com/2013/12/05/arriving-at-school-by-bicycle/.

38 "Choice Without Equity: Charter School Segregation and the Need for Civil Rights Standards," The Civil Rights Project, https://www.civilrightsproject.ucla.edu/research/k-12-education/integration-and-diversity/choice-without-equity-2009-report.

39 Wikipedia: Soccer mom, https://en.wikipedia.org/wiki/Soccer_mom.

40 Conversation with Andres Duany.

41 Andres Duany, *Suburban Nation*, 10.

42 Lecture by George Proakis, currently the chief planner of Somerville, MA, in Lewiston, ME, 2015.

43 "Form-Based Codes? You're Not Alone," The Codes Study, http://www.placemakers.com/how-we-teach/codes-study/. Also visit the Form-Based Codes Institute, http://formbasedcodes.org.

44 Charles Marohn Jr., *Thoughts on Building Strong Towns*, vol. 1, CreateSpace Independent Publishing Platform (2012), 6.

45 Charles Marohn Jr., "The Cost of Auto Orientation, Update," *Strong Towns Journal* (July 22, 2014), https://www.strongtowns.org/journal/2014/7/22/the-cost-of-auto-orientation-update.html.

46 Ibid.

47 Barbara Lipman, "A Heavy Load: The Combined Housing and Transportation Burdens of Working Families," (Washington DC: Center for Housing Policy, 2006), iv.

48 Jane Jacobs, *The Death and Life of Great American Cities,* 448.

49 Nick Brunick, Lauren Goldberg, and Susannah Levine, "Large Cities and Inclusionary Zoning," Business and Professional People for the Public Interest (2003), 5, http://www.wellesleyinstitute.com/wp-content/uploads/2013/01/ResourceUS_BPI_IZLargeCities.pdf.

50 Julián Castro, "Inclusionary Zoning and Mixed-Income Communities," *Evidence Matters*, Office of Policy Development and Research (PD&R), US Department of Housing and Urban Development (Spring 2013), 1, https://www.huduser.gov/portal/periodicals/em/spring13/highlight3.html.

51 Tanza Loudenback, Crazy-High Rent, Record-low Homeownership, and Overcrowding: California Has a Plan to Solve the Housing Crisis, but Not without a Fight," *Business Insider* (March 12, 2017), http://www.businessinsider.com/granny-flat-law-solution-california-affordable-housing-shortage-2017-3.

52 Josie Huang, "Popular Granny Flats Create a Niche Industry in LA," KPCC Radio (December 25, 2017), http://www.scpr.org/news/2017/12/25/79179/la-embracing-granny-flats-more-than-anywhere-else/.

53 City of Seattle. "A Guide to Building a Backyard Cottage" (June 2010), https://www.seattle.gov/Documents/Departments/SeattlePlanningCommission/BackyardCottages/BackyardCottagesGuide-final.pdf.

54 Daniel Kay Hertz, "Chicago's Housing Market is Broken," posted March 21, 2014, https://danielkayhertz.com/2014/03/21/chicagos-housing-market-is-broken/.

55 Adam Hengels, "Only 2 Ways to Fight Gentrification (you're not going to like one of them)," Market Urbanism (January 28, 2015), http://marketurbanism.com/2015/01/28/2-ways-fight-gentrification/.

56 Joe Cortright, "Lost in Place." *CityReports* (September 12, 2014), http://cityobservatory.org/lost-in-place/.

57 National Community Land Trust Network, http://cltnetwork.org.

58 Wikipedia: Housing First. https://en.wikipedia.org/wiki/Housing_First.

59 State of Utah, Comprehensive Report on Homelessness (2014), 6, https://jobs.utah.gov/housing/scso/documents/homelessness2014.pdf.

60 Thomas Byrne et al., "Predictors of Homelessness among Families and Single Adults after Exit from Homelessness Prevention and Rapid Re-Housing Programs: Evidence from the Department of Veterans Affairs Supportive Services for Veteran Families Program," *Housing Policy Debate* (September 14, 2015).

61 Ibid.

62 Jennifer Perlman and John Parvensky, "Denver Housing First Collaborative Cost Benefit Analysis and Program Outcomes Report," *Colorado Coalition for the Homeless* (December 11, 2006), https://shnny.org/uploads/Supportive_Housing_in_Denver.pdf.

63 Mary E. Larimer et al., "Health Care and Public Service Use and Costs Before and After Provision of Housing for Chronically Homeless Persons with Severe Alcohol Problems," *JAMA* 301, vol.13 (April 1, 2009):1349–57.

64 National Alliance to End Homelessness: Housing First, http://endhomelessness.org/resource/housing-first/.

65 Eric Betz, "The First Nationwide Count of Parking Spaces Demonstrates Their Environmental Cost," *Knoxville News Sentinel* (December 1, 2010).

66 Donald Shoup, *The High Cost of Free Parking, updated ed.*, (London: Routledge, 2011).

67 Andres Duany, *Suburban Nation*, 163.

68 Donald Shoup, *High Cost of Free Parking*, 498.

69 Eric Roper, "Mpls Relaxes Parking Requirements to Reduce Housing Costs," *Star Tribune* (July 10, 2015), http://www.startribune.com/mpls-relaxes-parking-requirements-to-reduce-housing-costs/313286521/.

70 Donald Shoup, "Instead of Free Parking," *Access*, no. 15 (Fall 1999), http://shoup.bol.ucla.edu/InsteadOfFreeParking.pdf.

71 Andres Duany, *Suburban Nation*, 167.

72 Michael Manville and Donald Shoup, "People, Parking, and Cities," *Access*, no. 25 (Fall 2004), https://web.archive.org/web/20141026062915/http://www.uctc.net/access/25/Access%2025%20-%2002%20-%20People,%20Parking,%20and%20Cities.pdf.

73 Donald Shoup, *High Cost of Free Parking*, 214.

74 Ibid., 262.

75 Andres Duany and Jeff Speck, with Mike Lydon, *The Smart Growth Manual* (New York: McGraw-Hill, 2009), point 11.5.

76 This is quoted from memory and may be slightly inaccurate.

77 Jon Geeting, "Ideas Worth Stealing: Parking Benefit Districts," WHYY Radio (March 28, 2016), https://whyy.org/articles/ideas-worth-stealing-parking-benefit-districts/.

78 Julie Beck, "The Decline of the Driver's License," *The Atlantic* (January 22, 2016), https://www.theatlantic.com/technology/archive/2016/01/the-decline-of-the-drivers-license/425169/.

79 Jarrett Walker, *Human Transit: How Clearer Thinking about Public Transit Can Enrich Our Communities and Our Lives* (Washington, DC: Island Press, 2011), 85.

80 Unless noted otherwise, this entire point is sourced from Jarrett Walker, *Human Transit: How Clearer Thinking about Public Transit Can Enrich Our Communities and Our Lives* (Washington, DC: Island Press, 2011). Also, see the *Human Transit* blog, http://humantransit.org.

81 Walker, 217.

82 Unless noted otherwise, this entire point is sourced from *Human Transit* by Jarrett Walker and his *Human Transit* blog.

83 Enrique Peñalosa, "Why Buses Represent Democracy in Action," TEDTalk (September 2013), https://www.ted.com/talks/enrique_penalosa_why_buses_represent_democracy_in_action.

84 Dan Parolek, lecture, Congress for New Urbanism, June 16, 2000.

85 Charlie Hales, lecture, Congress for New Urbanism, June 16, 2000.

86 "Value Capture and Tax-increment Financing Options for Streetcar Construction," The Brookings Institution, HDR, Reconnecting America, RCLCo (June 2009).

87 Charlie Hales, lecture, Congress for New Urbanism, June 16, 2000.

88 "Value Capture and Tax-increment Financing Options for Streetcar Construction," The Brookings Institution, HDR, Reconnecting America, RCLCo (June 2009).

89 Eric D. Lawrence, "QLINE gets credit for $7B Detroit Transformation," *Detroit Free Press* (May 4, 2017), http://www.freep.com/story/money/business/2017/05/04/qline-detroit-streetcar/101294354/.

90 Speck, *Walkable City*,155.

91 Darrin Nordahl, *My Kind of Transit: Rethinking Public Transportation in America* (Washington, DC: Island Press, 2009), ix.

92 Beyond DC, "Every US Bikeshare System, Ranked by Number of Stations of Hubs" (January 6, 2014), http://beyonddc.com/log/?page_id=6319.

93 Bobby Magill, "Is Bike Sharing Really Climate Friendly?," *Scientific American* (August 19, 2014), https://www.scientificamerican.com/article/is-bike-sharing-really-climate-friendly/.

94 National Association of City Transportation Officials, "Bike Share in the US: 2010–2016" (March 2017), https://nacto.org/bike-share-statistics-2016/.

95 Eltis news editor, "Mexico Abolishes Bike Helmet Law" (August 1, 2014), http://www.eltis.org/discover/news/mexico-city-abolishes-bike-helmet-law-mexico-0.

96 National Association of City Transportation Officials (NACTO), "Bike-Share Station Siting Guide" (2016), https://nacto.org/wp-content/uploads/2016/04/NACTO-Bike-Share-Siting-Guide_FINAL.pdf.
NACTO Bike Share Initiative, https://nacto.org/program/bike-share-initiative/.
Zagster (blog), "The Guide to Running a Small-City Bike Share,"(March 16, 2017), https://www.zagster.com/content/blog/the-guide-to-running-a-small-city-bike-share.

97 Jessica Lynn Peck, "Drunk Driving After Uber," CUNY Graduate Center PhD Program in Economics, Working Paper 13 (January 2017), 3.

98 Bruce Schaller, "Turns Out, Uber is Clogging the Streets," *Daily News* (February 27, 2017), http://www.nydailynews.com/opinion/turns-uber-clogging-streets-article-1.2981765.

99 Schaller Consulting, "Unsustainable? The Growth of App-Based Ride Services and Traffic, Travel and the Future of New York City" (February 27, 2017), http://schallerconsult.com/rideservices/unsustainable.htm.

100 Alejandro Henao, "Impacts of Ridesourcing—Lyft and Uber—on Transportation Including VMT, Mode Replacement, Parking, and Travel Behavior," Doctoral Dissertation Defense, Civil Engineering, UC Denver (January 19, 2017), https://media.wix.com/ugd/c7a0b1_68028ed55eff47a1bb18d41b5fba5af4.pdf.

101 Ibid.

102 Jude Cramer and Alan B. Krueger, "Disruptive Change in the Taxi Business in the Case of Uber," NBER Working Papers 22083, National Bureau of Economic Research, Inc., 2016.

103 "Evidence that Uber, Lyft Reduce Car Ownership," *University of Michigan News* (August 10, 2017), http://ns.umich.edu/new/releases/25008-evidence-that-uber-lyft-reduce-car-ownership.

104 Peter Henderson, "Some Uber and Lyft Riders Are Giving Up Their Own Cars: Reuters/Ipsos Poll," Reuters (May 25, 2017), https://www.reuters.com/article/us-autos-rideservices-poll/some-uber-and-lyft-riders-are-giving-up-their-own-cars-reuters-ipsos-poll-idUSKBN18L1DA.

105 Conversation with Alejandro Henao, August 17, 2017.

106 Adam Brinklow, "Lyft, Uber Commit 64 percent of Downtown SF Traffic Violations," *CurbedSF* (September 26, 2017), https://sf.curbed.com/2017/9/26/16367440/lyft-uber-traffic-citations-sfpd-board-supervisors.

107 Jeff Speck, "Autonomous Vehicles: Ten Rules for Mayors," US Conference of Mayors Winter Meeting, 2017. http://jeffspeck.com/assets/autonomousvehicles2_2.mov.

108 Robin Chase, "Will a World of Driverless Cars Be Heaven or Hell?" *CityLab* (April 3, 2014), https://www.citylab.com/transportation/2014/04/will-world-driverless-cars-be-heaven-or-hell/8784/.

109 Bloomberg Aspen Initiative on Cities and Autonomous Vehicles, https://www.bloomberg.org/program/government-innovation/bloomberg-aspen-initiative-cities-autonomous-vehicles/.

110 Emily Thenhaus, "Ford the River? Ways to Survive the L Train Shutdown," *RPA Lab* (November 22, 2016), http://lab.rpa.org/ford-the-river-ways-to-survive-the-l-train-shutdown/.

111 Andrew Boone, "Fantasizing About Self-Driving Cars, Sunnyvale Opposes El Camino Bus Lanes," *StreetsblogSF* (March 10, 2015), https://sf.streetsblog.org/2015/03/10/fantasizing-about-self-driving-cars-sunnyvale-opposes-el-camino-bus-lanes/.

112 Fred Kent, "Streets are People Places," *PPS* (blog), (May 31, 2005), https://www.pps.org/blog/transportationasplace/.

113 Ample evidence behind all of these claims is compiled in Part 1 of Jeff Speck, *Walkable City*.

114 Sam Schwartz, *Street Smart: The Rise of Cities and the Fall of Cars* (New York: Public Affairs, 2015), 104.

115 Randy Salzman, "Build More Highways, Get More Traffic," *The Daily Progress* (December 19, 2010).

116 Ted Chen and Katharine Hafner, "Commute Times Increase One Minute after Freeway Widening Project," NBC Los Angeles (October 8, 2014), http://www.nbclosangeles.com/news/local/Added-405-Carpool-Lane-Was-it-Worth-the-Delays-278600511.html.

117 Joe Cortright, "Reducing Congestion: Katy Didn't," *City Observatory* (December 16, 2015), http://cityobservatory.org/reducing-congestion-katy-didnt/.

118 Susan Handy, "Increasing Highway Capacity Unlikely to Relieve Traffic Congestion," UC Davis Institute of Transportation Studies (October 2015), http://cal.streetsblog.org/wp-content/uploads/sites/13/2015/11/10-12-2015-NCST_Brief_InducedTravel_CS6_v3.pdf.

119 Melanie Curry, "Caltrans Admits Building Roads Induces More Driving, But Admitting a Problem Is Just the First Step," *StreetsblogCAL* (November 18, 2015), http://cal.streetsblog.org/2015/11/18/caltrans-admits-building-roads-induces-congestion-but-admitting-a-problem-is-just-the-first-step/.

120 Jill Kruse, "Remove It and They Will Disappear: Why Building New Roads Isn't Always the Answer," *Surface Transportation Policy Progress,* vol.2 (March 1998): 5.

121 Jeff Speck, *Walkable City*, 94.

122 Kamala Rao, "Seoul Tears Down an Urban Highway and the City Can Breathe Again" *Grist*, (November 4, 2011).

123 Congress for the New Urbanism, Freeways Without Futures, 2017, https://www.cnu.org/highways-boulevards/freeways-without-futures/2017.

124 Ibid.

125 Stanley Hart and Alvin Spivak, *The Elephant in the Bedroom: Automobile Dependence and Denial,* Pasadena, CA: New Paradigm Books, 1993), 2.

126 Data taken alternately from two sources: 2004 World Technology Winners and Finalists Winner commentary by Ken Livingstone, mayor of London, World Technology Network; and Wikipedia: London Congestion Charge, https://en.wikipedia.org/wiki/London_congestion_charge.

127   Jan Gehl, *Cities for People* (Washington, DC: Island Press, 2010), 13.

128   Winnie Hu, "No Longer New York City's 'Boulevard of Death,'" *New York Times* (December 3, 2017), https://www.nytimes.com/2017/12/03/nyregion/queens-boulevard-of-death.html.

129   Wikipedia, List of countries by traffic-related death rate, https://en.wikipedia.org/wiki/List_of_countries_by_traffic-related_death_rate.

130   Nicole Gelinas, "What Stockholm Can Teach L.A. When It Comes to Reducing Traffic Fatalities," *LA Times* (June 21, 2014), http://www.latimes.com/opinion/op-ed/la-oe-gelinas-traffic-deaths-20140622-story.html. City Data, "Fatal car crashes and road traffic accidents in Phoenix, Arizona," http://www.city-data.com/accidents/acc-Phoenix-Arizona.html.

131   Vision Zero Three Year Report, New York City Mayor's Office of Operations (February 2017), https://www1.nyc.gov/assets/visionzero/downloads/pdf/vision-zero-year-3-report.pdf. See also the Vision Zero Initiative, http://www.visionzeroinitiative.com, and the Vision Zero Network, http://visionzeronetwork.org.

132   City of New York Official Website, "Vision Zero: Mayor de Blasio Announces Pedestrian Fatalities Dropped 32% Last Year, Making 2017 Safest Year on Record" (January 8, 2018), http://www1.nyc.gov/office-of-the-mayor/news/016-18/vision-zero-mayor-de-blasio-pedestrian-fatalities-dropped-32-last-year-making-2017#/0.

133   Terry Smith, "Talk Show Host Pays Speeding Ticket," Idaho Mountain Express and Guide (September 3, 2014), http://archives.mtexpress.com/index2.php?ID=2007153544#.WWh2QzN7Hq0.

134   20's Plenty for Us campaign, http://www.20splenty.org.

135   David Williams, "One in Three Londoners to Live on Streets with 20mph Speed Limits by Summer," *Evening Standard* (March 18, 2015), http://www.standard.co.uk/news/transport/one-in-three-londoners-to-live-on-streets-with-20mph-limits-by-summer-10115181.html.

136   Hayley Birch, "Do 20mph Speed Limits Actually Work," *Guardian Cities* (May 29, 2015), https://www.theguardian.com/cities/2015/may/29/do-20mph-speed-limits-actually-work-london-brighton.

137   Brighton and Hove City Council, Travel, Transport and Road Safety, http://www.brighton-hove.gov.uk/content/parking-and-travel/travel-transport-and-road-safety/safer-streets-better-places.

138   UK Department of Transport Circular, *Setting Local Speed Limits* (January 2013), https://www.gov.uk/government/uploads/system/uploads/attachment_data/file/63975/circular-01-2013.pdf.

139   Rachel Dovey, "70 Percent of Portland City Streets Get New Speed Limit" *Next City* (January 18, 2018), https://nextcity.org/daily/entry/70-percent-of-portland-city-streets-get-new-speed-limit?utm_source=Next%20City%20Newsletter&utm_campaign=9a8a3541e4-Daily_790&utm_medium=email&utm_term=0_fcee5bf7a0-9a8a3541e4-43848085.

140   Insurance Institute for Highway Safety (IIHS), The Highway Loss Data Institute, http://www.iihs.org/iihs/topics/laws/automated_enforcement/enforcementtable?topicName=speed.

141   Ibid., 10.

142   Vision Zero Three Year Report, New York City Mayor's Office of Operations (February 2017), https://www1.nyc.gov/assets/visionzero/downloads/pdf/vision-zero-year-3-report.pdf.

143   New York City DOT, "Automated Speed Enforcement Program Report, 2014–2016," June 2017, 12, http://www.nyc.gov/html/dot/downloads/pdf/speed-camera-report-june2017.pdf.

144   Danielle Furfaro and Kristin Conley, "Bill for More Speed Cameras Stops in Senate," *New York Post* (June 22, 2017), http://nypost.com/2017/06/22/legislators-vote-to-double-the-citys-number-of-speed-cameras/.

145 City of Seattle, "Vision Zero 2017 Progress Report," http://www.seattle.gov/Documents/Departments/beSuperSafe/VZ_2017_Progress_Report.pdf.

146 Wen Hu and Anne T. McCartt, "Effects of Automated Speed Enforcement in Montgomery County, Maryland, on Vehicle Speeds, Public Opinion, and Crashes," Insurance Institute for Highway Safety (August 2015), 6, https://nacto.org/wp-content/uploads/2016/04/4-2_Hu-McCartt-Effects-of-Automated-Speed-Enforcement-in-Montgomery-County-Maryland-on-Vehicle-Speeds-Public-Opinion-and-Crashes_2015.pdf.

147 Jonathan Becher, "The Curse of the Cul-de-Sac," *Forbes Business* (April 9, 2012), https://www.forbes.com/sites/sap/2012/04/09/the-curse-of-the-cul-de-sac/#5efaf2947e8e.

148 Andres Duany, *Suburban Nation*, 64.

149 Lecture by Andres Duany, 1987.

150 Laurence Aurbach, "The Power of Intersection Density," *PedShed* (blog) (May 27, 2010), http://pedshed.net/?p=574.

151 Ibid.

152 Wesley E. Marshall, Norman W. Garrick, "Street Network Types and Road Safety: A Study of 24 California Cities," *Urban Design International, Basingstoke*, vol.15, no.3 (Autumn 2010): 133–47.

153 Alan Ehrenhalt, "The Return of the Two-Way Street," *Governing* (December 2009), http://www.governing.com/topics/transportation-infrastructure/The-Return-of-the.html.

154 *Traverse City Record Eagle* (MI), Editorial (February, 2, 1967).

155 William Riggs and John Gilderbloom, "Two-Way Street Conversion Evidence of Increased Livability in Louisville," *Journal of Planning Education and Research* (July 15, 2015), http://journals.sagepub.com/doi/abs/10.1177/0739456X15593147.

156 Ibid.

157 Jaffe, "The Case Against the One-Way Street."

158 Jeff Speck, *Walkable City*, chapters 1–3.

159 Schwartz, *Street Smart*, 41.

160 Schmitt, "Beyond 'Level of Service'—New Methods for Evaluating Streets" *StreetsblogUSA*, (October 23, 2013), http://usa.streetsblog.org/2013/10/23/the-problem-with-multi-modal-level-of-service/.

161 The article is no longer online. It is referenced here: https://www.communitycommons.org/2016/04/americas-worst-city-for-walking-gets-back-on-its-feet/.

162 Project 3-72, Relationship of Lane Width to Safety for Urban and Suburban Arterials, NCHRP 330, Effective Utilization of Street Width on Urban Arterials.

163 Dewan Masud Karim, "Narrower Lanes, Safer Streets," Conference Paper, Canadian Institute of Transportation Engineers, Regina (2015), https://www.researchgate.net/publication/277590178_Narrower_Lanes_Safer_Streets.

164 FDOT *Conserve by Bike Program Study*, 2007.

165 National Association of City Transportation Officials, *Urban Street Design Guide*, (Washington, DC: Island Press, 2013), https://nacto.org/publication/urban-street-design-guide/street-design-elements/lane-width/. (The entire Guide is a valuable resource.)

166 Elisabeth Presutti, personal communication, Des Moines Area Regional Transit Authority.

167 Walter Kulash, *Residential Streets* (Washington, DC: Urban Land Institute, 2001), https://uli.bookstore.ipgbook.com/residential-streets-products-9780874208795.php.

168 Luke Kerr-Dineen, "Beaufort's New Fire Trucks Hailed for a 6-figure Savings," *The Digitel* (May 7, 2011), http://www.thedigitel.com/s/beaufort/news/beauforts-new-fire-trucks-hailed-6-figure-savings-110507-74112/.

169 Jason Gill and Carlos Celis-Morales, "We All Know Biking Makes Us Healthier. But It's Even Better Than We Thought," *Yes* (May 19, 2017), http://www.yesmagazine.org/happiness/we-all-know-biking-makes-us-healthier-but-its-even-better-than-we-thought-20170619?utm_source=YTW&utm_medium=Email&utm_campaign=20170519>.

170 Speck, *Walkable City*, 107–8.

171 Schmitt, "Cycling Is Getting a Lot Safer in American Cities Adding a Lot of Bike Lanes," *Streetsblog* (November 16, 2016), http://usa.streetsblog.org/2016/11/16/cycling-is-getting-a-lot-safer-in-american-cities-adding-a-lot-of-bike-lanes/.

172 Atlanta Bicycle Coalition, https://lasesana.com/2012/10/12/bikeonomics-the-economics-of-riding-your-bike/.

173 Maggie L. Grabow et al., "Air Quality and Exercise-Related Health Benefits from Reduced Car Travel in the Midwestern United States," *Environmental Health Perspectives* vol.120 no.1 (2012), 68–76. PMC. Web. 29, March 2018. https://www.ncbi.nlm.nih.gov/pmc/articles/PMC3261937/.

174 Charlie Sorrel, "Bike Lanes May Be The Most Cost-Effective Way To Improve Public Health," *Fast Company* (November 14, 2016), https://www.fastcompany.com/3065591/bike-lanes-may-be-the-most-cost-effective-way-to-improve-public-health.

175 Angie Schmitt, "Less Affluent Americans More Likely to Bike for Transportation," *StreetsblogUSA* (January 24, 2014), http://usa.streetsblog.org/2014/01/24/less-affluent-americans-more-likely-to-bike-for-transportation/.

176 Michael Andersen, *PeopleforBikes* (blog) (October 31, 2013), http://peopleforbikes.org/blog/denver-tech-companies-the-no-1-thing-they-want-is-bike-lanes/.

177 Speck, *Walkable City*, 31n.

178 Lasesana, "Bikeonomics: The Economics of Riding Your Bike" (October 12, 2012), https://lasesana.com/2012/10/12/bikeonomics-the-economics-of-riding-your-bike/.

179 Gwynne Hogan, "Property Sales Jump 16 percent Along Bike Lanes in Bushwick, Study Says, DNAinfo (July, 2017), https://www.dnainfo.com/new-york/20170713/bushwick/bike-lane-property-bushwick-gentrification-lane-bikes-rent-sales-price.

180 New York City DOT, "Measuring the Street: New Metrics for the 21st Century Street"(2012), http://www.nyc.gov/html/dot/downloads/pdf/2012-10-measuring-the-street.pdf.

181 Portland Bureau of Transportation, "Bicycles in Portland Fact Sheet," https://www.portlandoregon.gov/transportation/article/407660.

182 Wikipedia, Cycling in the Netherlands, https://en.wikipedia.org/wiki/Cycling_in_the_Netherlands.

183 Mikael Colville-Andersen, "The 20 Most Bike-Friendly Cities in the World, From Malmö to Montreal." *Wired* (June 14, 2017), https://www.wired.com/story/world-best-cycling-cities-copenhagenize/

184 John Pucher and Ralph Buehler, "Why Canadians Cycle More than Americans: A Comparative Analysis of Bicycling Trends and Policies," Institute of Transport and Logistics Studies, University of Sydney, Newtown, NSW, Transport Policy 13 (2006), 265–79.

185 League of American Bicyclists, "The Growth in Bike Commuting" (2015), http://www.bikeleague.org/sites/default/files/Bike_Commuting_Growth_2015_final.pdf.

186 Angie Schmitt, "Macon, Georgia, Striped a Good Network of Temporary Bike Lanes and Cycling Soared," *StreetsblogUSA* (June 28, 2017), https://usa.streetsblog.org/2017/06/28/macon-georgia-striped-a-good-network-of-temporary-bike-lanes-and-cycling-soared/.

187 Adele Peters, "New York City's Protected Bike Lanes Have Actually Sped Up Its Car Traffic,"*Fast Company* (September 12, 2014), https://www.fastcompany.com/3035580/new-york-citys-protected-bike-lanes-have-actually-sped-up-its-car-traffic.

188 Jason Rodrigues, "Five Things More Likely to Kill You Than a Shark," *The Guardian* (December 7, 2010), https://www.theguardian.com/theguardian/2010/dec/07/things-likely-kill-than-shark.

189 Peter Walker, "How Bike Helmet Laws Do More Harm Than Good," *CityLab* (April 5, 2017), https://www.citylab.com/transportation/2017/04/how-effective-are-bike-helmet-laws/521997/.

190 Cyclists Rights Action Group, "How to Escape Bicycle Helmet Fines in Australia" (January 6, 2017), https://crag.asn.au.

191 Speck, *Walkable City*, 208.

192 For greater detail on each type of bike facility see *The Urban Bikeway Design Guide* by the National Association of City Transportation Officials, https://nacto.org/publication/urban-bikeway-design-guide/.

193 David P. Racca and Amardeep Dhanju, "Property Value/Desirability Effects of Bike Paths Adjacent to Residential Areas," Center for Applied Demography and Research University of Delaware (November 2006), 23, http://headwaterseconomics.org/wp-content/uploads/Trail_Study_51-property-value-bike-paths-residential-areas.pdf.

194 Tim Eling, "Crime, Property Values, Trail Opposition & Liability Issues," Presentation at the Lexington Big Sandy Workshop (April 1, 2006), http://atfiles.org/files/pdf/CrimeOppLiability.pdf.

195 Noah Kazis, "New PPW Results: More New Yorkers Use It, Without Clogging the Street," *StreetsblogNYC* (December 8, 2010); https://nyc.streetsblog.org/2010/12/08/new-ppw-results-more-new-yorkers-use-it-without-clogging-the-street/. Gary Buiso, "Safety First! Prospect Park West Bike Lane Working," *Brooklyn Paper* (January 20, 2011). https://www.brooklynpaper.com/stories/34/3/ps_bikelanesurvey_2011_1_28_bk.html.

196 Max Rivlin-Nadler, "Bike-Hating NIMBY Trolls Grudgingly Surrender to Reality," *Village Voice* (September 21, 2016), https://www.villagevoice.com/2016/09/21/bike-hating-nimby-trolls-grudgingly-surrender-to-reality/.

197 Mikael Colville-Andersen, "Explaining the Bi-directional Cycle Track Folly," *Copenhagenize* (blog) (June 3, 2014), http://www.copenhagenize.com/2014/06/explaining-bi-directional-cycle-track.html.

198 Noah Kazis, "New PPW Results: More New Yorkers Use It, Without Clogging the Street," *StreetsblogNYC* (December 8, 2010). https://nyc.streetsblog.org/2010/12/08/new-ppw-results-more-new-yorkers-use-it-without-clogging-the-street/.

199 Robert Hurst, *The Cyclists Manifesto: The Case For Riding on Two Wheels Instead of Four* (Guilford, CT: Falcon Guides, 2009), 176.

200 Angie Schmitt, "Study: Sharrows Don't Make Streets Safer for Cycling," *StreetsblogUSA* (January 14, 2016), https://usa.streetsblog.org/2016/01/14/study-sharrows-dont-make-streets-safer-for-cycling/.

201 Andres Duany, *Smart Growth Manual*, point 8.5.

202 Jeff Speck, *Walkable City*, 182.

203 Ibid.

204 Joe Fitzgerald Rodriguez, "SFPD: Uber, Lyft Account for Two-Thirds of Congestion-Related Traffic Violations Downtown," *San Francisco Examiner* (September 25, 2017), http://www.sfexaminer.com/sfpd-uber-lyft-account-two-thirds-congestion-related-traffic-violations-downtown/.

205 Jeff Speck, *Walkable City,* 183n.

206 Ibid., 184n.

207 Liz Benston, "Design Challenges Leave Passers-by Passing CityCenter By," *Las Vegas Sun* (November 28, 2010), https://lasvegassun.com/news/2010/nov/28/passers—are-passing-citycenter/.

208 Alan Jacobs, Elizabeth MacDonald, and Yodan Rofe, *The Boulevard Book: History, Evolution, Design of Multiway Boulevards* (Cambridge: MIT Press, 2001), 112–21.

209 Ibid., 118.

210 Andres Duany, *Suburban Nation,* 36.

211 Ryan Cooper and Sam Wright, "Centerline Removal Trial," Outcomes Design Engineering, Transport for London (August 2014), http://content.tfl.gov.uk/centre-line-removal-trial.pdf.

212 Ibid.

213 Ibid.

214 Jeff Speck, "The Great Green Way," *New York Daily News* (April 14, 2013), http://www.nydailynews.com/opinion/great-green-article-1.1309203.*

215 Angie Schmitt, "Traffic Engineers Still Rely on a Flawed 1970s Study to Reject Crosswalks," *StreetsblogUSA* (February 12, 2016), https://usa.streetsblog.org/2016/02/12/traffic-engineers-still-rely-on-a-flawed-1970s-study-to-refuse-crosswalks/.

216 National Association of City Transportation Officials, *Urban Street Design Guide.*

217 Angie Schmitt, Why Can't We Have Traffic-Calming "3-D" Crosswalks Like Iceland? *StreetsblogUSA* (October 31, 2017), https://usa.streetsblog.org/2017/10/31/why-cant-we-have-traffic-calming-3-d-crosswalks-like-iceland/.

218 Dona Sauerburger, with input from Michael King, "Leading Pedestrian Interval—A Solution We've Been Waiting For!" *Metropolitan Washington Orientation and Mobility Association* (WOMA), Newsletter (March 1999), http://www.sauerburger.org/dona/lpi.htm.

219 Jen Kirby, "New York City Recorded Its Lowest Number of Traffic Fatalities in 2016," *New York Magazine* (February 24, 2017), http://nymag.com/daily/intelligencer/2017/02/nyc-recorded-its-lowest-number-of-traffic-deaths-in-2016.html.

220 Christopher Meleoct, "Pushing That Crosswalk Button May Make You Feel Better, but . . . ", *New York Times* (October 27, 2016), https://www.nytimes.com/2016/10/28/us/placebo-buttons-elevators-crosswalks.html?_r=0.

221 Vicky Gan, "Ask *CityLab*: Do "WALK" Buttons Actually Do Anything?" *CityLab* (September 2, 2015), https://www.citylab.com/life/2015/09/ask-citylab-do-walk-buttons-actually-do-anything/400760/.

222 CTVNews staff, "Countdown Crosswalk Signals Leading to More Crashes: Study" (April 11, 2013), http://www.ctvnews.ca/autos/countdown-crosswalk-signals-leading-to-more-crashes-study-1.1233782.

223 Bhagwant Persaud et al., "Crash Reductions Related to Traffic Signal Removal in Philadelphia," *Accident Analysis & Prevention*, Elsevier (November 1997), https://doi.org/10.1016/S0001-4575(97)00049-3.

224 Jane Lovell and Ezra Hauer, "The Safety Effect of Conversion to All-Way Stop-Control," *Transportation Research Record*, vol. 1068 (1986): 103–7.

225 Ryan Cooper and Sam Wright, "Centerline Removal Trial," Outcomes Design Engineering, Transport for London (August 2014), http://content.tfl.gov.uk/centre-line-removal-trial.pdf.

226 Wikipedia: Shared Space, https://en.wikipedia.org/wiki/Shared_space.

227 *Poynton Regenerated,* https://www.youtube.com/watch?v=-vzDDMzq7d0.

228 Ibid.

229 Eric Dumbaugh and J. L. Gattis, "Safe Streets, Livable Streets," *Journal of the American Planning Association*, vol. 72 (2005), 285–90.

230 "Rainfall Interception of Trees," in Benefits of Trees in Urban Areas,"coloradotrees.org. Also see Dan Burden, "Urban Street Trees: 22 Benefits, Specific Applications" (Summer 2006), http://www.walkable.org/download/22_benefits.pdf.

231 Henry F. Arnold, *Trees in Urban Design,* 2nd ed., (Hoboken: John Wiley and Sons, 1992), 149.

232 US Department of Agriculture, Forest Service Pamphlet #FS-363.

233 Anthony S. Twyman, "Greening Up Fertilizes Home Prices, Study Says." *Philadelphia Inquirer* (January 10, 2005).

234 Geoffrey Donovan and David Butry, "The Effect of Urban Trees on the Rental Price of Single-Family Homes in Portland, Oregon," *Urban Forestry & Urban Greening* (2011), 163–8.

235 Don Burden, "Urban Street Trees." Henry F. Arnold, *Trees in Urban Design*, 149.

236 Rob McDonald et al., "Funding Trees for Health," *Nature Conservancy* (2017), https://thought-leadership-production.s3.amazonaws.com/2017/09/19/15/24/13/b408e102-561f-4116-822c-2265b4fdc079/Trees4Health_FINAL.pdf.

237 Nina Bassuk et al., "Structural Soil: An Innovative Medium Under Pavement that Improves Street Tree Vigor," Urban Horticulture Institute, Cornell University, Presentation at 1998 Conference of the American Society of Landscape Architects, http://www.hort.cornell.edu/uhi/outreach/csc/article.html.

238 Mohamed Elkordy and Faizal S. Enu, "Granite and Concrete Curbing: A Cost Comparison," New York State DOT (September 1998), http://www.williamsstone.com/documents/NYS-DOT.pdf. Also John Collura, "Life Cycle Cost Comparison."

239 This entire section is adapted from the 2017 Tulsa, Oklahoma, Downtown Walkability Study by Speck & Associates.

240 Park(ing) Day, http://parkingday.org.

241 Duany, Plater-Zyberk & Co., "Lexicon of the New Urbanism"(2014), 7.2, http://www.dpz.com/uploads/Books/Lexicon-2014.pdf.

242 David Sucher, *City Comforts: How to Build an Urban Village,* rev. ed., City Comforts, Inc. (2003), 12.

243 Trevor Boddy, "New Urbanism: The Vancouver Model," Places 16.2, https://designobserver.com/media/pdf/New_Urbanism:__%22.pdf.

244 Jake Offenhartz, "City to Spend $30,000 Apiece on Anti-Terror Bollards," *Village Voice* (January 3, 2018). https://www.villagevoice.com/2018/01/03/city-to-spend-30000-apiece-on-anti-terror-bollards/.

245 Linda J. Bilmes, "The Financial Legacy of Iraq and Afghanistan: How Wartime Spending Decisions Will Constrain Future National Security Budgets," HKS Faculty Research Working Paper Series RWP13-006 (March 2013), https://research.hks.harvard.edu/publications/workingpapers/citation.aspx?PubId=8956&type=WPN.

246 Jake Offenhartz, "Anti-Terror Bollards."

247 Jan Gehl, *Cities for People*, 137.

248 "How the Dutch Got Their Cycle Paths," https://www.youtube.com/watch?v=XuBdf9jYj7o&feature=youtu.be&t=2m3s.

249 Gehl, *Cities for People*, 75.

250 Ibid., 151.

251 Speck, *Walkable City*, 246–9.

252 Jacobs, *The Death and Life of Great American Cities*, 129.

253 Stephanie Meeks with Kevin Murphy, *The Past and Future City: How Historic Preservation is Reviving America's Communities*, (Washington, DC: Island Press, 2016), 43–48.

254 Don Rypkema, lecture, Akron, OH, (October 17, 2017).

255 Ibid.

256 Wikipedia: Mural Arts Program, https://en.wikipedia.org/wiki/Mural_Arts_Program. Also see also see https://www.muralarts.org.

257 Speck & Associates, 2017 Tulsa, Oklahoma, Walkability Study, http://www.jeffspeck.com/assets/tulsa_walkability_analysis.pdf.
Speck & Associates, 2015 Lancaster, Pennsylvania, Walkability Study, http://cityoflancasterpa.com/sites/default/files/documents/WALKABILITYANALYSIS.pdf.
City of 2014 Albuquerque, New Mexico, Walkability Study, https://www.cabq.gov/council/find-your-councilor/district-2/projects-planning-efforts-district-2/downtown-walkability-study.
Speck & Associates, 2014 West Palm Beach, Florida, Walkability Study, http://walkablewpb.com/reference-documents/downtown-walkability-study/.

258 Robert Steuteville, "From Car-Oriented Thoroughfare to Community Center," *CNU Public Square* (December 14, 2017), https://www.cnu.org/publicsquare/2017/12/14/car-oriented-thoroughfare-community-center.

259 Mike Lydon and Tony Garcia, *Tactical Urbanist's Guide to Getting it Done*, http://tacticalurbanismguide.com.

260 Sarah Goodyear, "What 'Tactical Urbanism' Can (and Can't) Do for Your City," *CityLab* (March 20, 2015), https://www.citylab.com/design/2015/03/what-tactical-urbanism-can-and-cant-do-for-your-city/388342/; updated based on conversation with Mike Lydon.

261 https://walkyourcity.org.

262 Excerpted from the 2017 Tulsa Downtown Walkability Analysis, Speck & Associates.

263 Ellen Dunham-Jones and June Williamson, *Retrofitting Suburbia: Urban Design Solutions for Redesigning Suburbia*, updated ed. (Hoboken: John Wiley and Sons, 2011). Also see Galina Tachieva, *The Sprawl Repair Manual* (Washington, DC: Island Press, 2010).

264 Beldon, Russonello & Stewart, "What Americans are looking for when deciding where to live," The 2011 Community Preference Survey, (March 2011), 2.

265 Overheard at Mayor's Institute sessions, confirmed with Mayor Riley.

266 Ibid.

267 Blair Kamin, "Millennium Park:10 Years Old and a Boon for Art, Commerce and the Cityscape," *Chicago Tribune* (July 12, 2014), http://www.chicagotribune.com/news/columnists/ct-millennium-park-at-10-kamin-0713-met-20140712-column.html.

268 John Rainey, "New York's High Line Park: An Example of Successful Economic Development," *Leading Edge Newsletter* (Fall/Winter 2014), http://greenplayllc.com/wp-content/uploads/2014/11/Highline.pdf.

269 Yonah Freemark, "The Interdependence of Land Use and Transportation" (February 5, 2011), thetransportpolitic.com. https://www.thetransportpolitic.com/2011/02/05/the-interdependence-of-land-use-and-transportation/.

참고 문헌

추천 참고 문헌을 별표로 표시해 두었습니다(*).

Alberti, Leon Batista. *On the Art of Building in Ten Books*. Cambridge: MIT Press, 1988.

American Lung Association. "Trends in Asthma Morbidity and Mortality" (September 2012).
http://www.lung.org/assets/documents/research/asthma-trend-report.pdf.

American Public Transport Association. "A Profile of Public Transportation Demographics and Travel Characteristics Reported in On-Board Surveys" (May 2007).
http://www.apta.com/resources/statistics/Documents/transit_passenger_characteristics_text_5_29_2007.pdf.

Andersen, Michael. *PeopleforBikes* (blog), October 31, 2013.
http://peopleforbikes.org/blog/denver-tech-companies-the-no-1-thing-they-want-is-bike-lanes/.

Angus, Hilary. "Bicycle Equity: Fairness and Justice in Bicycle Planning and Design," *MomentumMag*, October 26, 2016.*
https://momentummag.com/bicycle-equity-fairness-justice-bicycle-planning-design/.

Appleyard, Donald M., Sue Gerson, and Mark Lintell. *Livable Streets*. Berkeley: University of California Press, 1981.*

Arnold, Henry F. *Trees in Urban Design*, 2nd ed. Hoboken: John Wiley and Sons, 1992, 149.

"Arriving at School by Bicycle." *Bicycle Dutch* (blog), December 5, 2013.
https://bicycledutch.wordpress.com/2013/12/05/arriving-at-school-by-bicycle/.

Bassuk, Nina, Jason Grabosky, Peter Trowbridge, and James Urban. "Structural Soil: An Innovative Medium Under Pavement that Improves Street Tree Vigor." Urban Horticulture Institute, Cornell University. Presentation at 1998 Conference of the American Society of Landscape Architects.
http://www.hort.cornell.edu/uhi/outreach/csc/article.html.

Becher, Jonathan. "The Curse of the Cul-de-Sac." *Forbes Business*, April 9, 2012.
https://www.forbes.com/sites/sap/2012/04/09/the-curse-of-the-cul-de-sac/#5efaf2947e8e.

Beck, Julie. "The Decline of the Driver's License." *The Atlantic*, January 22, 2016.
https://www.theatlantic.com/technology/archive/2016/01/the-decline-of-the-drivers-license/425169/.

Beldon, Russonello & Stewart. "What Americans are looking for when deciding where to live." The 2011 Community Preference Survey, (March 2011).

Benston, Liz. "Design Challenges Leave Passers-by Passing CityCenter By." *Las Vegas Sun*, November 28, 2010. *https://lasvegassun.com/news/2010/nov/28/passers--are-passing-citycenter/*.

Betz, Eric. "The First Nationwide Count of Parking Spaces Demonstrates Their Environmental Cost." *Knoxville News Sentinel*, December 1, 2010.

Beyond DC. "Every US Bikeshare System, Ranked by Number of Stations of Hubs" (January 6, 2014). http://beyonddc.com/log/?page_id=6319.

Bilmes, Linda J. "The Financial Legacy of Iraq and Afghanistan: How Wartime Spending Decisions Will Constrain Future National Security Budgets." HKS Faculty Research Working Paper, Series RWP13-006March 2013. https://research.hks.harvard.edu/publications/workingpapers/citation.aspx?PubId=8956&type=WPN.

Birch, Hayley. "Do 20mph Speed Limits Actually Work?" *Guardian Cities*, May 29, 2015. https://www.theguardian.com/cities/2015/may/29/do-20mph-speed-limits-actually-work-london-brighton.

Bloomberg Aspen Initiative on Cities and Autonomous Vehicles.* https://www.bloomberg.org/program/government-innovation/bloomberg-aspen-initiative-cities-autonomous-vehicles/.

Blue, Elly. "The Free Rider Myth—Who Really Pays for the Roads." *MomentumMag*, March 24, 2016.

Boddy, Trevor. "New Urbanism: The Vancouver Model," *Places Journal*, v. 16 no. 2, 2004, 14–21. https://designobserver.com/media/pdf/New_Urbanism:__%22.pdf.

Boone, Andrew. "Fantasizing About Self-Driving Cars, Sunnyvale Opposes El Camino Bus Lanes." *StreetsblogSF*, March 10, 2015. https://sf.streetsblog.org/2015/03/10/fantasizing-about-self-driving-cars-sunnyvale-opposes-el-camino-bus-lanes/.

Brighton & Hove City Council. "Travel, Transport and Road Safety." http://www.brighton-hove.gov.uk/content/parking-and-travel/travel-transport-and-road-safety/safer-streets-better-places.

Brinklow, Adam. "Lyft, Uber Commit 64 percent of Downtown SF Traffic Violations." *CurbedSF*, September 26, 2017. https://sf.curbed.com/2017/9/26/16367440/lyft-uber-traffic-citations-sfpd-board-supervisors.

Brookings Institution. HDR, Reconnecting America, RCLCo. "Value Capture and Tax-increment Financing Options for Streetcar Construction," June 2009.*

Brunick, Nick, Lauren Goldberg, and Susannah Levine. "Large Cities and Inclusionary Zoning." Business and Professional People for the Public Interest, 2003.

Buiso, Gary. "Safety First! Prospect Park West Bike Lane Working." *Brooklyn Paper*, January 20, 2011.

Burden, Dan. "Urban Street Trees: 22 Benefits, Specific Applications." Summer 2006. http://www.walkable.org/download/22_benefits.pdf.

Byrne, Thomas, Dan Treglia, Dennis P. Culhane, John Kuhn and VincentKane. "Predictors of Homelessness among Families and Single Adults after Exit from Homelessness Prevention and Rapid Re-Housing Programs: Evidence from the Department of Veterans Affairs Supportive Services for Veteran Families Program." *Housing Policy Debate*, September 14, 2015. https://www.tandfonline.com/doi/abs/10.1080/10511482.2015.1060249.

Caiazzo, Fabio et al. "Air Pollution and Early Deaths in the United States. Part 1: Quantifying the Impact of Major Sectors in 2005." MIT (2013).

Castro, Julián. "Inclusionary Zoning and Mixed-Income Communities." *Evidence Matters*, Spring 2013. Office of Policy Development and Research (PD&R), US Department of Housing and Urban Development.

CDC Motor Vehicle Crash Deaths in Metropolitan Areas—United States, 2009. https://www.cdc.gov/mmwr/preview/mmwrhtml/mm6128a2.htm.

Chase, Robin. "Will a World of Driverless Cars Be Heaven or Hell?" *CityLab*, April 3, 2014. https://www.citylab.com/transportation/2014/04/will-world-driverless-cars-be-heaven-or-hell/8784/.

Chen, Ted, and Katharine Hafner. "Commute Times Increase One Minute after Freeway Widening Project." NBC Los Angeles, October 8, 2014. http://www.nbclosangeles.com/news/local/Added-405-Carpool-Lane-Was-it-Worth-the-Delays-278600511.html.

City of New York Official Website. "Vision Zero: Mayor de Blasio Announces Pedestrian Fatalities Dropped 32% Last Year, Making 2017 Safest Year on Record," January 8, 2018. https://www1.nyc.gov/office-of-the-mayor/news/016-18/vision-zero-mayor-de-blasio-pedestrian-fatalities-dropped-32-last-year-making-2017#/0.

City of Seattle. "A Guide to Building a Backyard Cottage," June 2010.* https://www.seattle.gov/Documents/Departments/SeattlePlanningCommission/BackyardCottages/BackyardCottagesGuide-final.pdf.

———. "Vision Zero 2017 Progress Report." http://www.seattle.gov/Documents/Departments/beSuperSafe/VZ_2017_Progress_Report.pdf.

Civil Rights Project. "Choice Without Equity: Charter School Segregation and the Need for Civil Rights Standards," 2009. https://www.civilrightsproject.ucla.edu/research/k-12-education/integration-and-diversity/choice-without-equity-2009-report.

Collura, John. "Life Cycle Cost Comparison." American Granite Curb Producers, November 2006. http://www.williamsstone.com/documents/11-06-Life-Cycle-Cost.pdf.

Colville-Andersen, Mikael. "Explaining the Bi-directional Cycle Track Folly." *Copenhagenize* (blog), June 3, 2014. http://www.copenhagenize.com/2014/06/explaining-bi-directional-cycle-track.html.

———. "The 20 Most Bike-Friendly Cities in the World, From Malmö to Montreal." *Wired*, June 14, 2017.* https://www.wired.com/story/world-best-cycling-cities-copenhagenize/.

Congress for the New Urbanism. "Freeways without Futures,"2017.* https://www.cnu.org/highways-boulevards/freeways-without-futures/2017.

Cooper, Ryan, and Sam Wright, "Centerline Removal Trial." Outcomes Design Engineering, Transport for London, August 2014.* http://content.tfl.gov.uk/centre-line-removal-trial.pdf.

Cortright, Joe. "Walking the Walk: How Walkability Raises Home Values in U.S. Cities." CEOs for Cities, August 2009.*

———. "Lost in Place." *CityReports*, September 12, 2014. http://cityobservatory.org/lost-in-place/.

———. "Reducing Congestion: Katy Didn't." *City Observatory*, December 16, 2015. http://cityobservatory.org/reducing-congestion-katy-didnt/.

Cramer, Jude, and Alan B. Krueger. "Disruptive Change in the Taxi Business in the Case of Uber." NBER Working Papers 22083, National Bureau of Economic Research, Inc. (2016).

CTVNews Staff. "Countdown Crosswalk Signals Leading to More Crashes: Study," April 11, 2013. http://www.ctvnews.ca/autos/countdown-crosswalk-signals-leading-to-more-crashes-study-1.1233782.

Curry, Melanie. "Caltrans Admits Building Roads Induces More Driving, But Admitting a Problem Is Just the First Step." *StreetsblogCAL*, November 18, 2015. http://cal.streetsblog.org/2015/11/18/caltrans-admits-building-roads-induces-congestion-but-admitting-a-problem-is-just-the-first-step/.

Cyclists Rights Action Group. "How to Escape Bicycle Helmet Fines in Australia," January 6, 2017. https://crag.asn.au.

Doherty, Patrick C., and Christopher B. Leinberger. "The Next Real Estate Boom." Brookings Institution, November 1, 2010.

Donovan, Geoffrey, and David Butry. "The Effect of Urban Trees on the Rental Price of Single-Family Homes in Portland, Oregon." *Urban Forestry & Urban Greening*, vol. 10 (2011): 163–8.

Dovey, Rachel. "70 Percent of Portland City Streets Get New Speed Limit." *Next City*, January 18, 2018. https://nextcity.org/daily/entry/70-percent-of-portland-city-streets-get-new-speed-limit?utm_source=Next%20City%20Newsletter&utm_campaign=9a8a3541e4-Daily_790&utm_medium=email&utm_term=0_fcee5bf7a0-9a8a3541e4-43848085.

Duany, Andres, Elizabeth Plater-Zyberk, and Jeff Speck. *Suburban Nation: The Rise of Sprawl and the Decline of the American Dream*. New York: North Point Press, 2000.*

Duany, Plater-Zyberk & Co. "Lexicon of the New Urbanism," 2014.* http://www.dpz.com/uploads/Books/Lexicon-2014.pdf.

Duany, Andres, and Jeff Speck, with Mike Lydon. *The Smart Growth Manual*. New York: McGraw-Hill, 2009.*

Dumbaugh, Eric, and J. L. Gattis. "Safe Streets, Livable Streets." *Journal of the American Planning Association*, vol. 72 (2005): 285–90.

Dunham-Jones, Ellen, and June Williamson. *Retrofitting Suburbia: Urban Design Solutions for Redesigning Suburbia*, updated ed. Hoboken: John Wiley and Sons, 2011.*

Eling, Tim. "Crime, Property Values, Trail Opposition & Liability Issues." Presentation at the Lexington Big Sandy Workshop, April 1, 2006. http://atfiles.org/files/pdf/CrimeOppLiability.pdf.

Elkordy, Mohamed, and Faizal S. Enu. "Granite and Concrete Curbing: A Cost Comparison." New York State DOT, September 1998.

Eltis News Editor. "Mexico Abolishes Bike Helmet Law," August 1, 2014. http://www.eltis.org/discover/news/mexico-city-abolishes-bike-helmet-law-mexico-0.

"Fatal car crashes and road traffic accidents in Phoenix, Arizona." http://www.city-data.com/accidents/acc-Phoenix-Arizona.html#ixzz5B0Pg7lphhttp://www.city-data.com/accidents/acc-Phoenix-Arizona.html.

Frederick, Chad. *America's Addiction to Automobiles: Why Cities Need to Kick the Habit and How*. Santa Barbara: Praeger, 2017.

Freemark, Yonah. "The Interdependence of Land Use and Transportation." February 5, 2011. thetransportpolitic.com.

Frumkin, Howard, Lawrence Frank, and Richard Jackson. *Urban Sprawl and Public Health: Designing, Planning, and Building for Healthy Communities*. Washington, DC: Island Press, 2004.*

Furfaro, Danielle, and Kristin Conley. "Bill for More Speed Cameras Stops in Senate." *New York Post*, June 22, 2017. http://nypost.com/2017/06/22/legislators-vote-to-double-the-citys-number-of-speed-cameras/.

Gan, Vicky. "Ask *CityLab*: Do "WALK" Buttons Actually Do Anything?" *CityLab*, September 2, 2015. https://www.citylab.com/life/2015/09/ask-citylab-do-walk-buttons-actually-do-anything/400760/.

Garrett-Peltier, Heidi. "Pedestrian and Bicycle Infrastructure: A National Study of Employment Impacts." Political Economy Research Institute, University of Massachusetts, Amherst, June 2011.

Geeting, Jon. "Ideas Worth Stealing: Parking Benefit Districts." WHYY Radio, March 28, 2016. https://whyy.org/articles/ideas-worth-stealing-parking-benefit-districts/.

Gehl, Jan. *Cities for People.* Washington, DC: Island Press, 2010.*

Gelinas, Nicole. "What Stockholm Can Teach L.A. When It Comes to Reducing Traffic Fatalities." *LA Times*, June 21, 2014.

Gill, Jason, and Carlos Celis-Morales. "We All Know Biking Makes Us Healthier. But It's Even Better than We Thought." *Yes*, May 19, 2017. http://www.yesmagazine.org/happiness/we-all-know-biking-makes-us-healthier-but-its-even-better-than-we-thought-20170619?utm_source=YTW&utm_medium=Email&utm_campaign=20170519.

Goodyear, Sarah. "What 'Tactical Urbanism' Can (and Can't) Do for Your City." *CityLab*, March 20, 2015. https://www.citylab.com/design/2015/03/what-tactical-urbanism-can-and-cant-do-for-your-city/388342/.

Governing. "Education Spending Per Student by State." http://www.governing.com/gov-data/education-data/state-education-spending-per-pupil-data.html.

Grabow, Maggie L. et al. "Air Quality and Exercise-Related Health Benefits from Reduced Car Travel in the Midwestern United States." *Environmental Health Perspectives* 120.1 (2012): 68–76. PMC. Web. 29, March 2018. https://www.ncbi.nlm.nih.gov/pmc/articles/PMC3261937/.

Greenfield, John. "If the Future Will Be Walkable, How Do We Make Sure Everyone Benefits." *StreetsBlog Chicago*, May 11, 2017. https://chi.streetsblog.org/2017/05/11/if-the-future-will-be-walkable-how-do-we-make-sure-everyone-benefits/.

Handy, Susan. "Increasing Highway Capacity Unlikely to Relieve Traffic Congestion." UC Davis Institute of Transportation Studies, October 2015. http://cal.streetsblog.org/wp-content/uploads/sites/13/2015/11/10-12-2015-NCST_Brief_InducedTravel_CS6_v3.pdf.

Hart, Stanley, and Alvin Spivak. *The Elephant in the Bedroom: Automobile Dependence and Denial.* Hope Publishing House, 1993.*

Henao, Alejandro. "Impacts of Ridesourcing—Lyft and Uber—on Transportation Including VMT, Mode Replacement, Parking, and Travel Behavior." Doctoral Dissertation Defense, Civil Engineering, UC Denver, January 19, 2017.* https://media.wix.com/ugd/c7a0b1_68028ed55eff47a1bb18d41b5fba5af4.pdf.*

Henderson, Peter. "Some Uber and Lyft Riders Are Giving Up Their Own Cars: Reuters/Ipsos Poll." Reuters, May 25, 2017. https://www.reuters.com/article/us-autos-rideservices-poll/some-uber-and-lyft-riders-are-giving-up-their-own-cars-reuters-ipsos-poll-idUSKBN18L1DA.

Hengels, Adam. "Only 2 Ways to Fight Gentrification (You're Not Going to Like One of Them)." Market Urbanism, January 28, 2015. http://marketurbanism.com/2015/01/28/2-ways-fight-gentrification/.

Hu, Wen, and Anne T. McCartt. "Effects of Automated Speed Enforcement in Montgomery County, Maryland, on Vehicle Speeds, Public Opinion, and Crashes." Insurance Institute for Highway Safety, August 2015. https://nacto.org/wp-content/uploads/2016/04/4-2_Hu-McCartt-Effects-of-Automated-Speed-Enforcement-in-Montgomery-County-Maryland-on-Vehicle-Speeds-Public-Opinion-and-Crashes_2015.pdf.

Hu, Winnie. "No Longer New York City's 'Boulevard of Death.'" *New York Times*, December 3, 2017. https://www.nytimes.com/2017/12/03/nyregion/queens-boulevard-of-death.html.

Huang, Josie. "Popular Granny Flats Create a Niche Industry in LA." KPCC Radio, December 25, 2017. http://www.scpr.org/news/2017/12/25/79179/la-embracing-granny-flats-more-than-anywhere-else/.

Hurst, Robert. *The Cyclists Manifesto: The Case for Riding on Two Wheels Instead of Four.* Guilford, CT: Falcon Guides, 2009.*

Insurance Institute for Highway Safety (IIHS), The Highway Loss Data Institute. http://www.iihs.org/iihs/topics/laws/automated_enforcement/enforcementtable?topicName=speed.

Jacobs, Alan, Elizabeth MacDonald, and Yodan Rofe, *The Boulevard Book*: *History, Evolution, Design of Multiway Boulevards.* Cambridge: MIT Press, 2001.*

Jacobs, Jane. *The Death and Life of Great American Cities.* New York: Vintage Reissue, 1992.*

Kamin, Blair. "Millennium Park: 10 Years Old and a Boon for Art, Commerce and the Cityscape." *Chicago Tribune*, July 12, 2014. http://www.chicagotribune.com/news/columnists/ct-millennium-park-at-10-kamin-0713-met-20140712-column.html.

Karim, Dewan Masud. "Narrower Lanes, Safer Streets." Conference Paper, Canadian Institute of Transportation Engineers, Regina, 2015. https://www.researchgate.net/publication/277590178_Narrower_Lanes_Safer_Streets.

Kazis, Noah. "New PPW Results: More New Yorkers Use It, without Clogging the Street." *StreetsblogNYC*, December 8, 2010. https://nyc.streetsblog.org/2010/12/08/new-ppw-results-more-new-yorkers-use-it-without-clogging-the-street/.

Kay Hertz, Daniel, "Chicago's Housing Market is Broken," March 21, 2014. https://danielkayhertz.com/2014/03/21/chicagos-housing-market-is-broken/.

Kent, Fred. "Streets are People Places." *PPS* (blog), May 31, 2005. https://www.pps.org/blog/transportationasplace/.

Kerr-Dineen, Luke. "Beaufort's New Fire Trucks Hailed for a 6-figure Savings." *The Digitel*, May 7, 2011. http://www.thedigitel.com/s/beaufort/news/beauforts-new-fire-trucks-hailed-6-figure-savings-110507-74112/.

Kirby, Jen. "New York City Recorded Its Lowest Number of Traffic Fatalities in 2016." *New York Magazine*, February 24, 2017. http://nymag.com/daily/intelligencer/2017/02/nyc-recorded-its-lowest-number-of-traffic-deaths-in-2016.html.

Kruse, Jill. "Remove It and They Will Disappear: Why Building New Roads Isn't Always the Answer." *Surface Transportation Policy Progress,* vol. 7.2 (March 1998*)*: 5.

Kulash, Walter. *Residential Streets.* Washington, DC: Urban Land Institute, 2001.* https://uli.bookstore.ipgbook.com/residential-streets-products-9780874208795.php.

Larimer, Mary E., Daniel K. Malone, Michelle D. Garner, David C. Atkins, Bonnie Burlingham, Heather S. Lonczak, Kenneth Tanzer et al. "Health Care and Public Service Use and Costs Before and After Provision of Housing for Chronically Homeless Persons with Severe Alcohol Problems." *JAMA* 301, no. 13 (April 1, 2009): 1349–57.

Lasesana. "Bikeonomics: The Economics of Riding Your Bike," October 12, 2012. https://lasesana.com/2012/10/12/bikeonomics-the-economics-of-riding-your-bike/.

Lawrence, Eric D. "QLINE Gets Credit for $7B Detroit Transformation." *Detroit Free Press*, May 4, 2017. http://www.freep.com/story/money/business/2017/05/04/qline-detroit-streetcar/101294354/.

League of American Bicyclists. "The Growth in Bike Commuting," 2015. http://www.bikeleague.org/sites/default/files/Bike_Commuting_Growth_2015_final.pdf.

Leinberger, Christopher. *The Option of Urbanism.* Washington, DC: Island Press, 2008.*

Leinberger, Christopher B., and Michael Rodriguez. *Foot Traffic Ahead: Ranking Walkable Urbanism in America's Largest Metros*. Washington, DC: George Washington School of Business, 2016.

Lipman, Barbara. *A Heavy Load: The Combined Housing and Transportation Burdens of Working Families*. Washington DC: Center for Housing Policy, 2006.

Littman, Todd Alexander. "The Economic Value of Walkability." Vancouver. Victoria Transport Policy Institute, April 20, 2017.* http://www.vtpi.org/walkability.pdf.

Loudenback, Tanza. "Crazy-High Rent, Record-Low Homeownership, and Overcrowding: California has a Plan to Solve the Housing Crisis, but Not without a Fight." *Business Insider*, March 12, 2017. http://www.businessinsider.com/granny-flat-law-solution-california-affordable-housing-shortage-2017-3.

Lovell, Jane, and Ezra Hauer. "The Safety Effect of Conversion to All-Way Stop-Control." *Transportation Research Record*, vol. 1068 (1986): 103–7.

Lutz, Catherine, and Anne Lutz Fernandez. *Carjacked: The Culture of the Automobile and Its Effect on Our Lives*. New York: St. Martin's Press, 2010.*

Magill, Bobby. "Is Bike Sharing Really Climate Friendly?" *Scientific American*, August 19, 2014. https://www.scientificamerican.com/article/is-bike-sharing-really-climate-friendly/.

Manville, Michael, and Donald Shoup. "People, Parking, and Cities." *Access*, no. 25 (Fall 2004). https://web.archive.org/web/20141026062915/http://www.uctc.net/access/25/Access%2025%20-%2002%20-%20People,%20Parking,%20and%20Cities.pdf.

Marohn Jr., Charles. *Thoughts on Building Strong Towns*, vol. 1. CreateSpace Independent Publishing Platform, 2012.*

———. "The Cost of Auto Orientation, Update." *Strong Towns Journal*, July 22, 2014. https://www.strongtowns.org/journal/2014/7/22/the-cost-of-auto-orientation-update.html.

McDonald, Rob et al. "Funding Trees for Health." The Nature Conservancy, 2017. https://thought-leadership-production.s3.amazonaws.com/2017/09/19/15/24/13/b408e102-561f-4116-822c-2265b4fdc079/Trees4Health_FINAL.pdf.*

Meeks, Stephanie, with Kevin Murphy. *The Past and Future City: How Historic Preservation Is Reviving America's Communities*. Washington, DC: Island Press, 2016.*

Meleoct, Christopher. "Pushing That Crosswalk Button May Make You Feel Better, but . . ." *New York Times*, October 27, 2016. https://www.nytimes.com/2016/10/28/us/placebo-buttons-elevators-crosswalks.html?_r=0.

National Alliance to End Homelessness: Housing First. (April 20, 2016).* http://endhomelessness.org/resource/housing-first/.

NACTO Bike-Share Initiative.* https://nacto.org/program/bike-share-initiative/.

National Association of City Transportation Officials. *Urban Street Design Guide*. Washington, DC: Island Press, 2013.*

———. *Urban Bikeway Design Guide*. Washington, DC: Island Press, 2014.*

———. "Bike-Share Station Siting Guide." 2016. https://nacto.org/wp-content/uploads/2016/04/NACTO-Bike-Share-Siting-Guide_FINAL.pdf.

———. "Bike Share in the US: 2010–2016," released March 2017. https://nacto.org/bike-share-statistics-2016/.

National Center for Education Statistics. "Education Spending Per Student by State." https://nces.ed.gov/fastfacts/display.asp?id=67.

National Center for Education Studies. "Overview of Public Elementary and Secondary Schools and Districts: School Year 1999–2000," September 2001.
https://nces.ed.gov/pubs2001/overview/table05.asp, and https://nces.ed.gov/pubs2011/pesschools09/tables/table_05.asp.

National Community Land Trust Network.* http://cltnetwork.org.

Newman, Peter, Timothy Beatley, and Heather Boyer. *Resilient Cities: Responding to Peak Oil and Climate Change.* Washington, DC: Island Press, 2009.*

New York City DOT. "Measuring the Street: New Metrics for the 21st Century Street," 2012.
http://www.nyc.gov/html/dot/downloads/pdf/2012-10-measuring-the-street.pdf.

———. "Automated Speed Enforcement Program Report, 2014–2016." June 2017, 12.*
http://www.nyc.gov/html/dot/downloads/pdf/speed-camera-report-june2017.pdf.

Noonan, Erica. "A Matter of Size." *Boston Globe*, March 7, 2010.

Nordahl, Darrin. *My Kind of Transit: Rethinking Public Transportation in America.* Washington, DC: Island Press, 2009.*

Offenhartz, Jake, "City to Spend $30,000 Apiece on Anti-Terror Bollards." *Village Voice*, January 3, 2018.
https://www.villagevoice.com/2018/01/03/city-to-spend-30000-apiece-on-anti-terror-bollards/.

Owen, David. *Green Metropolis: Why Living Smaller, Living Closer, and Driving Less Are the Keys to Sustainability.* New York: Riverhead Books, 2010.

Park(ing) Day. http://parkingday.org.*

Peck, Jessica Lynn. "Drunk Driving after Uber." CUNY Graduate Center PhD Program in Economics, Working Paper 13, January 2017.

Pedestrian and Bicycle Information Center (PBIC). "The Decline of Walking and Bicycling."
http://guide.saferoutesinfo.org/introduction/the_decline_of_walking_and_bicycling.cfm.

Peñalosa, Enrique. "Why Buses Represent Democracy in Action." TEDTalk, September 2013.
https://www.ted.com/talks/enrique_penalosa_why_buses_represent_democracy_in_action.

Perlman, Jennifer, and John Parvensky. "Denver Housing First Collaborative Cost Benefit Analysis and Program Outcomes Report." Colorado Coalition for the Homeless, December 11, 2006. https://shnny.org/uploads/Supportive_Housing_in_Denver.pdf.

Persaud, Bhagwant et al. "Crash Reductions Related to Traffic Signal Removal in Philadelphia."*Accident Analysis & Prevention*, Elsevier, November 1997. https://doi.org/10.1016/S0001-4575(97)00049-3.

Peters, Adele. "New York City's Protected Bike Lanes Have Actually Sped up Its Car Traffic." *Fast Company*, September 12, 2014.
https://www.fastcompany.com/3035580/new-york-citys-protected-bike-lanes-have-actually-sped-up-its-car-traffic.

Portland Bureau of Transportation. "Bicycles in Portland Fact Sheet."
https://www.portlandoregon.gov/transportation/article/407660. Updated 2016,

Poynton Regenerated. https://www.youtube.com/watch?v=-vzDDMzq7d0.

Project 3-72. Relationship of Lane Width to Safety for Urban and Suburban Arterials. NCHRP 330. Effective Utilization of Street Width on Urban Arterials. http://onlinepubs.trb.org/Onlinepubs/nchrp/nchrp_rpt_330.pdf.

Pucher, John, and Ralph Buehler. "Why Canadians Cycle More than Americans: A Comparative Analysis of Bicycling Trends and Policies." Institute of Transport and Logistics Studies, University of Sydney, Newtown, NSW. *Transport Policy* 13 (2006): 265–79.

Putnam, Robert D. *Bowling Alone: The Collapse and Revival of American Community.* New York: Simon & Schuster, 2000.*

Racca, David P. and Amardeep Dhanju. "Property Value/Desirability Effects of Bike Paths Adjacent to Residential Areas." Center for Applied Demography and Research University of Delaware, November 2006. http://headwaterseconomics.org/wp-content/uploads/Trail_Study_51-property-value-bike-paths-residential-areas.pdf.

Rainey, John. "New York's High Line Park: An Example of Successful Economic Development." *Leading Edge Newsletter*, Fall/Winter 2014. http://greenplayllc.com/wp-content/uploads/2014/11/Highline.pdf.

Rao, Kamala. "Seoul Tears Down an Urban Highway and the City Can Breathe Again." *Grist*, November 4, 2011. https://grist.org/infrastructure/2011-04-04-seoul-korea-tears-down-an-urban-highway-life-goes-on.

Rivlin-Nadler, Max. "Bike-Hating NIMBY Trolls Grudgingly Surrender to Reality." *Village Voice*, September 21, 2016. https://www.villagevoice.com/2016/09/21/bike-hating-nimby-trolls-grudgingly-surrender-to-reality/.

Rodrigues, Jason. "Five Things More Likely to Kill You than a Shark." *The Guardian*, December 7, 2010. https://www.theguardian.com/theguardian/2010/dec/07/things-likely-kill-than-shark.

Rodriguez, Joe Fitzgerald. "SFPD: Uber, Lyft Account for Two-Thirds of Congestion-Related Traffic Violations Downtown." *San Francisco Examiner*, September 25, 2017. http://www.sfexaminer.com/sfpd-uber-lyft-account-two-thirds-congestion-related-traffic-violations-downtown/.

Rogers, Shannon H., J. Halstead, K.H. Gardner, C. Carlson. "Examining Walkability and Social Capital as Indicators of Quality of Life at the Municipal and Neighborhood Scales." *Journal of Applied Research in Quality of Life* 6, no. 2 (2011): 201–213.

Rypkema, Don. Lecture. Akron, OH, October 17, 2017.

Salzman, Randy. "Build More Highways, Get More Traffic." *The Daily Progress*, December 19, 2010.

Sauerburger, Dona, with input from Michael King. "Leading Pedestrian Interval—A Solution We've Been Waiting For!" *Metropolitan Washington Orientation and Mobility Association* (WOMA), March 1999 Newsletter. http://www.sauerburger.org/dona/lpi.htm.

Schaller, Bruce. "Turns Out, Uber Is Clogging the Streets." *Daily News*, February 27, 2017. http://www.nydailynews.com/opinion/turns-uber-clogging-streets-article-1.2981765.

Schaller Consulting. "Unsustainable? The Growth of App-Based Ride Services and Traffic, Travel and the Future of New York City." February 27, 2017. http://schallerconsult.com/rideservices/unsustainable.htm.

Schmitt, Angie. "Beyond 'Level of Service'— New Methods for Evaluating Streets." *StreetsblogUSA*, October 23, 2013. http://usa.streetsblog.org/2013/10/23/the-problem-with-multi-modal-level-of-service/.

———. "Less Affluent Americans More Likely to Bike for Transportation." *StreetsblogUSA*, January 24, 2014. http://usa.streetsblog.org/2014/01/24/less-affluent-americans-more-likely-to-bike-for-transportation/.

———. "Study: Sharrows Don't Make Streets Safer for Cycling." *StreetsblogUSA*, January 14, 2016. https://usa.streetsblog.org/2016/01/14/study-sharrows-dont-make-streets-safer-for-cycling/.

———. "Traffic Engineers Still Rely on a Flawed 1970s Study to Reject Crosswalks." *StreetsblogUSA*, February 12, 2016. https://usa.streetsblog.org/2016/02/12/traffic-engineers-still-rely-on-a-flawed-1970s-study-to-refuse-crosswalks/.

———. "Cycling Is Getting a Lot Safer in American Cities Adding a Lot of Bike Lanes." *StreetsblogUSA*, November 16, 2016. http://usa.streetsblog.org/2016/11/16/cycling-is-getting-a-lot-safer-in-american-cities-adding-a-lot-of-bike-lanes/.

———. "Macon, Georgia Striped a Good Network of Temporary Bike Lanes and Cycling Soared." *StreetsblogUSA,* June 28, 2017. https://usa.streetsblog.org/2017/06/28/macon-georgia-striped-a-good-network-of-temporary-bike-lanes-and-cycling-soared/.

———. "Why Can't We Have Traffic-Calming '3-D' Crosswalks Like Iceland?" *StreetsblogUSA,* October 31, 2017. https://usa.streetsblog.org/2017/10/31/why-cant-we-have-traffic-calming-3-d-crosswalks-like-iceland/.

Schwartz, Sam. *Street Smart: The Rise of Cities and the Fall of Cars.* New York: Public Affairs, 2015.

Segmentation Company. "Attracting College-Educated Young Adults to Cities." CEOs for Cities, May 8, 2006.

Shoup, Donald. "Instead of Free Parking." *Access,* no.15 (Fall 1999). http://shoup.bol.ucla.edu/InsteadOfFreeParking.pdf.

———. *The High Cost of Free Parking,* updated ed. London: Routledge, 2011.*

Smart Growth America. *Dangerous by Design, 201*: 17–18.* https://smartgrowthamerica.org/dangerous-by-design/.

Smith, Terry. "Talk Show Host Pays Speeding Ticket." *Idaho Mountain Express and Guide,* September 3, 2014. http://archives.mtexpress.com/index2.php?ID=2007153544#.WWh2QzN7Hq0.

Sorrel, Charlie. "Bike Lanes May Be the Most Cost-Effective Way to Improve Public Health." *Fast Company,* November 14, 2016. https://www.fastcompany.com/3065591/bike-lanes-may-be-the-most-cost-effective-way-to-improve-public-health.

Speck, Jeff. *Walkable City: How Downtown Can Save America, One Step at a Time.* New York: Farrar, Straus and Giroux, 2012.

———. "The Great Green Way." *New York Daily News,* April 14, 2013. http://www.nydailynews.com/opinion/great-green-article-1.1309203.

———. "Autonomous Vehicles: Ten Rules for Mayors." US Conference of Mayors Winter Meeting, 2017.* http://jeffspeck.com/assets/autonomousvehicles2_2.mov.

Speck & Associates. 2014 Albuquerque, New Mexico, Walkability Study. https://www.cabq.gov/council/find-your-councilor/district-2/projects-planning-efforts-district-2/downtown-walkability-study.

———. 2014 West Palm Beach, Florida, Walkability Study. http://walkablewpb.com/reference-documents/downtown-walkability-study/.

———. 2015 Lancaster, Pennsylvania, Walkability Study. http://cityoflancasterpa.com/sites/default/files/documents/WALKABILITYANALYSIS.pdf.

———. 2017 Tulsa, Oklahoma, Walkability Study.* http://www.jeffspeck.com/assets/tulsa_walkability_analysis.pdf.

State of Utah. Comprehensive Report on Homelessness, 2014: 6.* https://jobs.utah.gov/housing/scso/documents/homelessness2014.pdf.

Steuteville, Robert "From Car-Oriented Thoroughfare to Community Center." CNU Public Square, December 14, 2017. https://www.cnu.org/publicsquare/2017/12/14/car-oriented-thoroughfare-community-center.

Sucher, David. *City Comforts: How to Build an Urban Village,* rev. ed. City Comforts. Inc. 2003.

Tachieva, Galina. *The Sprawl Repair Manual.* Washington, DC: Island Press, 2010.*

The Street Plans Collaborative. "Tactical Urbanist's Guide to Getting it Done."* http://tacticalurbanismguide.com.

Thenhaus, Emily. "Ford the River? Ways to Survive the L Train Shutdown." *RPA Lab,* November 22, 2016. http://lab.rpa.org/ford-the-river-ways-to-survive-the-l-train-shutdown/.

"20's Plenty for Us" campaign.* http://www.20splenty.org.

Twyman, Anthony S. "Greening Up Fertilizes Home Prices, Study Says." *The Philadelphia Enquirer*, January 10, 2005. UK Department of Transport Circular. "Setting Local Speed Limits," January 2013. https://www.gov.uk/government/uploads/system/uploads/attachment_data/file/63975/circular-01-2013.pdf.

University of Michigan News. "Evidence that Uber, Lyft Reduce Car Ownership," August 10, 2017. http://ns.umich.edu/new/releases/25008-evidence-that-uber-lyft-reduce-car-ownership.

US Department of Agriculture. "Benefits of Trees in Urban Areas." Forest Service Pamphlet #FS-363.

Vision Zero Initiative.* http://www.visionzeroinitiative.com.

Vision Zero Network.* http://visionzeronetwork.org.

Vision Zero Three Year Report. New York City Mayor's Office of Operations, February 2017.* https://www1.nyc.gov/assets/visionzero/downloads/pdf/vision-zero-year-3-report.pdf.

Walker, Jarrett. *Human Transit: How Clearer Thinking about Public Transit Can Enrich Our Communities and Our Lives*. Washington, DC: Island Press, 2011.*

———. *Human Transit* (blog). http://humantransit.org.*

Walker, Peter. "How Bike Helmet Laws Do More Harm Than Good." *CityLab*, April 5, 2017. https://www.citylab.com/transportation/2017/04/how-effective-are-bike-helmet-laws/521997/.

Williams, David. "One in Three Londoners to Live on Streets with 20mph Speed Limits by Summer." *Evening Standard*, March 18, 2015. http://www.standard.co.uk/news/transport/one-in-three-londoners-to-live-on-streets-with-20mph-limits-by-summer-10115181.html.

Zagster (blog). "The Guide to Running a Small-City Bike Share," March 16, 2017.* https://www.zagster.com/content/blog/the-guide-to-running-a-small-city-bike-share.

이미지 크레디트

[0-1] Jeff Speck

[1] Produced by Discourse Media, data from George Poulos.

[2] Source unknown.

[3a, b] Peter Haas, Center for Neighborhood Technology

[4] US Census Bureau, American Community Survey, 2008–2012

[5] *Livable Streets*, Donald Appleyard and Bruce Appleyard, Elsevier, 2019.

[6] Jake Boyd Photography, c/o Hubbel Realty Company

[7] Bing Maps

[8a] Google Maps

[8b] "Community" mural, © 2002 Anne Marchand

[9a] Source unknown.

[9b] New York City Department of Planning

[10] Urban3

[11] Torti Gallas + Partners

[12] Jeff Speck

[13] Bing Maps

[14] Champlain Housing Trust

[15] REUTERS/Lucas Jackson

[16] Google Maps

[17] Bing Maps

[18] Center for Applied Transect Studies

[19] City of Redwood City, California

[20] TransLink

[21] Spokane Transit

[22] Wikimedia Commons

[23] Darrin Nordahl

[24] Greater Greater Washington and Dan Malouff, Beyond DC

[25] San Francisco Police Department and SFGovTV

[26] © Rinspeed

[27a, b] Walter Kulash

[28] ROCC Buffalo

[29] Holger Ellgaard via Wikicommons

[30] Jeff Speck

[31a] D. C. Richards Transport Research Laboratory, Road Safety Web Publication No. 16, "Relationship between Speed and Risk of Fatal Injury: Pedestrians and Car Occupants," September 2010, Department for Transport: London.

[31b] Source unknown.

[32a, b] Nelson\Nygaard Consulting Associates

[33] Leah Finnegan

[34a] Elie Z. Perler/Bowery Boogie

[34b] Jeff Speck

[35] Jeff Cohn, PhotoEnforced.com

[36] Alex S. MacLean, Landslides Aerial Photography

[37] Google Maps

[38] Jeff Speck

[39] Speck & Associates LLC

[40] Google Maps

[41a, b] Google Maps

[42] George Kirkland

[43] Transportation Research Board, *Highway Congestion Manual*, Third Edition, 1994, Courtesy of the National Academies Press, Washington, D.C.

[44] Jeff Speck

[45a] Jeff Speck

[45b, c] City of Oklahoma City

[46] Nelson\Nygaard Consulting Associates

[47] Jeff Speck

[48a] Richard White aka Everyday Tourist

[48b] From Fitzpatrick, K., P. Carlson, M. Brewer, and M. Wooldridge. Design Factors That Affect Driver Speed on Suburban Streets. *Transportation Research Record: Journal of the Transportation Research Board*, no. 1751, figure 1, 24, 2001. Reproduced with permission of the Transportation Research Board.

[49a and b] Cupola Media

[50] Dan Burden

[51] City of Beaufort/Town of Port Royal Fire Department and Spartan Fire & Emergency Apparatus Inc.

[52] PeopleForBikes, extrapolated from 2006–2010 U.S. Census Transportation Planning Products (most recent available) via AASHTO.

[53a] Jeff Speck

[53b] 2012 Benchmarking Report on Bicycling & Walking in the United States, updated biennial reports available at bikeleague.org.

[54] Original drawing and data analysis by Chris Gillham, http://www.cycle-helmets.com/zealand_helmets.htm. Sources: University of Otago Injury Prevention Research Unit, https://blogs.otago.ac.nz/ipru/statistic. Land Ministry of Transport, https://www.transport.govt.nz/research/travelsurvey/reportsandfactsheets/).

[55] Speck & Associates LLC

[56] JJR/Detroit RiverFront Conservancy

[57] Carrie Cizauskas

[58 a, b] New York City Department of Transportation

[59] Nick Falbo

[60a] Elijah Boyer Moore and Alice Boyer Moore

[60b] Janet Lafleur

[61] Tucson Department of Transportation

[62a] Dan Kostelec

[62b] Mark Ostrow of Queen Anne Greenways

[63a] Jeff Speck

[63b, c] Jeff Speck

[64] Jeff Speck

[65] Boulder *Daily Camera*, Cliff Grassmick

[66a] Steve Marcus/*Las Vegas Sun*/Greenspun Media Group.

[66b and c] Midtown Alliance

[67a] Jeff Speck

[67b] Jeff Speck

[67c] Jeff Speck

[68] Sarah Jindra, WGN-TV

[69a] Google Maps

[69b] Ken Sides, PE

[70a] Raymond Unwin, *Town Planning in Practice*, Public domain.

[70b] Steve Mouzon

[71a, b, c] Transport for London

[72] Keith Bedford/*Boston Globe*/Getty Images

[73] Linda Bjork

[74] Jeff Speck

[75] Jason Eppink and Tyler Menzel

[76] Speck & Associates LLC

[77a, b] Photos from Poynton Regenerated by Martin Cassini, Equality Streets.

[78] Tobias Titz, Getty Images

[79] Jeff Speck

[80] Jeff Speck

[81] Google Maps

[82a] Aly Andrews, Farr Associates

[82b] San Francisco Planning Department

[83a] Galina Tachieva

[83b] DPZ Co-DESIGN

[84] Google Earth

[85] Peak Aerials

[86] VISIT DENVER

[87] *Chicago Tribune*, Getty Images.

[88] Lexey Swall/GRAIN

[89a] Image courtesy of Penta Investment.

[89b] Aerial Photography Inc. c/o DPZ Co-DESIGN

[90] Jeff Speck

[91] Worcester Telegram & Gazette/Rick Cinclair

[92a] Jeff Speck

[92b] Jeff Speck

[93a] Source unknown.

[93b] Our House, ©2015 City of Philadelphia Mural Arts Program / Odili Donald Odita. Brandywine Workshop and Archives, 728 S. Broad Street, Philadelphia, PA. Photo by Steve Weinik for the City of Philadelphia Mural Arts Program. Reprinted by permission.

[95] Speck & Associates LLC

[96] Speck & Associates LLC

[97a] Jeff Speck

[97b, c] City of Lancaster/CNU

[98a] The Better Block Foundation

[98b] Matt Tomasulo / walkyourcity.org

[100] Belmar, Lakewood, CO

[101a] Mark VanDyke Photography

[101b] Jeff Speck

찾아보기

참고: 그림은 쪽수 다음에 f로 표시해 두었습니다.

가로등, 205
가로수 구역, 185, 190, 191, 195
가로수, 186-89, 192, 198
가시 범위, 75
간선 급행버스 체계, 136
갓길 보도, 150, 185, 190-91, 192, 200, 235
갓길 식사, 150-51, 151f, 190, 191, 191f, 194-95, 211
거리 벽면, 198, 199
거점, 223, 226
건강보험, 34
건물 앞 주차, 200-201
건물 인접 구역 품질 평가, 226, 229f
건물 정면 주차장, 201
건축 학교, 245
건축 후퇴 요건, 234, 235
건축 후퇴, 211, 215
걷고 얘기하는 구역, 190
걷기 점수, 2, 4

걸어다닐 수 있는 도시(스펙), 1, 73, 90, 132, 151, 186, 246-47
게인스빌(플로리다), 178
경기 부양 대책(2008), 217
경기장, 89
경전철, 52, 88
경제학, 1, 22, 125
계약금 지원 프로그램, 33
고른 시간대 이용, 14-15
고속 흐름, 118
골목, 28, 192, 205
공간적 구획, 186, 197, 198, 199f, 200
공공 공간을 위한 프로젝트, 63
공공 미술, 220-21
공공 건물, 214
공공사업 부서, 146, 225, 232
공유 공간, 182-83
공유 주차, 42-43, 43f

공중 보건, 4, 16, 123, 124, 128, 154, 187, 206
공평성, 1, 8-9, 69, 123, 125
과속방지턱, 136, 174
광공해, 204
광장, 182, 183, 198, 198f, 202, 232f, 235, 239, 245
교외 국가, 166, 236, 244
교외, 10, 16, 22, 158, 205, 236
교외의 개조, 236
교차로 보수, 162
교차로, 22, 88, 173, 166, 173, 180
교통 공학자 협회(캐나다), 115
교통 신호 타이밍, 93, 225
교통 신호, 8, 48, 50, 54, 60, 73, 76, 82, 94, 97, 100, 121, 137, 177, 179, 204, 230
교통 신호, 불필요한, 181f
교통 연구소(영국), 169
구급차, 3, 165

구조적 토양, 189
그라시아 거리(바르셀로나), 159
그랜드래피즈(미시건), 71, 218, 218f, 239, 239f
그린 라인 전차(브루클린), 179
그린 메트로폴리스(오언), 7
그림자 구역, 93
기능 분류, 1, 99, 104, 105f
기후 변화, 1, 3, 6-7, 68, 125
나 홀로 볼링(퍼트넘), 11
난간동자, 195
날씨와 자전거 타기, 126-27, 127f
내시빌(테네시), 95, 147f
낸터킷(매사추세츠), 187
네덜란드, 16, 126, 168, 182, 207
넥다운, 162-63
넬슨\니가드, 43, 77f
노년층, 8, 9, 191
노먼 벨 게디스, 13
노샘프턴(매사추세츠), 40, 41f
노선 스트레스, 132
노숙자, 25, 34-35
노워크(코네티컷), 45
노인용 별채, 25, 28
노트르담 데 카나디엥(매사추세츠 우스터), 216f
놀이터, 19, 19f
높이 대 폭 비율, 198-99, 199f
높이 제한, 199, 234
누름단추, 173, 178-79, 225

눈, 117, 127, 162
뉴 어바니즘, 136, 198, 199f, 200, 244
뉴올버니(인디애나), 93f, 95
뉴욕 '빛과 공기' 규정, 202
뉴욕시 교통국, 76
뉴질랜드, 129f
뉴햄프셔 대학교, 11
능동적 입면, 210-11
능동적인 1층, 218-19
닉 페렌첵, 146
님비, 29, 138
다마스쿠스(버지니아), 135
다인승 전용차로, 69
당뇨, 4
대니얼 번햄, 239
대니얼 허츠, 32
대중교통 중심 개발, 33
대체 요금, 40, 41
댄 버든, 190
댄 코스텔렉, 147f
댈러스 도넛, 219
댈러스(텍사스), 95, 199
더 좋은 거리 정책(런던), 168, 182
더 좋은 블록 재단(애크런), 232f
더럼(노스캐롤라이나), 90, 95
데번포트(로스엔젤레스), 90
데번포트(아이오와), 95
데어린 노달, 55
데이비드 서처, 200
데이비드 오언, 7

데이턴(오하이오), 95
덴마크, 138
덴버(콜로라도), 2, 21, 35, 56, 70, 95, 127, 205
델라웨어 대학교, 135
도너번 립케마, 216
도널드 슈프, 244
도널드 애플야드, 10-11, 11f
도로 교통 서비스 수준, 76
도로 다이어트, 108-9, 109f, 128, 230
도서관, 195
도시 계획 실무(언원), 167, 167f
도시 스프롤과 공중 보건, 4
도시 제거, 199
도시의 편안함(서처), 200
도심 셔틀, 55, 55f, 224
돌림띠, 215
동시 신호 체계, 177
둥지 내몰기, 32-33, 91
뒷마당 별채, 25, 28
듀아니 플레이터-자이벅사, 21, 164-65, 167
드라이브스루, 158, 192
드퀸드레 컷(디트로이트), 135f
디모인 대도시권 광역 대중교통 공사, 116-117
디모인(아이오와), 15, 70, 103, 116, 129, 150
디블라시오, 206, 207
디즈니, 55
디트로이트(미시간), 14, 53, 95, 135f
라스베이거스(네바다), 41, 90, 158, 158f

라이트 에이드, 200
라파예트(로스엔젤레스), 23f
랭커스터(캘리포니아), 231
랭커스터(펜실베이니아), 93, 95, 133f, 161
러벅(텍사스), 95
런던(영국), 69, 81, 168-69, 168f, 182
레거시 타운 센터(플라노), 236
레드 라인(보스턴), 135
레드몬드(워싱턴), 95
레드우드 시티(캘리포니아), 45f
레스토랑, 14, 71, 91, 150, 191f, 211, 227, 230
레이먼드 언윈, 167, 167f
레이크 포레스트(일리노이), 40
레이크우드(콜로라도), 236, 236f
레크리에이션 시설, 18-19
렉서스 차로, 69
로렌스 프랭크, 4
로렌스(매사추세츠), 95
로마프리타 지진, 66
로버트 서베로, 89
로버트 퍼트넘, 11
로버트 허스트, 146
로빈 체이스, 61
로스코, 21
로어노크(버지니아), 95
로웰(매사추세츠), 15, 30-31, 30f, 95
로체스터(뉴욕), 67, 95
로터리, 165
록펠러 센터(뉴욕), 241

롤리(노스캐롤라이나), 57, 95
롱아일랜드 철도, 33
루이빌(켄터키), 92-93, 95
르네상스 시대, 198, 218
리드 유잉, 89
리먼 브라더스, 219
리버 지구(인디애나 엘크하트), 41
리차드 데일리, 238
리처드 잭슨, 4
리치몬드(버지니아), 95
리프트, 58-59, 142, 153
링컨 로드 몰(마이애미비치), 70, 241
링컨파크(시카고), 32
마드리드(스페인), 57
마야 린, 239f
마운트 로렐(앨라배마), 167
마운트 플레전트(사우스캐롤라이나), 95
마운틴뷰(캘리포니아), 61
마이 카인드 오브 트랜짓(노달), 55
마이애미 비치(플로리다), 70, 213f, 216, 241
마이애미(플로리다), 190, 232
마이크 리든, 232-33
마이클 블룸버그, 61, 69
막다른 골목, 10, 14, 86-87, 86f, 120-21
매디슨(위스콘신), 70
매사추세츠 공과대학교, 5
매사추세츠, 135
매사추세츠만 교통공사, 135, 179
맨체스터(잉글랜드), 11
맨케이토(미네소타), 95

맨해튼, 66, 70, 125, 170, 206-7
맷 토마술로, 233
맹벽, 209, 210
머서, 202
메이콘(조지아), 127
멕시코 시티, 57, 95, 183
멜버른(플로리다), 95
멜버른(호주), 210
멤피스(테네시), 5, 71
모비 딕(멜빌), 246
모스크바, 47
몬트리올(퀘벡), 54, 183, 198, 204
몽고메리 카운티(메릴랜드), 26, 83
몽고메리(앨라배마), 167
무단 횡단, 177, 179, 183
무료 주차의 높은 비용(슈프), 37, 38
무표시 도로, 168, 182-83
물 앤드 폴리조이디스, 231f
미 연방 주간선 도로국, 175
미국 서부 해안, 136
미국 환경보호청(EPA), 7
미니애폴리스(미네소타), 29, 39, 95, 124
미닛맨 바이크웨이(매사추세츠), 135
미드타운 얼라이언스(애틀랜타), 159f
미술을 위한 1%, 220
미시건 시티(인디애나), 95
미시건 애비뉴(시카고), 175
미시건, 82
믹 코넷, 244
밀레니엄 파크(시카고), 220, 238

밀워키(위스콘신), 95
바르셀로나, 159
바빌론(뉴욕주), 33
반스터블, 29
발코니, 209, 211, 215
배수로, 191
배스, 영국, 158
배타적 지역지구제, 28
밴쿠버(브리티시컬럼비아), 40, 47, 49f, 202-3
밴쿠버(워싱턴), 95
버밍엄(미시건), 201
버밍엄(앨라배마), 167
버스 노선 체계, 50-51
버스 전용차로, 61, 171
버지니아 크리퍼 트레일, 135
버클리, 137f, 165
버팔로(뉴욕), 70, 95, 171
벌링턴(버몬트), 33, 70
범죄, 32, 93, 135, 175, 204
베네치아(이탈리아), 89
베들레헴(펜실베니아), 110-11, 111f
벤 해밀턴-베일리, 183
벤치, 190-91
벤쿠버 모델, 202-3
벨마르, 236, 236f
벽 면적과 창문 면적, 235
벽화 예술 프로그램(필라델피아), 221, 221f
병목 구간, 136
병원, 3, 35, 89
보고타, 51

보스턴 다운타운 크로싱, 70, 171f
보이시, 31, 95
보조금, 15
보퍼트시(사우스캐롤라이나), 121f
보편 소방 규정, 120
보행 가로, 63, 70-71, 170-71
보행 구역, 171
보행 스크램블, 176-77, 177f
보행 시간 안내, 79, 177, 225
보행 편의성 연결망, 225, 228, 229f, 234, 235
보행 편의성 연구, 107, 111, 223, 224-25
보행자 사망, 9, 73-79
보행자 우선 출발 신호, 177, 225
복잡한 교차로, 166-67
볼더(콜로라도), 26, 70, 134
볼라드, 182, 206
볼티모어, 2, 95
부동산 가치, 2, 29, 52, 63, 67, 93, 117, 134, 187
부동산 세금, 22, 33, 45, 53, 67, 187
부속 주거 유닛, 28
분기형 시스템, 86-87, 86f, 104
분할선, 214
불바르 북(앨런 제이콥스), 159
브라티슬라바(슬로바키아), 212f
브레이너드(미네소타), 23
브루클린(뉴욕), 125, 138, 139f
브루클린(매사추세츠), 179
블록, 88-89

비만, 4, 63, 86, 187
비벌리힐스, 187
비상 대응, 87
비스케인 대로(마이애미), 232
비전 제로 운동, 73, 78-79
비카시 게이아, 94
빅 데이터, 228
빈 필지, 199
빈곤, 26, 32
빈민의 문, 27
빌리지 보이스, 138
빗물, 186
빛 스펙트럼, 204
빛과 공기 규정(뉴욕), 202
빨간불 단속 카메라, 82
사각 주차, 116, 154-55, 163, 230
사람을 위한 도시(겔), 207, 210
사무실, 14, 41f, 211, 216, 235, 239
사우스레이크유니언(워싱턴 시애틀), 53
사우스벤드(인디애나), 95
사우스비치(마이애미), 190
사우스사이드 파크렛, 194f
사우스사이드(시카고), 194f
사우스캐롤라이나, 82
사이클리스트 선언(로버트 허스트), 146
사커 맘, 8, 18
사회적 자본, 10-11, 11f, 17, 86
산타바바라(샌프란시스코), 55f
산호세(캘리포니아), 95, 191f
살기 좋은 거리(도널드 애플야드), 10-11, 11f

삶의 질 순위(머서), 202
삼각 시야 요건, 159, 189
새러소타(플로리다), 164-65, 164f
새크라멘토(캘리포니아), 95, 103
샌 마르코스(텍사스), 95
샌디에이고(캘리포니아), 203, 241
샌프란시스코 경찰국, 59f
샬러츠빌(버지니아), 70, 95
샬럿(노스캐롤라이나), 2, 52, 233f
섀로우, 133, 146-47, 147f
서배너(조지아), 90, 95, 216, 238
서울(대한민국), 66
서행 흐름의 도로, 113, 114, 118, 133
선밸리(아이다호), 80
설계 속도, 76, 104-5, 158
세계박람회(1939), 13
세금 면제, 15
세액 공제, 15, 26, 217
세입자 내 집 마련 프로그램, 33
센트럴 파크(뉴욕), 188
센트럴 프리웨이(샌프란시스코), 66
셔터, 215
소머빌(매사추세츠), 95, 214f
소방관 조합, 120
소방서, 95, 120-21, 141
소방용 차로, 151
소화 급수전, 153
속도 감시 카메라, 82
솔트레이크시티(유타), 52, 88-89, 88f
쇠라, 21

쇼핑몰, 40-41, 44, 236-37, 236f, 241
수영장, 18
슈퍼블록, 89
스마트 시티 알고리즘, 245
스마트코드(DPZ), 21, 43f
스웨덴, 5, 78-79
스카이 파크(브라티슬라비), 212f
스터전베이(위스콘신), 95
스톡홀름, 69, 78
스튜어트(플로리다), 166
스트롱 타운스, 22
스트리트 퍼니처, 190-91, 194-95
스티브 무존, 167
스파턴버그(사우스캐롤라이나), 56
스포츠 시설, 18-19, 18f
스포캔(워싱턴), 51f
스프롤, 25, 51, 61, 86, 99, 104, 234, 236
스프링필드(매사추세츠), 199
승객 수, 50, 52, 55, 57, 58, 61, 127
승차 공유, 41
시간당 차로별 차량 수, 101
시더래피즈, 95, 151, 155, 195, 230-31, 230f
시드니(호주), 176
시러큐스(뉴욕), 67, 178
시범 프로젝트, 233
시에나(이탈리아), 207
시에라 클럽, 6
시장의 도시 설계 연구소, 238
시티센터(라스베이거스), 158
심장병, 124, 187

싱가포르, 69
아마존, 142, 187
아메리카 원주민, 9
아발론(알파레타), 237
아이슬란드, 175f
아이오와, 101
아이오와시티(아이오와), 95
아쿠아 동네, 마이애미비치, 213f
안드레 듀아니, 20, 114f, 244
안뜰, 235
안전, 73, 74, 78, 80, 114, 129, 146, 155, 174, 204, 224
안전한 걷기, 224
알레한드로 헤나오, 58
알링턴 카운티(버지니아), 239
알링턴(버지니아), 95
알마 플레이스, 39, 39f
알파레타, 237
암, 4-5, 124
암스테르담, 126
애시빌(노스캐롤라이나), 23
애크런, 오하이오, 232f
애틀랜타, 52, 95, 159f
애틀랜타인, 6-7
애플, 55
앤아버, 95
앨런 제이콥스, 159
야구장, 18
야자수, 188
얀 겔, 207, 210

양방통행, 90, 92, 95, 96
양보 흐름 도로, 113, 114, 118-19, 119f, 133
어번3, 23, 23f
어빈(캘리포니아), 89
어셈블리로우, 214f
에드먼턴(앨버타), 95
에든버러(스코틀랜드), 204
에번즈빌(인디애나), 95
에어비앤비, 29
에어컨 시스템, 186
에코비시 자전거 공유 프로그램(멕시코시티), 57
엔리케 페냘로사, 51
엘리자베스 플레이터-자이벅, 246
엘크하트(인디애나), 41
엘패소(텍사스), 95
엠바카데로 프리웨이(샌프란시스코), 66
여론 조사, 129
여론, 129
역사 보존, 209, 216-17
역사 보존을 위한 내셔널 트러스트, 150, 217
역사 지구, 22, 216-17
역사적 건물, 199, 216
역사지구 보존 세제 혜택, 15, 15f, 217
연립주택, 19f, 119, 211, 213f
연석 낮추기, 192
연석 주차 공간, 117, 161, 150, 192
연석 확장, 162-63
연석 회전 반경, 121, 162-63
연석, 191, 230

열섬, 186
영국, 5, 11, 81, 169, 182, 202, 234
오렌지 카운티(캘리포니아), 26
오마하(네브래스카), 95, 114, 160
오버라인(신시내티), 83, 91, 91f, 200, 201f
오스틴, 58, 79, 95, 178
오염, 5, 6, 7, 68, 69, 103, 181, 186
오클라호마시티(오클라호마), 67, 95, 106f, 107, 107f, 110
오클랜드(캘리포니아), 109
오텀와(아이오와), 95
올랜도(플로리다), 5, 108, 109f, 186
와이언던치(뉴욕 바빌론), 33
와튼 경영대학, 187
완만한 곡선, 158-60
완충 지대, 141
외부 효과, 3
욜로카운티(캘리포니아), 103
용도 기반 규정, 21
우버, 47, 58-59, 142, 153
우선 연결망, 229
우스터(매사추세츠), 216f
우회전 샛길, 159, 159f
우회전 차로, 111
워싱턴 DC, 17, 19f, 32, 39, 52, 55, 100, 124, 140, 147, 171, 182, 199, 217, 227, 239
워크(유어시티) 캠페인, 233, 233f
원 레스 카, 128
원심력, 158
원형교차점, 165

월가(뉴욕), 14, 207f
월그린, 200
월마트, 22, 23
월터 쿨래시, 65f
월트 디즈니 콘서트홀, 41
웨스턴(플로리다), 18-19, 18f
웨스트라파예트(인디애나), 95
웨스트팜비치(플로리다), 31, 95
웨슬리 마셜, 146
윈체스터(버지니아), 95
윌리엄 릭스, 92
윌셔 카운티 의회, 169
유발 수요, 63, 64-65, 66, 68, 101, 106
유용한 걷기, 224
유콘테리토리(캐나다), 127
유타, 35, 82
유튜브, 183
육교, 175
음주 운전, 58, 59
이산화탄소, 186
이중 급커브 길, 136
이차 연결망, 229
인디애나폴리스(인디애나), 95, 125, 164
인재 유치, 125
일반 보행 편의성 이론, 73, 223, 224
일자리 창출, 2, 22, 23, 125, 231
일차 연결망, 229
입면, 91, 191, 210, 212, 234, 235
입지 효율성, 7
자넷 사딕-칸, 76, 138

자동차 중심주의, 63
자동차 충돌 사망, 206
자렛 워커, 48-50
자외선, 186
자유 흐름 도로, 114-15, 118
자율주행차, 30, 47, 60-61, 153, 219, 243
자율형 공립학교, 16
자전거 가로수 길, 132-33, 136-37, 138
자전거 거치대, 190, 194
자전거 공유, 56-57, 57f, 129, 224
자전거 둘레길, 132, 134-35, 138, 206
자전거 박스, 145, 145f
자전거 전용차로, 129, 132, 138, 142, 144, 150, 192, 237
자전거 통근, 125
자전거 트랙, 133, 138, 140-41
자전거 횡단로, 145
자하 하디드, 212f
잔여 시간 표시기, 179
잘츠부르크(오스트리아), 198
장동호, 79
장모님 별채, 28
장식 조명, 205
장애인, 7, 191
재산세 동결, 33
재산세, 2, 22, 33, 45, 53, 67, 187
재포장, 22, 169, 231
잭슨(미시시피), 95
저소득 주거 세제 혜택, 26
전구형 돌출 구역, 155, 162-63

전기차, 7
전동 자전거, 57
전미 도시 교통 공무원 협회, 57, 115, 137, 140, 145, 174
전미 부동산 중개인 협회, 237
전미 주간선 도로 협동 연구 프로그램, 114-15
전방향 우선 정지, 95, 173, 180-81, 230
전술적 도시주의, 163, 232-33
전차 F선(샌프란시스코), 66
전차 시스템, 52-53
전차, 52-53, 66
정보기관, 239
정신 건강, 35, 187
제2차 세계대전, 216
제럴드 포드, 239
제로섬 사고방식, 128
제이슨 에프닉, 179f
제인 제이콥스, 14, 25, 199, 209, 212, 217
제임스 매킨토시, 67
젠트리피케이션, 25, 32-33
조 미니코치, 23
조 코트라이트, 32
조명, 45, 197, 204-5
조세 수입, 22-23, 45, 67, 93, 187, 217, 231, 238-39
조세담보금융, 15
조지프 P. 라일리, 238
존 길더블룸, 92
종가세, 15

좌회전 차로, 93, 96, 110-11, 160-61, 161f
주간선 도로 스타일의 좌회전 차로, 161
주거 우선 운동, 34-35
주거 지역 상향, 32
주거비 적정성, 25
주차 공간 보존 계획, 39
주차 공간 현금 교환, 43
주차 데크, 183, 218-19, 235
주차 혜택 지구, 37, 45
주차, 149
주차장, 30-31
죽음의 섀로우, 147f
중세 도시 계획, 158
중앙 회전 차로, 96, 107, 108, 109, 110
중앙선, 118, 168-69
지미 키멜, 80
지붕창, 215
지속 가능성, 100, 187, 205, 237
지역 개선 지구, 53
지역 공원, 18-19
지역 사회 개선, 15
지역 사회 토지 신탁, 33
지역 학교, 16-17
지역지구제 부칙, 223, 225
지역지구제, 20-21, 25, 26-27, 29, 43, 104, 203, 224, 234
지형, 126
짐 브레이너드, 163
집세 할인권, 26
집중 조명, 205

집카, 61
차고 별채, 28
차량 공유, 41
차량 주행 마일, 103
차량 호출, 41, 47, 58-59, 142, 153, 219
차로 규모, 113
차로 기준 폭, 114
차로 수, 99
차로 현황 평가, 106-7, 224, 230
차선 조정, 223, 231
찰리 헤일스, 53
찰스 머론 주니어, 22
찰스턴(사우스캐롤라이나), 95, 219f, 238, 239f
채플힐(노스캐롤라이나), 40
챈들러(애리조나), 237
챔플린 하우징 트러스트, 33
처마띠, 215
천식, 5, 187
철도 폐선, 134-35
청계천 고가 도로(서울), 66
청정 구역, 185, 190-91, 191f
체육관, 14
초록불 파도타기, 76
최대 주차 요건, 38, 39
최소 주차 요건, 37, 38-39, 41, 202, 234
축구장, 18-19
출입 계단, 209, 211, 235
출입구, 192, 235
취리히, 47

친환경 설계, 217
카멜시(인디애나주), 163
칼리스펠(몬태나), 95
캄포 광장(이탈리아 시에나), 207
캐나다 교통 공학자 협회, 115
캐나다, 35, 127
캔자스시티(미주리), 15, 52, 95, 160
캘리포니아 교통부, 65
컨벤션 센터, 89, 230, 239
케이티 프리웨이(텍사스), 65
케이프코드 반도, 29
켄 리빙스턴, 69
켄틀랜드(메릴랜드), 28f
코넬리우스(오리건), 90
코니스, 215
코럴게이블스(플로리다), 165
코코모(인디애나), 95
콜럼버스(오하이오), 95
콜로라도 대학교, 146
콜로라도 스프링스(콜로라도), 95
퀸 앤 그린웨이즈, 147
크라운 분수(밀레니엄 공원, 시카고), 220
크로거 델리, 200
크리스토퍼 알렉산더, xv
키스톤 파크웨이, 163
키치너(온타리오), 95
타운 센터, 236-37
타코 존스, 23
탄소 배출량, 100
탄소현황지도, 6-7, 7f

탬파(플로리다), 41, 95
테라스, 235
테러-산업 복합체, 207
테러 방지 경관, 206-7
테러, 197
테러리즘, 206-7
텍사스, 65
토니 가르시아, 232
토론토(온타리오), 6-7, 109f, 179, 202
토머스 제퍼슨, 6
토양, 구조적, 189
토지 용도 계획, 48-49
톨레도(오하이오), 95
투손(애리조나), 95, 154, 155
툴사(오클라호마), 14, 93, 95, 151, 175, 193, 227, 235
튀르키예식 목욕탕, 20
트라이메트(오리건 포틀랜드), 53
트래버스시티(미시건), 92
특성화 학교, 17
티가드(오리건), 237
파리, 47
파세지아타, 170
파크 플레이스(버몬트 벌링턴), 33
파크렛, 185, 194-95, 194f, 225, 230
팔로알토(캘리포니아), 39, 39f
팜비치(플로리다), 90
패서디나(캘리포니아), 45
페어팩스 카운티(버지니아), 29
페탈루마시(캘리포니아), 43

펜실베이니아 교통부, 93, 161
펜실베이니아 주립 대학교, 94
편안한 걷기, 224
평행 주차, 152
포용적 지역지구제, 25, 26, 203
포인튼(영국), 183, 183f, 231
포츠머스(뉴햄프셔), 11, 29
포트로더데일(플로리다), 79, 150, 151f
포트웨인(인디애나), 95
포트콜린스(콜로라도), 95
포틀랜드 전차, 53, 53f
폴 크로포드, 20
퓨처라마, 13
프랭크 게리, 41
프레더릭 로 옴스테드, 158
프레더릭 카운티(메릴랜드), 26
프레드 켄트, 63
프리벤션 매거진, 107
플라노(텍사스), 236
플랍 아트, 220
플래카드, 190, 191
피닉스(애리조나), 78
피츠버그(펜실베니아), 95
피터 하스, 7f
필지 외곽 건물, 219, 219f
하워드 프럼킨, 4
하이 라인(뉴욕), 239
한스 몬데르만, 182
합류식 하수도 범람, 186
해밀턴(오하이오), 31

해밀턴(온타리오), 95, 232
헌팅턴(웨스트버지니아), 95
헬멧, 129
헬멧법, 57, 129, 129f
현관, 209, 211, 211f
형태 기반 규정, 21, 43, 234, 235
호이트 철도 차량 기지(오레건주 포틀랜드), 53
호주, 129
호크, 179, 225
호텔 출입구, 192, 235
호튼 플라자(샌디에고), 241
혼란의 모퉁이(플로리다 스튜어트), 166
혼잡 시간대 주차 금지, 150-51
혼잡 통행료 부과, 63, 68
혼잡 통행료, 69
혼합 용도, 14
홀랜드(미시건), 95
홍콩, 6-7, 202
화강석 연석, 191
화물 적재 구역, 152-53
확실한 경계, 198-99
회전 차로, 96, 93, 96, 107-8, 111, 160-61
회전교차로, 164-65, 164f, 165f
횡단보도 사망, 79f
횡단보도, 714-75
후면 사각 주차, 155, 155f
휠체어, 9, 190, 191
휴먼 트랜짓(워커), 48-49
휴스턴(텍사스), 50

흥미로운 걷기, 224
희망선, 174-75

Accessory Dwelling Unit, 28
active facades, 210-11
active ground floors, 218-19
ad valorem taxes, 15
ADU, 28
Agenda-21, 1
air conditioners, 186
AirBnB, 29
Akron, OH, 232f
Alan Jacobs, 159
Alejandro Henao, 58
all-way stop, 95, 180-81
Alma Place(Palo Alto, CA), 39, 39f
Alpharetta(GA), 237
Amazon, 142, 187
ambulance, 3, 165
Americans with Disabilities Act, 191
Amsterdam, 126
Andres Duany, 20, 114f
angle parking, 116, 155
Assembly Row(Somerville, MA), 214f
Avalon, 237
Babylon(NY), 33
backyard apartments, 25, 28-29
Barnstable, 29
Bellevue(WA), 109f
Belmar, 236

Ben Hamilton-Baillie, 183
Better Block Foundation, 232f
Better Streets Policy(London), 168, 182
bicycle boulevard, 132-33, 136-37
bike box, 145
bike crossing, 145
bike paths, 132, 134-35
Bike Share Station Siting Guide(NACTO), 57
Biscayne Boulevard, 232
Boise, 31
bollard, 182, 206
Boulevard Book(Alan Jacobs), 159
Bowling Alone (Putnam), 11
bulb-outs, 155, 162-63
bus rapid transit, 136
Caltrans, 65
Canadian Institute of Transportation Engineers, 115
car-sharing, 41
carbon map, 6-7, 7f
Charles Marohn Jr., 22
Charlie Hales, 53
Charlotte(NC), 109f
charter school, 16
chicane, 136
Cities for People(Gehl), 207
City Comforts(Sucher), 200
CityCenter, 158
clear zones, 190

Combined Sewage Overflow, 186
Community Land Trust, 33
Community Renewal, 15
concurrent signalization, 177
Confusion Corner (Stuart, FL), 166
congestion pricing, 63
countdown clock, 179
Crown Fountain(Millennium Park, Chicago), 220
cul-de-sacs, 10, 86-87, 86f
curb cut, 192
curb return radius, 121
cycle track, 133, 138
cycle tracks, 133
Cyclist's Manifesto(Robert Hurst), 146
Dan Burden, 190
Dan Kostelec, 147f
Daniel Burnham, 239
Daniel Hertz, 32
Darrin Nordahl, 55
DART, 116-17
David Sucher, 200
decorative lighting, 205
demise line, 214
Dequindre Cut(Detroit), 135f
Des Moines, 15
desire line, 174-75
displacement, 32-33
Donald Appleyard, 10-11, 11f
Donald Shoup, 244

Dongho Chang, 79
DPZ, 21, 164-65, 198
Duluth(MN), 109f
East Lansing(MI), 109f
Enrique Peñalosa, 51
Environmental Protection Agency, 7
EPA, 7
Federal Highway Administration, 175
fire-lane markings, 151
form-based code, 21
Frank Gehry, 41
Fred Kent, 63
Frederick Law Olmsted, 159
Frontage Quality Assessments, 226
Futurama, 13
Garage Apartment, 28
GDP, 3, 63
General Theory of Walkability, 73, 223, 224
granny flat, 25, 28
Great Lakes, 238
Green Metropolis(Owen), 7
Hans Monderman, 182
HAWK, 179, 225
Helena(MT), 109f
High-Occupancy Toll Lane, 69
High Cost of Free Parking(Shoup), 37
High Line(New York), 239
High intensity Activated crossWalK, 179, 225

highway-style left-turn lanes, 161
Historic Preservation Tax Credits, 15
HOT lane, 69
Housing First movement, 34-35
housing voucher, 26
Howard Frumkin, 4
Hoyt Rail Yards(Portland, OR), 53
Human Transit(Walker), 48-49
I-81, 67
in-lieu fee, 40, 41
inclusionary zoning, 25, 26, 203
induced demand, 63
Institute of Transportation Engineers(Canada), 115
intersection repair, 162
ITE(Canada), 115
James MacIntosh, 67
Jan Gehl, 207, 210
Janette Sadik-Khan, 76
Jarrett Walker, 48-50
Jason Eppink, 179f
Jim Brainard, 163
Jimmy Kimmel, 80
Joe Cortright, 32
Joe Minicozzi, 23
John Gilderbloom, 92
Joseph P. Riley, 238
Katy Freeway(Texas), 65
Ken Livingstone, 69
Kentlands(MD), 28f

Lead Pedestrian Interval, 177
Leading Pedestrian Interval, 79, 177, 225
Legacy Town Center(Plano), 236
Lehmann Brothers, 219
Level of Service, 76-77, 102
Lewistown(PA), 109f
Lexicon of the New Urbanism(DPZ), 198
light and air code(New York), 202
light pollution, 204
Livable Streets(Appleyard), 10
Local Improvement District, 53
location efficiency, 7
Loma Prieta earthquake, 66
LOS, 76-77, 102
lot-liner, 219, 219f
LPI, 177, 225
Lyft, 58-59, 142
magnet school, 17
Massachusetts Bay Transportation Authority, 135, 179
Matt Tomasulo, 233
Mayor's Institute on City Design, 238
MBTA, 135, 179
Mercer, 202
Michael Bloomberg, 61, 69
Mick Cornett, 244
Mike Lydon, 232-33
Minuteman Bikeway(Massachusetts), 135
Minuteman Bikeway, 135
missing teeth, 199, 225, 228

mixed-use, 14
Mother-in-Law Apartment, 28
Moule & Polyzoides, 231f
Mural Arts program(Philadelphia), 221, 221f
My Kind of Transit(Nordahl), 55
NACTO, 57, 137, 140, 145, 245
Naked Street, 168, 182-83
National Association of City Transportation Officials, 57
National Association of Realtors, 237
National Cooperative Highway Research Program, 114-15
National Trust for Historic Preservation, 217
neckdown, 162-63
Nelson\Nygaard, 43
Network of Walkability, 225, 228
New Urbanism, 136, 198, 199f, 200
New York "light and air" code, 202
Nick Ferenchak, 146
NIMBY, 29, 138
Norman Bel Geddes, 13
Not In My Back Yard, 29
Notre Dame des Canadiens(Worcester, MA), 216f
NYCDOT, 76
Oakland(CA), 109f
One Less Car, 128
Over-the-Rhine(Cincinnati), 91f

Over-the-Rhine(OTR), 91
Parking Benefits District, 45
parking cash-out, 43
Parking Preservation Plan, 39
parklet, 185
passegiata, 170
Passeig de Gràcia(Barcelona), 159
Paul Crawford, 20
PBD, 45
pedestrian scramble, 176
Peter Haas, 7f
pilot project, 233
pinch point, 136
plop art, 220
Poynton Regenerated, 183
Prevention Magazine, 107
Primary Network, 229
Priority Network, 229
Project for Public Spaces, 63
property tax freeze, 33
Ramsey(MN), 109f
rear-angle parking, 155, 155f
red-light camera, 82
Reid Ewing, 89
Reno(NV), 109f
rent-to-own programs, 33
Retrofitting Suburbia, 236
Richard Daley, 238
Richard Jackson, 4
ride-hailing, 41

ride-sharing, 41
Rite Aid, 200
River District(Elkhart, IN), 41
Robert Cervero, 89
Robert Hurst, 146
Robert Putnam, 11
Robin Chase, 61
rotary, 165
roundabout, 164
Rypkema, Donovan, 216
San Leandro(CA), 109f
Santa Monica(CA), 109f
Secondary Network, 229
SFpark system(San Francisco), 44
sharrow, 131, 146-47
Sharrows of Death, 147f
Sierra Club, 6
sight-triangle, 159
slow-flow street, 118
SmartCode(DPZ), 21, 43f
smartcodecentral.com, 21
soccer moms, 8
South Lake Union(Seattle, WA), 53
speed camera, 82
speed cushion, 136
speed flow, 118
speed table, 174
spotlight, 205
Steve Mouzon, 167
streetwall, 198

strongtowns.org, 22
SUBURBAN NATION, 166
tactical urbanism, 232
Tax Credit, 15, 217
Tax Increment Financing, 15
Thomas Jefferson, 6
time spread, 14-15
Tony Garcia, 232
town centers, 236-37
Town Planning in Practice(Unwin), 167, 167f
traffic circle, 165
Transit Oriented Development, 33
Transport Research Laboratory(UK), 169
Traverse City(MI), 92
TriMet(Portland, OR), 53
Turkish Bath zoning, 20
Uber, 58, 142
Universal Fire Code, 120
up-zoning, 32
Urban Bikeway Design Guide, 137
urban removal, 199
Urban Sprawl and Public Health, 4
Urban Street Design Guide (NACTO), 115
Urban3, 23, 23f
Vehicle Miles Traveled, 103
Vikash Gayah, 94
Village Voice, 138
Virginia Creeper Trail, 135
Vision Zero movement, 73, 78-79

VMT, 103
Walgreens, 200
Walk [Your City] campaigns, 233
walk and talk zone, 190
Walter Kulash, 65f
Wesley Marshall, 146
William Riggs, 92
Wilshire County Council, 169
Winchester, VA, 95
Wyandanch(Babylon, NY), 33
Wyandanch, 33
Zipcar, 61
zoning, 20-21, 25, 26-27, 203

1% for Art, 220
21세기 지구환경의제, 1
5대호, 238

걷기 좋은 도시